鄂尔多斯盆地页岩油勘探开发理论与技术丛书

页岩油
地球物理勘探技术及应用

王大兴　石玉江　赵　勇　马世清　张　杰◎等编著

石油工业出版社

内容提要

本书介绍了鄂尔多斯盆地页岩油地球物理勘探技术,包括黄土塬地震勘探概况、黄土塬三维采集技术、黄土塬关键处理技术、页岩储层预测技术、页岩油纵向"甜点"测井评价技术、页岩油水平井横向"甜点"测井评价技术、页岩油"甜点"综合评价与水平井一体化导向和庆城油田应用实例等方面的内容。

本书可作为页岩油勘探技术的培训用书,也可作为石油、天然气行业中企业科研和生产部门的科技人员及高等院校相关专业师生参考用书。

图书在版编目(CIP)数据

页岩油地球物理勘探技术及应用 / 王大兴等编著.
—北京:石油工业出版社,2023.8
(鄂尔多斯盆地页岩油勘探开发理论与技术丛书)
ISBN 978-7-5183-6097-0

Ⅰ.①页… Ⅱ.①王… Ⅲ.①鄂尔多斯盆地–油页岩–地球物理勘探–研究Ⅳ.①F618.120.8

中国国家版本馆 CIP 数据核字(2023)第 119726 号

出版发行:石油工业出版社
  (北京安定门外安华里 2 区 1 号　100011)
  网　址:www.petropub.com
  编辑部:(010)64523757　图书营销中心:(010)64523633
经　销:全国新华书店
印　刷:北京中石油彩色印刷有限责任公司

2023 年 8 月第 1 版　2023 年 8 月第 1 次印刷
787×1092 毫米　开本:1/16　印张:19.75
字数:506 千字

定价:160.00 元
(如出现印装质量问题,我社图书营销中心负责调换)
版权所有,翻印必究

《鄂尔多斯盆地页岩油勘探开发理论与技术丛书》

编 委 会

主　任：付锁堂　何江川

副主任：李忠兴　石道涵　李松泉　吴志宇

编　委：（按姓氏笔画排序）

　　　　　王大兴　王兴龙　石玉江　刘汉斌　刘显阳
　　　　　孙华岭　李彦录　李宪文　李楼楼　吴学升
　　　　　张矿生　屈雪峰　赵继勇　秦百平　徐黎明
　　　　　高春宁　郭自新　唐梅荣　雷启鸿　慕立俊

《页岩油地球物理勘探技术及应用》编写组

主　　编： 王大兴　石玉江

副 主 编： 赵　勇　马世清　张　杰

编写人员： 赵玉华　周金昱　高静怀　王长胜　毕明波
　　　　　　秦百平　陈　娟　张　鹏　王艳梅　吴德明
　　　　　　张少华　黄黎刚　刘之的　史炳程　王昌学
　　　　　　黄　研　孙博文　刘乃豪　郭清娅　陈　鹏
　　　　　　杨　阳

序 FOREWORD

鄂尔多斯盆地是中国第二大沉积盆地，石油天然气资源丰富。自20世纪70年代起，经过几代石油人的艰苦创业、拼搏进取，油气勘探开发取得了举世瞩目的成就。2018年以来，中国石油长庆油田公司（以下简称长庆油田）深入贯彻习近平总书记"大力提升勘探开发力度"的重要批示精神，制订实施了"二次加快发展"战略，推动油气产量持续攀升；2020年12月27日，长庆油田年产油气当量跨上6000万吨的历史新高点，攀上国内油气田产量最高峰，建成中国首个年产6000万吨级别的特大型油气田，开创了中国石油工业发展史上的新纪元，在中国石油工业发展史上具有里程碑意义。

北美在页岩油气勘探开发中，经历60余年不断探索和反复实践，取得"水平井+水力压裂"技术的巨大成功，掀起非常规油气资源开发高潮。特别是美国近十年页岩油产量年均增速超25%，2019年页岩油产量达3.96亿吨，占其总产量的65%，扭转了其持续24年的石油产量下降趋势，实现了能源自给，改变了世界能源格局，对世界能源供给产生了深远的影响。中国页岩油资源丰富，主要集中于鄂尔多斯、松辽、准噶尔等盆地，发展潜力大；近十余年攻关，页岩油勘探及效益开发关键技术方面已取得重要进展。

2017年以来，长庆油田依托中华人民共和国科学技术部"十三五"重大专项，积极开展鄂尔多斯盆地三叠系长7段典型陆相页岩油攻关研究与试验，优化形成了以地质"甜点"优选、水平井三维优快钻完井、细分切割体积压裂为核心的页岩油开发五大技术系列18项配套技术，建立了以平台化生产组织、工厂化施工作业、全生命周期过程管控为中心的页岩油开发管理体系。鄂尔多斯盆地页岩油勘探开发成果显著，探明我国最大的页岩油田——庆城油田，目前已提交探明储量10.52亿吨；同时率先建成中国首个百万吨页岩油开发示范基地，2020年年产油93.1万吨，2021年预计年产油约120万吨。长庆页岩油开发攻关的重大突破受到业内广泛好评，引起国内外重点关注。中国工程院胡文瑞院士评价"长庆的非常规低渗透技术开发，和北美页岩油气革命一样，堪称世界油气勘探开发史上的一场革命。"

丛书系统梳理了鄂尔多斯盆地页岩油勘探开发的集成创新成果与现场实践经验，集中反映了长庆油田广大科技工作者的辛勤劳动、丰硕成果和新思路、新理论、新方法、新技术、新工艺、新模式。

一是对照国内外典型盆地页岩油地质特征，总结了鄂尔多斯盆地延长组长7段陆相页岩油地质特征、理论及勘探实践，阐述了近年来在鄂尔多斯盆地页岩油勘探实践中取得的发现与突破。

二是通过优化测井系列与采集模式，建立了储层、烃源岩、工程力学定量解释评价技术系列，形成了黄土塬区三维地震页岩油多信息融合"甜点"预测技术系列，实现了对页岩油地质和工程"甜点"的综合评价，助推了页岩油高效勘探开发。

三是系统分析了页岩油储层孔喉结构，明确了页岩油储层渗流机理，攻关形成了页岩油长水平井体积压裂超前补能开发技术，推广水平井多层系立体式、小井距大井丛平台化布井模式，大幅度提高油藏开发水平。

四是以控制储量最大化为目标，集成应用三维水平井优快钻井、复合盐防塌钻井液及高强韧性水泥浆等，配套关键设备、强化钻井参数，形成了大偏移距三维水平井技术，实现了高质量高效率工厂化钻井作业。

五是以提高缝控储量为目标，创新形成"造缝、增能、渗吸"一体化集成压裂，突破了水平井细分切割体积压裂核心技术，实现了可溶金属球座、纳米驱油变黏滑溜水等关键工具材料自主研发，打造了页岩油水平井体积压裂工程技术利器，提高了盆地页岩油单井产量。

随着中国社会经济发展，石油进口量不断增加，对外依存度大幅攀升，迫切需要提高国内石油生产能力。在中国陆上各大油田进入开发中后期、国家石油能源供给对外依存度大幅攀升的情况下，《丛书》的出版必将为指导中国其他盆地页岩油资源实现规模勘探和效益开发发挥重要作用，为推动中国陆相页岩油非常规革命、保障国家能源安全作出新贡献！

前言
PREFACE

鄂尔多斯盆地是一个多旋回坳陷、多沉积类型的大型克拉通盆地，属于多层富含油气的叠合盆地，孕育了四十余套含油气层系（胡文瑞，2000）。在低渗透—致密油气层系建成了我国最大的油气藏。2020年，中国石油长庆油田公司生产油气当量$6036×10^4$t，其中原油完成产量$2466×10^4$t，天然气产量$448×10^8m^3$。自"十三五"以来，长庆油田公司在非常规页岩油领域持续加大攻关力度，2019年在鄂尔多斯盆地发现庆城$10×10^8$t级页岩油田并实现了效益开发，以黄土塬三维地震"甜点"预测和方位成像测井为代表的地球物理勘探技术发挥了重要的支撑作用。为了进一步发挥地球物理勘探技术在非常规页岩油气实际生产中的作用，本书对"十三五"期间页岩油地球物理勘探技术研究成果进行了深入分析、系统研究和全面总结，特别是对示范工程典型区的应用方法和应用效果进行了剖析。

庆城油田位于鄂尔多斯盆地南部的黄土塬区地震勘探是久攻不破的世界级难题。2017年在甘肃省合水县盘克地区首次开展了黄土塬三维地震采集技术攻关，随着近地表调查、可控震源等技术装备的进步，试验成功并全面推广应用了气动钻井、大小型可控震源和井炮激发的"井震混采"及节点仪高灵敏度单点接收的宽方位、高覆盖、高密度三维地震勘探技术（付锁堂等，2020）。可控震源增加了地表道路和障碍物等区的激发点，占比提高到30%；革新采集方式推广节点仪单点接收提高了采集密度和属性均匀性，日放炮时效提高4倍，采集成本下降1/6，覆盖次数由80次提高到320~432次，炮道密度提升至$(52~80)×10^4$道$/km^2$。由此，获得了高品质的黄土塬三维地震原始资料，为长7页岩油"甜点"预测及水平井轨迹设计和导向奠定了资料基础。针对黄土塬地震资料特点和"甜点"预测的地质需求，建立了高保真、高分辨率、高精度地震资料处理流程，创新应用微测井约束网格层析静校正、近地表Q补偿和叠前 Q 深度偏移成像等关键技术，获得了较高品质的地震成像资料。黄土塬三维地震资料处理后，波形特征活跃，地质现象丰富，主要目的层反射清晰，振幅保真性好，目的层地震反射视主频和频宽达到了地质需求。根据庆城油田偶极横波测井资料和大量的超声波与变频测试数据，进行岩石物理分析获得了页岩油储层地球物理响应特征和页岩油储层的敏感地球物理参数，优选了地质和工程"甜点"评价因素。由此，攻关形成了长 7 页岩油"甜点"的烃源岩品质、砂体厚度（岩性）、物性预测、含油性、储层脆性和小断层裂缝（各向异性）"六性"预测关键技术，并将地震预测结合井点地质信息进行神经网络融合，优选页岩油"甜点"区，为井位部署和储量面积圈定提供了依据。研发基于数字化油气藏研究与决策支持平台的水平井三维地震地质导向系统，进行快速速度建模和地震时深转换，形成经过入靶校正后的各种深度域地震叠加、波阻抗和弹性参数（泊松比等）数据体，按"甜点"的构造起伏实时动态导向水平井轨迹，并及时准确预测断层的位置为钻井堵漏提供预警支撑。

在地球物理测井方面，集成推广应用国产化水平井随钻及快速完井测井系列，通过随钻和完井仪器现场试验与评价，优化形成国产化方位伽马成像随钻导向和过钻杆存储式完井测井系列，减少平均完井测井时间，提高了测井时效。通过构建页岩油非均质性评价参数，建立三维测井属性模型，形成了水平井井眼轨迹优化调整导向技术。一方面，通过地震地质模型宏观优化水平井轨迹设计；另一方面，利用方位伽马成像测井和旋转导向调整钻头轨迹，相比邻井未实施方位旋转导向的提高了油层钻遇率。通过精细解释岩石组分、脆性、地应力等关键参数，构建水平段"甜点"综合评价指数，基于储层品质＋工程品质的水平段"甜点"评价技术水平井分段解释符合率达到 94%。

通过三维地震区"甜点"地震地质测井综合优选、小断层裂缝识别、微幅度构造起伏刻画、薄储层预测技术应用，在优选"甜点"平台靶区、优化平台井数、优选目标入靶小层、调整靶前距、设计水平段长度、择优实施顺序及建议导眼控制井，特别是水平井轨迹随钻实时导向等方面发挥了重要的作用。由此，创建了长庆油田页岩油地球物理技术应用与勘探开发相结合的典型示范区。2018 年以来，全面推广应用上述关键技术，三维地震区随钻导向长 7 水平井102口，水平井段砂体钻遇率89.3%，有效储层钻遇率达80.8%，比以往提高10个百分点。在超大平台水平井华H100平台部署完钻水平井31口，建成亚洲最大石油水平井平台，其中利用三维地震完成导向水平井15口，平均油层钻遇率为82.3%，有效动用了由于地面水源区和部分保护区下的地质储量，最大限度地开采页岩油。在三维地震深度域剖面设计华H90-3井超长水平井，在随钻实时导向过程中，地震预测成功预警两个小断层，为该井实施共提供轨迹调整意见10次。该井完钻水平段长5060m，砂体钻遇率95.5%，油层钻遇率88%，再次刷新亚太石油开发最长水平段水平井纪录！

长庆油田按照"直井控藏、水平井提产"的思路，整体部署，充分应用三维地震，地质工程一体化落实储量规模，实现了长7页岩油勘探开发的重大突破。2019年发现了储量规模超10×10^8t、我国最大的页岩油田——庆城油田，探明储量3.59×10^8t。2020年探明储量1.43×10^8t，2021年探明储量5.5×10^8t。累计共探明储量10.52×10^8t，庆城页岩油勘探获重大突破。截至2020年底长庆油田页岩油年产144×10^4t，其中庆城页岩油示范区建产我国首个百万吨页岩油田，年产油93.1×10^4t。截至2021年底，庆城页岩油示范区单井估算最终可采储量达2.8×10^4t，水平井单井投资由3190万元下降至2830万元，平均桶油完全成本47美元，内部收益率6.9%，超过行业基准收益率6%，鄂尔多斯盆地庆城页岩油田实现了效益开发。

本书组织和协调由王大兴、石玉江、赵勇、马世清和张杰完成，全书由王大兴负责组稿。具体各个章节编写人员如下：前言由王大兴执笔完成；第一章由王大兴和毕明波执笔完成；第二章由张鹏和史炳程执笔完成；第三章第一节由吴德明执笔完成，第二节由陈娟和吴德明执笔完成，第三节由陈娟执笔完成，第四节由高静怀和杨阳执笔完成；第四章第一节由赵玉华和张杰执笔完成，第二节由王大兴、毕明波和张杰执笔完成，第三节由张杰、毕明波、刘乃豪、王大兴执笔完成，第四节由张杰和毕明波执笔完成；第五章由周金昱、王艳梅和张少华执笔完成；第六章由王长胜、孙博文、张少华和郭清娅执笔完成；第七章第一节由张杰和毕明波执笔完成，第二节由王大兴和黄黎刚执笔完成；第八章第一节由赵玉华执笔完成，第二节由张杰和王长胜执笔完成，第三节由王大兴和石玉江执笔完成；结束语由王大兴和石玉江执笔完成。王大兴和石玉江负责全书统稿与审定。本书编写过程中得到了原中国石油长庆油田公司执行董事、党委书记付锁堂和总经理何江川等领导的大力支持和指导，编写资料中也引用了中国石油长庆油田公司和中国石油集团东方地球物理勘探有限责任公司等单位及科技人员的共同成果。值此本书正式出版之际，笔者谨向他们表示衷心的感谢！

由于编写者水平有限，书中难免存在不妥之处，诚恳希望广大读者批评指正。

目录 CONTENTS

第一章　黄土塬地震勘探概况 ……………………………………………… 1
　第一节　勘探历程 …………………………………………………………… 1
　第二节　勘探现状 …………………………………………………………… 4
　第三节　页岩油藏地质特点、预测难点和技术需求 ……………………… 6

第二章　黄土塬三维采集技术 …………………………………………… 11
　第一节　黄土塬的特点和地震采集难点 ………………………………… 11
　第二节　三维地震采集关键技术 ………………………………………… 21
　第三节　三维地震采集效果 ……………………………………………… 63

第三章　黄土塬关键处理技术 …………………………………………… 67
　第一节　黄土塬三维地震资料特点 ……………………………………… 67
　第二节　三维地震关键处理技术 ………………………………………… 77
　第三节　三维地震处理效果 ……………………………………………… 111
　第四节　高分辨率处理新技术 …………………………………………… 116

第四章　页岩储层预测技术 ……………………………………………… 125
　第一节　页岩油解释技术 ………………………………………………… 125
　第二节　页岩油岩石物理分析 …………………………………………… 137
　第三节　页岩油储层地质"甜点"预测 ………………………………… 148
　第四节　页岩油储层工程"甜点"预测 ………………………………… 169

第五章　页岩油纵向"甜点"测井评价技术 …… 179

第一节　页岩油测井评价参数体系 …… 179
第二节　页岩油烃源岩评价 …… 181
第三节　页岩油储层参数评价 …… 189
第四节　页岩油工程力学参数评价 …… 200
第五节　页岩油纵向"甜点"综合评价 …… 206

第六章　页岩油水平井横向"甜点"测井评价技术 …… 218

第一节　页岩油水平井环境校正 …… 218
第二节　页岩油水平段储层品质评价 …… 232
第三节　页岩油水平段工程力学品质评价 …… 240
第四节　页岩油水平段"甜点"综合评价 …… 249

第七章　页岩油"甜点"综合评价与水平井一体化导向 …… 259

第一节　"甜点"综合预测及评价 …… 259
第二节　水平井一体化导向 …… 264

第八章　庆城油田应用实例 …… 272

第一节　概况 …… 272
第二节　页岩油地球物理技术应用及效果 …… 274
第三节　页岩油地球物理技术评价 …… 288

结束语 …… 293

参考文献 …… 295

第一章 黄土塬地震勘探概况

鄂尔多斯盆地黄土塬地震勘探历经 5 个阶段发展，创新形成了以井震混采、甜点预测、水平井导向为核心的高精度宽方位黄土塬三维地震采集处理解释和地质工程一体化技术，在南部黄土塬区页岩油高效勘探开发大面积推广应用中取得了突出的效果。

第一节 勘 探 历 程

鄂尔多斯盆地南部主要被巨厚黄土塬覆盖，面积约为 $15×10^4 km^2$，占盆地面积的 60%。该区油气资源量非常丰富，长庆油田大部分石油勘探开发区和部分天然气勘探区均位于该区域（图 1-1-1 和图 1-1-2）。黄土塬区低降速层极厚（100～300m，局部 500m）、低速层速度极低（400～800m/s）、地表激发接收条件极差、近地表吸收衰减极严重、原始资料信噪比极低五大特点，被誉为地震勘探的世界级难题。黄土塬地震勘探始于 20 世纪 70 年代初期，历经 5 个阶段（沟中弯线、黄土塬二维直测线、黄土塬网状三维、二维非纵和"两宽一高"三维），随着近地表调查技术、节点单点检波器和可控震源激发技术和设备的进步（赵邦六等，2005，2021；汪恩华等，2013；阎世信等，2002），经过几代人不懈追求和努力，终于攻克了黄土塬地震勘探这个世界级难题（付锁堂等，2020）。

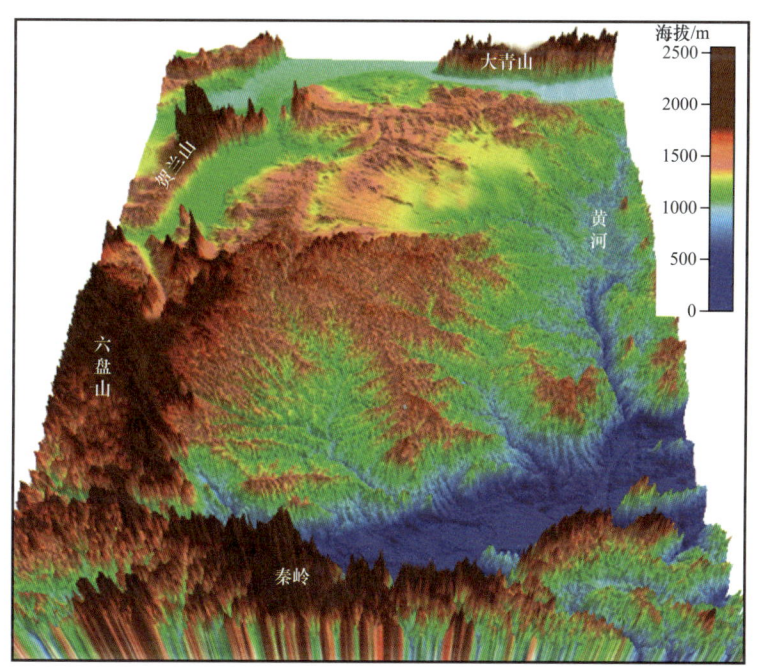

图 1-1-1 鄂尔多斯盆地现今地貌图

一、沟中弯线地震勘探技术

鄂尔多斯盆地本部平缓的构造，为黄土塬区地震沿沟布设弯曲测线创造了条件。自1970年以来，沟中弯线地震资料在长庆油田初期勘探中发挥了极大作用，截至2005年，所有的沟系基本上都实施了沟中弯线地震。这一阶段的主要勘探目的层系是三叠系延长组长3段以上及侏罗系的浅层构造油藏。由于沟中激发与接收基本均在老地层中进行，因此所获原始记录视主频较高，高频端含60～80Hz反射信息。水平叠加剖面浅中深反射齐全，主次分明，地质现象清楚，通过刻画前侏罗纪古地貌形态及侏罗系延安组延9段底部反射层的构造形态，找到了一大批浅层高效目标。但是弯线沿沟布设的特点，决定了其地震测网不规则，地震测线难以闭合，构造误差较大，难以满足浅层构造油藏精细勘探及储层预测的需求。

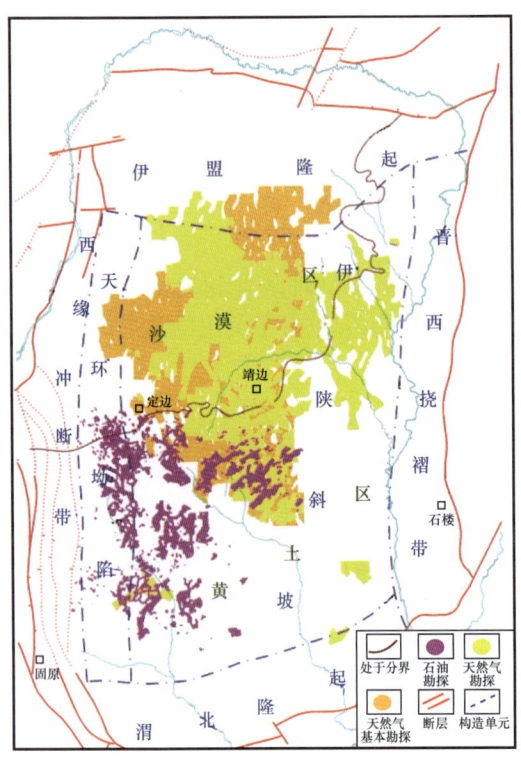

图1-1-2　鄂尔多斯盆地黄土塬与沙漠分界及油气分布图

二、黄土塬二维地震勘探技术

黄土塬二维测线地震勘探攻关始于20世纪70年代，经过20多年艰苦探索，于90年代末终于取得重大突破，经过不断攻关，在改变采集方法的同时，加强了地表岩性调查及室内处理技术研究。采集方式由一线接收发展到三线接收，地震资料覆盖次数增加到120次以上，地震波的传播能量得到加强。与此同时，室内攻克了静校正及去噪技术难题，地震资料品质大为改善，得到了可用于岩性勘探的地震资料。这一时期的地震预测由构造逐渐向岩性预测转变。在岩石物理分析基础上，发展了地震波形分类、地震相分析、波阻抗反演及吸收衰减含油砂体地震预测等技术，刻画了长6段及长8段砂体的展布，初步落实了主要目的层油藏规模，在西峰油田长6段及长8段的石油勘探中发挥了重要作用。但是黄土塬二维测线信噪比和分辨率总体较低，难以满足岩性精细勘探的需求。

三、黄土塬网状三维地震勘探技术

网状三维，即施工排列不是规则的线束状，而是网状。该方法的指导思想是以树枝状水系为依托，将激发与接收尽可能地布设在沟中老地层，进而获得沟系间黄土塬下方的地震信息。

1999年，长庆油田物探处与俄罗斯全俄地球物理研究院合作，在庆城南庄地区利用刘八沟水系97条冲沟，开展了国内首例庄8井网状三维地震勘探，摸索出了一套网状三维地震设计、采集、处理技术和工作流程（蒋加钰等，2005），并成功地获得了62km²的三维地震资料。采集排列分8个排列小区，84条接收线。大部分激发点和接收点选在沟中老地层出露处，小部分为联络跨塬支沟而摆放在黄土塬上。沟中单井或双井激发，井深15m，药量6~8kg，塬上9口井组合激发，井深9m，单井药量3kg。检波器线性或面积组合，面元50m×50m。野外采集面积约66.32km²，覆盖次数1~443次，由于沟、塬接收线的差异（沟塬高差最大可达300m）造成频率成分不均匀，地震资料主频变化范围为15~40Hz，频宽差异也较大，从10~40Hz到15~80Hz，首次获得鄂尔多斯盆地巨厚黄土塬区三维数据体。它不仅填补了黄土塬地区三维地震方法的空白，更重要的是探索了黄土塬区地震勘探新途径。该方法适用于水系密集且易施工的地区，地质目标为"小而肥"的侏罗系油藏。受地形限制，该方法激发点和接收点极不规则，且偏移距小、覆盖次数极不均匀，导致处理差异大、解释可靠性低等问题，不能满足地质目标要求，因而该技术未能推广应用。

四、黄土塬二维非纵向地震勘探技术

2009年，在庆城油田开展了独具特色的黄土塬非纵向（炮线平行偏离接收线1~1.5km）地震勘探技术攻关，它借鉴了三维地震勘探的优点，采用激发线与接收线分离的方法，适用于地表复杂但地下水平层状介质平缓的地台区，从传统的二维线元叠加过渡到类似三维的面元叠加，提高了目的层的压噪效果，从而提高了资料的信噪比和分辨率。非纵向二维地震覆盖次数可达288次以上，资料品质较以往所有黄土塬二维测线有所提高。利用非纵向地震成果，开展了一系列的储层含油性预测方法研究，形成了分频能量对比分析、吸收衰减、高亮体及叠前泊松比反演等含油砂体预测技术，实现了岩性预测向含油砂体预测的转变，可精细刻画长6段、长8段的油藏规模，为勘探开发井位部署及有利区优选提供了有利的技术保障。同时，针对长7段页岩油储层特点，形成了烃源岩性质评价、时频分析砂体厚度预测及叠前高亮体含油性预测等技术，为长7段页岩油勘探开发提供了技术支撑。由于非纵二维观测系统采集方位角较窄，还是达不到常规三维地震噪声压制效果，也达不到宽方位三维地震聚焦反射能量的作用，因此，古生界及深层的反射品质较差，无法满足鄂尔多斯盆地多层系油气勘探开发，特别是开发水平井地质导向的技术需求。

五、三维地震勘探阶段

从2017年开始，长庆油田公司开展黄土塬宽方位高覆盖三维地震技术试验攻关（付锁堂等，2020），重点围绕黄土塬区页岩油"甜点"预测及综合评价，针对巨厚干燥黄土地震波吸收衰减作用强、黄土塬上障碍物密集、炮点布设难和储层内幕反射成像精度低等难点，试验成功了黄土塬区独特的井炮和低频可控震源联合激发（井震联合激发）的宽方位高覆盖三维地震采集技术。依托国家科技重大专项"鄂尔多斯盆地致密油开发示范工程"，选择位于甘肃省陇东黄土塬的庆阳市合水县和宁县境内的盘克地区，形成黄土塬宽方位三维地震页岩油"甜点"综合评价示范技术，为油藏评价、井位部署和开发水平井轨迹导向提供了重要的技术支撑。

盘克黄土塬攻关区通过优化观测系统后，采用32线5炮200道，面元为20m×20m，排列片观测总道数达到6400道，覆盖次数320次，炮道密度达到$80×10^4$道/km²，目标层实现全方位观测，摒弃了窄方位观测系统的缺陷，为非均质"甜点"储层三维空间精细刻画和微裂缝检测提供了高保真地震数据。为页岩油"甜点"预测及指导水平井轨迹设计奠定了资料基础。该项技术引领了未来鄂尔多斯盆地南部黄土塬区地震采集技术发展的方向，标志着地震技术在黄土塬区非常规油气复合叠置区勘探与开发中实现了历史性转变和突破（付锁堂等，2020）。

第二节 勘探现状

围绕黄土塬区页岩油"甜点"储层预测的地质目标，针对巨厚干燥黄土地震波吸收衰减作用强、黄土塬上障碍物密集、炮点布设难和页岩油储层内幕反射成像精度低等难点，依据近年来鄂尔多斯盆地黄土塬地震采集中取得的丰富经验和技术方法，进行有利于提高激发能量、提高覆盖次数、保真去噪、采集属性均匀、适于叠前参数反演和裂缝检测的观测系统设计，开展了复杂黄土塬区激发和接收采集参数现场试验及优选研究工作。

通过地质、测井、地震资料综合研究，鄂尔多斯盆地中生界延长组长7段页岩油"甜点"储层具有非均质性强、储层与围岩地震波阻抗差异小、"甜点"储层纵向结构复杂的特点。"全方位、高覆盖"观测系统有利于压制噪声，提高叠前偏移成像质量；有利于全波场地震信息采样，提取"甜点"地震属性；有利于叠前反演和各向异性分析，计算杨氏模量及泊松比，从而估算出页岩油"甜点"储层的脆性、裂缝密度、孔隙度、TOC（总有机碳）四要素，满足页岩油"甜点"预测需求。

为确保激发效果和获得深层反射能量，提高激发点密度和覆盖次数，创新提出了黄土塬区井炮和低频可控震源联合激发的三维地震勘探技术。针对黄土塬上障碍物密集、"炮点"布设困难、安全隐患大、井炮激发小药量带来的能量较弱等问题，借助上述先进的激发技术，为确保激发能量和增加采集覆盖次数，首次在黄土塬地区开展低频可控震源激发攻关试验取得成功。黄土塬低频可控震源采用长信号连续激发，获得了足够的激发能量，相对于井炮激发降低了黄土塬疏松地层对高频能量的吸收衰减，绝大部分震源能量用于产生传入地下的弹性波。同时可控震源相关技术使得外界环境噪声的影响受到压制，初值清楚，高频段信噪比获得显著提升，确保了地震资料品质。并且可控震源激发降低了房屋、道路等人文设施的损害影响，增加了三维区激发点密度，解决了黄土塬上大面积障碍物密集区炮点布设的大难题。而后，通过检波器接收方式参数优选、精细表层结构建模和浅表层吸收补偿技术，大幅度提高了采集资料品质和采集施工效率。因此，黄土塬低频可控震源激发具有能量强、频带宽、安全风险小、环保高效和资料品质好而稳定等优点，在黄土塬、梁、沟等平坦地区和乡村小路大道均可推广应用。高性能低频可控震源和井炮因地制宜、灵活应用（图1-2-1），一举突破了黄土塬区制约地震品质提高的技术瓶颈。

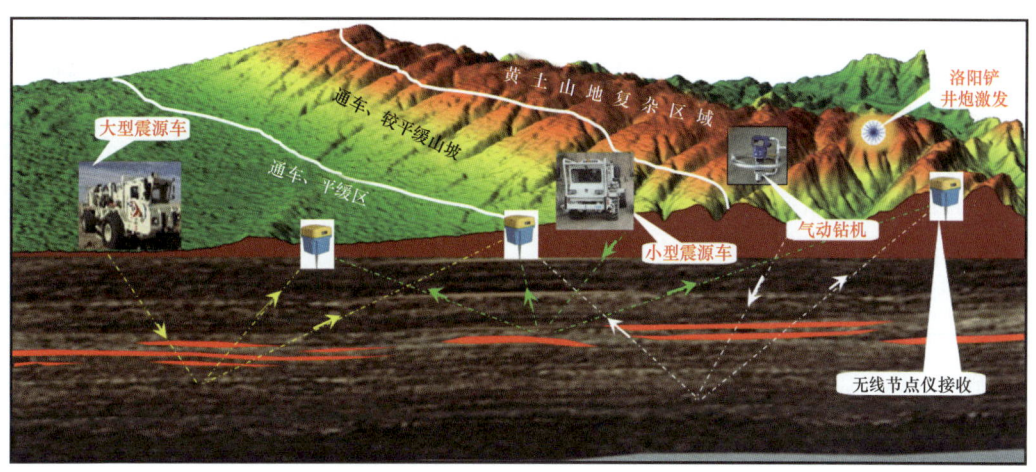

图 1-2-1　鄂尔多斯盆地黄土塬三维地震采集施工示意图

盘克三维是鄂尔多斯盆地黄土塬区三维地震勘探的里程碑，通过激发设备研发和革新采集方式，首创黄土塬区井炮与可控震源激发的宽方位、高覆盖和高密度三维勘探采集技术，攻克了巨厚黄土塬地震三维地震采集技术瓶颈。该块三维地震成功实施，拉开了盆地南部黄土塬区三维地震勘探的序幕，从2018年实施演武北三维地震（300km²）开始，到2021年完成国内最大的单块页岩油三维地震——合水三维（1500km²），4年期间在鄂尔多斯盆地南部复杂的黄土塬地貌区，已完成三维地震合计面积5663km²（表1-2-1、图1-2-2和图1-2-3）。针对页岩油形成了地质"甜点"和工程"甜点"综合预测技术，有效支撑了庆城油田 $10×10^8t$ 页岩油探明储量提交。攻关形成的黄土塬三维地震示范技术引领盆地地震发展方向，推广应用后，取得五方面成效：（1）全面推广无线节点提时效，

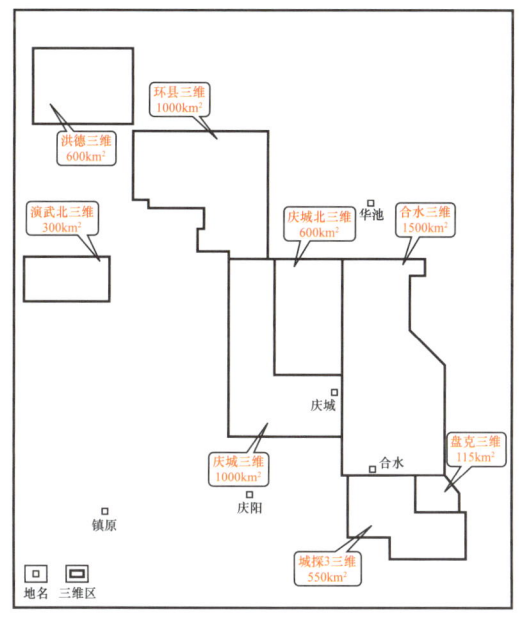

图 1-2-2　鄂尔多斯盆地黄土塬三维地震位置图

图 1-2-3　陇东黄土塬地区地形分布图

日放炮由演武北三维地震616炮提高到庆城三维2531炮,提高了6倍;(2)研制小型可控震源,因地制宜、灵活运用大小可控震源,可控震源占比由原来5.2%提到庆城北三维的30.4%,提高了6倍,野外采集成本降低1/6;(3)黄土塬特色处理技术提品质,视主频由原来25~28Hz提高到32~35Hz,提升了5Hz左右;(4)砂体、构造和断层解释精度由原来的15~20m提升至5~10m;(5)"甜点"预测水平井导向增效益,水平井段油层钻遇率提升了10%。

表 1-2-1 陇东黄土塬地区三维地震情况表

序号	工区名称	采集年度	采集方式	覆盖次数	炮道密度/(10^4道/km^2)	面积/km^2	备注
1	庄8	1999	井炮,串检波器	1~443	稀疏不规则	62	网状三维
2	盘克	2017	井炮+可控震源,串检波器	320	80	113	国家示范工程项目第一块黄土塬三维地震井震混采试验
3	演武北	2018	井炮,串检波器	420	52.5	300	常规地震
4	庆城北	2019	井炮+可控震源,节点仪与单点检波器试验	414	51.75	600	第一块单点检波器接收
5	洪德	2019	井炮+可控震源,节点仪采集	432	54	600	节点仪采集全面推广应用
6	庆城	2020	井炮+可控震源,节点仪采集	432	54	1000	节点仪采集全面推广应用
7	城探3	2020	井炮+可控震源,节点仪采集	414	51.75	550	节点仪采集全面推广应用
8	环县	2021	井炮+可控震源,节点仪采集	629	66.1	1000	节点仪采集全面推广应用
9	合水	2021	井炮+可控震源,节点仪采集	552	69	1500	节点仪采集全面推广应用
合计						5729	

第三节 页岩油藏地质特点、预测难点和技术需求

鄂尔多斯盆地页岩油储层发育于三叠系延长组长7段薄层粉砂细砂岩,主要为深湖的重力流和三角洲沉积(杨华等,2016)。"十三五"以来,长庆油田围绕盆地长7段页岩油藏进行规模勘探评价,持续深化地质理论认识(贾承造等,2017),加大工程技术攻关,落实了湖盆中部重力流夹层型页岩油和湖盆周边三角洲前缘夹层型页岩油两大增储上产领域,形成了陇东与陕北两大含油富集区带,展现了盆地长7段油藏含油大场面(图1-3-1)。湖盆中部:近6000km^{2}有利范围得到控制,整体规模储量有望达$30×10^8$t。湖盆周边:三角洲含油砂带甩开勘探,陕北发现新的含油富集区约2600km^2,储量规模$10×10^8$t(付锁堂等,2021)。

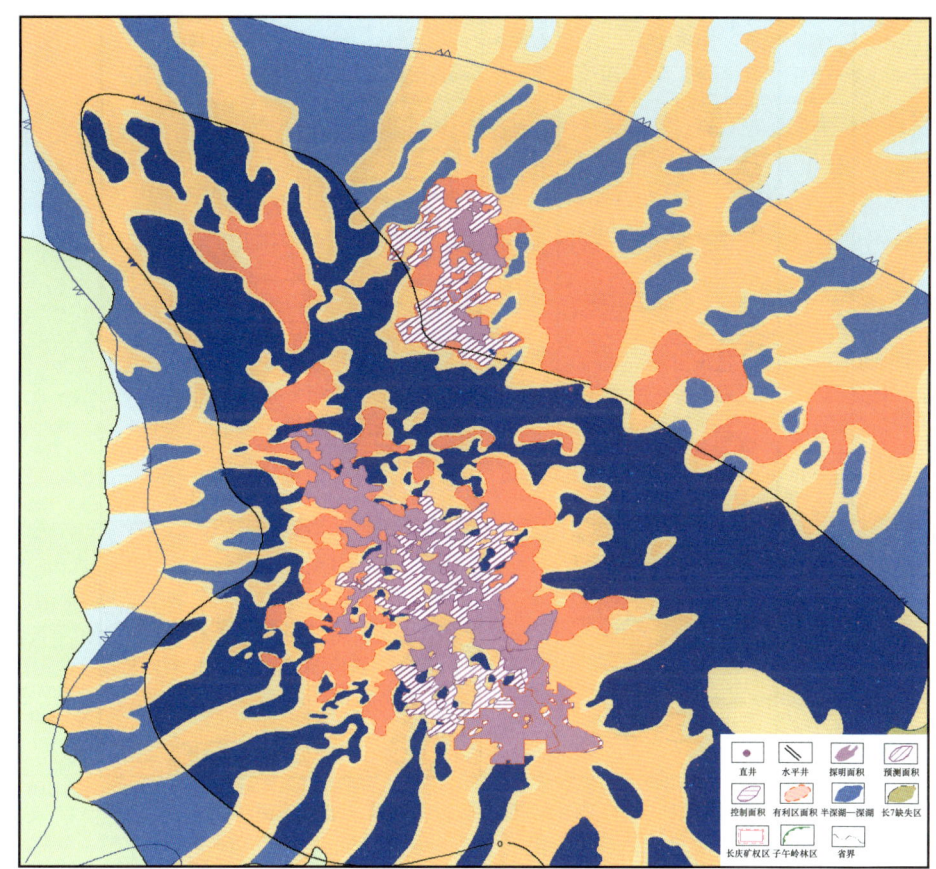

图 1-3-1 鄂尔多斯盆地长 7 段页岩油勘探成果图

一、油藏地质特征

鄂尔多斯盆地三叠系延长组长 7 段为典型的湖相优质烃源层内油气聚集成藏，储集层以细砂岩、粉砂岩为主，具有"自生自储、源内聚集"的夹层型特征。纵向上依据沉积旋回特征及岩性发育特征，将长 7 油层组划分为长 7_1、长 7_2、长 7_3 三段（图 1-3-2）。长 7_2、长 7_1 主要发育半深湖—深湖重力流、三角洲前缘两种沉积类型砂体（付金华等，2015）。长 7_1、长 7_2 为泥页岩夹多期薄层粉细砂岩的岩性组合，是目前页岩油勘探开发的主要对象。

长 7 段页岩油藏的分布和主要参数特征为：黑色页岩主要分布于深湖环境，面积达 $4.3 \times 10^4 km^2$，黑色页岩厚度 5～25m，有机质类型主要为 II_1 型和 I 型，有机碳含量平均为 13.81%；暗色泥岩主要分布于半深湖—深湖环境，面积达 $6.2 \times 10^4 km^2$，暗色泥岩厚度 5～40m，有机质类型主要为 II_1 型和 II_2 型，有机碳含量平均为 3.75%；长 7 砂体纵向上旋回特征明显，单砂体间泥质夹层丰富，单砂体厚度平均值 3.5m，砂地比平均值 17.8%，长 7_1、长 7_2 砂体累计厚度 10～20m，油层 2～10m；孔隙度中等，为 6%～12%，孔隙半径 2～8μm，微纳米孔隙占总孔隙体积的 65%～86%；渗透率极低，为 0.03～0.1mD；含油饱和度高达 70%，气油比高达 80m³/t 以上。

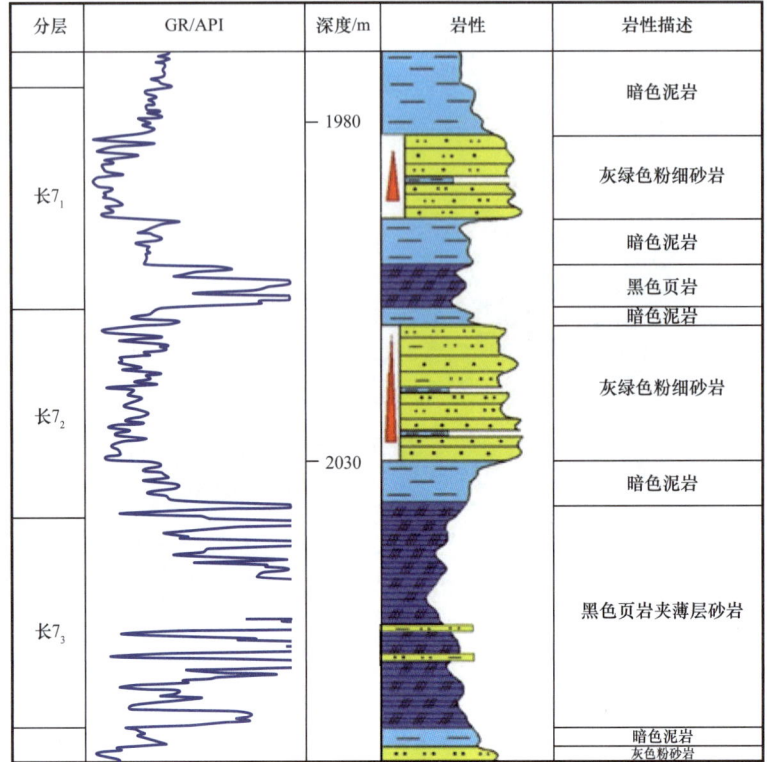

图 1-3-2 鄂尔多斯盆地长 7 段页岩油藏模型

二、预测难点

长 7 段页岩油"双甜点"主要有 3 个特点：一是单层甜点厚度小于 5m，叠合厚度平均 10m，纵向砂泥交互发育，横向变化快；二是页岩含油饱和度整体较高，储层主要受物性控制而渗透率极低；三是脆性矿物含量高、裂缝发育。页岩油这三个特点，给地震预测带来的最大的挑战就是薄储层及含油性、物性及裂缝预测的问题。这就要求地震资料有较高的分辨率和信噪比、高质量的道集资料。但是黄土塬区地震地质条件复杂多变，地震激发和接收条件非常差，导致地震资料干扰波发育、静校正问题突出、高频吸收衰减严重、资料分辨率及信噪比极低（王大兴等，2017），地震处理面临 3 个难点：一是初至干扰太严重，初至拾取难度很大，造成静校正、叠前去噪和一致性保真处理问题突出；二是受障碍物及地形的影响，炮检点分布不均匀，资料空道多，采集脚印明显，进而影响数据规则化及偏移效果，造成 CMP、CRP 道集无法满足叠前储层预测的要求，OVT 螺旋道集品质无法满足叠前裂缝预测的要求；三是低信噪比资料特别是道集资料影响速度建模精度、叠加及偏移成像效果。因此，形成针对页岩油目标的采集处理解释一体化技术是提高页岩油地震预测精度的最佳解决方案。

三、技术需求

按照长庆油田页岩油"直井控藏、水平井提产"的工作思路，充分全面应用地震、地质工程一体化落实"甜点"分布，为规模储量落实提供依据。页岩油开发要求地震在"甜点"靶区优选、面向开发小层的薄储层预测、深度域储层空间展布刻画、精细油气藏描述和精准的三维地震地质建模的基础上，对水平井部署、轨迹设计、随钻导向预警和压裂工程改造方面进行技术支撑。针对长庆油田页岩油水平井开发方式对地震的需求，形成了长庆油田水平井地震"7个好"支撑方案。

1. 水平井开发方式对地震技术的需求

长庆油田页岩油水平井以大井丛平台（10口以上）、立体式开发方式（长7_1和长7_2）为主（图1-3-3），给地震技术提出了3个需求：一是页岩油非均质储层平面分布及纵向砂体结构预测，横向页岩油水平井导向预测精度要求高，至少刻画5～10m幅度的微构造起伏和小断距，纵向页岩油水平井入靶和轨迹导向要求识别5m以上块状砂岩，制导20cm钻头其夹层中穿越；二是"甜点"区综合评价和水平井部署及导向，提高油层钻遇率和钻井时效；三是支撑水平井完井工程压裂改造参数优选，提高压裂的效果和效率。

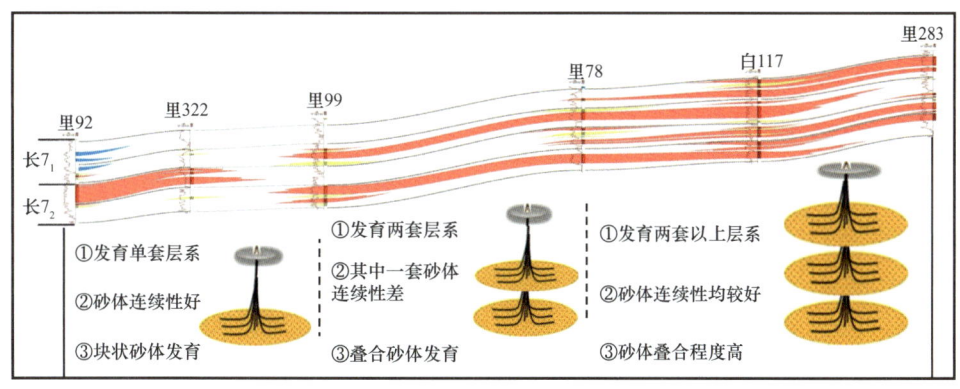

图1-3-3　鄂尔多斯盆地庆城油田长7段油层水平井设计剖面图

针对页岩油水平井技术需求，通过加强页岩油地震技术配套攻关，从单项技术攻关，到"甜点"综合表征描述，再到水平井随钻导向和压裂支撑，形成了长庆油田页岩油水平井地震"7个好"的支撑方案，在庆城油田页岩油勘探开发中推广应用取得了较好的成效。

2. 页岩油水平井地震"7个好"支撑方案

页岩油水平井地震支撑从轨迹设计到导向及压裂工程支撑，主要在3个阶段要做到"7个好"：静态设计阶段要求一是获得好三维地震资料，二是选好地质工程"双甜点"，三是分类型分层系定好水平井井位，四是在三维地震深度域剖面设计好轨迹；动态调整阶段需要地震地质测井联手入好靶和地震地质工程一体化实时导向好水平井轨迹；钻后试油阶段就是在地震预测水平井井筒四周"甜点"分布基础上，测井优化压裂段簇、优选压裂规模支撑好压裂施工。

鄂尔多斯盆地黄土塬地震勘探技术伴随着长庆油田发展不断进步卓有成效地走过了五十年历程，通过前三十年探索二维地震应用于两个侵蚀面附近油气田勘探开发，到21

世纪前十五年宽线二维地震和非纵窄方位地震勘探落实油气富集区带支撑长庆油田 5000 万吨上产稳产，特别是 2017—2021 年来形成的宽方位高覆盖高密度黄土塬三维地震勘探技术为长庆油田上 6000 万吨和更高产量及稳产提供了重要的技术支持。上述效果得益于公司的整体部署决策和顶层设计理念，从而在黄土塬区实施大面积井震混采三维地震立体勘探；得益于地震采集设备和技术变革性进步，因地制宜创新黄土塬特色的可通过性可控震源和各类气动钻机，全面应用节点仪单点高灵敏度检波器采集，黄土塬地震资料采集质量得到大幅度提升；得益于不断创新黄土塬微测井约束网格层析静校正、近地表吸收衰减补偿提高分辨率、叠前 Q 深度偏移成像等三维地震处理技术，攻克了巨厚黄土塬三维地震处理瓶颈，获得了高品质成像资料；得益于通过地震地质工程一体化攻关，形成了成熟的三维地震油气预测技术和页岩油"六性"为主的"甜点"预测技术系列，集成研发了水平井一体化实时导向系统，推广应用上述技术在鄂尔多斯盆地高效油气勘探开发中取得了突出的成效。

第二章　黄土塬三维采集技术

鄂尔多斯盆地黄土塬被誉为地震勘探禁区，该区域沟壑纵横、塬峁交错、地表起伏剧烈（高差为100～300m），黄土层巨厚疏松，工农业设施分布密集，地表激发接收条件差。地震勘探工作面临激发点位均匀放样难度大、地震波高频能量吸收衰减严重、资料信噪比低等技术难题，同时受采集设备限制、采集高成本等因素的制约，常规三维地震难以在复杂黄土塬发挥应有的作用。2017年依托国家科技重大专项"鄂尔多斯盆地致密油开发示范工程"，开展面向致密油开发的复杂黄土塬井震混采宽方位三维地震采集技术攻关，取得了显著成效，开启了鄂尔多斯盆地黄土塬全面三维地震采集的新局面。近年来通过持续技术攻关、优化与完善，创新形成了以"宽方位、高覆盖、适中面元"为核心，配套超深微测井黄土塬近地表结构调查、黄土塬复杂地貌条件下均匀点位布设、井震联合激发、高灵敏度宽频单点（节点）接收、高效采集技术为一体的黄土塬页岩油开发三维地震特色采集技术系列，为鄂尔多斯盆地页岩油建产开发提供了有效的物探技术对策，技术可示范性强、推广意义大。

第一节　黄土塬的特点和地震采集难点

一、黄土塬的特点

1. 黄土塬表层条件

1）地形地貌特征

黄土塬经过长期风化、侵蚀切割后，形成形态各异的"塬、梁、峁、坡、沟"等复杂地貌（图2-1-1和图2-1-2），海拔1200～1800m，沟塬平均高差约200m。在支离破碎的黄土塬，悬崖、陡坎随处可见，这些特殊的地貌，影响了激发点位布设和采集资料品质。

图2-1-1　庆城北沟壑纵横的黄土塬地貌

图 2-1-2　沟、塬、梁、峁典型地貌图

2）地表设施分布

黄土塬区地表设施复杂，种类多、范围广（图 2-1-3 和图 2-1-4）。塬上较为平坦的地区，庄稼地、果园等地表附着物较多，房屋分布密集，水窖、油井等星罗棋布；梁峁上房子、窑洞依山而建、散落分布、隐蔽性强；川道地区作为交通要道，障碍物更复杂，密度更大。

图 2-1-3　黄土塬地表设施分布特点

图 2-1-4　黄土塬典型障碍照片

2. 黄土地球物理特征

黄土具有"两低两大一连续"基本特点:"两低"指密度低（一般在 $1.3\sim1.7\text{g/cm}^3$）和含水率低，"两大"指孔隙度大（>20%）和吸收衰减大，"一连续"指纵向速度连续变化。黄土的地球物理特性决定了区域地震原始单炮资料呈现低信噪比、低分辨率特点。

1）黄土厚度分布特征

鄂尔多斯盆地黄土塬区黄土层整体较厚，从西向东逐渐变薄。黄土厚度一般为 100～200m，盆地中西部环县、庆阳一带可达 200～400m，盆地东部较薄，一般不超过 50m。根据黄土厚度和物理性质，盆地黄土塬分为 4 个区带：西部干燥黄土山前带、中部较厚黄土区、东部较薄黄土区和北部次生黄土过渡带（图 2-1-5）。

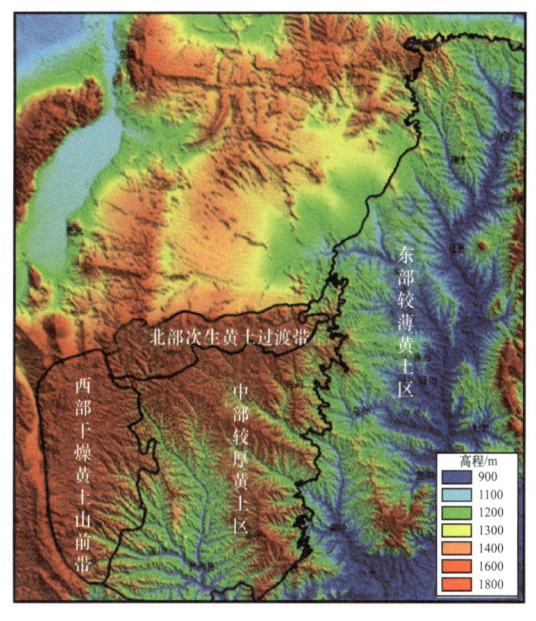

图 2-1-5　鄂尔多斯盆地黄土塬黄土分区图
（底图为地表高程图）

2）黄土的粒度与孔隙度

经过风力长距离的搬运和分选，黄土物质组成具有高度的均一性。黄土粒度以粉砂为主，占比58%~75%；其次为细砂，占15%~32%；黏土占10%左右。黄土粒度组成显示出自西北向东南粗粉粒逐渐减少，黏粒逐渐增加的趋势。黄土高原黄土分为砂黄土、典型黄土和黏黄土三个带（图2-1-6）。黄土中孔隙度一般可达45%~50%，其与黄土粒度和埋深密切相关：埋深越浅、粒度越大，孔隙度就越大。

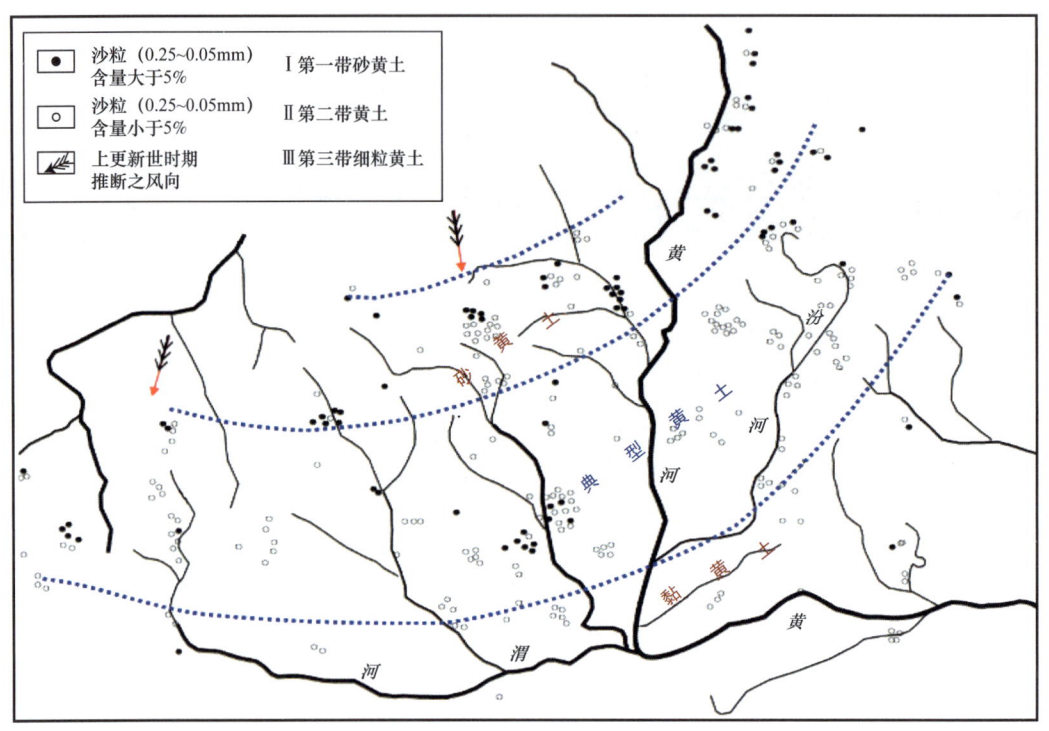

图2-1-6　鄂尔多斯盆地黄土塬黄土粒度的区域与分带（据朱海之，1964）

3）黄土表层岩性、含水性及速度分布规律

黄土塬近地表岩性有黄土、淤泥、胶泥、砾石和砂岩等，地表以下0~3m为干黄土，3~300m为湿黄土、黏土质湿黄土、钙质湿黄土交替分布，下伏古近—新近系胶泥层和白垩系砂岩层，基岩以上的黄土是有规律的层状结构。黄土塬区潜水面较深，海拔较高处潜水面深达几百米，浅地表普遍发育多层含水性较好的湿黄土层，深度在10~24m；表层黄土的含水性和深度没有直接关系，与区域多年平均降雨量、潜在蒸散量、黄土质地等的分布具有密切关系，古土壤的含水量要大于其上下黄土层的含水量。黄土的速度与黄土压实度，即埋深密切相关，一般为300~1000m/s，黄土速度随深度增大而渐变增大（图2-1-7）。

4）黄土对地震波的吸收衰减

黄土具有孔隙度大（>20%）、吸收衰减大特点，吸收衰减的大小与黄土性质、结构和黄土厚度相关，浅地表黄土层干燥、疏松，对各频率段地震波吸收衰减剧烈。因此，为得到具有一定信噪比的目的层反射波，所激发的地震波必须具有足够的能量。

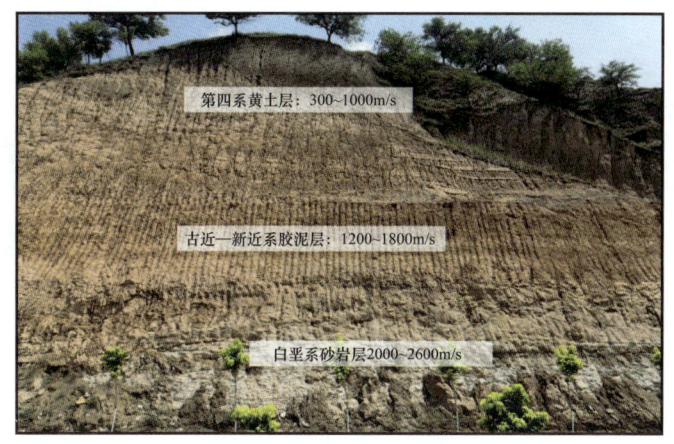

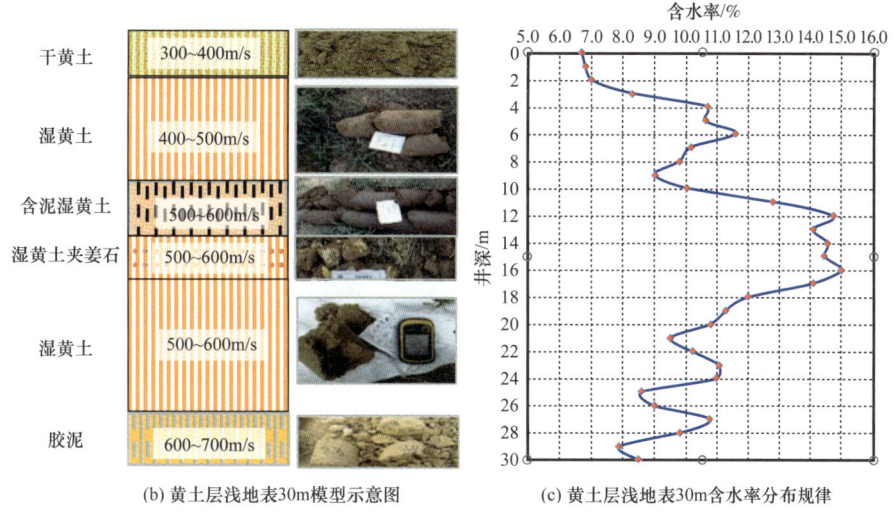

图 2-1-7 黄土断面、黄土层浅地表 30m 模型示意图及含水率分布规律

二、黄土塬三维地震采集难点

黄土塬特殊的表层条件和黄土的地球物理特性决定了黄土塬三维地震采集主要面临 4 个方面的问题。（阎世信等，2002）

1. 全方位高覆盖三维观测方案落地难的问题

（1）激发点位均匀放样难度大。

黄土塬地表条件恶劣，人口稠密，工业设施多，特殊的地形地貌特征造成激发点位无法正常放样到理论点，如陡坡、崖边激发易造成塌方；民房、坟地、水窖等小型障碍物和果树、树林、各类庄稼等地表附着物非常多，井炮激发安全隐患大；特别是在一些大型村镇、厂区、水库、交通要道等区域，井炮激发无法实施。另外，受现场定点人员技术水平和责任心不强影响，部分激发点布设距离障碍物较近，造成后期不能正常采集，激发点缺失。这些客观和主观因素导致激发点位不规则偏点和激发空点，造成采集观测属性的不均匀性和反射空白区（图 2-1-8），影响最终叠加剖面品质。

(a) 障碍物分布图

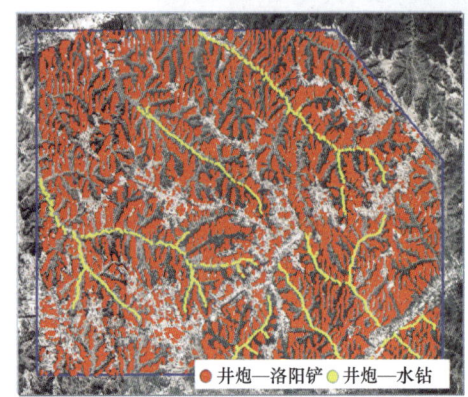

(b) 井炮激发点位分布图

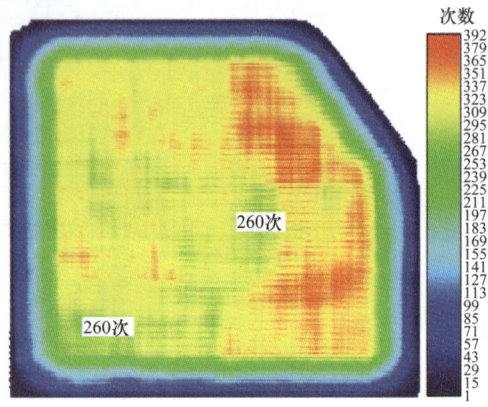

(c) 覆盖次数分析图

图 2-1-8　障碍物分布、激发点位分布及属性分析图

（2）激发药量保障难度大。

复杂障碍物区，由于井炮激发源地滚波易对近距离土窑洞产生较大的破坏作用，导致单炮激发能量无法达到门槛值；另外，受当地民众阻挡影响，部分激发点需拆分放炮，正常设计激发因素不能有效执行，影响资料品质（图 2-1-9）。

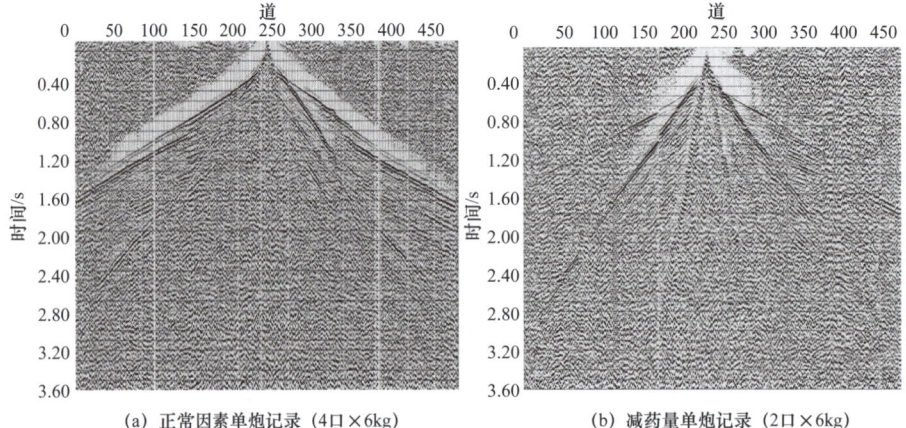

(a) 正常因素单炮记录（4口×6kg）　　　　(b) 减药量单炮记录（2口×6kg）

图 2-1-9　正常因素与减药量单炮资料对比（AGC 显示）

2. 巨厚黄土塬区特低信噪比地震资料品质提升

1）干扰波问题

黄土塬近地表岩性、速度、含水性等各种因素纵横向变化剧烈，各种面波、折射波、多次折射波及次生不规则干扰波发育。干扰波大致可分为两类：一是规则干扰，如面波、折射波、多次折射波；二是不规则干扰，包括随机噪声和由激发所引起的次生干扰，黄土孔隙中的空气作用而发生散射干扰，以及由于地形剧烈起伏、黄土层的非单相介质和各向异性形成的次生干扰。

（1）面波干扰：在黄土塬区，当在干燥黄土中激发时，单炮记录面波干扰很严重。虽然面波在处理中很容易消除，但不会处理彻底，仍然会存在残余噪声，从而会引起振幅非一致性问题（图2-1-10）。（2）多次反射—折射波干扰：当上覆低速层内多次反射波入射到高速层顶面的入射角与临界角相等时，就会产生沿高速层顶面的滑行波，从而形成多次反射—折射波（图2-1-10），在不同的层位激发。多次反射—折射波的传播路径不同，其强弱程度不同，因此选择好的激发岩性很重要。（3）回折波（直达波）干扰：在黄土塬区单炮地震记录中存在一组比较强的干扰波呈"八"字状（图2-1-11），在三维地震采集接收远排列呈"双曲线"状，俗称"八字胡"，由于回折波的出现使"八字胡"内的有效反射减弱，严重影响资料品质。（4）不规则干扰：不规则干扰波主要有微震、低频背景噪声、高频激发噪声及其他外部高频干扰。① 微震是非震源激发产生的地面扰动，如风吹草动、车动人动等外界一切无规律的震动都是微震。② 低频背景噪声是在疏松干燥的黄土层中激发形成的（图2-1-12）。③ 高频激发噪声是在单炮记录中，当分频扫描到高频滤波挡后，记录上出现的非双曲线的杂乱波组（图2-1-12）。

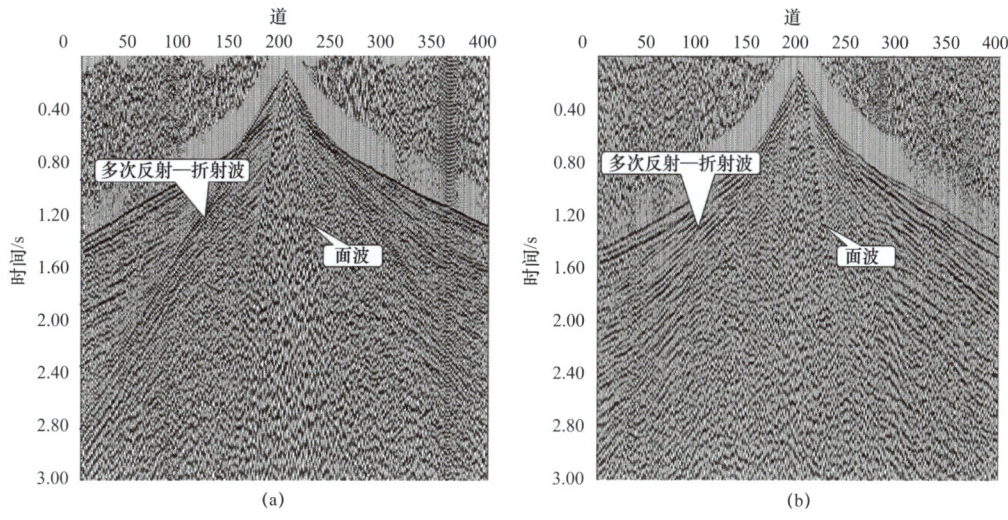

图 2-1-10　黄土塬面波及多次反射—折射单炮记录

2）黄土层对地震波吸收衰减严重问题

黄土层中水分蒸发后，空隙中充满着空气，颗粒之间胶结程度低，炸药激发时产生的高压气体能量释放很快，对围岩的做功时间缩短，且颗粒之间相互摩擦，使大部分能

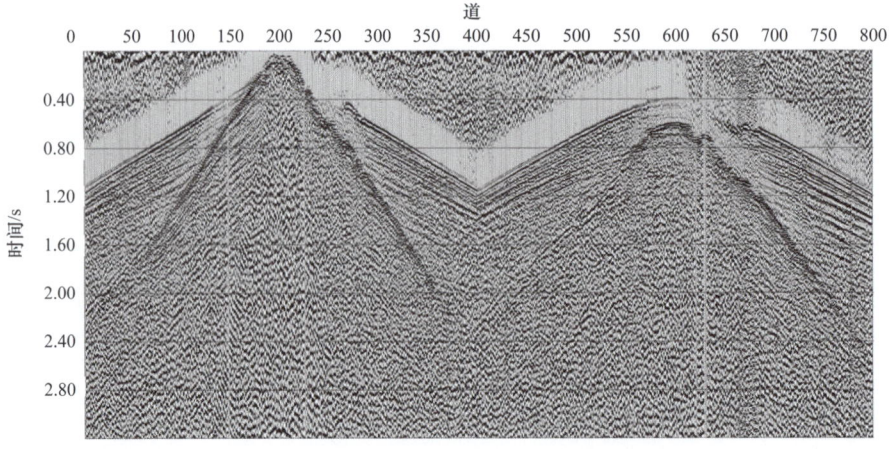

图 2-1-11　黄土塬单炮记录"八字胡"干扰

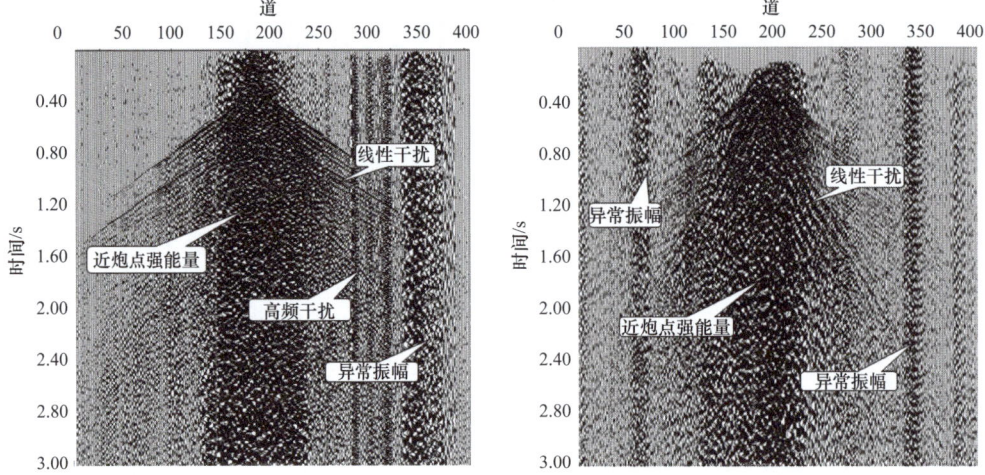

图 2-1-12　黄土塬单炮记录不规则干扰波

量转化成了热能，转化成弹性波的能量十分有限。另外，由表层结构调查数据可知，干燥黄土的速度在 500m/s 左右，深层湿黄土及胶泥的速度在 700~1800m/s，黄土覆盖在老地层之上，老地层的速度大于 2500m/s，黄土层激发时，下伏高速层对地震波产生强烈的屏蔽作用。上述两种因素导致黄土塬区整体原始单炮资料呈现低信噪比、低分辨率的特点，单炮资料视主频为 15~20Hz，目的层优势频率在 10~45Hz（图 2-1-13）。

3）一致性差问题

由于黄土厚度变化剧烈、差异压实作用和地形起伏突变，黄土塬地震波场复杂，横向单炮资料差异大。黄土层非单相介质，巨厚的黄土结构松散，孔隙度达 30%~50%，孔隙中充满空气，层速度 300~1000m/s，且介质各向异性严重；另外，黄土塬区塬上、斜坡、沟中岩性各不相同，地表岩性横向变化大。根据地震激发、接收条件，地震记录质量好坏依次为：沟系中老地层砂岩中激发最好，斜坡胶泥中激发次之，黄土中激发再次，淤泥中最差（图 2-1-14）。

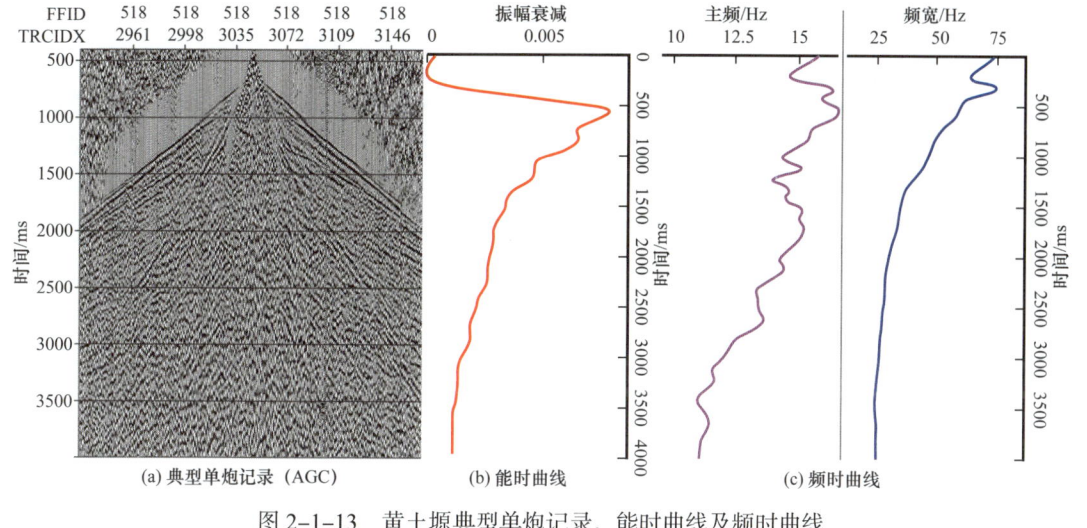

图 2-1-13　黄土塬典型单炮记录、能时曲线及频时曲线

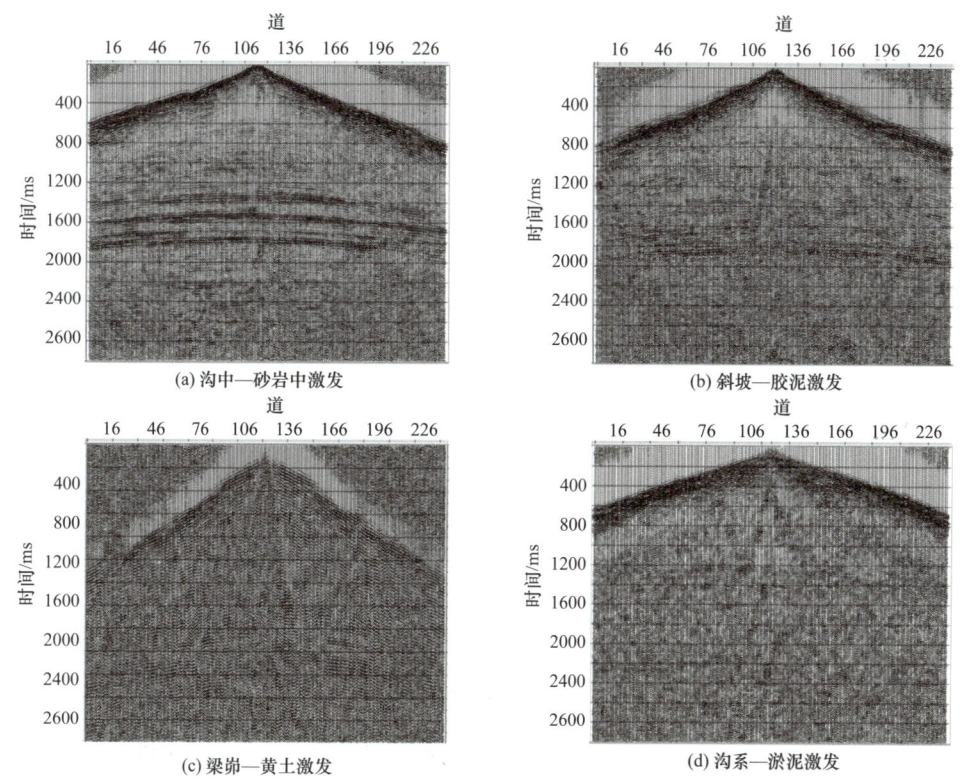

图 2-1-14　黄土塬区不同地貌单元不同激发岩性单炮记录（AGC）

3. 静校正问题

黄土塬区沟壑纵横，地表起伏变化大，高差变化大，导致资料处理中地形校正量变化大。低降速层厚度在横向上变化异常剧烈，速度极不稳定。这些地形的剧烈起伏和黄土厚度的严重差异，造成表层静校正资料获取困难，使短波长静校正直接影响 CMP 道集

的正常叠加质量，长波长静校正直接影响小幅度构造的精度。

短波长静校正是小于最大炮检距的高频分量，对地震资料的主要影响有：导致测线上同相轴连续性较差；波形、振幅和特征的改变不一定与沿测线的地下地质情况严格相关。短波长静校正量误差通常是近地表条件剧烈变化的标志。对于短波长静校正问题已有成熟的处理方法。长波长静校正是大于最大炮检距的低频分量，对地震资料的主要影响有：由CMP叠加拾取的构造时间可能误导解释人员，使解释构造图像发生畸变。长波长静校正误差通常是近地表渐变的标志（刘杰烈等，2009）。

4. 三维地震采集成本高、效率低的问题

"塬梁峁坡沟"复杂多变，生态环境脆弱，机械化施工难以进行，各种设备进入现场均需人抬肩扛，因此勘探成本高、效率低。如洛阳铲钻工不足，由于都不愿意从事洛阳铲钻井工作，导致探区钻工人员逐年锐减，从而进一步影响地震采集钻井工序的效率，延长了钻井周期，增加了采集成本；接收方面如果继续采用传统的多串接收方式生产，按目前的高密度三维采集方案施工，资源配置需刚性提高2~3倍，放线人员配置需刚性增加2~3倍，导致采集成本上涨3~4倍。如何通过三维地震采集方案优化、设备更新升级、管理模式转变，实现地震成效和采集效率提升的双赢局面，也是黄土塬区宽方位高覆盖三维地震实现规模化生产迫切需要解决的问题。

三、页岩油开发对地震资料分辨率需求高

鄂尔多斯盆地黄土塬区油气资料丰富，以长7段页岩油为主的勘探、开发层系，潜力巨大。盆地页岩油储层发育半深湖—深湖沉积，砂体纵向上多期叠置发育，储层呈薄互层发育，为厚度5~20m块状和薄互层砂体，地震相变化快（图2-1-15），受长7_3烃源岩强反射的影响，长7_1、长7_2目标层反射弱，储层弱反射信号聚焦成像对地震资料品质要求高；另外，致密油储层物性较差，非均质性强，砂岩脆性指数较高，微裂缝发育，为进一步提高采收率，该区开发模式坚持大井丛部署，采用"水平井+体积压裂"可效益开发。地震实现"甜点"优选，指导水平井轨迹设计及导向调整，面临着资料信噪比、分辨率低，空间展布规律识别难度大的问题。

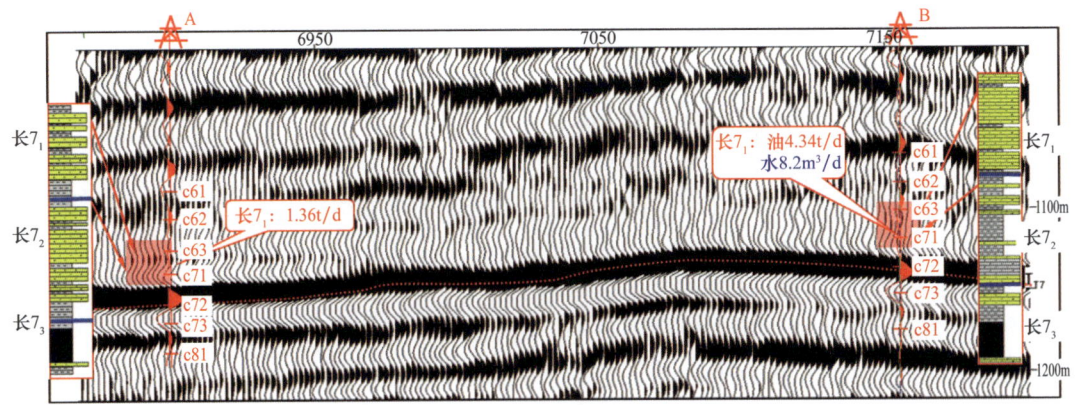

图2-1-15 合水地区二维测线地震叠加剖面

第二节 三维地震采集关键技术

一、三维地震勘探采集技术历程

鄂尔多斯黄土塬三维地震勘探采集技术经历了探索尝试阶段（2010—2012 年）、攻关试验阶段（2017 年）、完善定型阶段（2018—2019 年）和成熟推广阶段（2020 年—）4 个发展阶段。2017 年依托国家重大科技专项"鄂尔多斯盆地致密油开发示范工程"开展黄土塬宽方位三维地震采集技术探索、攻关，取得里程碑成功；2018—2019 年依托演武北和庆城北三维项目开展优化与完善，推动黄土塬宽方位、高覆盖、适中面元方案形成；2020—2021 年实现成熟技术规模化生产应用。各个阶段的三维采集关键参数件见表 2-2-1。

表 2-2-1 鄂尔多斯盆地黄土塬三维采集关键参数

时间	2011 年	2017 年	2018 年	2019 年	2020 年	2021 年
工区	陕 107 井区	盘克	演武北	庆城北	环县	合水
观测系统	16L6S192T	32L5S200T	28L3S240T	36L5S230T	46L2S230T	46L2S240T
面元	20m×20m	20m×20m	20m×40m	20m×40m	20m×40m	20m×40m
覆盖次数	96	320	420	414	529	552
横纵比（目的层）	0.66	1	1	1	1	1
炮道密度 /（10^4 道 /km²）	24	80	52.5	51.75	66.13	69
激发方式	井炮	井震混采	井震混采	井震混采	井震混采	井震混采
接收方式	2 串面积组合	2 串面积组合	2 串面积组合	单点	单点	单点
备注	探索尝试阶段	攻关试验阶段	完善定型阶段		成熟推广阶段	

围绕长庆油田二次加快发展目标，以"甜点"、流体预测及水平井轨迹设计需求为导向，三维观测系统方案设计坚持立体勘探，突出地质—地震、勘探—开发、中生界—古生界一体化设计，经过近几年的不断发展完善，创新形成了以"宽方位、高覆盖、适中面元"为核心，配套超深微测井黄土塬近地表结构调查、黄土塬复杂地貌条件下均匀点位布设、井震联合激发、高灵敏度宽频单点（节点）接收、高效采集技术为一体的黄土塬页岩油开发三维地震特色采集技术系列。其中井震联合激发技术包括基于岩性调查的激发井深设计技术、"少井高覆盖"井炮激发技术，高精度可控震源宽频激发技术，高效采集技术包括高清影像航拍技术、测量无桩作业技术、气动钻机高效钻井技术、黄土塬井炮同步激发技术、可控震源自主网络激发技术等技术。实现一次三维地震采集，全方位解决了长 3 段及以上侏罗系古地貌—构造油藏高效勘探、长 7 段页岩油开发、长 8 段岩性油藏增储上产、上古生界盒 8 段、山 1 段含气有利区预测，及水平井轨迹设计等勘探、开发问题。

二、"宽方位、高覆盖、适中面元"三维地震观测系统设计技术

伴随该区地震勘探的应用由构造刻画、岩性预测、有效储层预测、流体检测向油气藏精细描述、水平井随钻导向设计、优化工程压裂方案转变，以往二维地震测网稀疏，精细刻画"甜点"储层空间形态、断裂系统展布等问题难度大，难以满足油气田开发勘探的需求。"宽方位、高覆盖、适中面元"三维地震观测方案综合考虑了页岩油开发需求和经济投入之间的一个平衡，推动了"两宽一高"技术在鄂尔多斯盆地页岩油开发领域的规模化应用。

1. 观测系统设计理念

观测系统设计围绕页岩油"甜点"储层预测的目标，面向叠前偏移处理需求，遵循"充分、均匀、对称"的技术设计理念，从地下地质特征、地表吸收衰减、岩石物性分析入手，建立目标区地球物理参数，针对致密油地质"甜点"（砂体厚度、有机质含量、孔渗条件）和工程"甜点"（脆性、裂缝、应力）预测需求，重点考虑叠前成像、"甜点"储层预测、裂缝检测，优化三维观测系统参数，形成了集地震资料采集处理解释一体化设计、中生界古生界一体化设计模式（图2-2-1）。

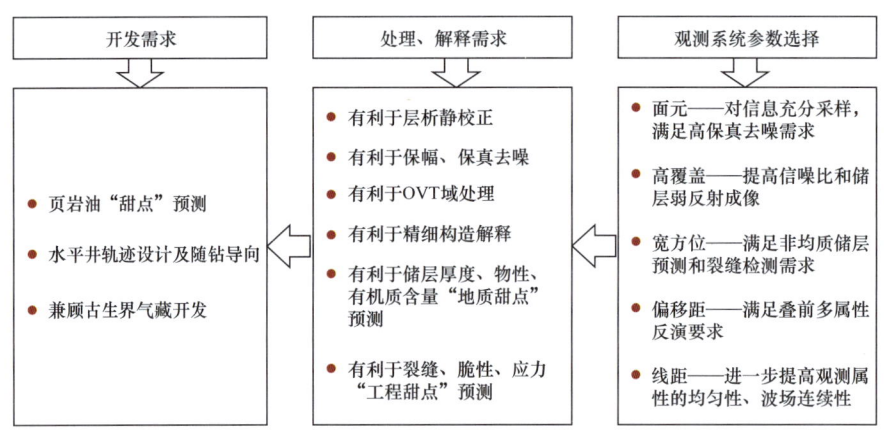

图 2-2-1　面向页岩油开发的三维地震采集观测系统设计技术思路

2. 面元尺度的选择

面元尺度会直接影响对地质体的横向分辨能力和成像精度。长7段沉积时，盆地处于最大湖泛期，湖盆中心与斜坡发育大面积的砂质碎屑流和浊积扇砂体，长7储层砂体纵向上多期叠置，隔夹层发育、纵横向变化快，单砂体的厚度为5～10m，宽度100～300m。面元尺寸选择首先要满足储层砂体大小及砂体间横向关系刻画的要求，其次要满足绕射收敛和最高无混叠频率等保真处理要求，同时要兼顾技术经济一体化。

1）单砂体宽度的可分辨性论证

相关资料研究结果表明，对于目标地质体的测量通常需要不低于3个地震道（Cordsen, 1998），观测的道数越多，道间距越小，地质体刻画的精度越高；目标地质体

的尺寸与面元边长存在以下经验法则：面元边长≤目标尺度/3。

2）满足最高无混叠频率要求

偏移噪声的产生多少取决于偏移算子的陡度，为避免产生偏移噪声，应充分考虑对绕射波场充分采样。当上覆地层倾角不超过30°时，30°的偏移孔径能收敛95%的绕射能量；当上覆地层倾角大于30°时，最大倾角决定了面元边长（钱荣钧，2010）。面元大小与最高无混叠频率关系的计算公式：

$$b = v_{int}/(4 \times F_{max} \times \sin\theta) \qquad (2-2-1)$$

式中　　b——面元边长，m；

　　　　v_{int}——目的层上覆地层层速度，m/s；

　　　　F_{max}——最高无混叠频率，Hz，根据所需解决的地质任务确定；

　　　　θ——偏移孔径或地层倾角，（°），地层倾角小于30°时，取30°；地层倾角大于30°时，取地层倾角。

3）满足横向分辨率的要求

横向分辨率指能分辨地下两个绕射点距离的能力，一般用第一个菲涅耳带的直径来衡量。偏移前，第一菲涅耳带直径较大，横向分辨率较低，偏移后，菲涅耳带的半径为反射波的1/4波长（Cordsen等，1996；钱荣钧，2007）。在理想状态下偏移剖面上的横向分辨率是二分之一的地震波波长，这就要求面元边长b不能大于这一数值；同时根据空间采样原理，当地震信号每个优势频率的波长内有两个以上的采样点时，才能保证地震资料在空间上具有良好的横向分辨率：面元边长与横向分辨率（偏移后）的关系公式：

$$b = v_{int}/(2F_{dom}) \qquad (2-2-2)$$

式中　　b——面元边长，m；

　　　　v_{int}——目的层上覆地层层速度，m/s；

　　　　F_{dom}——反射层主频，Hz（根据所需解决的地质任务确定）。

4）基于地球物理模型的面元尺寸分析

有效信号的空间采样论证主要考虑两方面：考虑有效波充分采样要求，面元边长应为23～35m；满足Tj_9—Tc_2横向分辨率要求，面元边长应为52～75m（表2-2-2）。

表2-2-2　面元尺寸理论计算表

地震层位	地质层位	双程旅行时/s	双程旅行时/s	叠加速度/m/s	层速度/m/s	埋深/m	地层倾角/（°）	最高频率/Hz	有效波不出现空间假频/m	满足横向分辨率要求/m
T_{J_9}	延安组	0.65	3.31	3670	1197	1.00	80	35	22.95	52.43
T_{T_7}	延长组	0.96	3.69	4050	1790	1.00	80	35	25.32	57.86
T_{P_8}	石盒子组	2.05	4.30	4520	3885	1.00	65	30	34.79	75.33
T_{C_2}	太原组	2.10	4.325	4456	3980	1.00	65	30	34.29	74.27

不同面元尺寸模型正演单炮 FK 谱分析（图 2-2-2），面元边长不超过 10m 时，能够对有效信号和线性干扰信号进行充分采样；面元边长为 20m 时，能够对有效信号充分采样，由于面波采样不充分产生的假频与 45Hz 以上有效信号发生部分混叠；面元边长为 30m 时，面波采样不充分造成的假频与 45Hz 以上有效信号污染较严重。

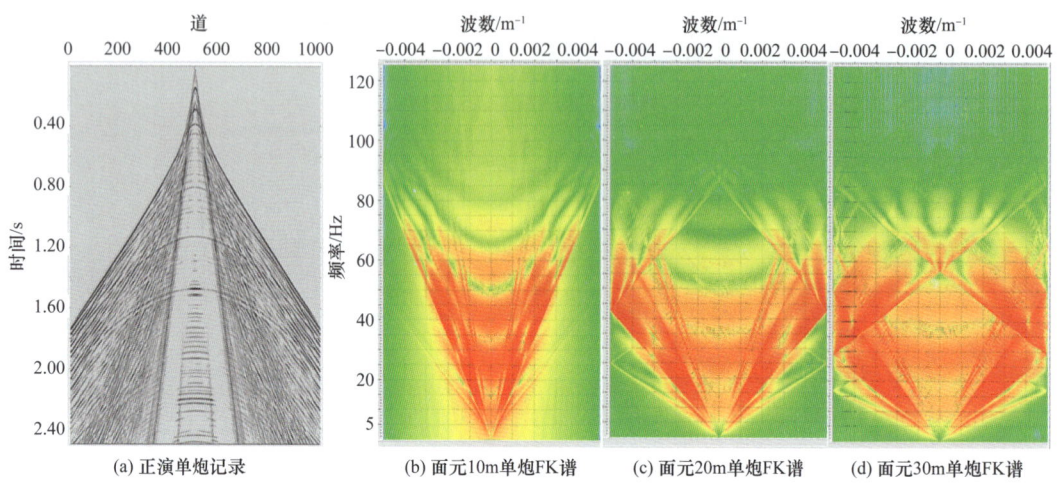

图 2-2-2 模型正演单炮记录与不同面元尺寸 FK 谱分析

5）基于实际资料的面元尺寸优选

"面元优化设计"是黄土塬"宽方位、高覆盖"一体化观测方案落地的关键点之一，一方面，激发点方向面元边长由 20m 优化至 40m，激发成本直接降低 30%～40%，为多层系多目标立体勘探、开发提供了成本支撑；另一方面，针对地质目标体的特点和控藏要素刻画需求，基于原始资料特点，在相同处理流程条件下，开展不同大小面元目标层时间切片和目标层振幅属性对比分析（图 2-2-3 和图 2-2-4），如图 2-2-3 所示 20m×20m 与 20m×40m 面元目标层时间切片空间分辨率相当，都能满足幅度 5～10m、轴长 300～400m 的低幅度圈闭的识别与刻画；如图 2-2-4 所示当炮道密度相同时，20m×20m 与 20m×40m 面元目标层均方根振幅能力分布基本一致。综合考虑地质需求和经济投入两大因素，形成了面元大小由以往的 20m×20m 优化为 20m（接收方向）×40m（激发方向）适中面元设计方案。

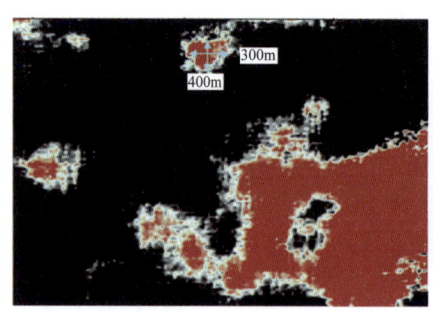 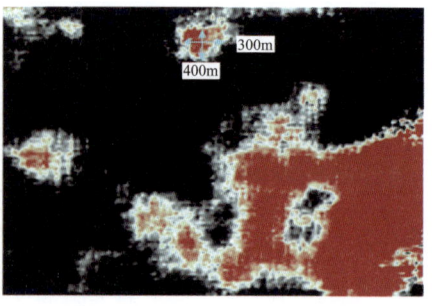

图 2-2-3 面元 20m×20m 与 20m×40m 目标层时间切片对比分析

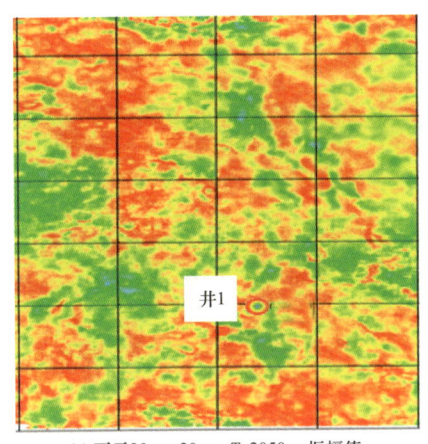
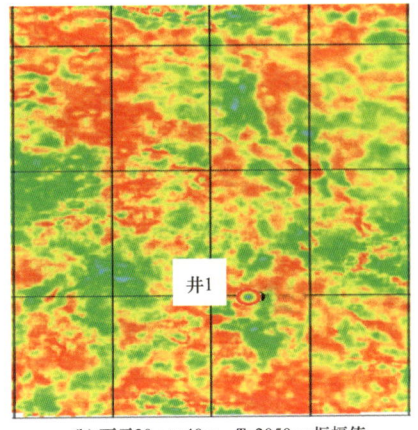

(a) 面元20m×20m，T=2050ms振幅值　　　　(b) 面元20m×40m，T=2050ms振幅值

图 2-2-4　面元 20m×20m 与 20m×40m 目标层均方根振幅能量对比分析

3. 最大炮检距的选择

最大炮检距是观测系统设计中一个重要的参数，最大炮检波距的选择通常主要考虑 5 个因素：（1）最大炮检距应不小于最深目的层的埋深；（2）速度分析精度误差小于 6%；（3）动校正拉伸百分比不超过 12.5%；（4）满足反射系数稳定的最大炮检距；（5）避开直达波、折射波的干涉。基于区域地球物理模型理论计算结果见表 2-2-3，最大炮检距应大于 4000m（图 2-2-5 至图 2-2-8）。

鄂尔多斯盆地页岩油开发三维最大炮检距的选取除了考虑上述因素外，重点针对中生界长 7 段页岩油"甜点"预测需求进行论证分析。

表 2-2-3　最大炮检距理论计算表

地震层位	深度/m	满足速度分析精度误差小于 6% 的炮检距/m	满足动校拉伸允许不超过 12.5% 的炮检距/m	满足反射系数稳定的最大炮检距/m	满足避开干扰波的最大炮检距/m	满足 95% 绕射能量收敛的炮检距/m
Tj_9	1197	>1040	<1109	<1951	<2000	≥694
Tt_7	1790	>1409	<1826	<2685	<2000	≥1330
Tp_8	3885	>2682	<4543	<7540	<4500	≥2243
Tc_2	3980	>2919	<4681	<8045	<4500	≥2298

1）基于长 7 段页岩油"甜点"预测的最大炮检距设计

目前探索形成的"基于叠前 3 维分级体控反演的多参数"甜点"定量描述"方法基于测井和高精度三维角道集地震资料，通过地震岩石物理分析构建"不同孔隙类型页岩油高精度岩石物理模型"，确定页岩油储层"甜点"地球物理响应特征，应用角道集叠前反演技术预测有机质含量（TOC）、储层砂体厚度、孔渗条件、地层脆性、水平应力差、裂缝六大关键参数，综合评价与确定长 7 段页岩油"甜点"的空间展布。岩石物理与敏

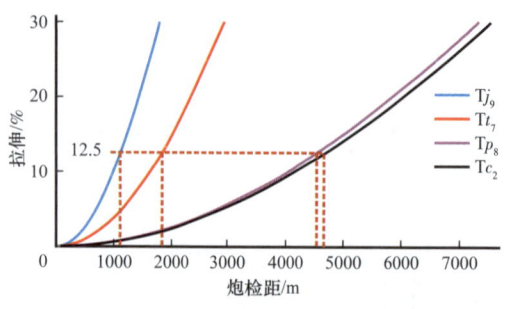

图 2-2-5 动校拉伸与炮检距关系

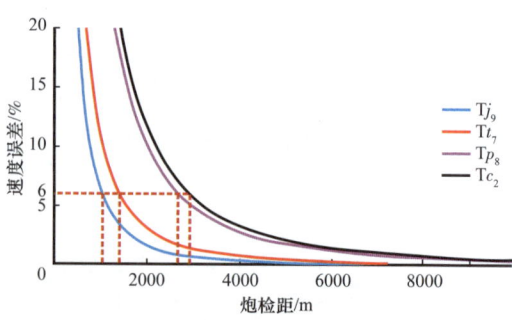

图 2-2-6 速度误差与炮检距关系

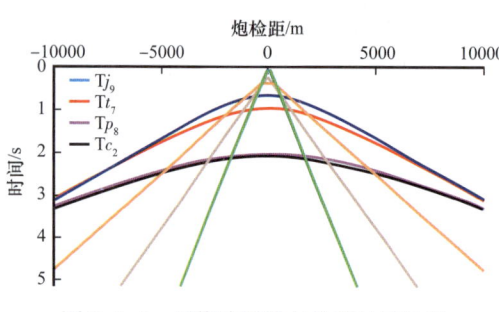

图 2-2-7 干扰波切除与排列长度关系

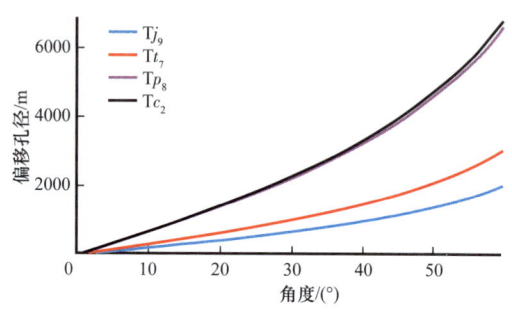

图 2-2-8 偏移孔径与角度关系

感因子优选分析显示，横波阻抗、纵波阻抗、泊松比三参数交会可以很好地区分含油砂岩、干砂岩、泥岩。观测系统参数设计要充分考虑叠前弹性参数反演对最大炮检距的要求。根据研究区长 7 段目标层地球物理模型，计算出长 7 段目的层的反射波临界角为 45°。从反射波能量与入射角关系曲线来看（图 2-2-9），当入射角大于 37°时，反射能量就急剧上升，这种不稳定性对叠前弹性反演分析是极为不利的，优选最大入射角 37°。根据最大炮检距公式：

$$X = 2H\tan\theta \quad (2\text{-}2\text{-}3)$$

式中　X——最大炮检距，m；

　　　H——目的层深度，m；

　　　θ——入射角，(°)。

最大炮检距为 2685m，即为目的层埋深的 1.5 倍。合理的最大炮检距选取为获得多角度道集资料创造了条件，也为横波速度、泊松比等弹性参数的提取夯实了基础，形成的弹性参数数据体有效指导了页岩油的开发。

2）针对叠前储层预测的最大炮检据设计

（1）AVO 技术理论分析。当入射角小于 30°时，佐普里兹方程 Sheuy 简化式如下：

$$A = P + G\sin^2\theta \quad (2\text{-}2\text{-}4)$$

式中　A——不同入射角下的反射系数；

　　　P——截距，即法线入射时的反射波振幅与砂体厚度及顶底板岩性有关；

　　　G——斜率，即梯度，反映了振幅随偏移据的变化率，与地层的泊松比变化有关；

　　　θ——地震波的入射角，(°)。

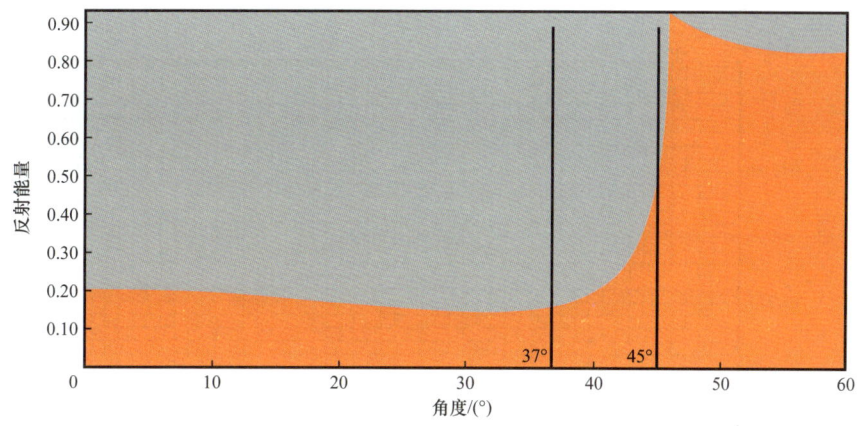

图 2-2-9 长 7 段目标层反射能量与入射角的关系

式（2-2-4）表示不同入射角下的反射系数近似地与 $\sin^2\theta$ 呈线性关系。从反演的角度分析，为确保 AVO 属性 P 和 G 求取的客观性，应保证地震波的有效入射角在 0°～30° 或更大范围内，且反射点道集资料不同偏移距炮检对分布要均匀（钱荣钧，2007）。

（2）模型正演分析。研究区上古生界二叠系石盒子组和山西组含气后，在 CDP 道集上具有反射振幅随入射角的变化而变化的特征（图 2-2-10 和图 2-2-11），为现有地震资料直接预测气层提供了条件；根据以往实践经验，满足叠前 AVO 分析的最大炮检距为 1.0～1.5 倍目的层深度，即 3885～5827m。

（3）实际资料分析。最大炮检距达到目标层深度的 1.0 倍，能保证中深元古界地震资料成像品质，深部地层反射可连续追踪对比，地层间接触关系和构造特征清晰，地层格架得到清晰反映（图 2-2-12）。

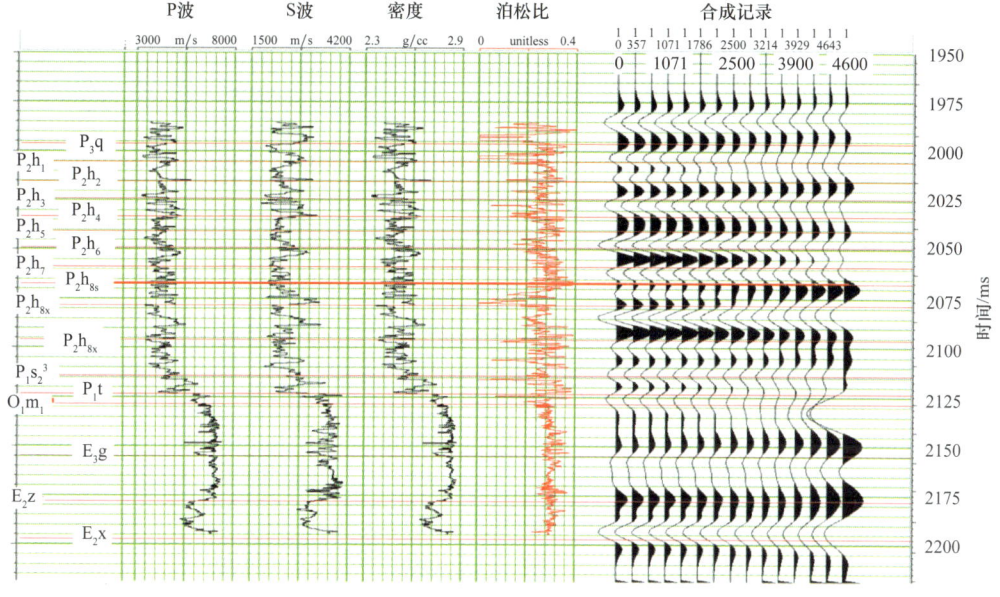

图 2-2-10 研究区 A 井 AVO 模型正演资料图

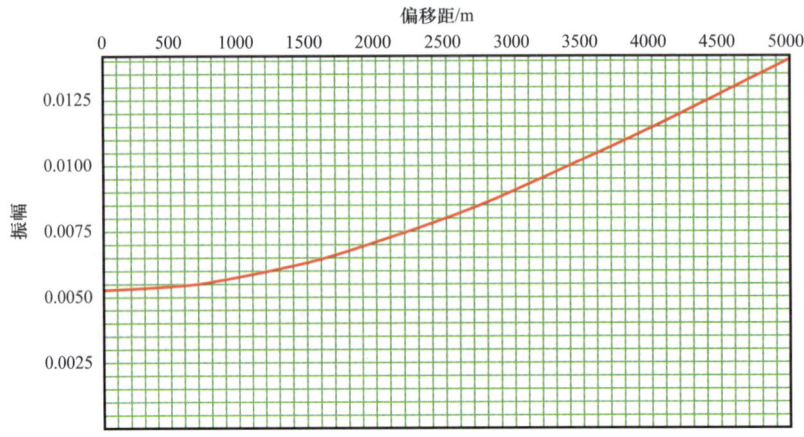

图 2-2-11 研究区盒 8 段目标层振幅随角度变化曲线

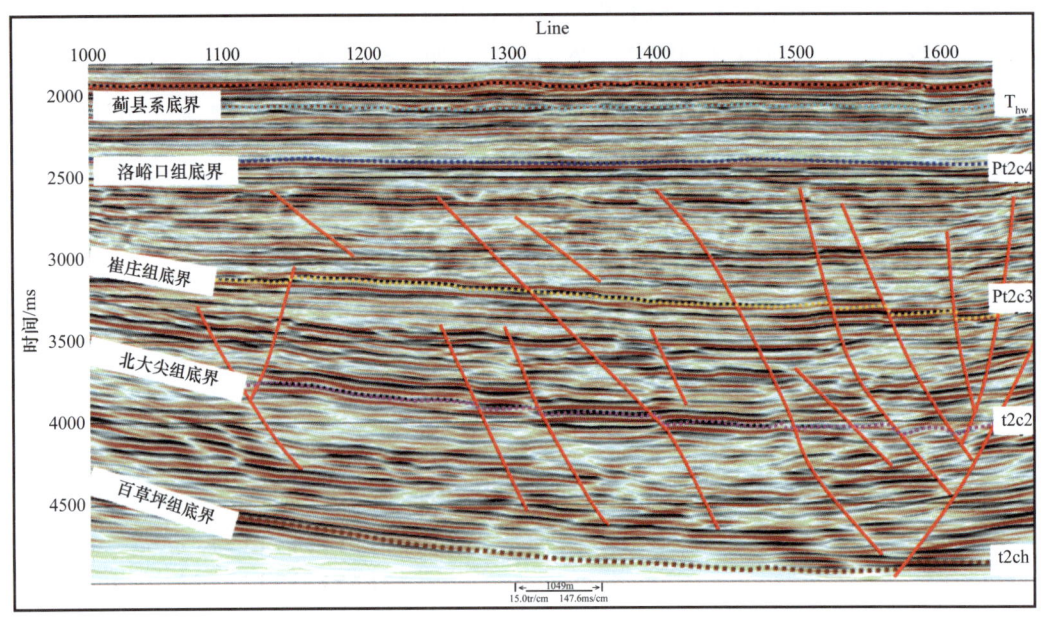

图 2-2-12 盘克三维 Line1198 叠前偏移剖面

4. 覆盖次数与炮道密度的选择

面向叠前储层预测的三维观测系统设计，应该把覆盖次数与炮道密度两个参数统一起来分析考虑；炮道密度即覆盖密度，2004 年 NORM COOPER 从基于叠前时间偏移的角度提出了炮道密度（覆盖密度）概念，即为面元的总覆盖次数与面元面积之比，计算公式如下：

$$T_d = 10^6 N_{fold}/B_{size} \qquad (2\text{-}2\text{-}5)$$

式中 T_d——炮道密度，道 /km^2；

N_{fold}——目的层的覆盖次数，次；

B_{size}——CMP 面元尺寸，m。

炮道密度大小由面元和覆盖次数两个参数共同确定，在面元确定的前提条件下，炮道密度的大小由覆盖次数决定。考虑叠前弹性反演和各项异性分析对分偏移距叠加资料和不同方位叠加资料信噪比和分辨率的需要，以及区域内以前没有开展过三维地震采集的现状，利用二维资料处理对比论证三维采集方案的覆盖次数成为一种重要方法。

针对研究区中生界页岩油目标地震响应特点，30次覆盖能够满足中生界一个方位的成像需求，分6个方位角成像，覆盖次数需要达到30×6=180次左右（图2-2-13）；三维资料显示，总覆盖196次，分方位角叠加剖面长7段目的层反射形态清晰，层间信息丰富，走滑断层特征清楚（图2-2-14）。

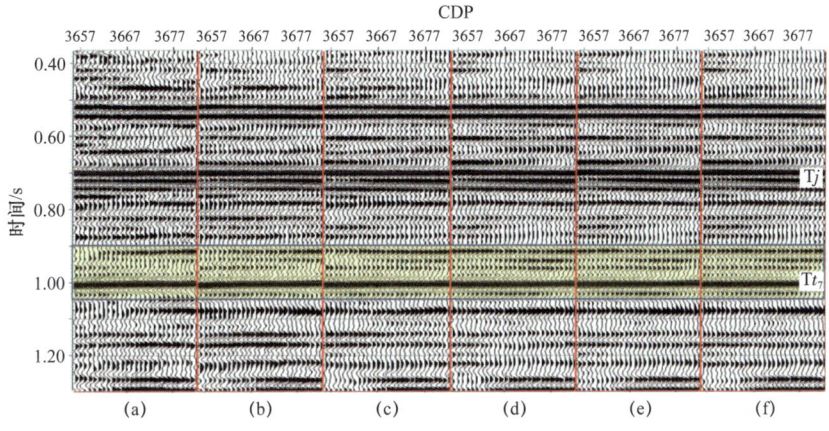

图 2-2-13　以往二维测线中生界不同覆盖次数叠加剖面对比分析
（a）30次覆盖叠加剖面；（b）45次覆盖叠加剖面；（c）90次覆盖叠加剖面；（d）130次覆盖叠加剖面；
（e）165次覆盖叠加剖面；（f）200次覆盖叠加剖面

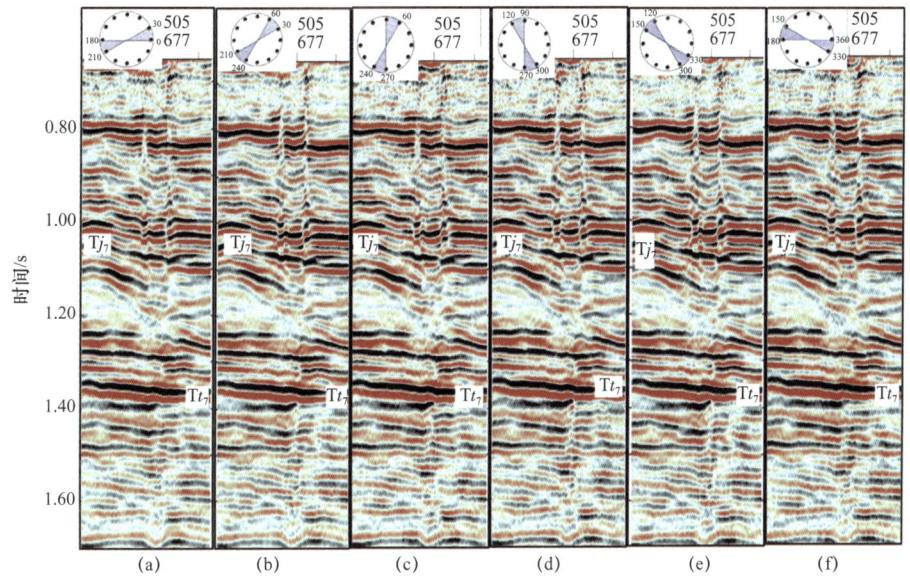

图 2-2-14　三维地震中生界不同方位角叠加剖面
（a）0°～30°叠加剖面；（b）30°～60°叠加剖面；（c）60°～90°叠加剖面；（d）90°～120°叠加剖面；
（e）120°～160°叠加剖面；（f）160°～180°叠加剖面

针对古生界目标层地震响应特点，50次以上覆盖次数能满足古生界盒8段、山2段目标层一个方位成像需求，分6个方位角成像覆盖次数需要达到50×6=300次左右（图2-2-15）；三维资料显示，总覆盖次数达到320次以上，分方位叠加资料能满足古地貌形态的精细刻画，预测工区主裂缝走向（图2-2-16）。

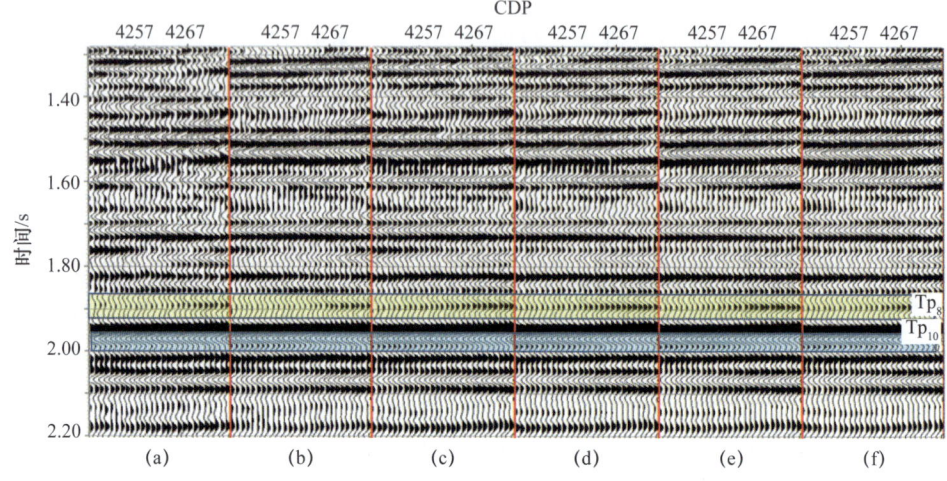

图2-2-15 以往二维测线古生界不同覆盖次数叠加剖面对比分析

（a）50次覆盖叠加剖面；（b）100次覆盖叠加剖面；（c）150次覆盖叠加剖面；（d）200次覆盖叠加剖面；
（e）250次覆盖叠加剖面；（f）300次覆盖叠加剖面

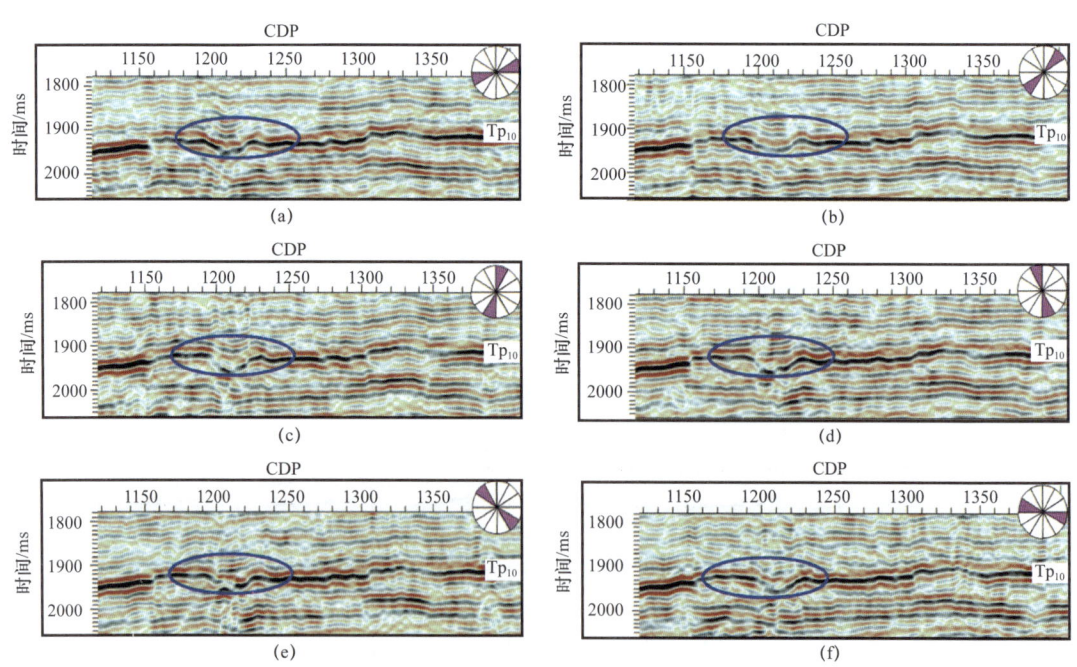

图2-2-16 三维地震古生界不同方位角叠加剖面

（a）0°~30°叠加剖面；（b）30°~60°叠加剖面；（c）60°~90°叠加剖面；（d）90°~120°叠加剖面；
（e）120°~160°叠加剖面；（f）160°~180°叠加剖面

考虑叠前储层预测需求，至少需要 3～5 个角度（分偏移距）资料满足成像要求；中生界满足 4 个角度资料成像，覆盖次数要达到 30×4=120 次以上；古生界满足 5 个角度资料成像，覆盖次数要达到 50×5=250 次以上（图 2-2-17）。

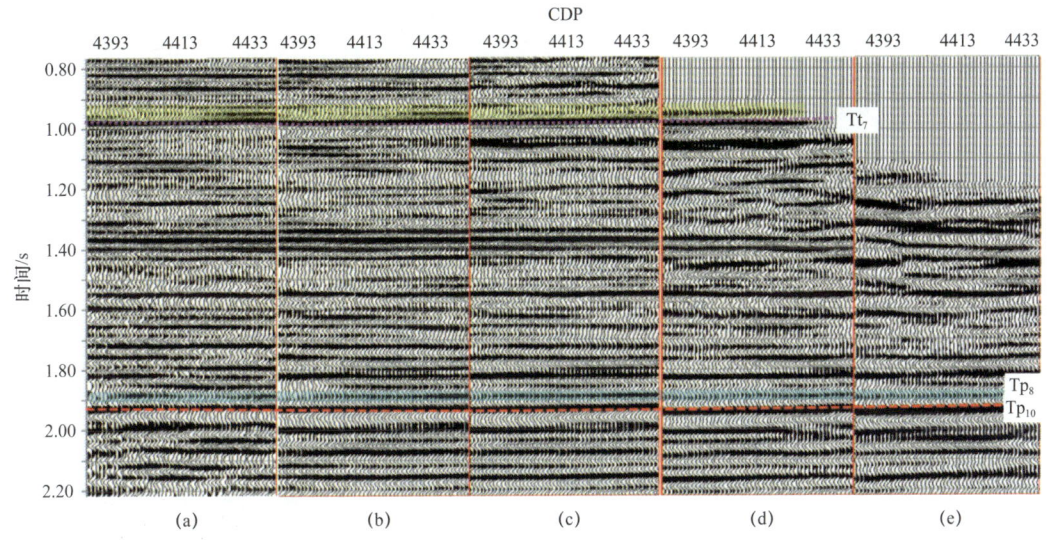

图 2-2-17　以往二维测线不同偏移距 50 次覆盖叠加剖面对比分析
（a）0～1200m 叠加剖面；（b）800～2000m 叠加剖面；（c）1200～2400m 叠加剖面；
（d）2000～3200m 叠加剖面；（e）2800～4000m 叠加剖面

对鄂尔多斯盆页岩油开发三维地震而言，地表巨厚黄土层的吸收衰减作用和目标层与围岩的弱阻抗特性共同决定了三维观测方案需要较高的覆盖次数和炮道密度，业界初步形成了一个共识：在原始单炮具有视信噪比的条件下，中生界覆盖次数要达到 200 次左右，古生界覆盖次数要达到 300 次以上，总炮道密度达到 $50×10^4$ 道 $/km^2$ 左右，才能获得浅、中、深成像质量高的三维地震数据体。

5. 观测方位的选择

"全方位观测"在岩性和裂缝型储层预测等方面具有明显优势并已得到实践检验，"宽方位观测"可以获得完整的地震波场信息，为 OVT 处理提供了条件，有利于研究振幅随炮检距和方位角的变化、地层速度随方位角的变化规律，增强了地震识别断层、裂隙和非均质储层的能力（赵明金等，2003；张军华等，2007；古发明等，2017）；图 2-2-18（b）显示全方位观测砂体空间展布刻画得更精准，经 22 口实钻井验证，全方位资料预测砂体厚度的平均误差为 3.75m，宽方位（0.6）资料预测砂体厚度的平均误差为 7.05m。图 2-2-19（b）与图 2-2-19（c）对比显示全方位三维裂缝预测的方位、强度与 *FMI* 解释的裂缝方位和强度基本一致。针对中生界长 7 段页岩油目标的特点，兼顾古生界目标刻画需求，形成了长 7 段致密油目标全方位观测，古生界目标宽方位观测（横纵比＞0.7）的设计原则。

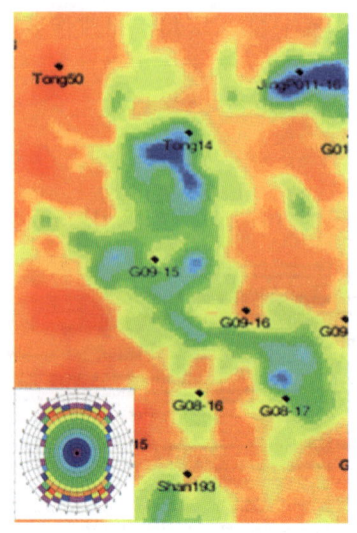
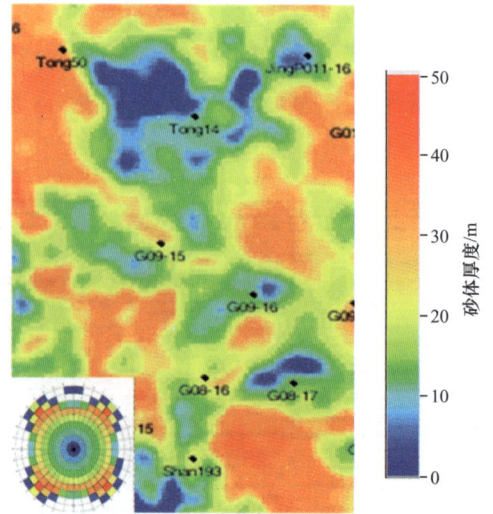

(a) 横纵比0.6方案预测砂体展布图　　　　(b) 横纵比1方案预测砂体展布图

图 2-2-18　不同横纵比方案预测砂体展布图

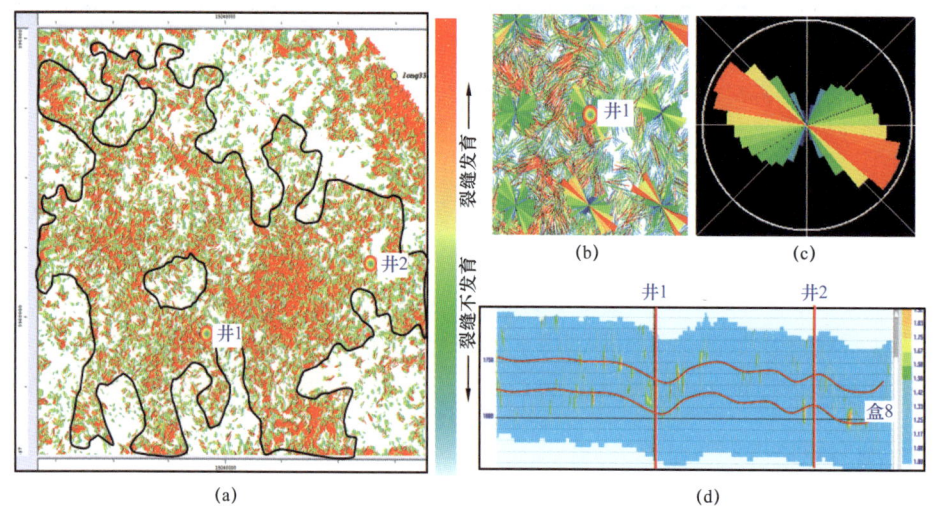

图 2-2-19　全方位三维裂缝预测效果
（a）盘克三维裂缝密度（各向异性强度）预测平面图；（b）发育强度图（局部放大）；
（c）FMI 解释的裂缝方位图；（d）裂缝发育强度连井剖面图

6. 最大非纵距及线距的选择

1）最大非纵距设计

最大非纵距主要由非纵观测误差确定，当地层倾角越大，非纵观测误差越大，地层速度越低，非纵观测误差越大。鄂尔多斯盆地页岩油发育区位于伊陕斜坡南部，地层倾角小于 2°，理论非纵距可以达到万米以上；页岩油开发三维观测方案最大非纵距选取遵从两个原则：一是确保中生界目标实现全方位观测；二是满足非纵向浅层目标反射获得有效接收。

2）线距设计

线距大小与区内地质体大小有关，采用合适的接收线距，有利于精确的速度分析、AVO 分析及 DMO 分析，接收线距一般不大于垂直入射时的菲涅尔带半径。页岩油开发三维观测方案线距选取遵从两个原则：一是激发线距等于接收线距，有利于提高观测系统叠前属性的均匀性和波场连续性；二是满足浅层目标成像需求，提高横向覆盖次数。

三、超深微测井黄土塬近地表结构调查技术

黄土塬复杂的近地表结构与强吸收衰减作用是制约分辨率提高的关键难题，近年来，按照高分辨率地震勘探的要求，采用超深微测井打穿黄土层（井深150～250m），加强黄土塬区近地表结构、岩性及 Q 值调查：一是在近地表岩性变化带两侧及地形陡坎上下等复杂带加密"双调查"点部署，特别是在黄土较厚区域，要在空间上对表层结构加以控制，并确保同一地表类型不少于3个表层结构调查点，以指导静校正建模和近地表 Q 场的建立；二是积极探索近地表 Q 值调查方法，分析近地表的吸收衰减规律，建立并完善表层结构库、静校正库和近地表吸收衰减库等基础数据库。

1. 超深单井微测井调查方法

（1）观测方式：井中激发，地面接收。（2）接收道数：12 道接收。（3）接收排列：检波器距井口 1m、2m、3m 呈扇形摆放，每个偏移距的道数分别为 4 道，且检波点间高程差应小于 0.2m；各道与井口的高程差不大于 0.5m（含检波器埋深），高程差大于 0.5m 时需实测，在干扰较大时可挖坑埋置检波器，但坑深应小于 0.2m（图 2-2-20）。（4）井深：根据以往表层调查资料和表层地质露头调查资料确定合适的微测井深度，设计井深要求进入砂岩层 20m，速度要达到 2500m/s。（5）激发方式：井口用雷管、炸药或者电火花激发。（6）激发参数：根据现场浅表层激发试验确定，激发药量一致，参数的选择应保证初至清晰、起跳干脆，保证接收能量不超调。（7）激发深度：分深度设计激发间隔，0～20m 激发间隔 1m，20～40m 激发间隔 2m，40m 以下激发间隔 4m，特殊夹层段激发间隔 2m。

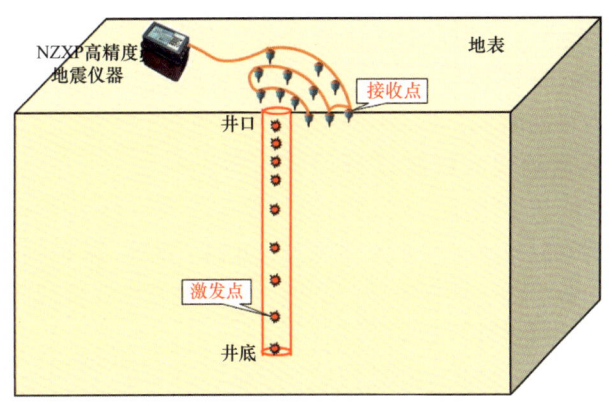

图 2-2-20　单井超深微测井调查法示意图

2. 超深双井微测井调查方法

（1）观测方式：一口激发井、一口接收井，井距5m，井中激发，井中、地面同时接收。（2）接收方式：使用检波器单点接收。其中激发井井口采用6道接收，检波器距井口1m、2m、3m呈扇形摆放，每个偏移距的道数分别为2道，要求检波器位置高程与井口高程基本一致；接收井井底和地面各插置3只检波器接收，共6道（图2-2-21）。（3）井深：根据以往表层调查资料和表层地质露头调查资料确定合适的微测井深度，要求打穿高速层20m（速度在2500m/s以上），激发井和接收井深度一致。（4）激发方式：井口用雷管、炸药或者电火花激发。（5）激发参数：根据现场浅表层激发试验确定激发参数，激发参数的选择应保证初至清晰、起跳干脆，激发参数一致，且保证接收能量不超调。（6）激发深度：分深度设计激发间隔，0～20m激发间隔1m，20～40m激发间隔2m，40m以下激发间隔4m，特殊夹层段激发间隔2m。

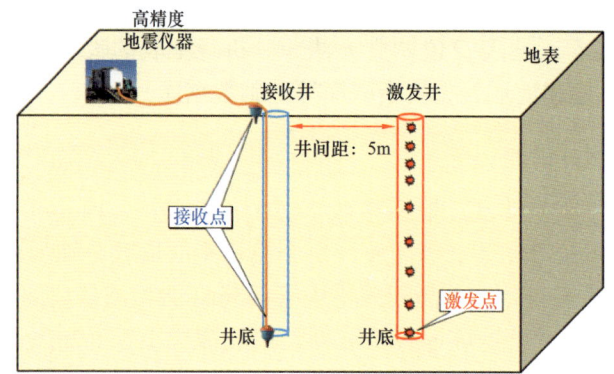

图2-2-21　双井超深微测井调查法示意图

3. uDAS光纤微测井调查方法

1）采集方法及技术参数

（1）观测方式：一口激发井、一口接收井，井距1m，地表浅井井中激发，井中接收（图2-2-22）。（2）接收因素：uDAS专用光缆接收，空间采样间隔1m，总接收道数小于999道。（3）接收井深：根据以往表层调查资料和表层地质露头调查资料确定合适的微测井深度，要求打穿高速层20m（速度在2500m/s以上）。（4）激发仪器：带GPS的爆炸机，提供微妙级的时间，以供uDAS切割数据之用。（5）激发方式：雷管激发。（6）激发参数：根据现场浅表层激发试验确定激发参数，一般选用20～30发雷管激发，参数的选择应保证初至清晰、起跳干脆，激发参数一致，且保证接收能量不超调。（7）激发深度：表层0.5～1m。（8）仪器型号：uDAS-HD。采样间隔：0.25ms。记录格式：Seg-Y　记录长度：1s。（9）前放增益：12dB（前放增益设置合理并保持一致），同时确保记录不超调。（10）记录极性：初至上跳为正。

2）施工要求

（1）微测井施工过程中严格执行行业标准和有关技术要求，激发参数的选择保证初至清晰、起跳干脆,且激发参数保持一致。(2)微测井钻井过程中,及时准确进行岩性录井,标记清楚,并绘出岩性柱状图。(3)采用重锤将钢丝绳、光缆下到井底,准确记录光纤下井深度。(4)扪井前做好洗井工作,洗井标准以保证井底无淤泥为准,用径长小于 1cm 的石子扪井,同时做好扪井质量。(5)确保光纤和检波器的耦合良好,扪井过程中注意保护好光纤,防止受损害。

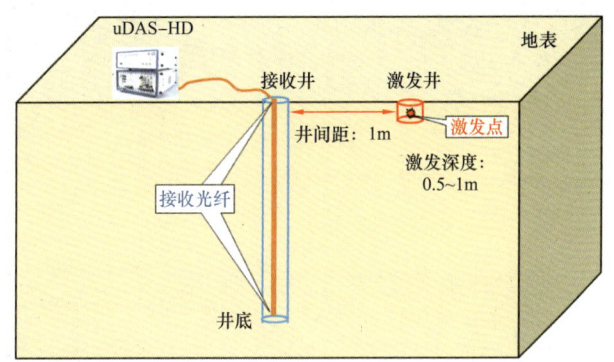

图 2-2-22 uDAS 光纤微测井调查法示意图

3)uDAS 微测井与常规微测井性能参数对比

光纤具有全井段、高空间采样率、激发一致性好、高效率、安全隐患小等优点,有利于实现波场的高密度空间采样(表 2-2-4)。

表 2-2-4 uDAS 微测井与常规微测井性能参数对比表

序号	项目	常规检波器	DAS 光纤
1	1 次采集范围	单点	全井段
2	激发子波一致性	不一致	一致
3	最小空间采样	0.5m	0.1m
4	频带宽度	5~240Hz	1~2500Hz
5	动态范围		120dB
6	应变响应		100pm~1mm
7	信噪比	高	较好
8	安全性	安全隐患大	降低安全隐患
9	经济性	约 500 元/(100m)	约 2000 元/(100m)

4. 复杂黄土山地区大数据表层建模技术

近年来,采用超深微测井约束拟三维层析反演法,有效利用 2km×2km 测网密度的二维地震数据合并为一个三维的数据体进行层析反演，很好地解决了测线间闭合差的问题。初步建立了盆地复杂黄土塬区 $1.5×10^4km^2$ 统一标准的近地表数据库（图 2-2-23），为地震采集方法设计和后续高分辨处理奠定了基础。

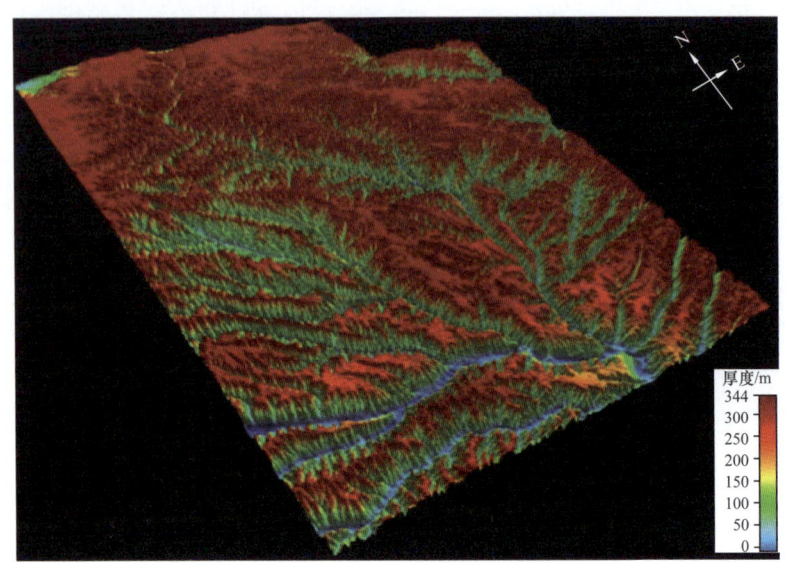

图 2-2-23 巨厚黄土塬区低降速层厚度立体图

1）选线原则

一是优选测网密度大的区域，有利于优选测线；二是优选年代集中的测线，激发接收条件相对一致；三是优选 0～2000m 偏移距内炮检对，初至质量高。

2）超深微测井约束拟三维地表模型反演方法

第一步，利用二维测线的数据先合并为一个三维的数据体，再进行层析反演；第二步，通过模型正演得到初至波时间；第三步，比对正演初至波时间于实际拾取的初至波时间计算模型修正量；第四步，将比对计算的模型修正量加载到初始模型上再次进行正演计算，通过反复循环迭代，直到误差降低到一定范围内，得到最终地下结构速度场模型。

3）技术应用

2017—2018 年应用复杂黄土山地区大数据表层建模技术，在盆地黄土塬区优选二维测线 107 条、共 $1.08×10^4km$、$1.4×10^8$ 个网格数据点，进行近地表结构建模，形成 5m×200m×200m 网格大小的 $1.5×10^4km^2$ 的近地表结构数据库。

四、黄土塬井震联合激发技术

创新变革，加快物探转型升级，自 20 世纪 90 年代黄土直测线施工以来，黄土山地激发技术经历了 5 个发展阶段，2013 年、2017 年创新形成的黄土塬"三中"激发技术和"井震混采"技术，为有效推动黄土塬区"宽方位、高覆盖"三维地震实施奠定了基础。另一方面积极开展黄土塬高通过性可控震源设备和轻便型气动钻机的研发，构建黄土塬不同地貌单元混源激发新模式（表 2-2-5）。

表 2-2-5　鄂尔多斯盆地黄土塬激发因素发展历程

时间	1998 年以前	1999—2005 年	2006—2012 年	2013—2016 年	2017 年—
解决问题	岩性预测	储层预测	叠前有效储层预测，含油气预测	油气藏刻画	油气藏刻画水平井开发
发展阶段	探索攻关	发展完善	推广应用	提高转变	持续优化
激发方式	井炮	井炮	井炮	井炮	井震混采
井数 / 口	9～14	11～17	9～15	3～7	2～5
井深 /m	4～9	18～24	15～24	12～18	12～18
单井药量 /kg	1～3	3～4	3～4	5～7	5～7
总药量 /kg	10～30	30～70	30～60	20～30	15～30

1. 黄土塬激发点位的选取原则

黄土塬激发点位遵循"五避五就"的选取原则，即"避高就低、避干就湿、避碎就整、避土就岩、避虚就实"，能够获得最佳的单炮激发效果。同时根据钻具类型的差异性，优化激发点位分区，确保采集观测属性的均匀性。目前黄土塬钻井使用的钻具主要有：洛阳铲、水钻、轻便全气动风钻和可控震源。地形复杂区优选洛阳铲生产；沟中砂岩或胶泥出露区采用水钻生产；地形较平缓的山坡带采用轻便全气动风钻生产；村镇、厂房等障碍物密集，地势平缓、交通便利的区域采用可控震源生产，同时根据不同型号可控震源对道路宽度要求的差异优化震源部署，宽度在 3.5m 以上的道路采用大型可控震源 BV620–LF、EV56，宽度在 2.3～3.5m 的道路采用小型可控震源 BV330CQ 生产（图 2-2-24）。

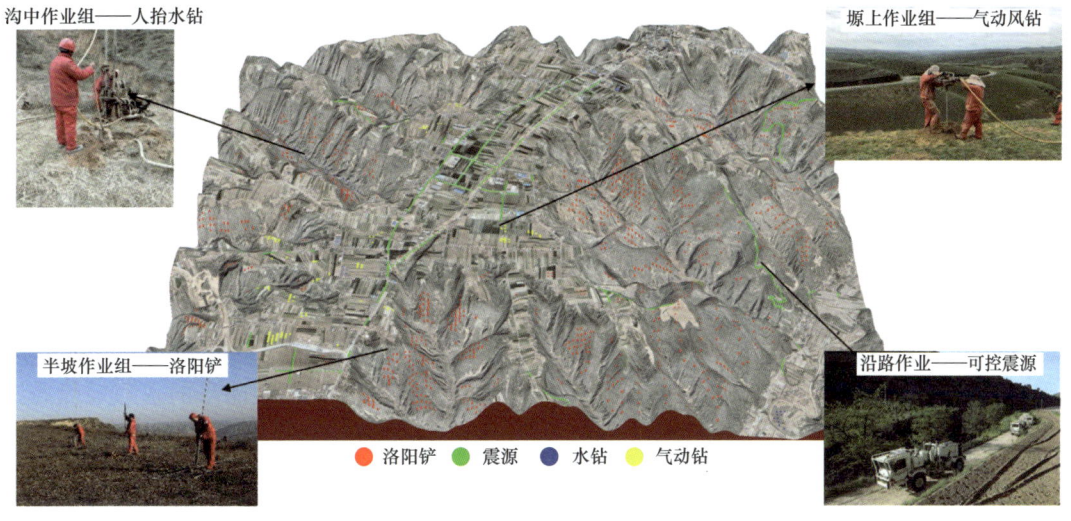

图 2-2-24　黄土塬混源激发模式示意图

2. "三中"井炮激发技术

黄土塬井炮激发参数选取重点考虑三个方面因素：一是巨厚、干燥、疏松黄土层对地震波吸收衰减严重；二是密集障碍物区安全与技术方案落实问题；三是"两宽一高"技术规模发展的考虑。2013 年以来，借鉴高密度勘探理念，面向不同地质目标、不同近地表结构，多区域持续开展系统性激发参数研究，逐渐形成了针对不同黄土特性条件下的"三中"井炮激发方法，即适中的药量、适中的井数、适中的井深（图 2-2-25），配套高覆盖观测方案，地震资料品质获得大幅度提升。

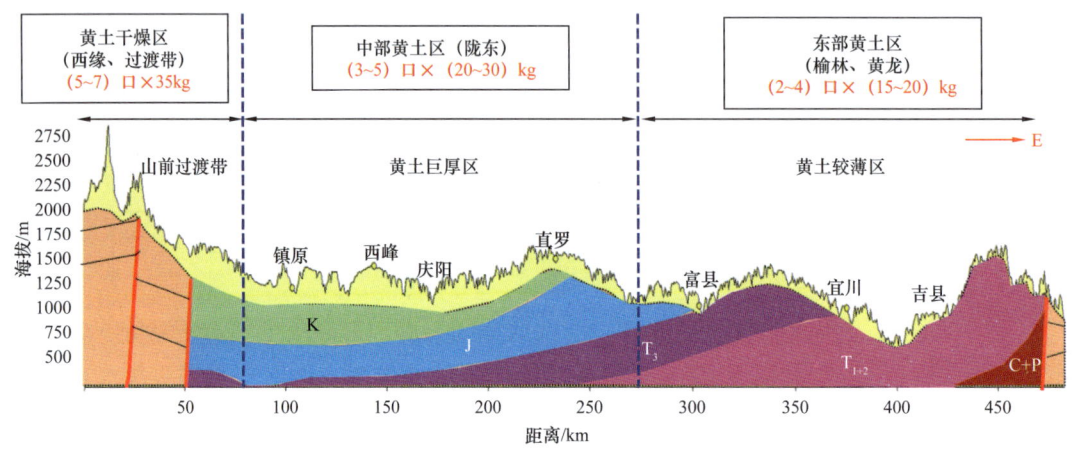

图 2-2-25　不同近地表结构区带激发方案示意图

1）激发参数设计

（1）激发药量设计。

激发药量是影响记录品质的重要因素之一，在地震勘探中，获得高主频、宽频带、高信噪比的地震原始信息，是提高分辨率的关键。根据波动理论的研究，地震波的传播实质是能量（E）的传播，它与波通过的介质体积 ω、波动振幅 A 的平方、波的频率 f 的平方以及介质的密度 ρ 成正比（张智等，2003），即

$$E \propto \rho A^2 f^2 \omega \qquad (2\text{-}2\text{-}6)$$

式中　E——能量，J；

　　　ρ——介质的密度，kg/m³；

　　　A——振幅，dB；

　　　ω——介质体积，m³。

可以看出，炸药爆炸后，在密度大的介质中激发能量大，能量主要集中在高频成分，但是药量大时，岩石破碎严重。由于岩石颗粒之间的摩擦，对高频能量的强烈吸收及激发产生的环境噪声等影响，使得增大药量后，能量提高不大。选用做功能力大的高能量小药量炸药，爆炸后产生气态物质多，膨胀体积大，做功能力强，岩石破碎程度小，消耗能量要小一些。

设炸药量为 W，地震子波振幅为 A，子波视频率为 f，爆炸孔穴半径为 R，k_i 为比例系数，则有如下关系式（王延军，2001）：

$$f \propto 1/R \quad 即 f = k_1 \cdot 1/R \quad (2\text{-}2\text{-}7)$$

$$f \propto 1/W^{1/3} \quad 即 f = k_2 \cdot 1/W^{1/3} \quad (2\text{-}2\text{-}8)$$

$$R \propto W^{1/3} \quad 即 R = k_3 \cdot W^{1/3} \quad (2\text{-}2\text{-}9)$$

由式（2-2-7）至式（2-2-9）可知，药量越小，爆炸穴半径也越小，激发的频率也越高。根据这个理论，在1995年之前的高分辨率地震勘探中普遍采用1～2kg的小药量，但实际生产未达到预期的效果。分析认为，其只考虑了小药量对地震信号高频信息的影响，忽略了小药量对地震信号能量的影响，而能量是地震记录的基础，有足够的激发能量才能保证单炮记录有一定的信噪比。炸药量 W 与地震子波振幅 A 关系为

$$A \propto R \quad 即 A = k_4 \cdot R \quad (2\text{-}2\text{-}10)$$

$$A \propto W^{1/3} \quad 即 A = k_5 \cdot W^{1/3} \quad (2\text{-}2\text{-}11)$$

式中　A——振幅，dB；

　　　R——爆炸孔穴半径，m；

　　　W——炸药量，kg。

式（2-2-10）与式（2-2-11）说明减小炸药量势必要降低子波的振幅。由于地层对地震波的吸收衰减量随着传播距离的增加而增大，如果激发的地震子波能量很弱，经过地层吸收衰减后被仪器接收到的有效地震波能量非常弱，信噪比大大降低，也就失去了采集的基础。在不同的地区，应通过试验确定区带最小药量，才能满足高分辨率地震勘探对激发能量的需求。

（2）激发井深设计。

激发频率主要取决于岩性和药量，大量的岩性调查资料显示，在鄂尔多斯盆地黄土塬浅表层12～18m内，存在富含水的黄土层或含泥湿黄土层（图2-2-26），速度在500～700m/s。试验资料显示：在速度大于500m/s、富含水的含泥湿黄土层、湿黄土层中激发，有利于获得宽频带、高信噪比的采集资料（图2-2-27）。

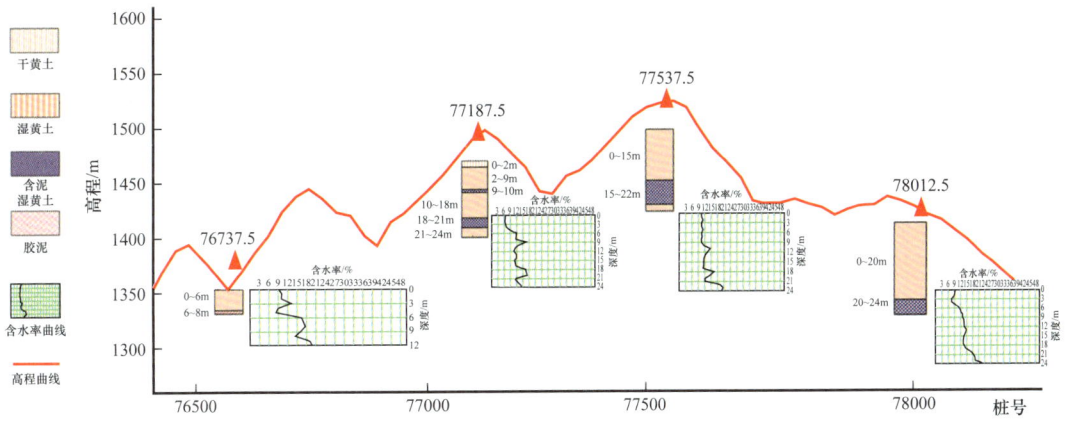

图2-2-26　黄土塬典型表层岩性、含水性分布规律剖面图

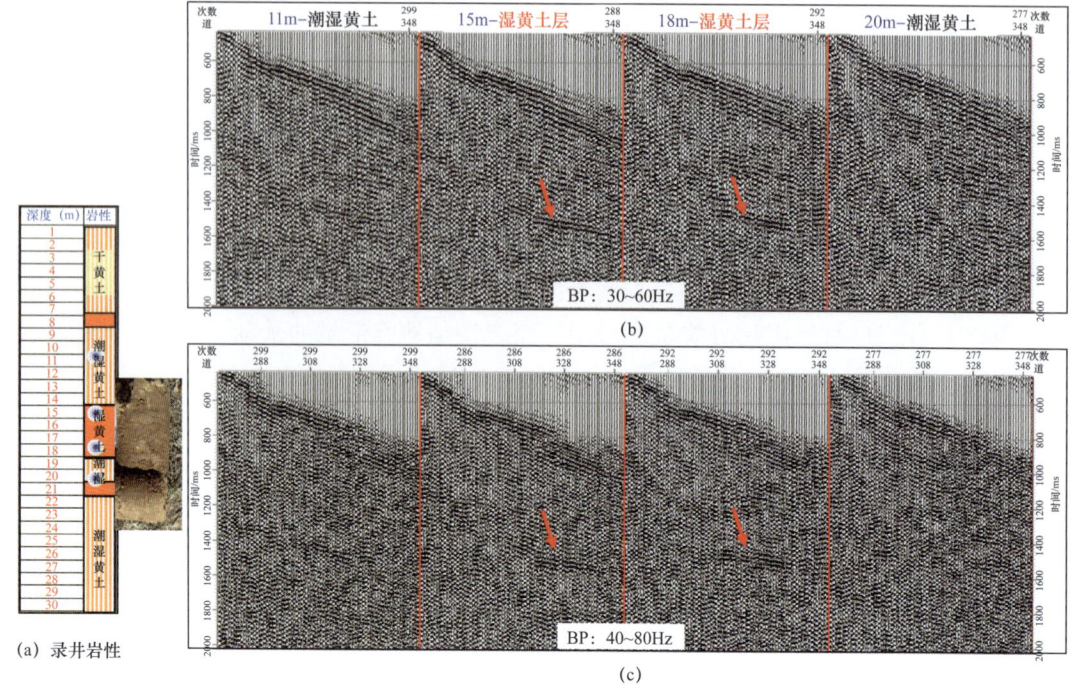

图 2-2-27 固定因素 3 口 ×6kg 不同激发岩性单炮资料（带通滤波）

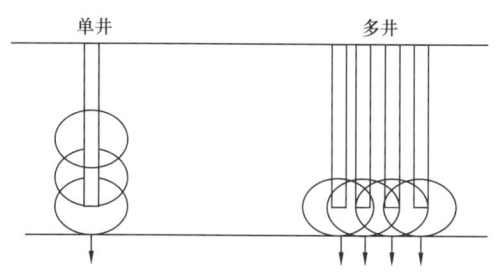

图 2-2-28 单井与多井组合激发示意图

（3）激发井数设计。

在黄土中采用单井激发时，作用在围岩上的面积较小，当疏松的围岩受到较大的压力时，围岩就会产生永久形变，激发能量大部分消耗在破坏围岩中，并且使表层中各种干扰波的能量增强，产生的有效波能量较小，降低了资料的信噪比。组合激发相当于一个平面波同时冲击压缩围岩，作用面积大（图 2-2-28），穿透能力强，能产生较强能量的地震波，组合激发对压制激发时产生的干扰波也有一定效果。因此在黄土层中激发采用适中井数组合激发方式能够在保证激发能量的前提下，进一步提高资料的信噪比。

实践表明，适中药量首先要达到能量门槛值以上，确保单炮资料初至起跳干脆，深层目标反射有足够的能量，规避目的层反射能量"零加零"现象；适中井数有利于大幅度降低钻井成本，少井高覆盖配套方案有利于提高炮道密度，优化炮道组合关系，CMP 面元内炮检对分布更均匀，有利于提高叠前偏移成像精度；适中井深是为了优选浅表层富含水的胶泥层或含泥湿黄土层为最佳激发层位，速度 500～700m/s，有利于激发出频带宽、子波窄的采集资料。更高炮道密度、更高覆盖激发方式打破传统过度追求单炮品质的模式，保障了更均匀的炮检波关系和更宽的方位、更好的一致性，大幅提升地震剖面的品质（图 2-2-29）。

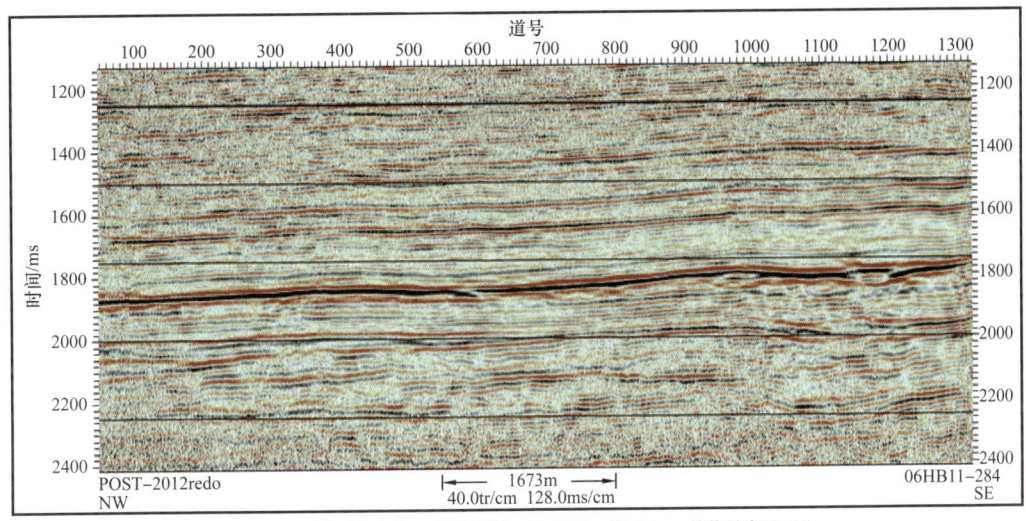

(a) 多井数较低覆盖采集方案，120次覆盖，11~13口，18~24m，总药量为30~40kg

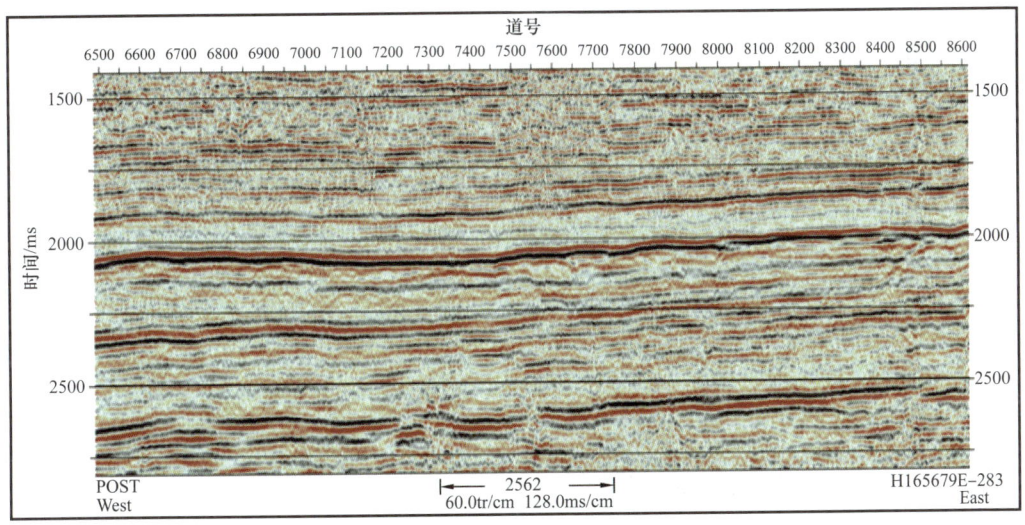

(b) 少井高覆盖采集方案，756次覆盖，5~7口，15m，总药量为35kg

图 2-2-29　少井高覆盖采集方案与多井数较低覆盖采集方案叠加剖面对比

3. 黄土塬可控震源激发技术

为适应绿色勘探发展需要，突破传统思维束缚，大胆理论论证和科学试验。2017年首创在黄土塬地区采用低频可控震源攻关，取得重大突破，获得了高品质地震资料。2018—2021年先后在庆城北、庆城、环县、合水等页岩油开发三维项目进行了规模化应用，可控震源占比持续提升，由最初盘克三维项目的5.2%提升到合水三维项目的20%以上，开启了黄土塬可控震源大比例应用的新篇章。井震混采方案解决了黄土山地障碍物分散、生态红线多导致的地震属性不均匀的难题。2020年，长庆物探处联合装备服务处、北奥特车厂，针对黄土塬地形地貌等特征，量身打造出BV330CQ黄土塬高通过性可控震源，进一步加大黄土塬可控震源应用比例，推动激发更加安全、环保、高效。

1）可控震源性能参数分析

目前鄂尔多斯盆地黄土塬采集使用的可控震源有三种类型：BV620-LF、EV56 和 BV330CQ（表 2-2-6 和图 2-2-30）。相比 BV620-LF 可控震源，高精度 EV56 可控震源具有更宽的激发信号频带，有效频宽 1.5～160Hz，实现超 6 个倍频程的宽频激发，具有更低的激发信号畸变，全新的振动器结构，低频信号激发更稳定，输出信号的畸变与失真更低。高通过性 BV330CQ 可控震源是 EV56 的小型化，具有更窄、更轻等高通过优势，爬坡能力大于 30°，出力达到 33000lbf，可实现扫描频率 1.5～140Hz。

表 2-2-6　BV620-LF、EV56 与 BV330CQ 三种可控震源性能参数对比

类别	BV620-LF	EV56	BV330CQ
长 × 宽 × 高 /（m×m×m）	10.3×3.5×3.7	10.2×3.4×3.46	7.75×2.3×2.8
额定振动出力 /[kN（lbf）]	276（62000）	251（56000）	147（33000）
整车质量 /t	31	32.5	18
频率范围 /Hz	3～140	1.5～160	3～140
低频能力 /Hz	3	1.5	3
爬坡能力 /（°）	30	30	60

(a) 大型可控震源——BV620-LF

(b) 大型可控震源——EV56

(c) 小型可控震源——BV330CQ

图 2-2-30　大型可控震源 BV620、EV56 与小型可控震源 BV330CQ

2）可控震源与井炮对比试验

（1）单炮资料分析：固定增益显示，和井炮单炮记录相比，可控震源激发获得了能量更强的原始资料（图2-2-31）；频率扫描显示，50～100Hz滤波时，井炮激发远道初至能量较弱（图2-2-32）；信噪比分析，可控震源激发在20Hz以上高频段信噪比优势明显［图2-2-33（a）］。频谱分析，可控震源激发频带较宽，在36Hz以上能量较强［图2-2-33（b）］。

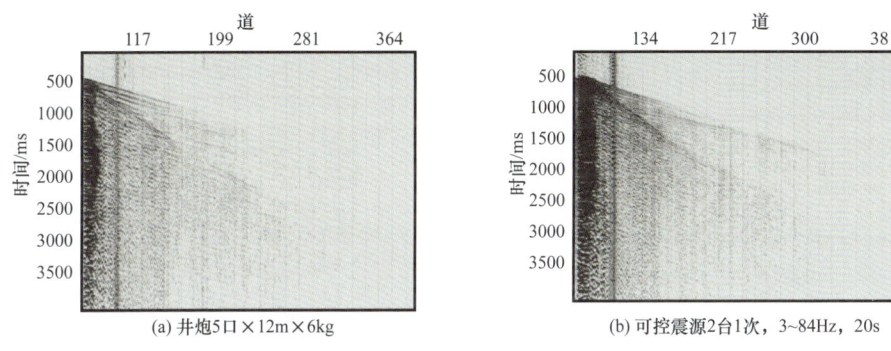

图2-2-31　井炮与可控震源激发单炮能量对比（固定增益显示）

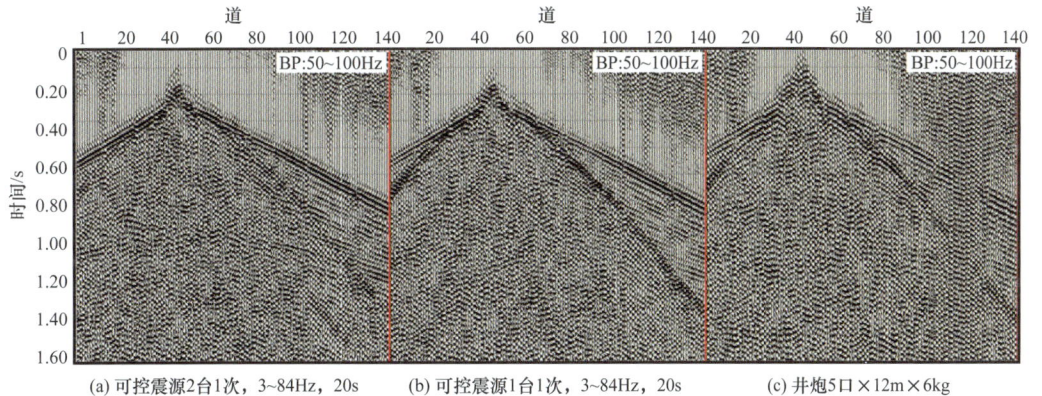

图2-2-32　井炮与可控震源激发单炮能量对比（50～100Hz滤波）

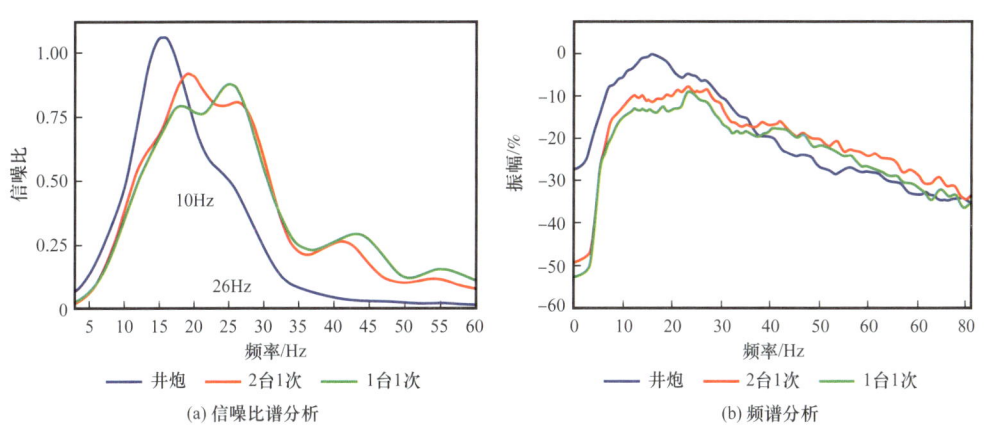

图2-2-33　黄土塬低频可控震源与井炮单炮对比

（2）叠加剖面对比，可控震源激发高覆盖剖面品质优于井炮资料（图2-2-34和图2-2-35）。

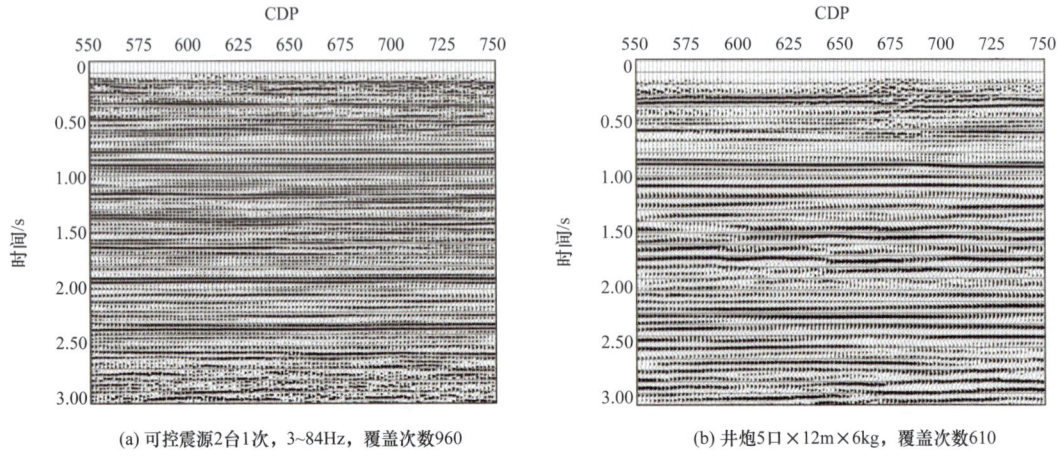

(a) 可控震源2台1次，3~84Hz，覆盖次数960 (b) 井炮5口×12m×6kg，覆盖次数610

图2-2-34　井炮与可控震源激发叠加剖面对比

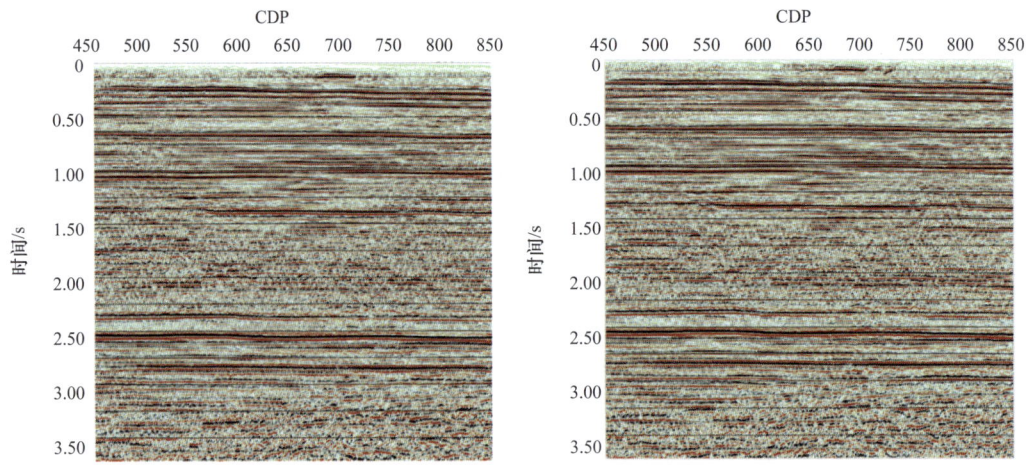

图2-2-35　BV330CQ与BV620-LF采集剖面对比

（3）井震混采方案实施前后效果对比，可控震源实施后盘克和段家集的三维观测属性获得明显改善，有效解决了近偏移距资料缺失问题（图2-2-36和图2-2-37）。

实践表明，可控震源采用长连续信号激发，相对井炮激发降低了黄土对高频能量的吸收衰减作用，绝大部分能量用于产生传入地下的弹性波；相关技术使得外界环境噪声的影响受到压制，高频段信噪比获得显著提升，确保了地震资料品质，同时降低了对房屋设施的影响，解决了项目大面积障碍物密集区炮点布设最大难题，优化了三维地震观测均匀属性；黄土塬可控震源激发具有能量强、频带宽、安全风险小、资料品质稳定等特点，原始采集资料主频达到25~30Hz，频宽达到65Hz以上黄土塬区可控震源激发技术的应用，大幅度提升了资料品质，减少了对环境的破坏，降低了工农补偿，推动了绿色地震勘探技术不断发展。

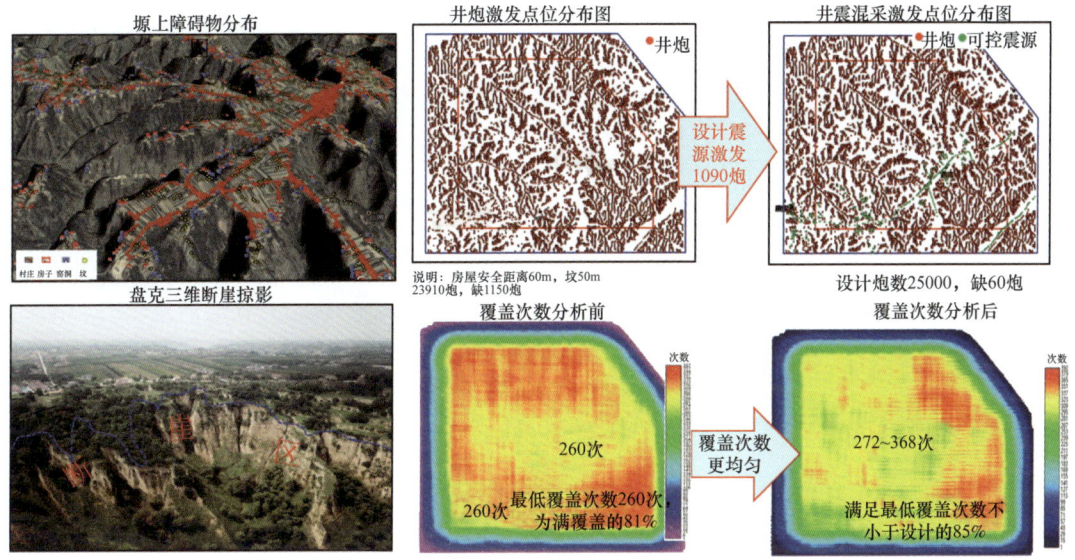

图 2-2-36　井炮激发方案与井震混采方案观测属性分析

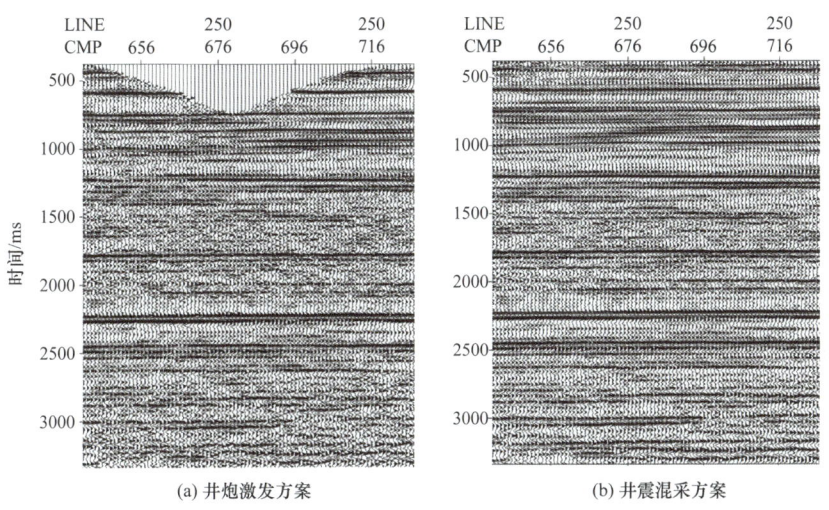

图 2-2-37　井炮激发方案与井震混采方案资料品质分析

五、黄土塬高灵敏度宽频单点（节点）接收技术

检波器作为地震波场的核心传感部件，其性能质量和技术水平直接关系到采集数据质量和地质分析的效果。以往在黄土塬区通常采用检波器组合的方式提高原始资料的信噪比和增强弱信号的反射的接收能量来改善区域资料品质，近几年随着盆地油气勘探开发工作向"更深、更薄、更致密"目标聚焦，对地震资料的信噪比、分辨率、保真度提出了更高的要求，单点检波器宽方位高覆盖三维地震采集技术为实现这一目标提供了有效技术手段，地震资料信噪比大幅度提升，地震频带明显拓宽，同时也大幅度降低了野外劳动强度，有效支撑了区带致密油气勘探、开发及水平井轨迹设计需求。

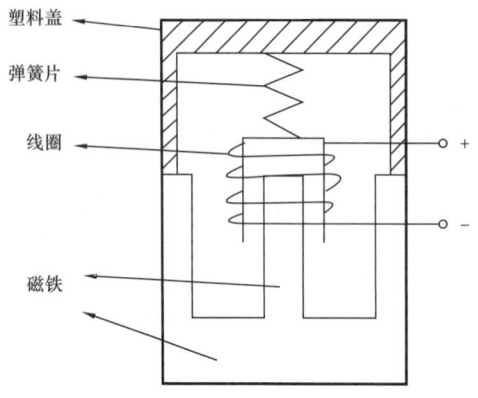

图 2-2-38　电磁感应式检波器基本结构示意图

1. 电磁式速度型地震检波器的基本原理

1) 检波器结构和工作原理

电磁式速度型地震检波器，由悬挂弹簧、线圈组成惯性体，在永磁体、轭铁、金属外壳组成的稳定磁场空间内工作（图 2-2-38）。线圈通过悬挂弹簧与外壳相连，当地震波到达时，惯性体与磁场产生相对位移，线圈切割磁力线，从而产生感应电动势，实现机械震动到电信号的转化，感应电动势的大小与线圈和磁铁的相对运动速度成正比。

2) 检波器运动方程

$$\frac{d^2V}{dt^2} + 2D\omega_0\frac{dV}{dt} + \omega_0^2 V = -G_0\frac{d^2z}{dt^2} \tag{2-2-12}$$

对式（2-2-12）两端进行付氏变换，电磁式速度型地震检波器输出电压 $V(t)$ 的频谱 $V(j\omega)$ 与地面振动速度 $dz/dt=Z'$ 的频谱 $Z'(j\omega)$ 之比称为电磁式速度型地震检波器的传输函数，记作 $H(j\omega)$，其传递函数表示为

$$H(j\omega) = \frac{V(j\omega)}{z(j\omega)} = -\frac{G_0}{\left(1 - \frac{\omega_0^2}{\omega^2}\right) - j2D\frac{\omega_0}{\omega}} \tag{2-2-13}$$

式中　j——虚部；
　　　ω——频率，Hz。

振幅特性为

$$H(\omega) = |H(j\omega)| = \frac{G_0}{\sqrt{\left(1 - \frac{\omega_0^2}{\omega^2}\right)^2 + 4D^2\frac{\omega_0^2}{\omega^2}}} \tag{2-2-14}$$

式中　V——输出电压，V；
　　　D——阻尼系数；
　　　ω_0——自然频率，Hz；
　　　G_0——灵敏度，V/（cm/s）；
　　　z——地面振动速度，cm/s；
　　　t——运动时间，s。

可见电磁式速度型地震检波器以地面振动速度为输入量，输出的电压呈现二阶高通滤波特性，因此电磁式速度型检波器对低频面波干扰有一定的压制作用。

（1）当 $D = h/\omega_0 < \frac{\sqrt{2}}{2}$ 时，振幅曲线出现峰值，峰值点频率 ω_p 和峰值 G_p 分别为

$$\omega_{\mathrm{p}} = \frac{\omega_0}{\sqrt{1-2D^2}} \qquad (2\text{-}2\text{-}15)$$

$$G_{\mathrm{p}} = \frac{G_0}{2D\sqrt{1-D^2}} \qquad (2\text{-}2\text{-}16)$$

由此可见，当阻尼系数增大时，尖峰减小，且向高频一边移动。

（2）当 $D = h/\omega_0 > \dfrac{\sqrt{2}}{2}$ 时，$H(\omega)$ 单调上升趋并近于 G_0，没有尖峰出现。

（3）当 $D = h/\omega_0 = \dfrac{\sqrt{2}}{2}$ 时，$H(\omega)$ 曲线介于（1）和（2）两种情况的中间状态，称这种状态为最佳阻尼，将 $D = \dfrac{\sqrt{2}}{2}$ 代入式（2-14）式得

$$H(\omega) = \frac{G_0}{\sqrt{1+\left(\dfrac{\omega_0}{\omega}\right)^4}} \qquad (2\text{-}2\text{-}17)$$

最佳阻尼时振幅特性曲线具有最大平直特性。由于 $D = \dfrac{\sqrt{2}}{2} < 1$，所以最佳阻尼处于欠阻尼状态。

2. 检波器性能的技术指标分析

1）检波器性能的技术指标

衡量地震检波器性能指标的参数有许多，主要参数包括自然频率、阻尼系数、灵敏度、谐波失真、允差等，相关参数包括直流电阻、阻抗、假频、噪声、漏电、极性以及悬体质量、线圈最大位移、允许倾斜角度、体积和质量等（魏继东，2013；梁运基和李桂林，2005）。

（1）自然频率由检波器弹性系统的结构和材料决定，从幅频特性曲线的线性区间可以看出"自然频率决定了地震数据采集的有效频带宽度"，自然频率越低，接收地震信号的频率范围越宽。（2）灵敏度即检波器对激励（振动）响应的敏感程度，其直接影响将地表振动机械能转换为电信号的能力，大小取决于线圈总长度和磁场强度。检波器灵敏度越高其对弱小信号的响应能力就越强，有利于接收地震勘探中的弱小信号，灵敏度的设计以最大限度利用 A/D 转换器的动态范围为原则。（3）阻尼系数是阻止惯性体振动的衰减系数，阻尼系数的变化直接影响检波器幅频特性和相频特性的变化，同时影响自然频率。从检波器运动方程可知，为了使地震检波器的分辨能力足够大，必须使检波器的自由振动有足够大的阻尼。过阻尼会使灵敏度降低，且低频段比高频段降低明显。欠阻尼在共振频率区使灵敏增大，一般取 0.7 倍临界阻尼，阻尼系数取 0.5～0.7。（4）谐波

"失真度"指检波器自身的动态范围，失真度的动态范围越大，越有利于提高信号的保真度，但实际资料显示"非失真噪声"（包括环境噪声、次生噪声、电噪声）的强度太大，远远超过了谐波失真所带来的"噪声"，使得检波器谐波失真度大小对实际采集地震资料造成的影响几乎为"零"。（5）允差即同种型号的个体检波器互相之间技术指标的相对差异，它不是检波器本身的技术参数，但却直接影响地震数据的采集效果。由于不同型号检波器之间的固有差异，不同检波器接收同一信号的结果就会有不同的输出，进行叠加就会产生失真，这将降低地震数据采集质量和保真度。

2）单点宽频检波器与常规检波器组合接收优劣分析

如表2-2-7与图2-2-39所示，单点宽频的自然频率为5Hz，低频响应好，灵敏度为常规检波器的3~4倍，达到了80~86V/（m·s）。灵敏度的大幅度提升，提高了采集过程中对微弱信号的接收能力；单点宽频检波器的失真度较小，可以最大限度地满足采集信号保真度的要求。

表2-2-7 不同检波器性能的技术指标对比表

类型	DS-5Hz	DS-10Hz	SN5-5Hz	SN5-10Hz	SN7C-10Hz	SG5	Smartsolo	Quantum PS-5GR	30DX	20DX
自然频率/Hz	5	10	5	10	10	5	5	5	10	10
直流电阻/Ω	1920	1800	1820	1550	375	1850	1850	1850	395	395
阻尼系数	0.60	0.56	0.70	0.68	0.7	0.60	0.60	0.60	0.707	0.707
灵敏度/[V/（m·s）]	83.2	85.8	86	98	28.8	80	80	80	20.1	20.1
失真度/%	<0.1	≤0.1	≤0.1	≤0.1	≤0.1	≤0.1	<0.1	≤0.2	≤0.1	<0.2

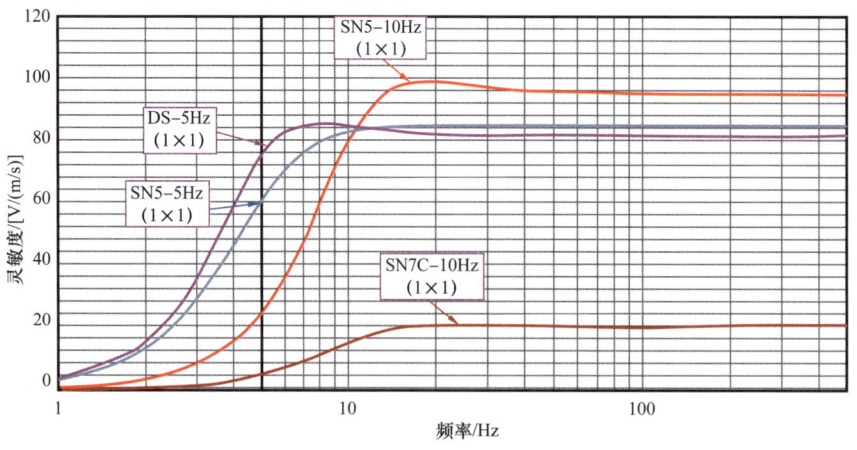

图2-2-39 不同类型检波器灵敏度—频率曲线

与常规检波器组合比较，单只宽频检波器相当于4个串联常规检波器的灵敏度，具有高灵敏度的特点（表2-2-8），有利于捕捉弱反射信号，特别是强反射背景条接之下的弱反射；避免了组合降频效应，具有高保真度，有利于岩性油藏的预测；有利于保护高频、低频信号，自然频率5Hz更有利于扩宽频带，提高地震资料的分辨率；质量轻，有利于降低野外作业强度，在复杂的黄土塬区具有轻便、高效的优势（表2-2-9）。

表2-2-8　检波器不同组合方式性能的技术指标

类型	DS-5Hz 单只	SN5-5Hz 单只	30DX 单只	30DX 5串2并	30DX 3串3并	30DX 6串2并	30DX 3串4并	30DX 4串2并
自然频率/Hz	5	5	10	10	10	10	10	10
直流电阻/Ω	1920	1820	395	987.5	395	1185	296.25	790
阻尼系数	0.60	0.70	0.707	0.707	0.707	0.707	0.707	0.707
灵敏度/[V/(m·s)]	83.2	86	20.1	100.5	60.3	120.6	60.3	80.4
失真度/%	<0.1	≤0.1	≤0.1	≤0.1	≤0.1	≤0.1	≤0.1	≤0.1

表2-2-9　检波器单只与组合的优劣势分析表

项目	检波器组合接收	单只宽频检波器接收
优势	（1）有利于提升接收灵敏度（组合灵敏度＝单只灵敏度×串联个数）； （2）有利于压制干扰波（主要是利于相位时差的差异，压制干扰波）； （3）有利于提高动态范围（动态范围均可提高（10×lgM）dB，其中M指检波器个数）	（1）灵敏度高； （2）保真度高； （3）频带宽（保护了高频、低频信号）； （4）质量轻、使用方便
劣势	（1）影响原始资料的保真度，不利于岩性勘探； （2）具有组合降频效应	（1）噪声严重、信噪比较低； （2）深层信号反射能量弱

3. 黄土塬区地震接收技术

1）黄土塬区地震接收技术的发展

截至2021年，黄土塬区接收技术的发展经历了三个阶段，实现了组合向单点、窄频向宽频、有线向无线三个转变（表2-2-10）。第一个阶段（2019年之前）受采集方法、处理技术和单点检波器性能指标的制约，主要采用检波器组合接收的方式提高区域资料的质量；第二个阶段（2019年）基于以往不同类型单点检波器攻关试验成果认识，在洪德和庆城北地区开展了单点宽频检波器宽方位高覆盖三维方案，采集获得了高品质地震三维数据体，至此盆地南部黄土塬区进入了全有线单点检波器三维阶段；第三个阶段（2020年之后）在公司的大力支持下，突破多重阻力，采用8.6道最新型节点仪器，在国内首次实现单点检波器全节点采集。

表 2-2-10　鄂尔多斯盆地黄土塬区地震接收技术的发展历程

时间	2013 年之前	2013—2018 年	2019 年	2020 年之后
发展阶段	有线多串组合接收	有线多串组合接收 节点多串组合接收	有线单点接收	节点单点接收
检波器类型	20DX-10Hz 和 SN4-14Hz	SN7C-10Hz	SN5-5Hz 和 DS-5Hz	DS-5Hz
仪器类型	ARIS 和 428XL	G3I 和 HawK	G3I	Smartsolo 和 eSeis

2）试验资料分析及认识

黄土厚度为 100～300m，地震波吸收衰减严重，为了进一步研究单点高灵敏（模拟）检波器在该区域的适用性，2013—2018 年长庆物探处开展了大量前期试验工作，通过系统统计分析形成了以下统一认识（图 2-2-40 至图 2-2-47）：

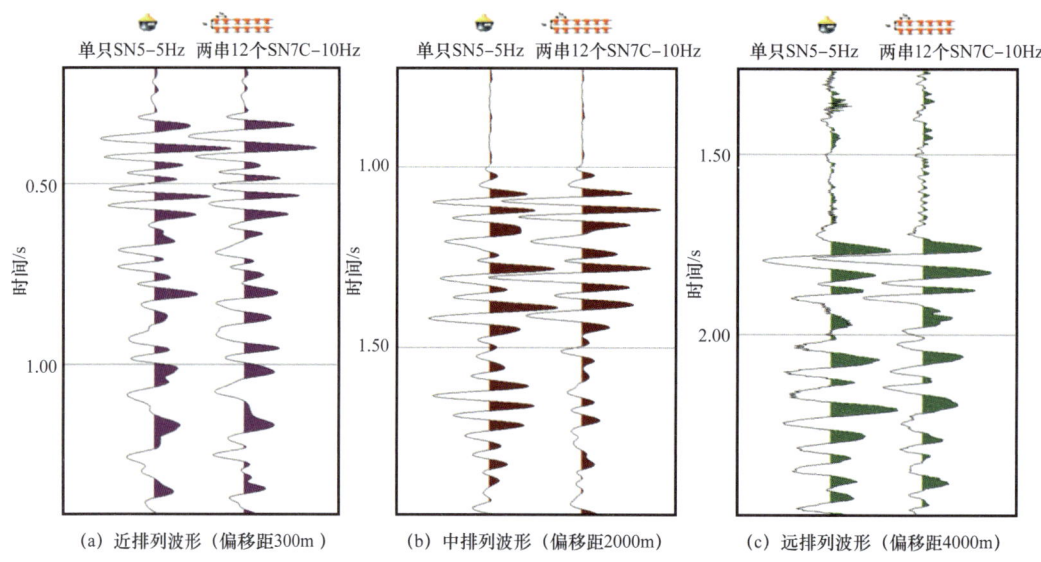

(a) 近排列波形（偏移距300m）　　(b) 中排列波形（偏移距2000m）　　(c) 远排列波形（偏移距4000m）

图 2-40　单只宽频检波器于常规检波器组合接收近、中、远排列波形对比分析

（1）性能指标显示：单只宽频检波器与 12 只常规检波器相对动态范围相当，组合接收的灵敏度略高；实际原始单炮近、中、远偏移距道资料波形显示，两种方式接收资料初至波在远、中、远排列波形基本相似，单只宽频检波器灵敏度略高。

（2）单只宽频检波器接收，低频段幅频特性好，具有高通特性，对高频信号没有损坏，资料保真性高，12 只常规检波器组合接收，能够压制段波场规则噪声和随机噪声，有利于提高资料信噪比；

（3）单只宽频检波器接收资料相关子波窄，分辨率高；

（4）环境噪声发育区 12 只常规检波器组合接收有利于压制 25Hz 以上的环境噪声，25Hz 以下低频信号频谱特征基本相当；

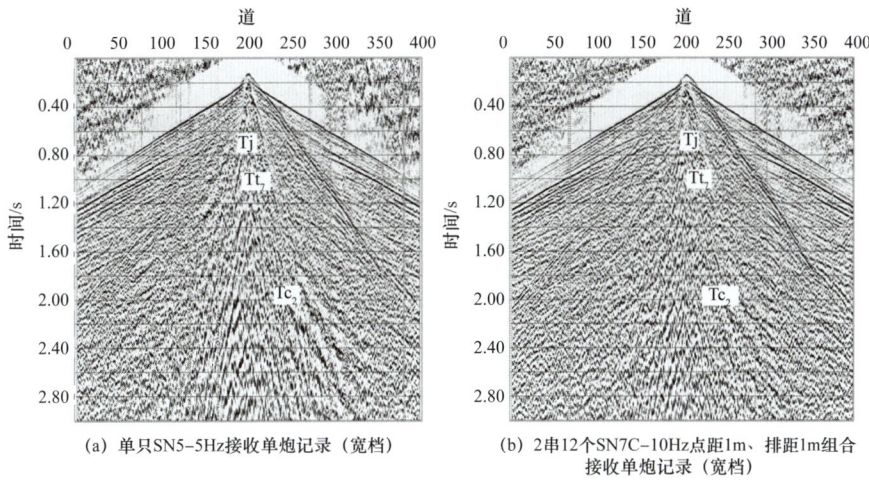

(a) 单只SN5-5Hz接收单炮记录（宽档）　　(b) 2串12个SN7C-10Hz点距1m、排距1m组合接收单炮记录（宽档）

图 2-2-41　单点与组合接收单炮资料对比分析

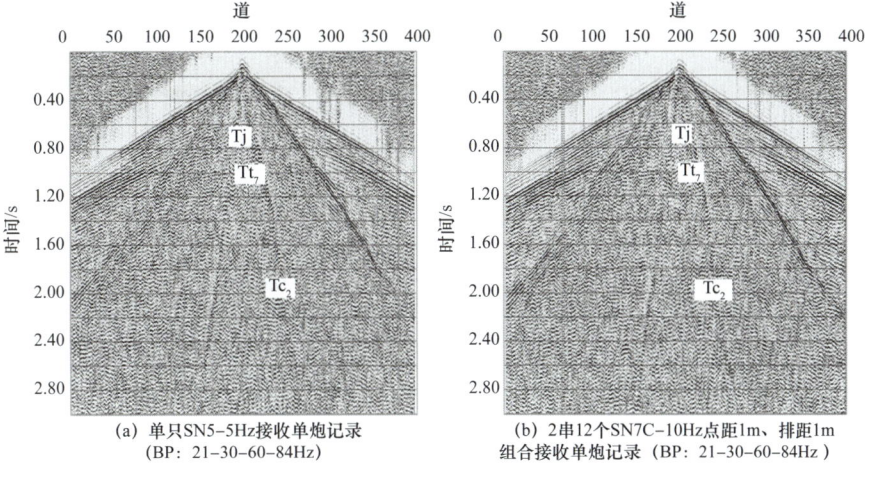

(a) 单只SN5-5Hz接收单炮记录
（BP：21-30-60-84Hz）　　(b) 2串12个SN7C-10Hz点距1m、排距1m组合接收单炮记录（BP：21-30-60-84Hz）

图 2-2-42　单点与组合接收单炮资料对比分析

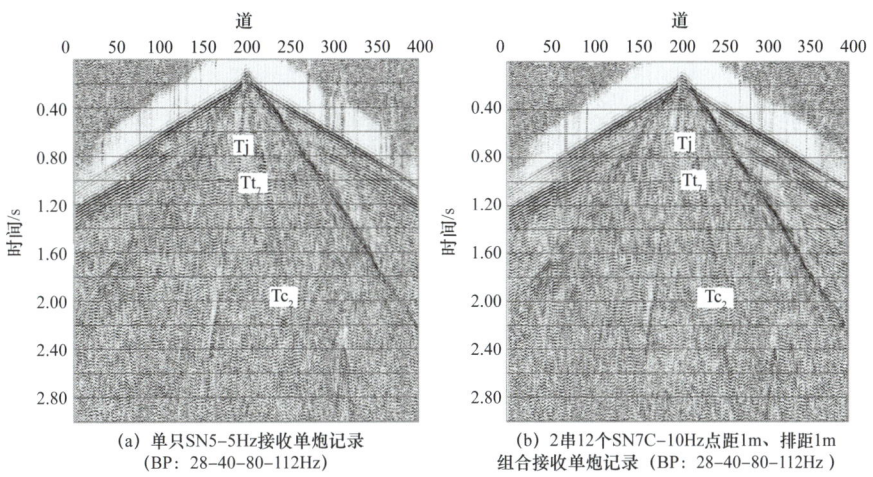

(a) 单只SN5-5Hz接收单炮记录
（BP：28-40-80-112Hz）　　(b) 2串12个SN7C-10Hz点距1m、排距1m组合接收单炮记录（BP：28-40-80-112Hz）

图 2-2-43　单点与组合接收单炮资料对比分析

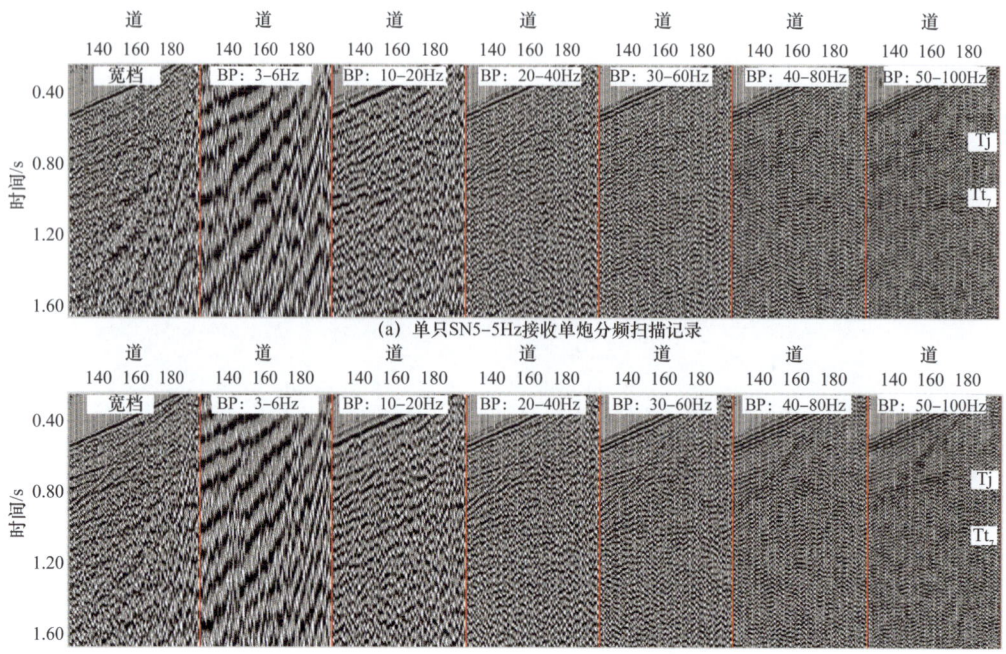

图 2-2-44 单点与组合接收单炮资料对比分析

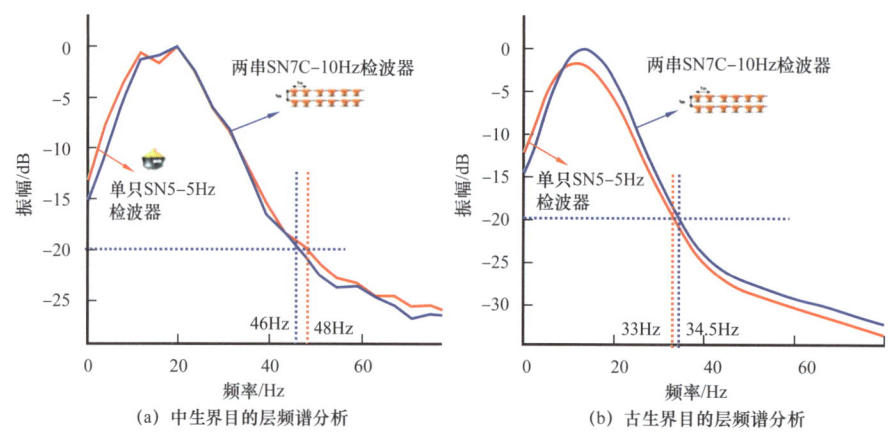

图 2-2-45 单点与组合接收频谱对比分析

（5）高覆盖炮道密度采集（400次覆盖以上），单点宽频检波器接收能获得高分辨率的地震资料；一般情况下单只宽频检波器接收，覆盖次数要达到常规检波器组合接收的2~3倍才能获得与12只常规检波器组合接收相当的视信噪比及分辨率的叠加剖面，干扰波发育区宽频检波器接收的覆盖次数和炮道密度需要进一步提高。

与常规检波器采集采用相同的激发因素，在信噪比较高区，单点宽频检波器接收覆盖次数至少是常规检波器组合接收的2~3倍才能达到组合接收效果；在低信噪比区，单点宽频检波器接收覆盖次数需要达到常规检波器组合接收的4~5倍；单点宽频检波器采集需要结合高密度高覆盖观测系统才可能达到理想的效果。不同地区二维地震试验证明，

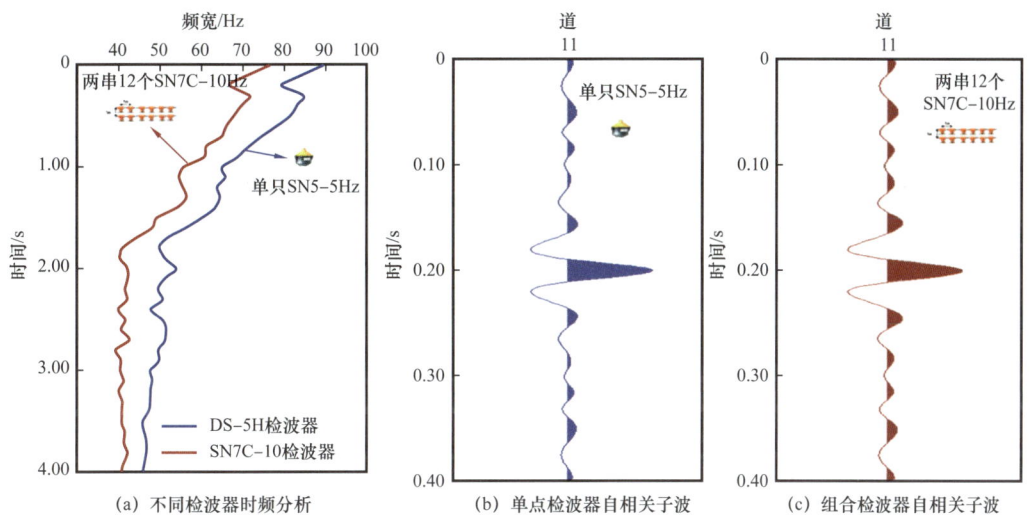

图 2-2-46　单点与组合接收单炮时频特性和子波特性分析

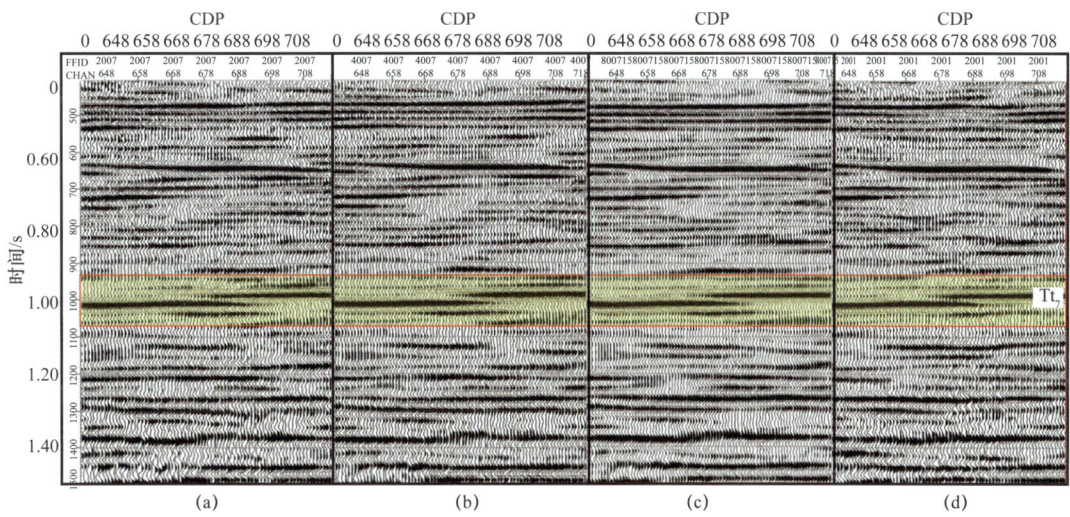

图 2-2-47　单点与组合接收不同覆盖次数二维叠加剖面对比分析
（a）单只 SN5-5Hz，200 次覆盖，道距 20m，炮道密度 2500 道 /km；（b）单只 SN5-5Hz，400 次覆盖，道距 20m，炮道密度 5000 道 /km；（c）单只 SN5-5Hz，800 次覆盖，道距 20m，炮道密度 10000 道 /km；（d）两串 12 个 SN7C-10Hz 点距 1m，排距 1m，200 次覆盖，道距 20m，炮道密度 2500 道 /km

采集阶段的信噪比、处理阶段的压噪能力以及地质条件的复杂程度是决定检波器优良的性能指标能否转化为高质量地球物理数据的关键要素。

3）节点采集技术

鄂尔多斯盆地从 2013 年 Hawk 节点检波器的攻关试验开始，历经 7 年，到 2020 年底探区在国内率先推行了节点地震仪器这一革命性的地震勘探装备，其体积小、质量轻、精度高等优势的发挥（表 2-2-11），成功化解了黄土塬"千沟万壑"地震勘探难等问题。另一方面，针对节点采集特性，通过梳理节点采集作用流程，建立检测、摆放、激活、

QC 数据回收分析、现场巡回排查、数据下载分析、记录切分等各工序作业指导书，确保了全过程质量受控（图 2-2-48）；针对一体式和分体式节点检波器的特点，量身定制专业化埋置工具（图 2-2-49），制定埋置标准流程（图 2-2-50），深插埋置检波器，做到插直插实，确保检波器与大地的体耦合质量，实现低环境噪声接收；黄土塬节点技术的全面应用，大大地推动了地震提质增效，缩短地震服务周期 3～5 个月，为井位部署提供"快节奏"地震资料，全力护航长庆油田"二次加快发展"。

表 2-2-11 有线仪器与无线节点仪器对比

指标	有线仪器	全节点仪器	对比分析
单道设备质量（电瓶、采集站、检波器）	10.4kg	1.2kg	减少 88.5%
电池使用时间	5～6d	50d	延长 45d
站线结构	采集链	单站单道、独立	独立
摆放便捷性	人、车较多	人、车较少	量少
环境适应性	过河、沟困难	无线、便捷	便捷
阻挡风险	断线无法采集	无线独立、无断线风险	连续作业

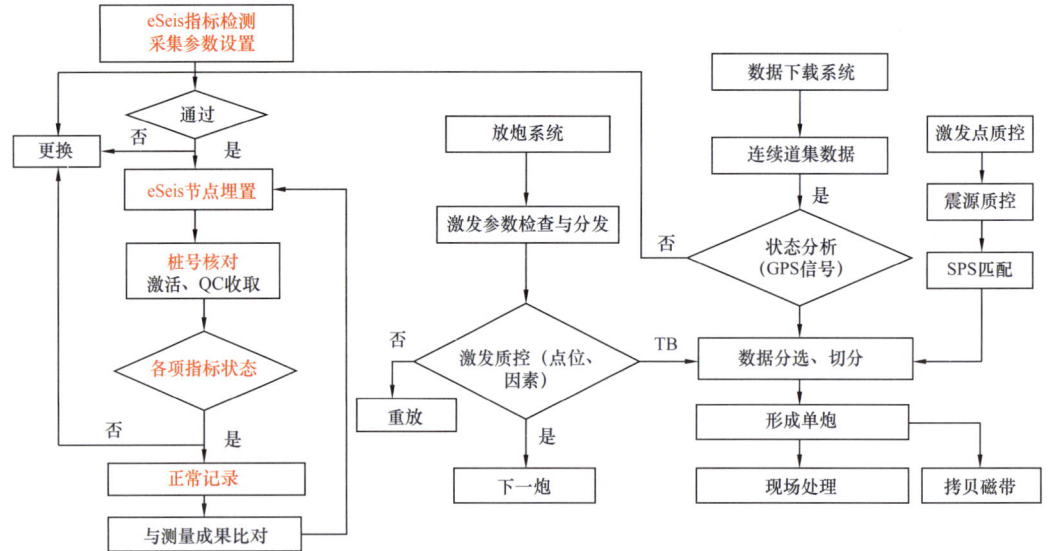

图 2-2-48 无线节点采集数据质控流程

4）单点高密度宽方位三维地震采集技术应用效果

2019 年，单点宽频宽方位高覆盖三维在巨厚黄土塬区获得了高品质叠前时间偏移成果，剖面浅、中、深目标层波组特征清晰，成像清楚，信噪比较高。与以往常规检波器组合接收三维资料对比，单点宽频宽方位高覆盖三维资料波组特征更为清晰，频带更宽，井震匹配度更高（图 2-2-51）。

图 2-2-49　节点检波器专用埋置工具及使用方法

(a) 节点检波器埋置标准流程　　　　　　　　(b) 无线节点放样流程

图 2-2-50　节点检波器埋置标准流程及无线节点放样流程

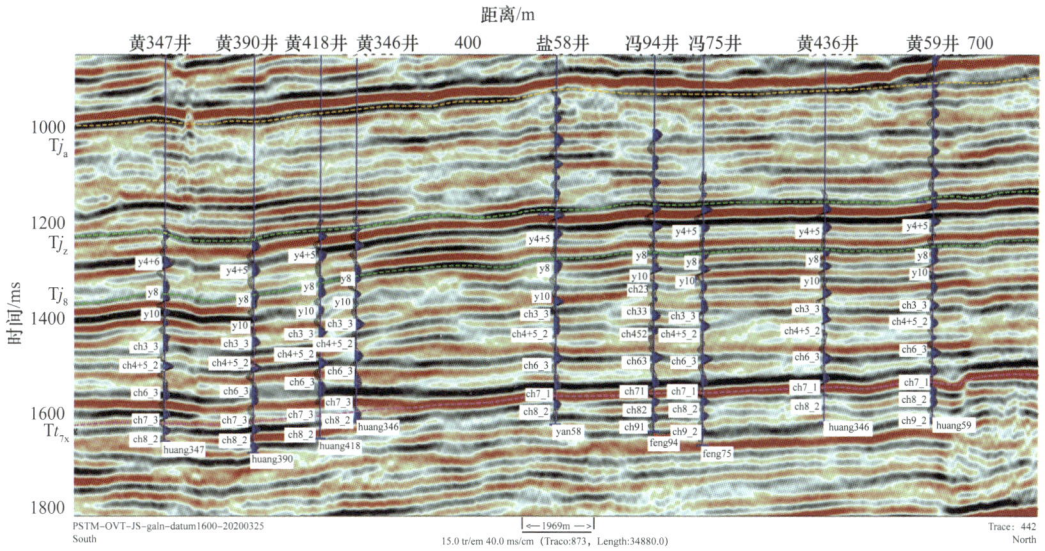

图 2-2-51　单点宽频检波器宽方位高覆盖叠前时间偏移连井标定剖面

六、黄土塬配套采集技术

应用新装备、新技术，组织管理模式的创新与变革，助推地震工作实现提质降本；坚持绿色物探施工理念，采用无人机航拍影像、大数据、无桩施工、可控震源激发、无线节点仪器采集、数据管理平台等新技术和新方法，有效减少了地貌占地和地表植被的破坏，推进绿色物探进程。

1. 基于无人机航拍影像的点位优化设计技术

大力推进无人机高清航拍，快速获取障碍物密集区高清图像，提升选点的精度和有效性。随着长庆物探处全面进入三维节点时代，地震采集工作的不断深入，施工区域也日趋复杂，施工难度不断加大，地表越来越复杂，障碍物及道路等新建速度远大于下载卫照的更新速度，为施工作业带来严峻挑战。在施工前，利用无人机对要施工的区域进行高空航拍，得到地表的高清影像资料，依据高清影像资料获得工区内所有障碍物坐标，利用专业软件进行激发点位偏移设计，合理避让障碍物，确保安全施工，实现激发点位由以往的现场定点式向室内精准设计式转变，提升点位的准确性、合理性和安全性（图2-2-52）。

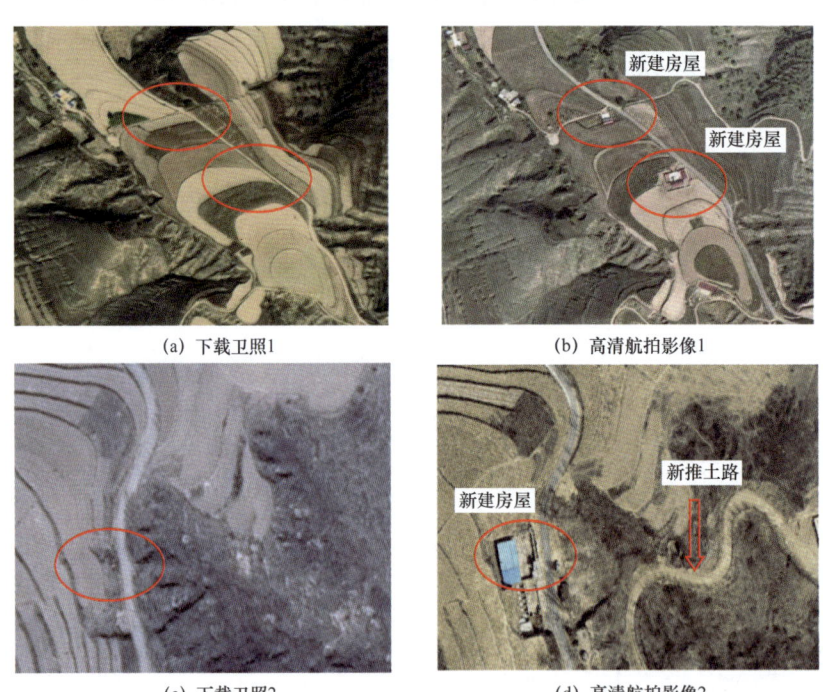

图 2-2-52　无人机航拍前后效果展示

利用无人机航拍影像，清晰识别地形陡缓，规避施工安全风险。针对黄土塬塬大沟深的特点，利用高清航拍影像，可清晰分辨陡坡、沟系等特殊地形，根据"避高就低、避陡就缓"原则，有效指导激发点点位偏移设计，避开悬崖、陡坎地形影响，确保钻井施工安全风险，提高激发点位设计符合率（图2-2-53和图2-2-54）。

图 2-2-53 高清航拍三维立体地表模型

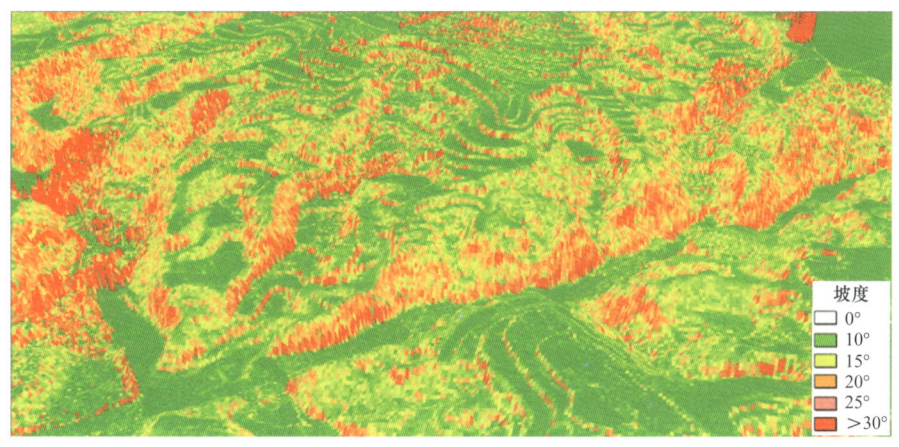

图 2-2-54 高清航拍工区坡度图

利用无人机航拍影像，清晰识别庄稼地，降低激发点位破坏风险。针对庄稼地地形，高清航拍影像资料有助于识别冬小麦以及未耕地（红色圈出区域），采用未耕地暂不进入的方式，精确炮点设计，降低炮点破坏率，减小工农阻挡，提升点位符合率（图 2-2-55）。

(a) 下载卫照

(b) 高清航拍影像

图 2-2-55 高清航拍应用效果展示（庄稼地细分识别）

在障碍物、地形和庄稼地等准确识别的基础上，实现激发点位的准确设计，同时能够实现对激发类型、钻具类型的分区设计，如图2-2-56所示红色为洛阳铲激发点位，蓝色为气动风钻激发点位，绿色为可控震源激发点位。

(a) 无人机　　　　　　　　　　　(b) 激发点位分布

图 2-2-56　无人机航拍指导点位设计

持续探索研究，不断拓展无人机技术和航拍影像资料应用领域，助推地震采集作业跨越式发展，如安全性风险评估、可控震源路线的规划、钻井和下药依据地形进行任务书的发放、炮点化小单元作业、放线的生产组织（路线规划）等。

2. 地震采集钻井工艺

黄土塬地震数据采集质量的提高与每一个施工环节都有关系，如果设计好了激发点位，没有适宜的钻具钻井，那么一切都无从谈起。在黄土塬区，目前使用的钻具有：洛阳铲、水钻、风钻、全气动轻便风钻。前三种钻具为黄土塬地震勘探多年使用的钻具，相关文献都有描述。而全气动轻便风钻是适应黄土塬三维地震洛阳铲钻工不足，于2018年着手研制、2019年不断试验改进、2020年全面推广的一类黄土塬机械钻具。下面介绍全气动轻便风钻研发历程、工作原理及使用效果。

鄂尔多斯盆地黄土塬一直依靠"洛阳铲"这种最原始的工具进行钻井作业，进入规模化三维时代，黄土塬钻井工作量呈现指数级飙升，传统人工洛阳铲因效率低、资源有限等问题，成为制约黄土塬地震加快勘探步伐最大的"短板"，破解黄土塬钻井难题刻不容缓。为破解黄土塬钻井这一世界性工程技术瓶颈，长庆物探处自主创新，打破行业壁垒，2019年成功研制出以"一气两用"为关键核心技术的黄土塬CQ-HTZ-20系列机械化全气动轻便风钻（图2-2-57）。

CQ-HTZ-20系列机械化全气动轻便风钻，其主要由空压系统、输气系统和钻井系统三大部分组成（图2-2-57）。其工作原理是以压缩空气为动力，驱动马达通过主轴带动钻具进行钻孔作业，同时循环控制气阀，压缩空气通过钻杆内径到达井底，将井底岩屑从钻杆与井壁的环形空间吹出，以达到高速钻井的目的。CQ-HTZ-20A型气动风钻钻井深度20m，适应于胶泥和料姜石地层；CQ-HTZ-20B型气动风钻钻井深度20m，适应于黄土和沙土地层。CQ-HTZ-20C型和CQ-HTZ-20AI型气动风钻还处于研制试验阶段，其中 CQ-HTZ-20C 型特点是无需起下钻杆，钻井深度可以达到 30m，仅适用黄土地层；CQ-HTZ-20AI 型特点是可加压，拆解组装方便，钻井深度可以达到 30m，可适应于硬质砂岩地层（图 2-2-58）。

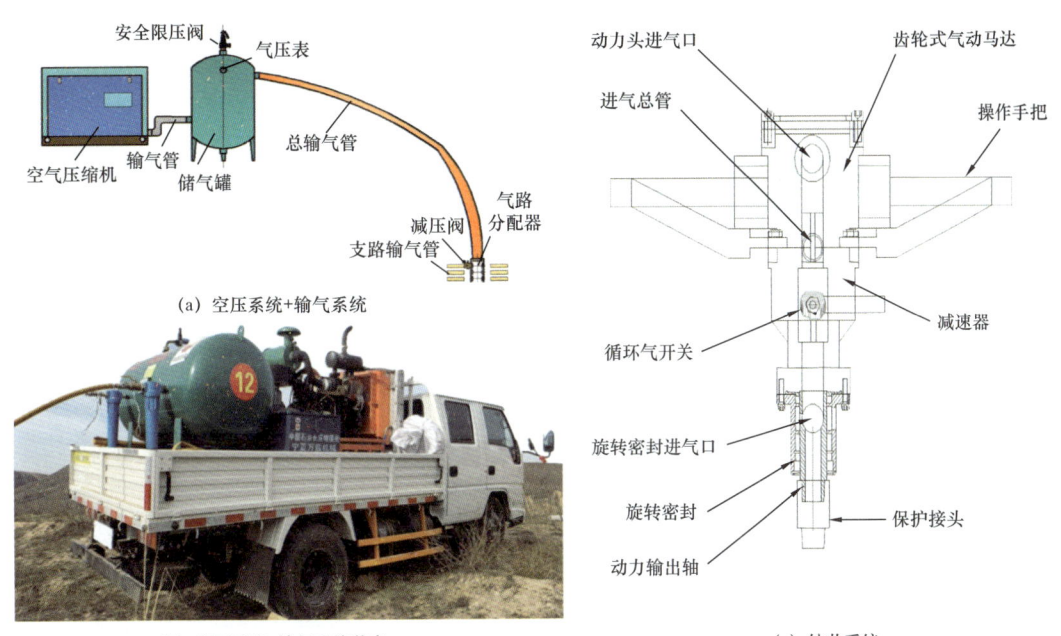

图 2-2-57　CQ-HTZ-20 系列机械化全气动轻便风钻组成系统

图 2-2-58　不同类型全气动轻便风钻图

通过持续升级及完善，黄土塬全气动轻便风钻钻机实现"3 个 10"的突破：效率是洛阳铲 10 倍，日钻井进尺 1000m 以上，18m 井深 10min 完成 2 口。2019—2021 年，累计完成 38227 炮，进尺 297×10^4 m。全气动轻便风钻具备胶泥、料姜石等多种复杂岩性的钻井能力，确保井深 100% 满足设计要求，一举缓解了三维时代黄土塬钻井能力严重不足的"卡脖子"问题，成果解决了黄土塬钻井这一困扰数十年的难题。

3. 黄土塬独立同步激发技术

随着大资源量仪器配置及爆炸机扩容技术突破及相应设备成功研发，同时全节点采集为全排列实时采集，数据后期合成，为进一步提升黄土塬区三维采集效率提供了条件。借鉴农田草原区独立激发的思路，通过单炮能量衰减规律分析总结，在利用大资源量配置下，可以保证互不干扰的两炮同时满排列采集的条件，因地制宜，采用控制炮点相对距离达到一定条件以上，以空间换时间，大力开展井炮"各自为震"生产试验，推动采集效率再突破，在庆城三维前期试验中由单台仪器激发的 2315 炮 /d 的效率提升到双仪器独立激发的 2741 炮 /d（图 2-2-59）。

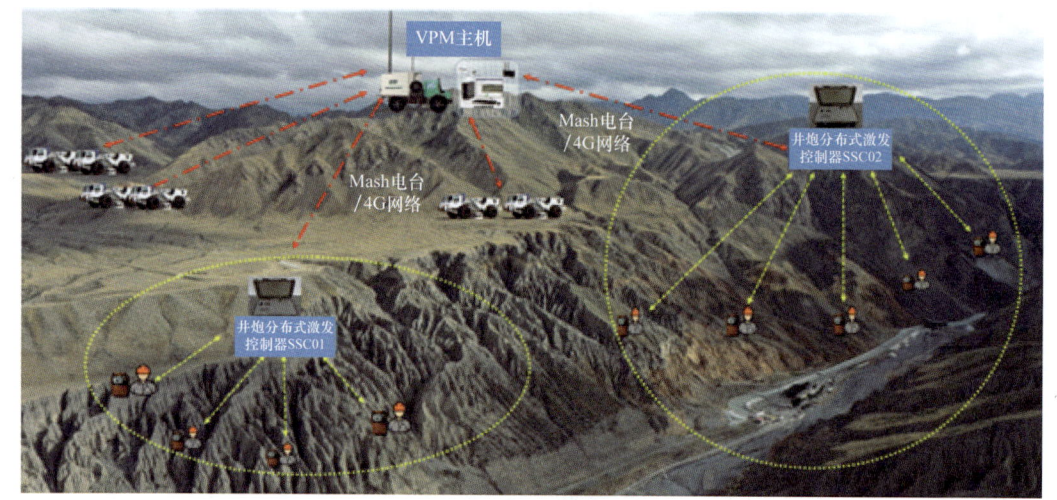

图 2-2-59　井、震双源高效生产管理系统

4. 无桩作业技术

随着近年来黄土塬三维地震采集技术的发展，物探测量技术也在不断更新换代，新近的主要物探测量技术如下。

1）可控震源无桩作业技术和黄土塬区"随钻定位"技术

通过卫星厘米级定位直接导航可控震源到激发点起震［图 2-2-60（a）］，无需提前标记，可实现可控震源无桩激发作业。在钻井过程中，由于障碍物的影响，激发点位需要移动。应用 X6 手簿［图 2-2-60（b）］进行实测，达到了 RTK 放样精度，实现了个别不合理炮点的及时调整、随钻即测，避免了"先偏后测"的现象，提高了恢复性炮点的实测效率，弥补了常规测量仪器适用短板，避免了二次测量，大大提高了测量施工效率。

2）节点施工测量无桩作业技术探索

利用便携式高精度智能定位设备，配备定制智能语音导航放样 App，结合智能化地震队系统进行质量和进度实时监控，测量作业同步排列施工，达到测量无桩施工和测量作业连环接续的目的，从而达到降低用工数量、避免测量补测、节约施工成本等效果。实施方案如下（图 2-2-61）：

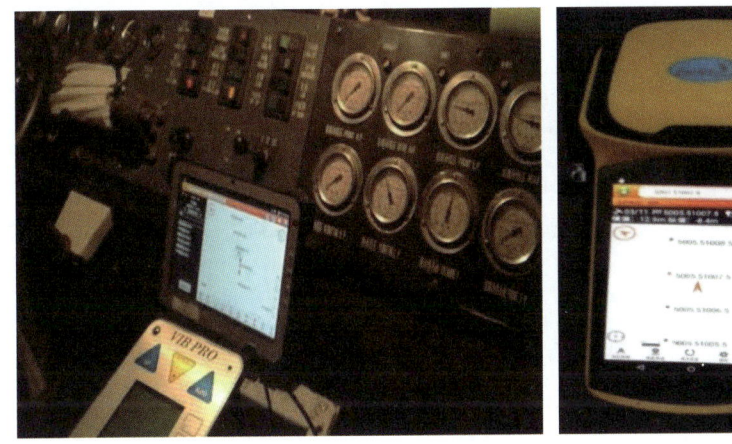

(a) 可控震源GPS导航　　　　(b) X6手簿随钻定位

图 2-2-60　可控震源 GPS 导航和 X6 手簿随钻定位

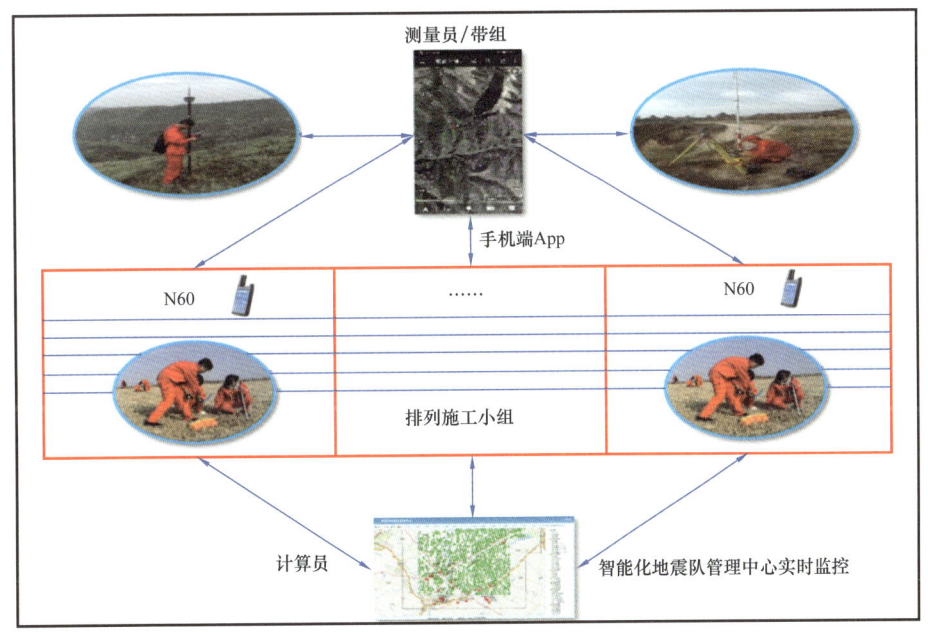

图 2-2-61　节点施工测量无桩作业

（1）现场技术支持部分：解决现场小组遇到的问题和补测，负责单元小组的施工质量监控和单元小组之间现场沟通协调。（2）排列钻井现场施工部分：负责使用测量定位设备测量、下载任务上传成果及和现场技术支持沟通。（3）室内质控调度部分：每日任务下发、数据回收处理、外业施工质量实时监控及测量成果整理上交。

节点施工测量无桩作业技术正在试验探索阶段，其一旦成功应用，测量用工量将下降 40%～70%，测量施工期减少 40%，地震队营地建设和启动可推后近 15 天左右，有效解决了测量人员设备投入多、前期测量任务重、作业周期长成本高、测量标志丢失破坏严重、安全风险控制难、采集结束后排列炮点补测工作量大等问题。

5. 全流程影像质控技术

对于地震采集主要生产工序，即钻井、下药、串井和放线，采用录制视频影像的方式进行质量控制，规定录制内容，形成一套黄土塬地震采集影像质控技术。钻井工序：录制洛阳铲提杆视频，解释组人员通过查看视频，可以判断钻井井深是否达到设计要求；同时还可以获取炮点坐标桩号信息，判断激发点位是否准确。下药工序：录制包药工口头上报的测线号、下药桩号、炸药、雷管数量、下药深度信息以及下药至扪井结束的整个过程；下药视频的录制，不仅监控了炸药和雷管的数量、扪井质量，同时对上道工序钻井桩号的准确性和质量也进行了检查。串井工序：按照任务书井数，对整个串井工程进行视频录制，防止漏串井眼。放线工序：对每一道检波器录制埋置过程视频，通过检查视频，可以监控到检波器是否做到"体耦合"。全流程影像质控技术的应用，实现了钻井、下药、串井和放线工序施工质量的"自证清白"以及各工序施工质量的全检，大大提高了质控效率，为三维地震勘探的全面实施奠定了质量基础。

6. 黄土塬三维项目管理技术

为满足长庆油田"二次加快发展"，长庆探区积极探索，管理创新，打造"超前部署、错峰施工、资源共享、连环作业、效益发展"20字方针，将地震采集打造成"没有围墙的工厂"，大力推行"三个一"（一个整体项目运行计划、一套采集设备资源、一组季节工队伍）模式，采用"工厂化流水线"作业，大幅提升地震采集效率（图 2-2-62）。

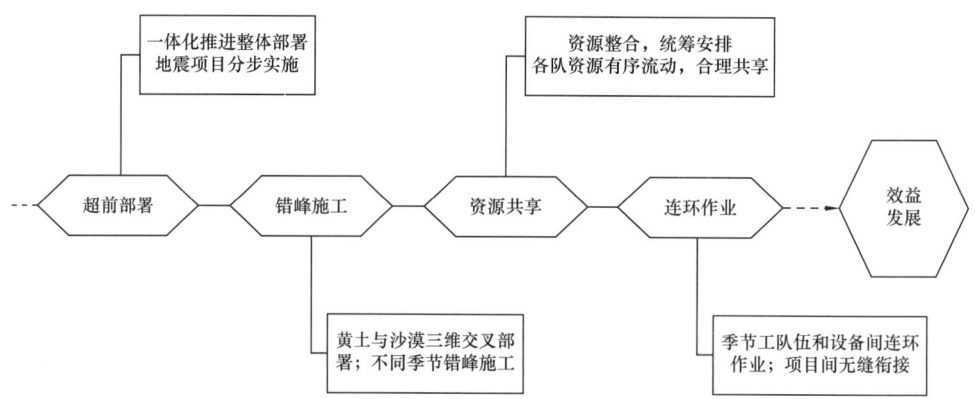

图 2-2-62 三维时代提质增效"20字诀"

采用20字方针，推进地震项目整体规划、提前部署，充分准备，为流水线高效作业奠定基础；山地和沙漠区错峰施工，避开雨季与雪季天气施工，避免因一拥而上、资源不足影响项目运作质量；测量、钻井、下药、排列等各个环节资源有序流动，合理共享，用最少的资源创造最大价值；各个项目之间一套人马和设备连续作业，各个项目无缝衔接，不同区域、不同项目减少磨合期，启动即是高效，不断刷新长庆油田新速度，黄土塬区三维地震平均日效每年一突破，由2018年的演武北616炮/d到一举跃升至2020年庆城2531炮/d，两年间提速高达410%，为加快地震成果转换奠定了坚实的基础（图 2-2-63）。

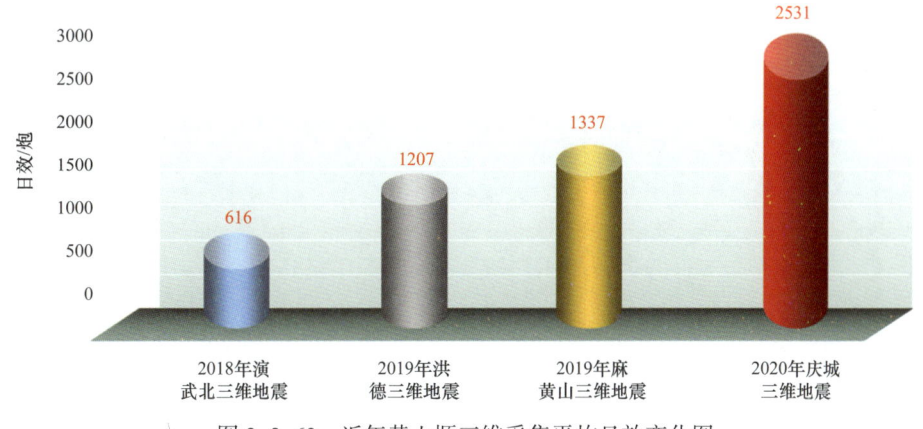

图 2-2-63　近年黄土塬三维采集平均日效变化图

第三节　三维地震采集效果

一、盘克三维地震采集项目

2017 年由长庆油田分公司牵头，长庆勘探开发研究院负责具体协调、实施，长庆物探处依托国家重大科技专项"鄂尔多斯盆地致密油开发示范工程"在盘克三维工区开展了满覆盖工作量 113km² "黄土塬井震联合激发宽方位三维地震采集技术"探索、攻关，攻关取得里程碑标注性成果。

井震联合激发方案对改善三维观测属性起到了关键性作用，在确保原始单炮品质的条件下，为"宽方位高覆盖三维观测方案"的落地提供了最有效的解决方案。实现了盘克三维最低覆盖次数达到满覆盖的 87%，比井炮激发方案提高了 7 个百分点，有效解决了复杂黄土塬区科学放样、均匀采样、绿色勘探的问题；原始单炮资料主频达到 25～30Hz，有效频宽为 8～60Hz（图 2-3-1），三维成果剖面较二维资料成像效果有了质的提高，浅、中、深层波组特征清晰（图 2-3-2），主要标志层能够连续对比追踪，其中长 7 段主频提高 5Hz（30Hz→35Hz），频宽提升 13Hz（56Hz→69Hz），为页岩油开发提供了高品质三维地震数据体，为油气立体勘探、为油气勘探奠定了资料基础，初步形成了"面向致密油开发的复杂黄土塬井震联合激发宽方位三维地震采集技术"，完善了鄂尔多斯盆地地震勘探技术序列，也开启了鄂尔多斯盆地南部复杂黄土塬三维地震采集的新时代。

二、庆城北三维地震采集项目

近年来黄土塬区进行了大量的单点与组合检波器接收试验，形成了较为系统的认识，黄土塬区单点低频高灵敏检波器与组合检波器接收，原始单炮初至清晰度相当；单点低频高灵敏检波器接收资料低频段信息丰富、能量强，高频带信噪比略低；在高覆盖、高密度采集下，进行针对性的处理后，高灵敏单点检波器能够满足精细、高精度勘探的需求。

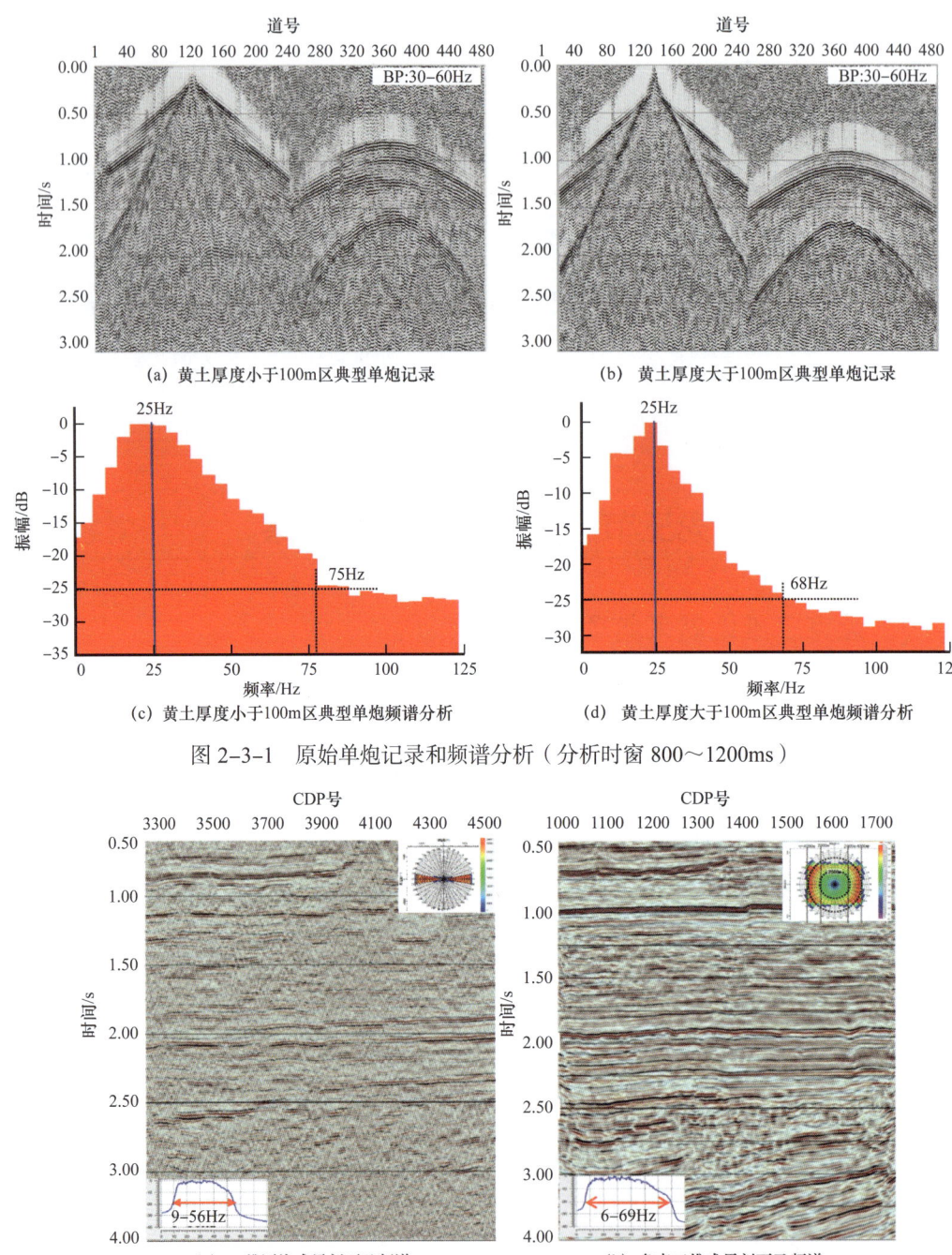

图 2-3-1 原始单炮记录和频谱分析（分析时窗 800～1200ms）

(a) 黄土厚度小于100m区典型单炮记录
(b) 黄土厚度大于100m区典型单炮记录
(c) 黄土厚度小于100m区典型单炮频谱分析
(d) 黄土厚度大于100m区典型单炮频谱分析

(a) 二维测线成果剖面及频谱（面元12.5m，136次覆盖）
(b) 盘克三维成果剖面及频谱（面元20m×20m，320次覆盖）

图 2-3-2 二维、三维成果剖面对比

2019 年长庆物探处依托"庆城北三维地震采集项目"，在南部复杂黄土塬区首次开展了"单点检波器三维技术"试生产，面元采用 20m×40m，能够满足幅度 5m 以上构造、断距 10m 以上断裂的地质解释的需求；激发接收线距均采用 200m，缩小最大的最小炮检距，提升中生界目标覆盖次数；考虑到目的层信噪比以及解决地质问题能力，总覆盖次数综合选择 400 次以上。实际资料表明,"单点接收、宽方位、高覆盖、适中面元、井震联合激发"三维地震采集技术能够获得浅、中、深目的层成像效果好,剖面波阻关系清楚的三维地震资料(图 2-3-3)。三叠系前积现象明显,前侏罗纪古地貌特征清晰(地震削截、上超、角度不整合),古河道明显可见,局部地方断裂发育(图 2-3-4),OVT 偏移后成果特征更加清楚,品质更高。

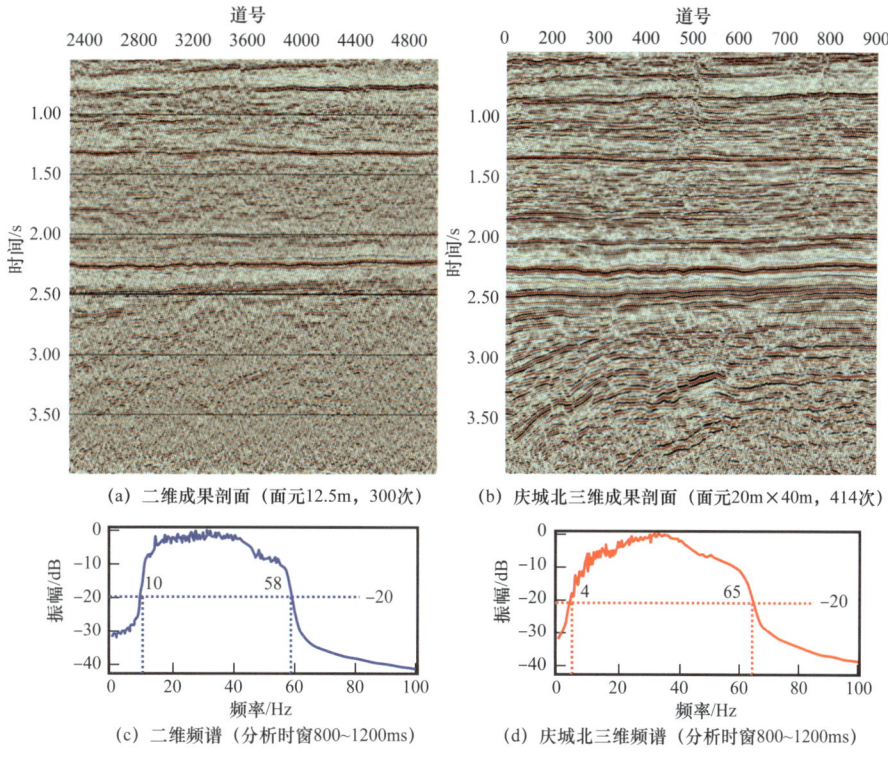

图 2-3-3 二维非纵测线与庆城北三维成果剖面对比

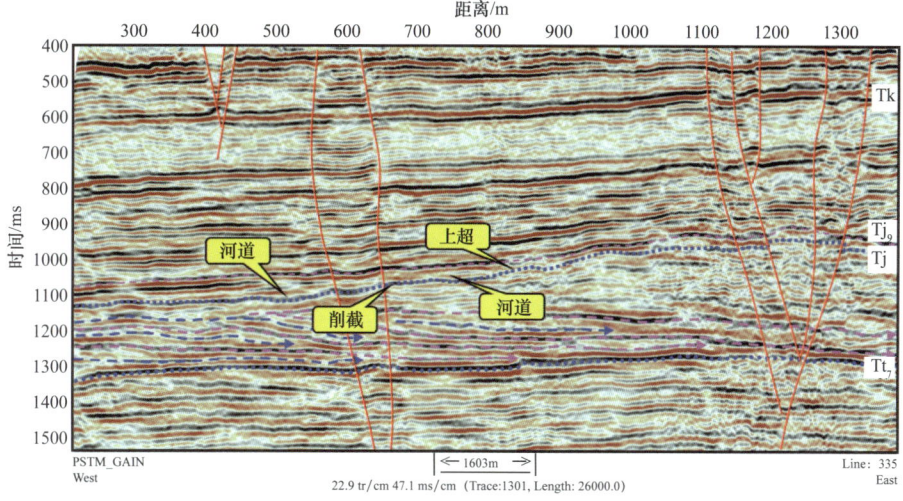

图 2-3-4 庆城北三维 inLine335 线叠前时间偏移剖面

三、环县三维地震采集项目

2020年,在页岩油环县三维地震采集项目中(1000km^2),充分发挥高灵敏宽频单点(eSeis节点)接收技术和"井震混采"技术优势,有效解决庆城城区、水源保护区施工难题,确保了部署的完整性,获得高品质的地震资料。与以往二维资料相比,地震同相轴更连续,资料信噪比、分辨率更高,频带更宽,前积反射及小幅度构造更清楚,高质量的三维地震资料为有效支持长7段页岩油开发夯实基础(图2-3-5)。

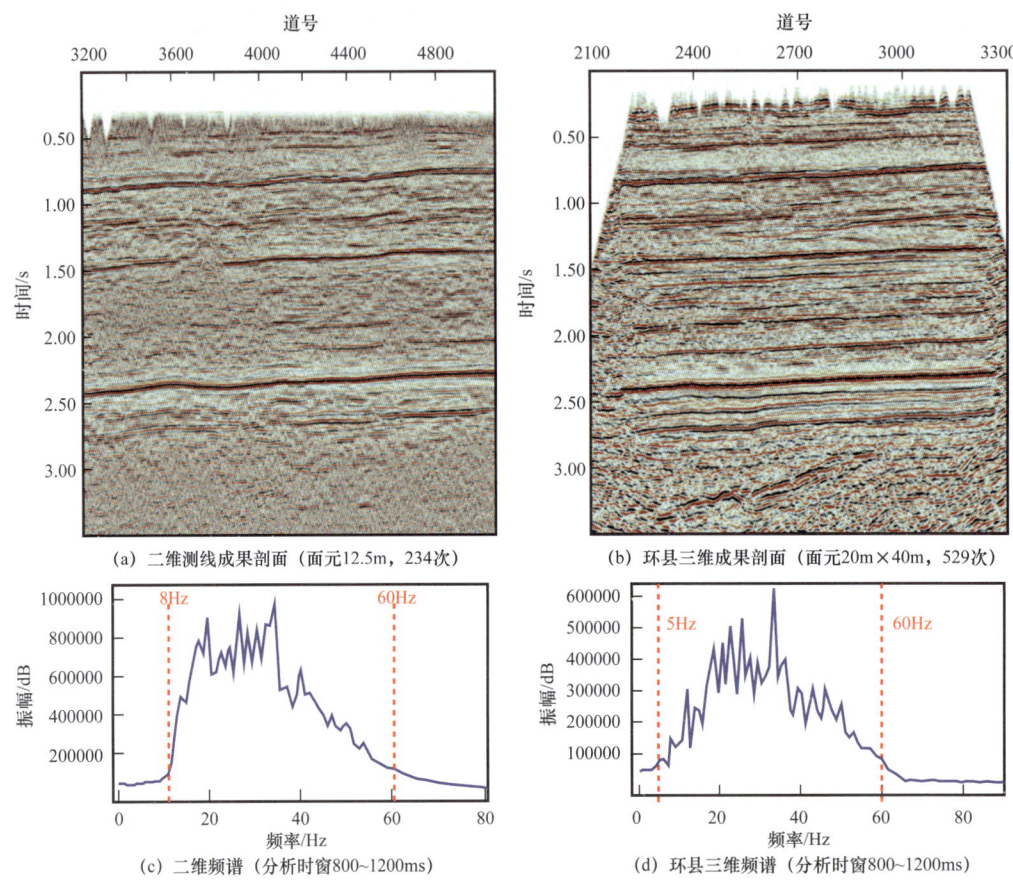

图 2-3-5　二维非纵测线与环县三维成果剖面及频谱

第三章 黄土塬关键处理技术

第一节 黄土塬三维地震资料特点

鄂尔多斯盆地南部表层结构复杂,近地表从浅至深由含水性的多少分为干黄土层、潮湿黄土、含水黄土、古近—新近系红土层,其地层速度在300～500m/s至2000～2300m/s,各个地层厚度差异较大,浅表层的干燥黄土厚度较薄,为10～30m,至下覆的古近—新近系红土层,厚度约为100m左右[图3-1-1(a)]。地表黄土含水性与地层岩性的差异使其Q值差异大,并造成地震资料吸收衰减严重,特别是造成地震子波的高频能量快速衰减,在如图3-1-1(b)所示的黄土塬近地表Q值模型中,地表Q值为1.4～40.5,根据该近地表Q值模型得到的地震子波主频快速衰减,从地表处子波主频约为250Hz,至黄土层60m时衰减为100Hz,至黄土层100m时衰减至40Hz左右,地震分辨率严重降低。同时,受雨水冲刷、风蚀等因素影响,黄土塬地表起伏剧烈,发育塬、峁、梁、沟等沟壑纵横复杂多变的地貌(付锁堂 2020),造成黄土塬近地表速度横向变化剧烈[图3-1-1(e)]。

黄土塬复杂的近地表条件给地震数据采集、处理、解释造成巨大的困难,地震激发接收条件差,近地表黄土层对地震波的吸收衰减严重,接收到的地震波能量弱、频率低(陈娟等 2012);同时,黄土塬地表起伏剧烈,相对高差大,近地表速度横向变化快,地震资料处理中的静校正问题突出。同时,由于鄂尔多斯盆地独特的地质沉积特点,表层黄土与中生界的岩石地层速度和密度差异大,直接接触形成了强的波阻抗界面,阻挡了地震波能量的下传,造成中深层反射信息能量弱。

典型的鄂尔多斯盆地黄土塬资料如图3-1-2所示,其中图3-1-2(a)、图3-1-2(b)与图3-1-2(c)分别为黄土较薄区,黄土较厚区与黄土巨厚区单炮,图中红线为检波点的地表高程曲线,可以看到,图3-1-2(c)黄土巨厚区单炮中由于地表黄土极低速所形成的黄土"帽子"明显存在。整体上看,由于地表高程横向变化剧烈,黄土厚度横向差异大,原始单炮的初至扭曲非常严重。同时,从距离激发点近、中、远不同距离的三个排列的单炮记录(静校正后单炮)来看[见图3-1-2(d)、图3-1-2(e)与图3-1-2(f)],黄土塬地震资料整体信噪比很低,很难看到具有双曲线特征的有效反射波,同时各类噪声发育。在最近排列,由于地表黄土散射造成近炮点强能量发育,在浅层发育有多次折射波,速度较高;在非纵距为2000m的中排列,主要发育的噪声有线性干扰,由于非纵距的影响,线性噪声表现出非线性的特征;在非纵距大于4000m的远排列,单炮的激发能量弱,记录中可以看到明显的异常能量和异常道。

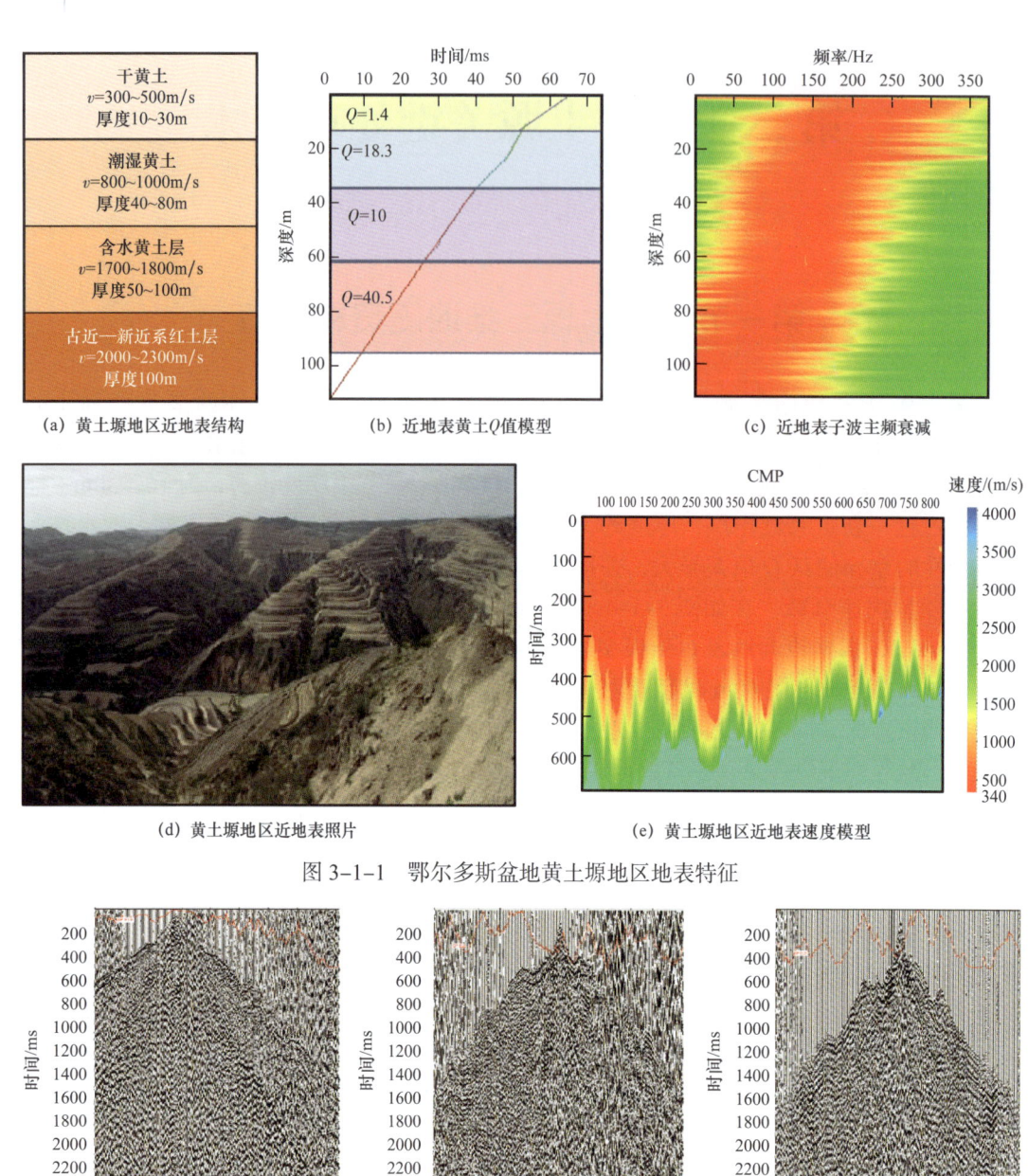

图 3-1-1　鄂尔多斯盆地黄土塬地区地表特征

图 3-1-2　鄂尔多斯盆地黄土塬典型地震单炮

单炮主要表现出黄土塬某个点位的激发接收记录情况，叠加剖面可以更加整体地反映出黄土塬地震资料横向变化特征。如图3-1-3所示为典型的黄土塬区纯波初始叠加剖面（静校正后），可以看到，静校正后初始叠加剖面具有一定的信噪比，但纯波叠加资料整体信噪比低，有效反射难以识别，只有盆地内最典型的地震标志层Tc_2与Tt_7隐约可见，纯波剖面上各类噪声发育，最主要的噪声为近炮点强能量，其能量强，分布范围广，使得目标层位有效反射难以识别，同时，初始叠加剖面上可以看到异常道与工业干扰等噪声。影响黄土塬区初始叠加剖面品质的主要因素在于各类噪声能量强于有效反射的能量，因此，均衡后的地震剖面信噪比得到明显提升［图3-1-4（a）］，从浅至深几套标志层成像清楚，从主要目的层中生界与古生界的频谱上看，初始叠加资料分辨率较低，高频能量弱，中生界频谱范围在4~35Hz，主频为16Hz左右，古生界频谱范围在4~32Hz，主频在12Hz左右，分辨率均较低。

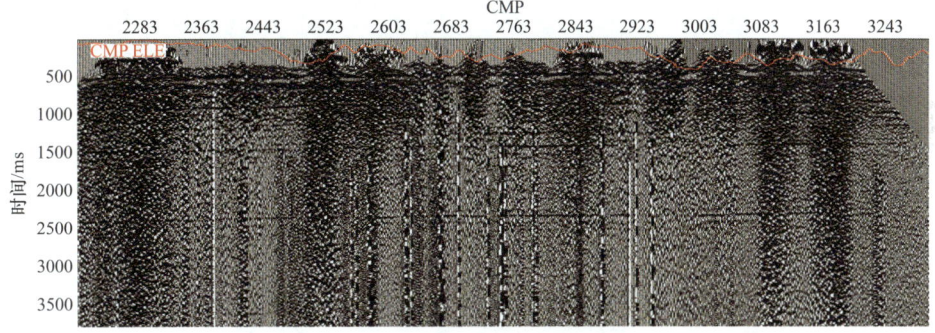

图3-1-3　鄂尔多斯盆地黄土塬典型初始叠加剖面（纯波）

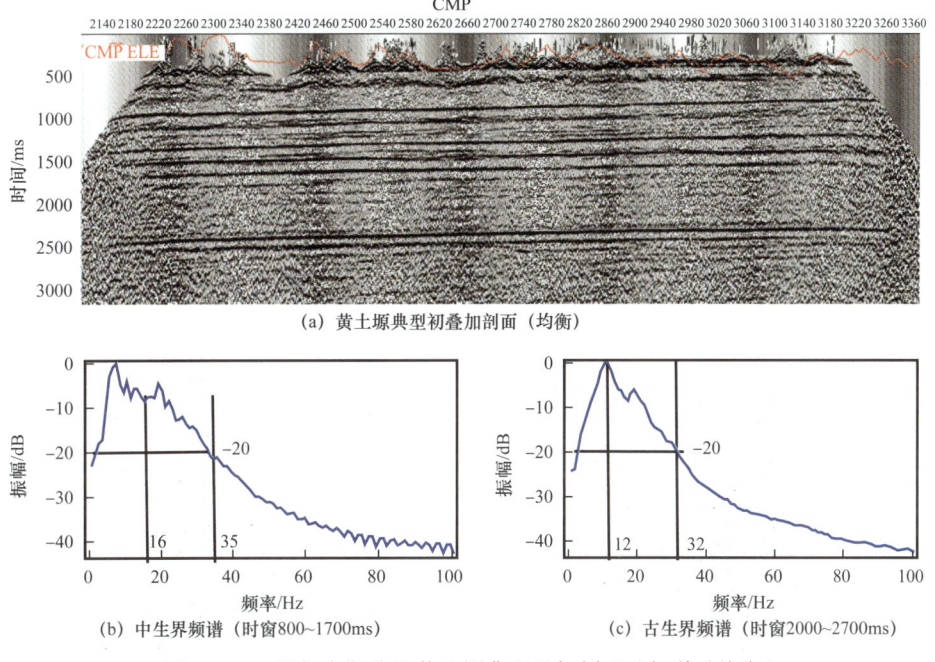

图3-1-4　鄂尔多斯盆地黄土塬典型叠加剖面及频谱（均衡）

一、黄土塬资料静校正问题突出

黄土塬地震资料静校正问题突出主要表现在两个方面，首先，由于黄土塬地表高程起伏剧烈，黄土厚度横向变化大（图 3-1-5 和图 3-1-6），造成低降速层的速度与厚度横向变化剧烈，准确求取近地表速度模型困难。同时，由于黄土塬地表激发接收条件较差，单炮记录信噪比低，初至扭曲剧烈，远偏移距初至信息不清楚（图 3-1-7），使得基于单炮初至的折射、层析等静校正方法精度受到一定限制。

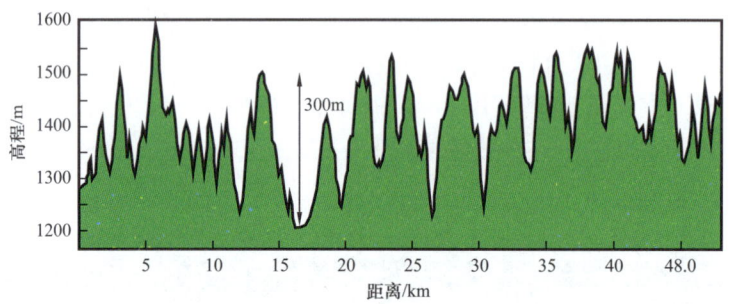

图 3-1-5　鄂尔多斯庆城三维高程剖面图

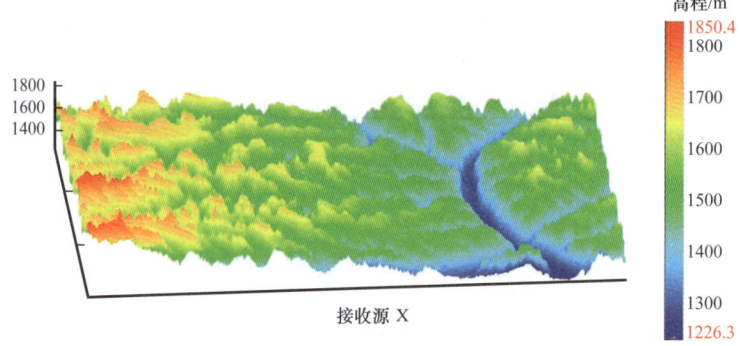

图 3-1-6　鄂尔多斯盆地洪德三维地表高程图

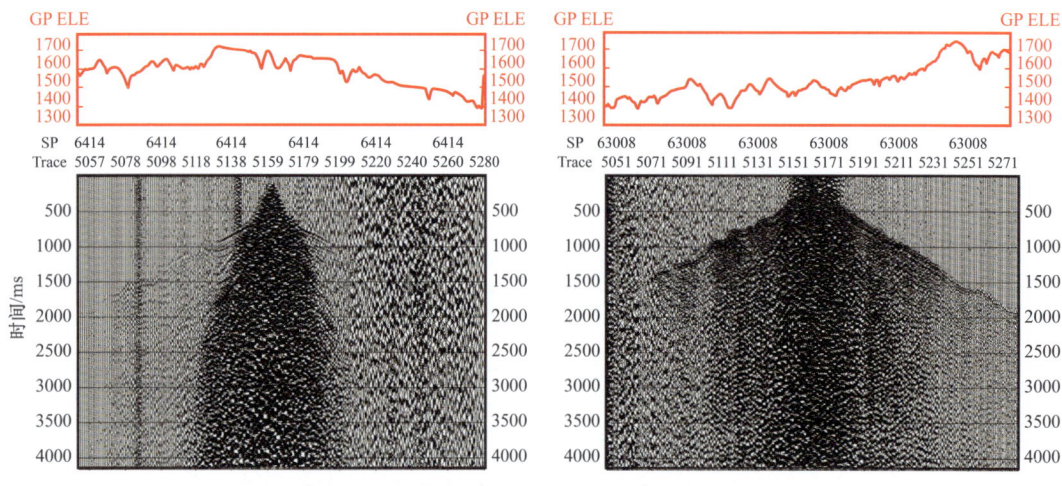

图 3-1-7　鄂尔多斯盆地某黄土塬区典型单炮（静校正前）

由于近地表速度的横向变化剧烈,从黄土塬区资料的共偏移距剖面和叠加剖面上看,高程静校正方法初至起伏剧烈,初至与地表相关性强,高程静校正剖面不成像,高程静校正方法无法解决黄土塬区静校正问题(图3-1-8和图3-1-9)。

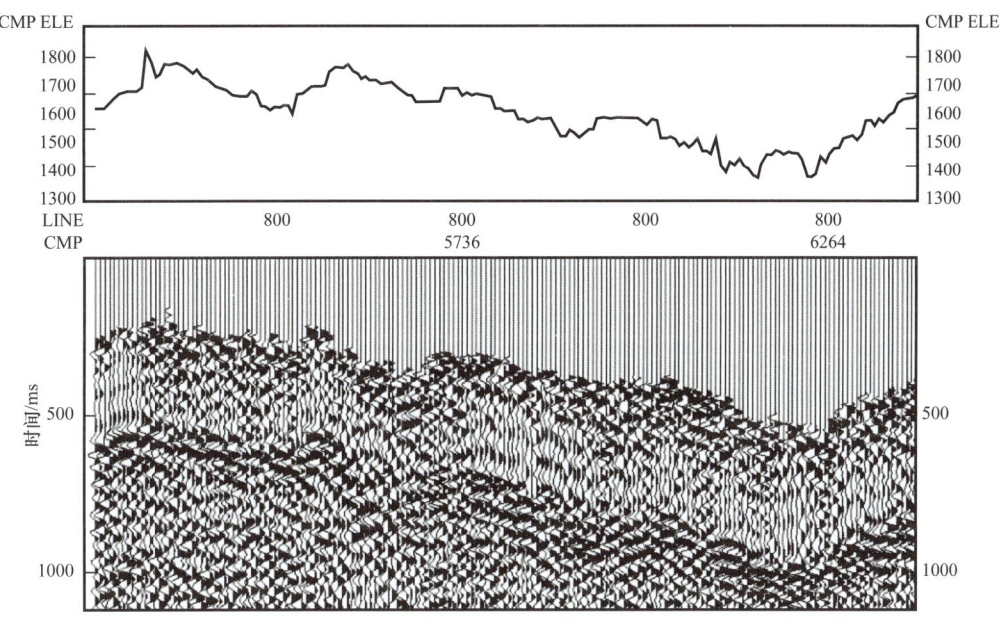

图 3-1-8　鄂尔多斯盆地某黄土塬区共偏移距剖面(高程静校正后)

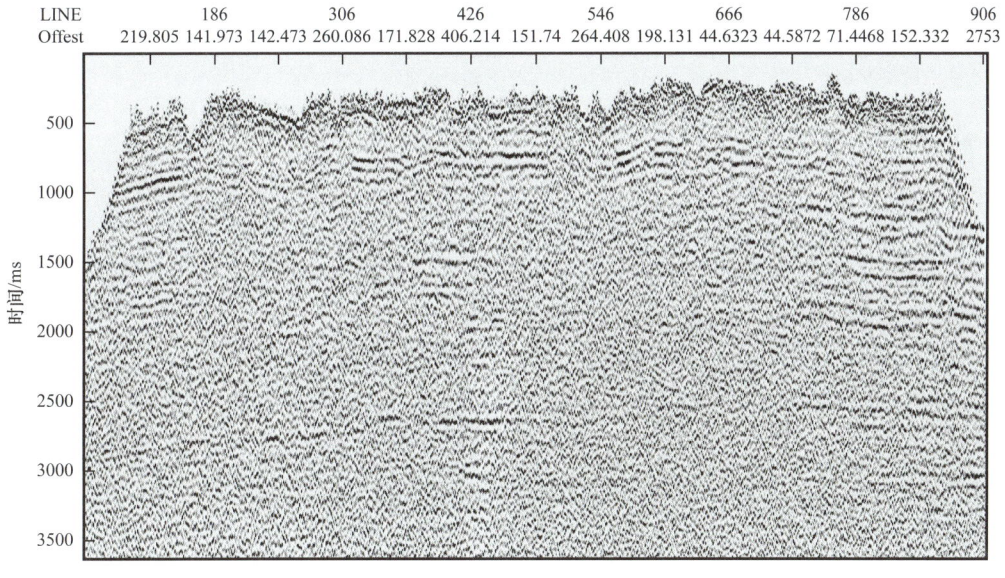

图 3-1-9　鄂尔多斯盆地某黄土塬区叠加剖面(高程静校正后)

二、黄土塬资料噪声发育

随着工农业生产的发展和地震勘探范围的延伸,黄土塬区地震资料的各类干扰波发育(表3-1-1)。以2019—2021年采集的三维地震资料而言,由于其采集工区均靠近、穿越村镇或工业生产区，受农业生产、大钻、油井、高速路等工业设施的影响［图3-1-10（a）］，地震记录上有严重的工业干扰记录。通过调查工区的背景噪声分布，可以明显看到工业干扰对工区资料的影响，其强背景噪声主要集中于工区东部及东北部高速公路两旁、工业设施密布及工农业生产繁忙区［图3-1-10（b）］，造成了如图3-1-2所示的各类工业干扰噪声。同时，黄土塬地表造成了黄土塬区单炮的近炮点强能量干扰非常严重，如图3-1-11所示，无论是黄土较厚区单炮［图3-1-11（a）］还是黄土较薄区单炮［图3-1-11（b）］，其靠近激发炮点位置均发育有宽频强能量干扰，这种近炮点强能量是地表黄土的散射造成的，是黄土塬区单炮最为典型的特点。对于局部存在高速砂岩出露的地区，其存在浅层高速折射，单炮初至速度高。通过对黄土塬单炮典型噪音的能量、频带及速度分析（表3-1-2），可以看到，近炮点强能量有高能、宽频的特征，其与有效反射波的频带范围基本一致，但其分布较为规律，主要集中在偏移距1400m以内的范围，随时间衰减现象不明显，其是影响黄土塬地震资料信噪比与AVO特征的最为重要的一类噪声类型。异常能量主要是外界工业干扰等造成，其有能量强、频带宽、影响记录道随机但整体分布规律的特征，影响初至识别，也是影响地震记录信噪比的一类重要噪声，浅层折射与线性干扰的噪声能量相比前两种能量稍弱，其频带较窄，具有规律的速度分布范围，可利用速度差别进行识别压制，同时，浅层折射速度往往会与有效波能量产生重叠，对其压制易造成有效反射的损失，需要重点做好噪声压制的监控，防止有效信息损失，黄土塬区单炮面波其分布范围与近炮点强能量有一定重叠，从单炮不易识别出面波干扰（图3-1-12）。

表3-1-1 洪德三维障碍物类型统计

障碍物	乡镇	较大村庄	窑洞	高速、高铁	水窖	坟	油井
数量	3	12	45495	2	8990	9776	8
障碍物	鱼塘	砖厂	水库	油、水管线	大钻	养殖场	水源保护区
数量	1	3	13	2	3	2	1

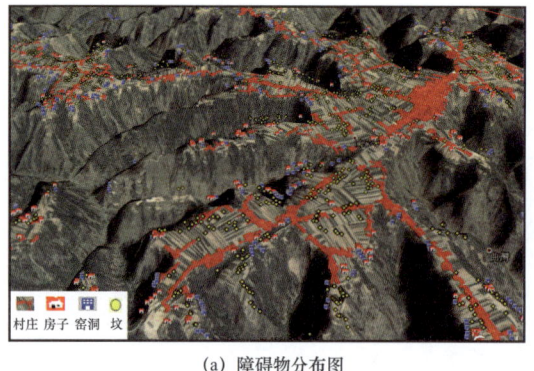
(a) 障碍物分布图

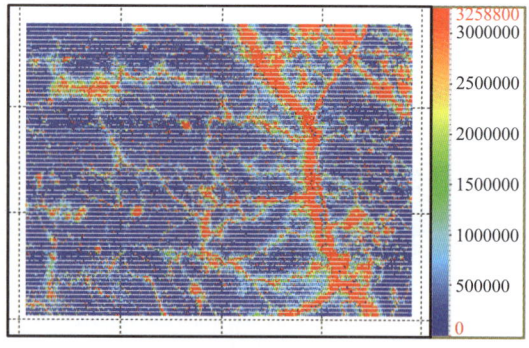
(b) 背景噪声图

图3-1-10 洪德三维障碍物分布图及三维背景噪声图

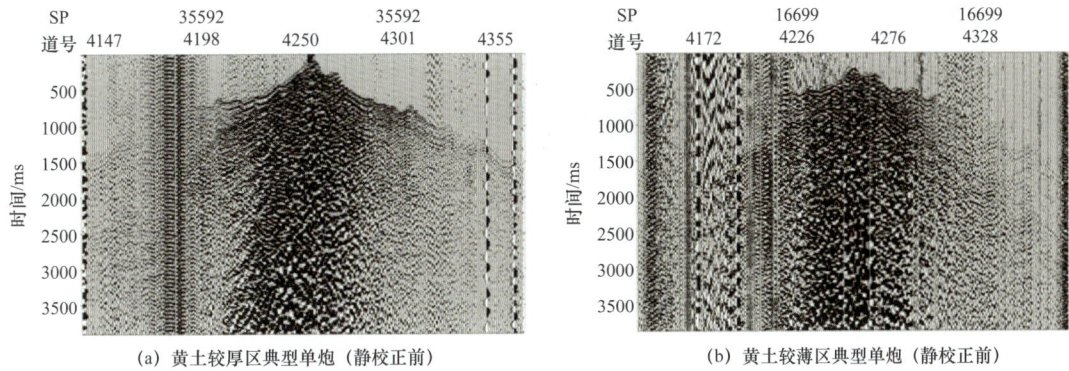

(a) 黄土较厚区典型单炮（静校正前）　　　(b) 黄土较薄区典型单炮（静校正前）

图 3-1-11　庆城三维不同位置单炮纯波显示

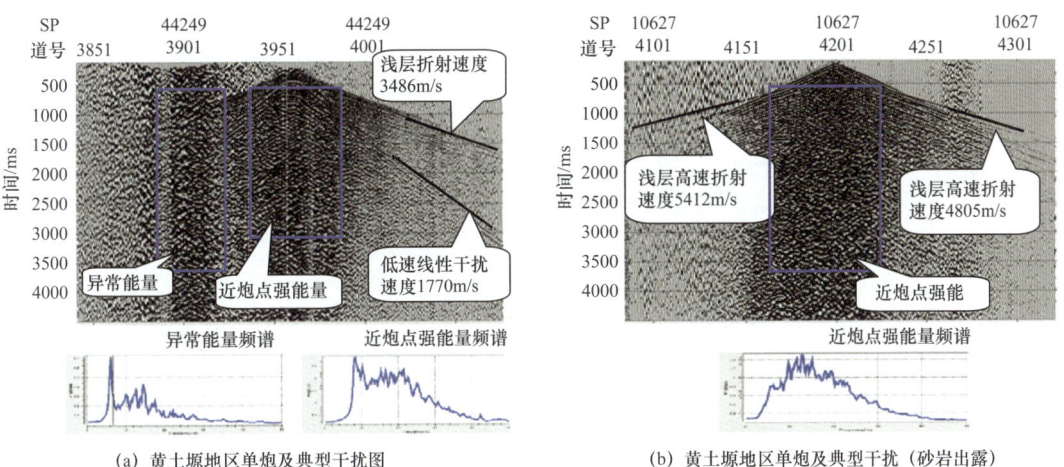

(a) 黄土塬地区单炮及典型干扰图　　　(b) 黄土塬地区单炮及典型干扰（砂岩出露）

图 3-1-12　洪德不同位置单炮干扰类型分析及噪声特征

表 3-1-2　黄土塬三维不同干扰类型频带及速度特征统计

噪声类型	能量	频带	速度
近炮点强能量	强	宽（8～35Hz）	
异常能量	强	宽（8～60Hz）	
浅层折射	强	窄	3000～5500m/s
线性干扰	弱	窄	1500～2000m/s

受近炮点强能量和异常能量干扰，可以看到，纯波剖面上难以分辨出有效反射，剖面信噪比较低，在叠前加均衡后，地震剖面具有一定的信噪比（图 3-1-13）。从主要目的层的信噪比（图 3-1-14）统计上看，工区西部中生界及上古生界资料信噪比较高，上古生界资料信噪比优于中生界。

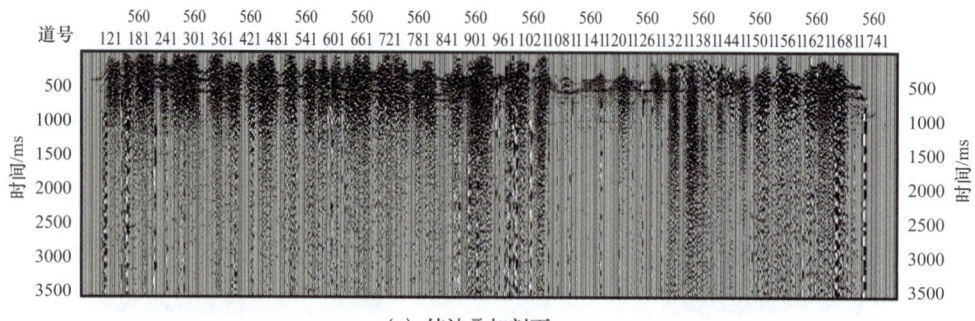

(a) 纯波叠加剖面

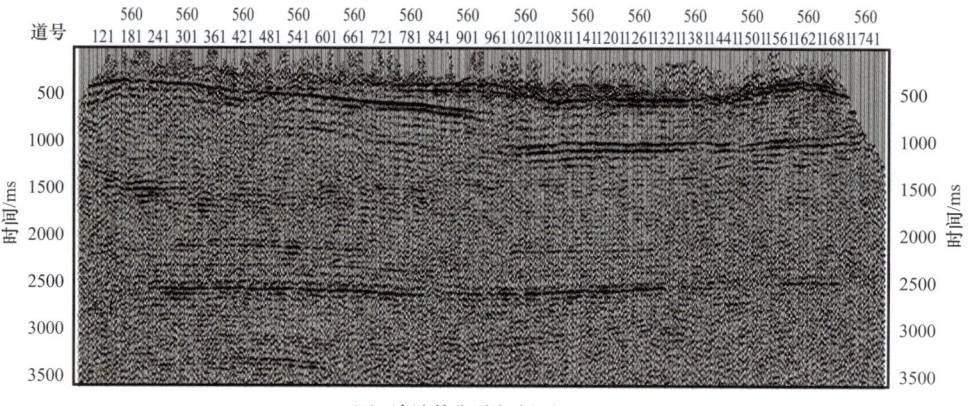

(b) 滤波均衡叠加剖面

图 3-1-13　洪德三维纯波与滤波均衡叠加剖面

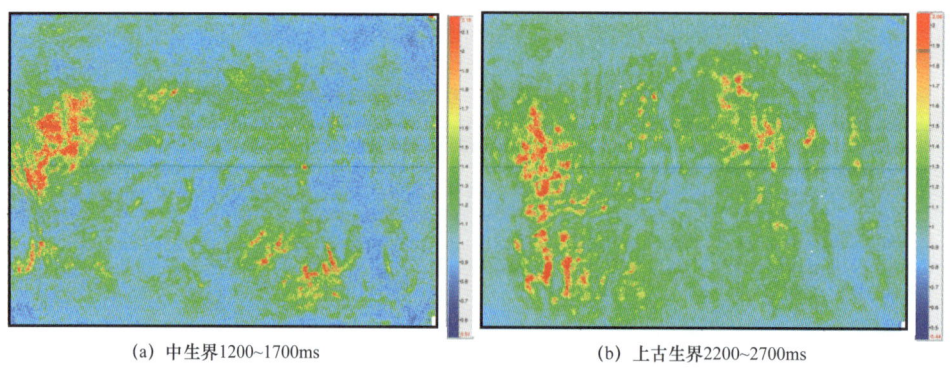

(a) 中生界 1200~1700ms　　　　　　(b) 上古生界 2200~2700ms

图 3-1-14　洪德三维主要目的层信噪比统计

三、黄土塬地震资料分辨率低

如前所述，鄂尔多斯盆地受表层巨厚黄土对地震波能量吸收衰减的影响，高频成分吸收衰减得严重，原始资料分辨率低。通过对黄土塬区资料典型单炮的频率分析可以看到，单炮的频带范围在 4~30Hz，主频为 13Hz 左右，单炮分辨率较低，由于黄土塬地震资料信噪比低，低通与高通扫描上均难以看到有效反射波（图 3-1-15）。从初始叠加剖面分频扫描看,中生界目的层有效频宽为 4～35Hz,古生界目的层有效频宽为 6～30Hz（图 3-1-16）。从初始叠加剖面视主频平面图可以看到,中生界视主频范围 9～25Hz,古生界视主频范围 8～18Hz（图 3-1-17）,整体资料的分辨率很低。

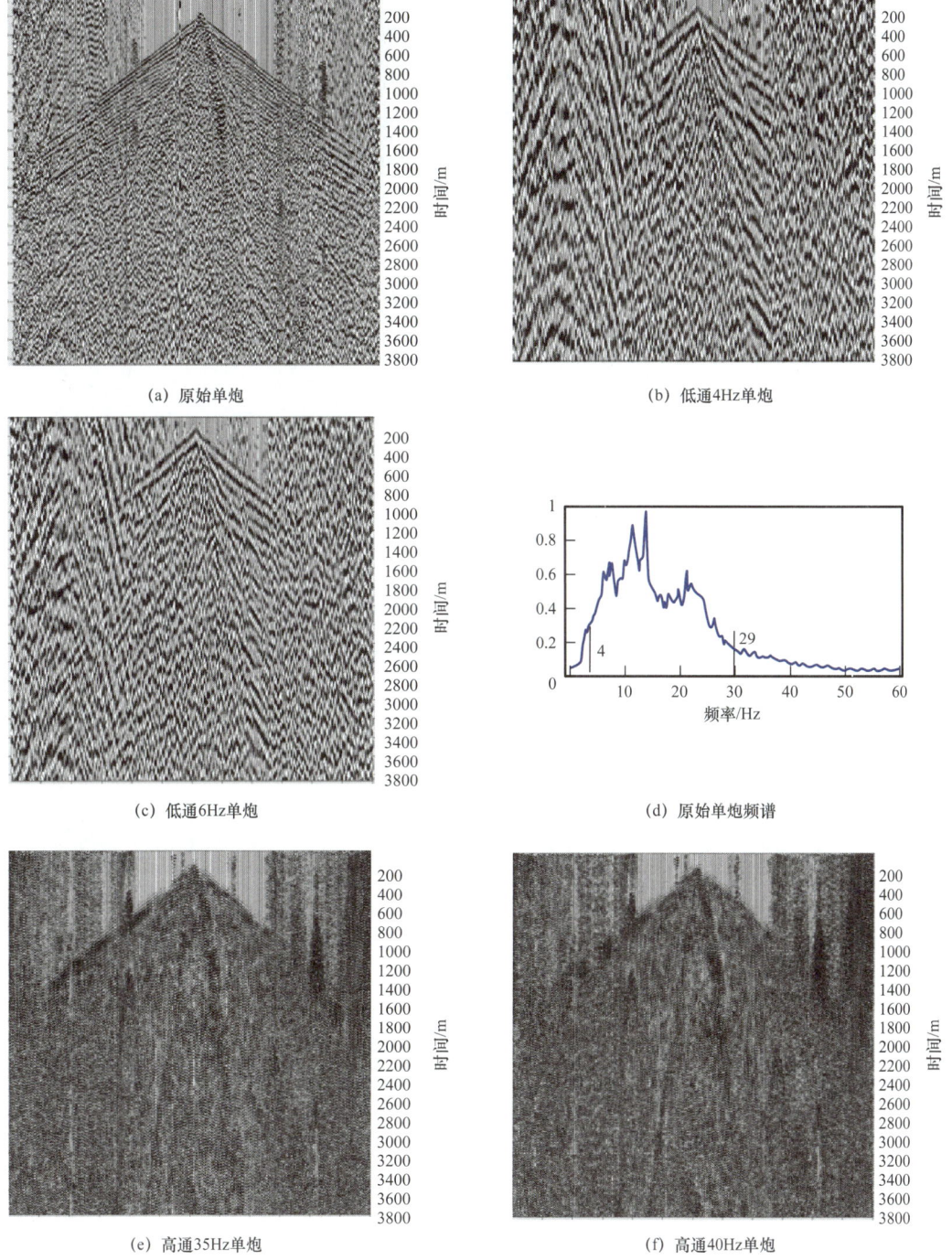

图 3-1-15　庆城北三维典型单炮分频扫描

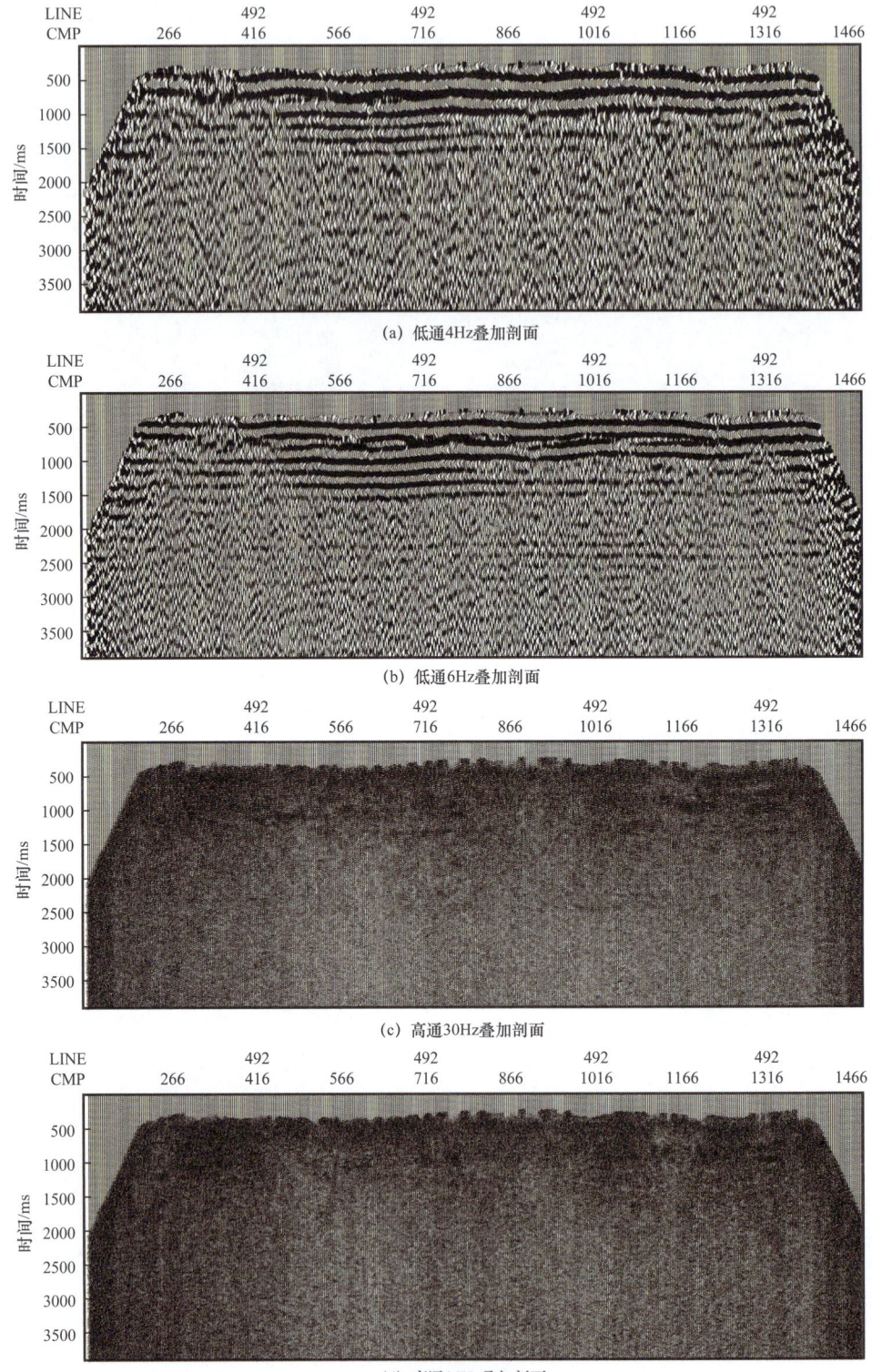

图 3-1-16 庆城北三维叠加剖面频率扫描

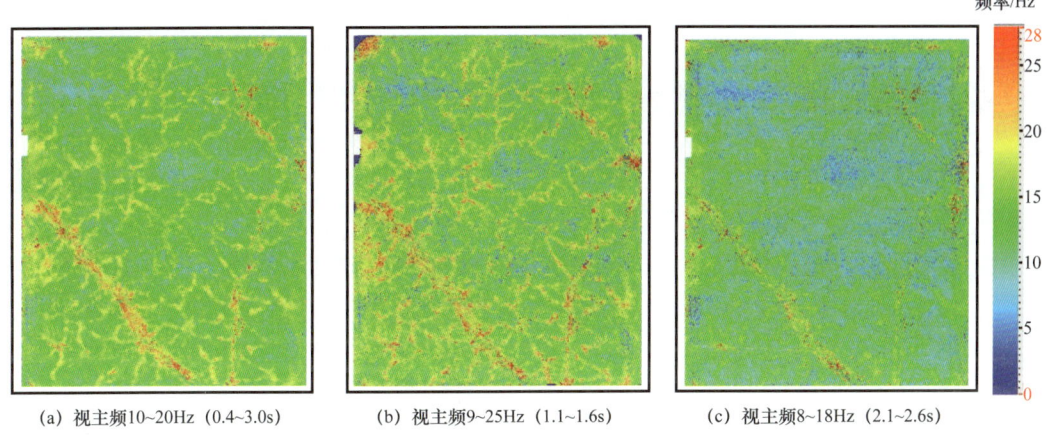

(a) 视主频10~20Hz（0.4~3.0s）　　(b) 视主频9~25Hz（1.1~1.6s）　　(c) 视主频8~18Hz（2.1~2.6s）

图 3-1-17　庆城北三维原始资料主频分布图

第二节　三维地震关键处理技术

通过对黄土塬区地震资料的静校正、单炮记录、频率成分、主要干扰波特征等进行了分析之后，结合页岩油高效勘探开发对于地震成果资料的要求，结合庆城、环县、合水等不同地区具体的地震地质条件，制订出针对长7页岩油勘探开发地震资料处理思路：以保幅、保真为重要原则，认真贯彻落实中国石油天然气股份有限公司关于"双高"处理的政策和要求，开展时间域目标精细处理工作，在静校正、反褶积、振幅补偿、叠前去噪、叠前、叠后提高分辨率、宽方位OVT处理等环节进行方法创新与参数优化，形成页岩油地震资料处理配套技术系列，整体数据处理流程图如图3-2-1所示。

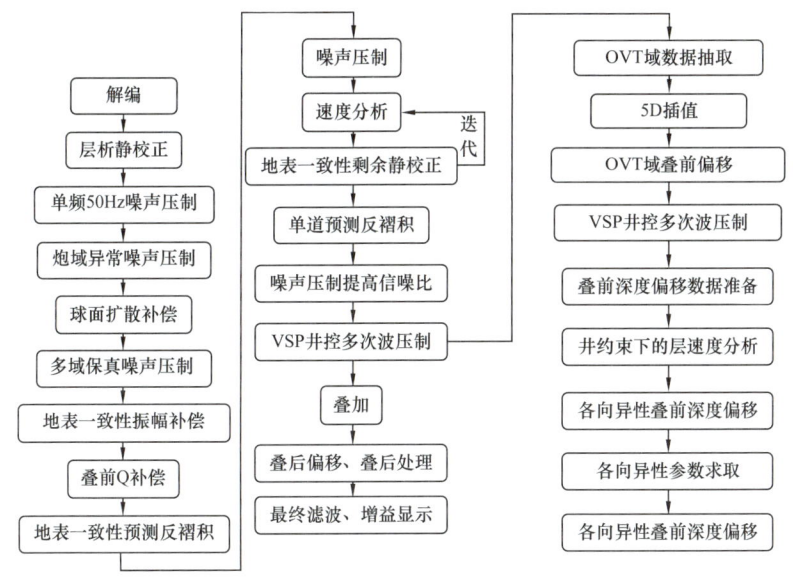

图 3-2-1　页岩油三维地震资料处理流程

（1）针对工区内近地表结构复杂的特点，采用三维微测井约束变网格层析静校正解决本区基准面静校正问题，保证地震资料长波长静校正得以消除。

（2）做好叠前保真噪声压制工作，提高资料信噪比，突出目的层段有效反射资料品质，对干扰波特征进行认真分析，通过方法试验优化叠前去噪流程参数，针对不同噪声类型选用针对性噪声压制方法，在尽可能保护有效信号，不损失有效反射能量与频带的前提下，压制干扰，突出有效反射波。

（3）强化叠前叠后的提高分辨率处理。由于鄂尔多斯盆地表层黄土吸收地震波能量严重，通过表层黄土吸收 Q 补偿，消除黄土吸收影响，并通过地表一致性反褶积处理，在保证信噪比的前提下逐步提高分辨率，使目的层的反射特征更有利于储层预测和地震解释工作。

（4）加强地表一致性处理。消除由于近地表纵横向变化因素和地震激发因素（井震混采）对地震子波在振幅、频率、相位等方面造成的差异，增强子波的横向稳定性，提升资料一致性与分辨率。

（5）加强 OVT 处理。有效提高分偏移距叠加的质量，做好数据规则化处理及 OVT 域叠前时间偏移处理，提高资料的成像精度。

（6）做好叠前深度偏移处理工作，页岩油三维构造更为落实。

一、微测井约束变网格逐层层析静校正技术

静校正问题是地震资料处理的一个重点工作，由于黄土塬区资料低降速带厚度大和速度横向变化剧烈，一般的静校正方法很难得到理想的效果，甚至不能成像，解决好静校正问题在黄土塬区地震资料处理中尤为重要。目前最主要的技术手段是采用层析反演静校正，同时综合应用工区内的微测井资料，解决黄土塬区基准面静校正问题。

单炮初至作为计算静校正的基础数据，对于静校正质量起着至关重要的作用。针对黄土塬三维工区数据量大、背景噪声发育等特点，主要采用自动高效初至迭代拾取流程，即首先基于统计方法剔除异常道，其次基于模型道初至进行自动初至拾取与初始静校正计算，最后进行初至自动编辑迭代完成初至优化［图3-2-2（a）］。此种方法极大程度减少了人工交互拾取的工作量，提高了初至拾取的效率。采用迭代逼近的方法逐步提高初至质量，为解决静校正问题奠定坚实的基础［图3-2-2（b）］。

层析静校正技术是一种利用单炮初至进行近地表速度反演的方法，在层析反演中，将地质模型假设由速度单元组成，每个单元是常速。单元之间的速度不同，速度模型为：

$$T=DS \qquad (3-2-1)$$

式中　T——初至时间向量；

　　　D——模型单元向量；

　　　S——模型的慢度向量。

首先给定一个初始的速度模型，通过射线追踪计算初至时间，它与实际旅行时的差被用来计算速度模型的修正量，模型修改后，再计算基于新的速度模型的初至旅行时，最终构成了一个迭代过程。当正演旅行时和实际初至时间之差小于某个阈值时，就得到

了最终的速度分布。层析静校正的关键在于所求取的浅层速度模型与实际表层速度的接近程度，浅层速度模型精度越高，所求得静校正量精度越高，在解决中长波长静校正及低幅度构造等问题上越具有重要意义。

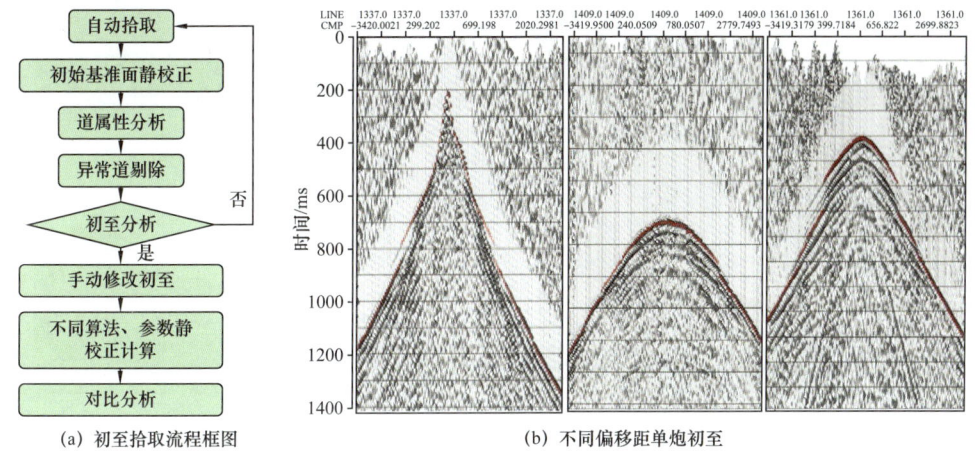

(a) 初至拾取流程框图　　　　　(b) 不同偏移距单炮初至

图 3-2-2　自动高效初至拾取流程及初至显示

按照射线理论，常规地震数据近偏移距射线只在浅层传播，能够反映浅层地质信息，而远偏移距射线则在中深层传播，更多地反映深层的高速信息。受常规采集方式限制，不同偏移距组道数呈正态分布，即近偏移和远偏移距组道数较少，中偏移距组道数较多（图 3-2-3）。

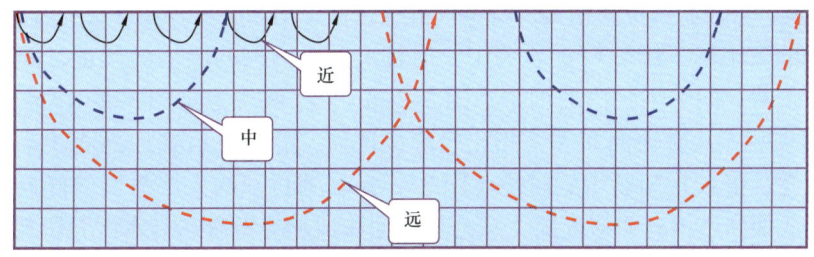

图 3-2-3　层析反演射线路径示意图

对于单一网格层析反演，当层析反演网格较小时，易造成浅层射线密度不够，甚至局部网格没有射线穿过，造成层析方程欠定，层析反演结果不稳定 [图 3-2-4（a）和图 3-2-4（c）]；当层析网格较大时，易造成反演模型精度不够，难以精细描述地下地质体，亦不能得到精确的浅表层速度模型 [图 3-2-4（b）和图 3-2-4（d）]。

为解决单一网格划分造成的浅层与深层反演精度的问题，逐步探索创新形成了变网格逐层层析反演方法，即浅层采用较大的网格进行层析反演，保证浅层射线密度的要求，中深层采用较小的网格，满足层析反演精度的要求，浅层的速度模型更接近于近地表实际情况，速度刻画较无约束变网格层析静校正更加精细。

在优化网格层析方法的同时，通过小折射微测井等得到对应点的绝对表层速度值。以鄂尔多斯盆地盘克三维资料为例，工区内有 12 口微测井，其微测井的深度和速度已知

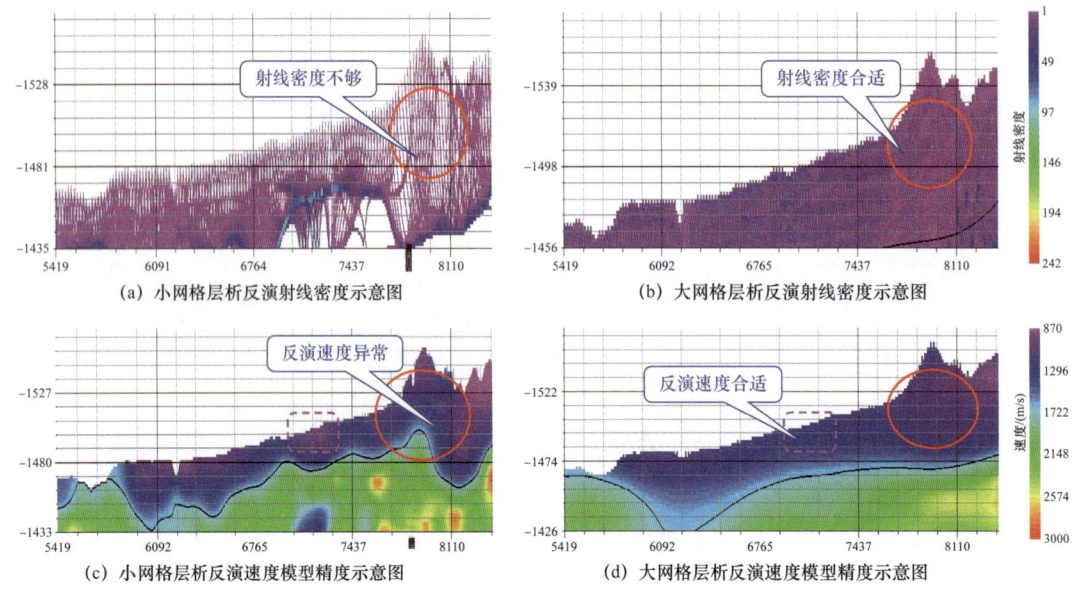

图 3-2-4 不同网格层析反演速度模型精度示意图

（图 3-2-5），通过插值得到近地表结构模型，那么就可以采用微测井约束变网格逐层层析反演静校正技术，即先通过近道初至时间建立约束权重场，并对极浅层速度模型进行约束反演，精细刻画浅层的速度模型。在此基础上，再通过已知微测井的近地表速度信息，二次约束精细求取极浅层速度模型，然后通过浅层模型进一步约束全数据反演，逐步提高模型的反演精度，进而获得更为精确的基准面静校正量（图 3-2-6 和图 3-2-7）。

在实际的黄土塬三维静校正攻关中，通过采用双约束的层析静校正，静校正效果明显。从单炮上看，同一工区内的沟中［图 3-2-8（a）］和塬上［图 3-2-8（b）］单炮初至均得到有效校平。从叠加剖面看，相比较静校正前，静校正后叠加剖面浅、中、深各目标层成像清楚，静校正问题得到解决（图 3-2-9）。通过双约束层析反演静校正技术的应用，静校正成像精度得到明显提高，从叠加剖面构造趋势上看，与本区井资料吻合较好。

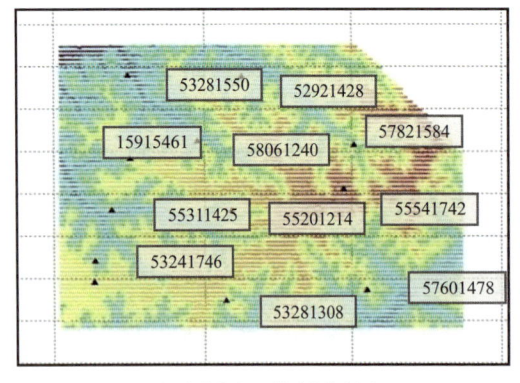

点号	类型	v_0/ m/s	H_0/ m	v_1/ m/s	H_1/ m	v_2/ m/s	H_2/ m	v_3/ m/s
52581308	地面接收	356	6.1	675	30.2	858	64.8	1944	118.1	2672
58061240	地面接收	415	17.2	681	16.4	897	38.8	1896	107.9	3071
53281550	地面接收	559	18.4	795	51.7	975	33	1830		
52921428	地面接收	423	7.3	628	12.2	738	35.4	1933	81.9	2445
55541742	井中接收	408	12.4	772	35.6	1935	102.4	3637		
55541742	地面接收	535	12.5	776	20.3	997	17.7	1923	103.1	2976
57821584	井中接收	426	13.3	1561	15.1	1889	68.9	3149		
57821584	地面接收	423	7.9	602	6.9	1947	81.7	3037		
53241746	单井微测井	344	4.6	617	21.4	1890	58.4	3204		
15915461	单井微测井	356	6.1	675	30.2	858	64.8	1944	118.1	2672
55311425	单井微测井	464	7.06	726	40.88	827	35.61	965	43.27	1952	67.29	2436
55201214	双井微测井	549	15.7	1144	21	1990	36.4	1678	42.5	951	28.8	1896	94.2	2462
57601478	双井微测井	505	15.9	777	24.5	913	49.3	1987	204.2	3039

(a) 地表高程及微测井分布图　　　　　(b) 微测井解释成果

图 3-2-5　地表高程及微测井分布示意图

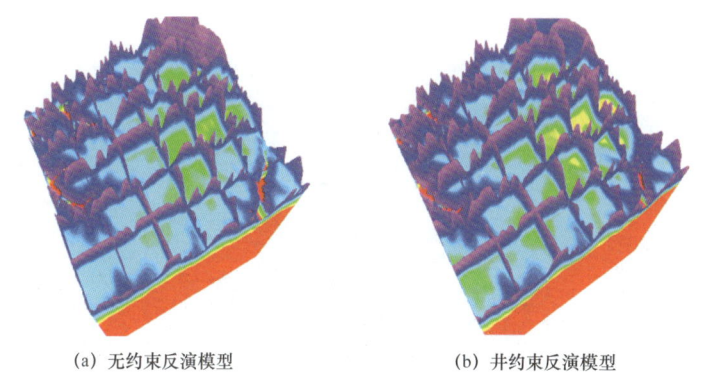

(a) 无约束反演模型　　　　(b) 井约束反演模型

图 3-2-6　井约束前后速度模型对比

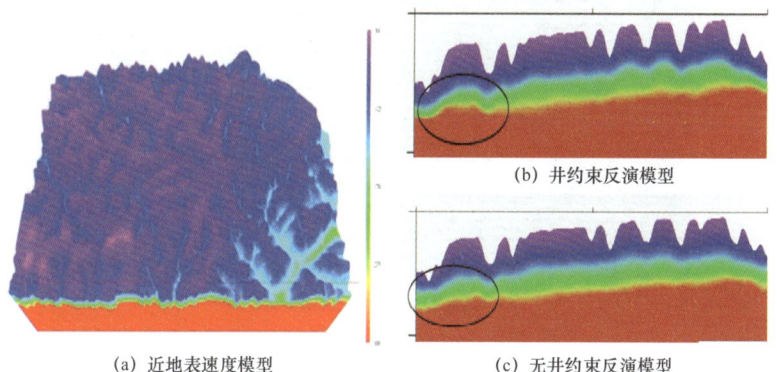

(a) 近地表速度模型　　　　(b) 井约束反演模型
　　　　　　　　　　　　(c) 无井约束反演模型

图 3-2-7　井约束前后速度剖面对比

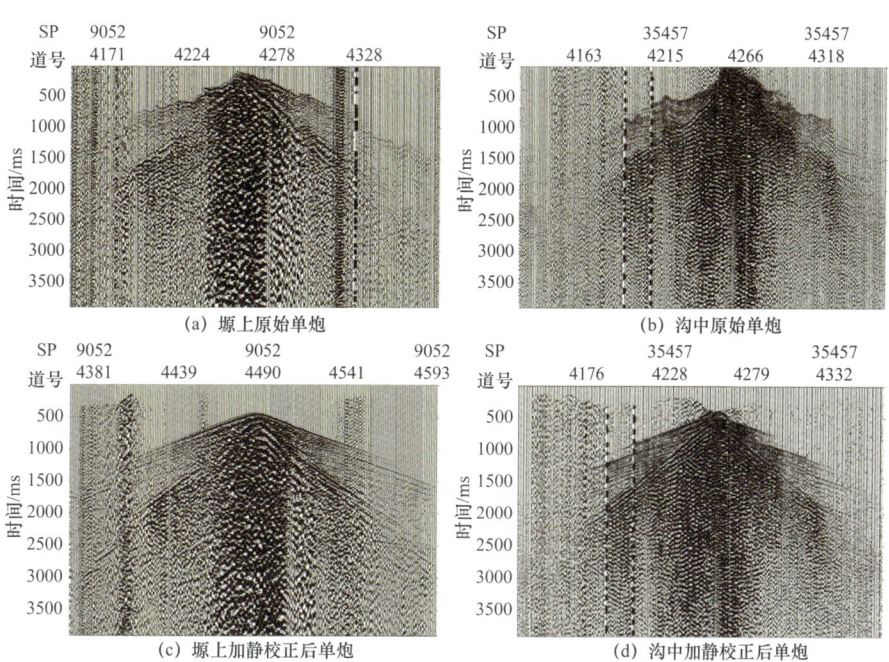

(a) 塬上原始单炮　　　　(b) 沟中原始单炮
(c) 塬上加静校正后单炮　(d) 沟中加静校正后单炮

图 3-2-8　不同地表条件单炮静校正效果

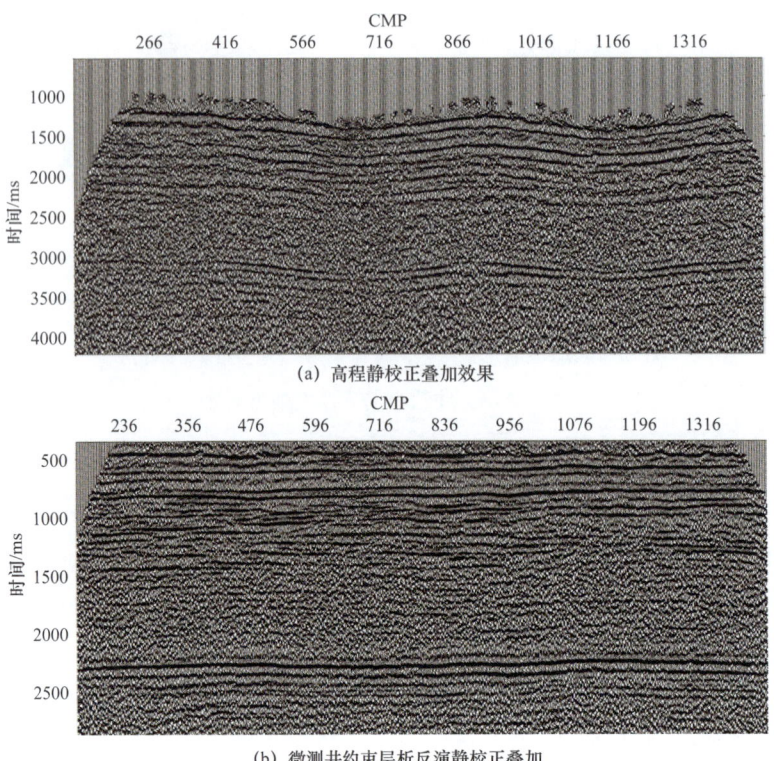

图 3-2-9　高程静校正与微测井约束层析反演静校正叠加效果对比

二、黄土塬三维叠前保真压噪技术

提高资料信噪比是页岩油资料处理过程中的一个关键环节。保真宽频提高地震资料信噪比对于获得能满足地质解释需要的高品质的处理成果具有重要意义。鄂尔多斯盆地页岩油分布区的噪声类型主要有近炮点强能量、面波、线性干扰、多次波等。为了提高地震资料的信噪比，在保幅的前提下，采取的主要思路是在充分考虑井震混采的因素下，根据不同的噪声类型，应用逐级、多域、组合去噪的思路，逐步提高信噪比，去噪思路如图 3-2-10 所示。

在去除噪声的过程中，始终注重有效信号的保护，并且通过去噪前后单炮、剖面和噪声记录的频谱分析，严格做好质量监控，保证有效信号不会受到伤害，做到保幅。

1. 分频异常振幅压制技术

环境干扰及工业干扰在单炮记录上表现为从上到下的强能量，不随时间衰减，采用少道数识别的分频异常振幅压制方法——Wild 方法可以对其进行较为有效地压制。分频异常振幅压制技术根据"多道统计、单道去噪、分频压制"的思想，利用不同的频带、不同时间段内能量差异，将某个样点的绝对振幅平均值与一定空间内计算出的振幅中值及门槛值相比较，若该值超出了门槛值与振幅中值的乘积，则认为是异常值。再将该空间内各道振幅中值与该异常振幅的比值作为一个乘法算子对该异常振幅进行均化从而达

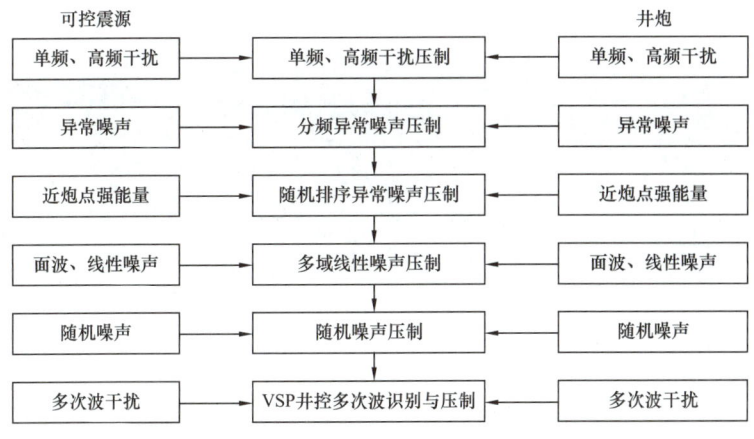

图 3-2-10　微测井约束逐层网格层析静校正效果

到压制异常振幅的目的。分频异常振幅压制技术对记录中的从上到下的强能量有很好的压制效果，且与激发因素无关，如图 3-2-11 所示，无论是炸药激发或者可控震源激发，地震记录中的环境干扰等被明显压制。

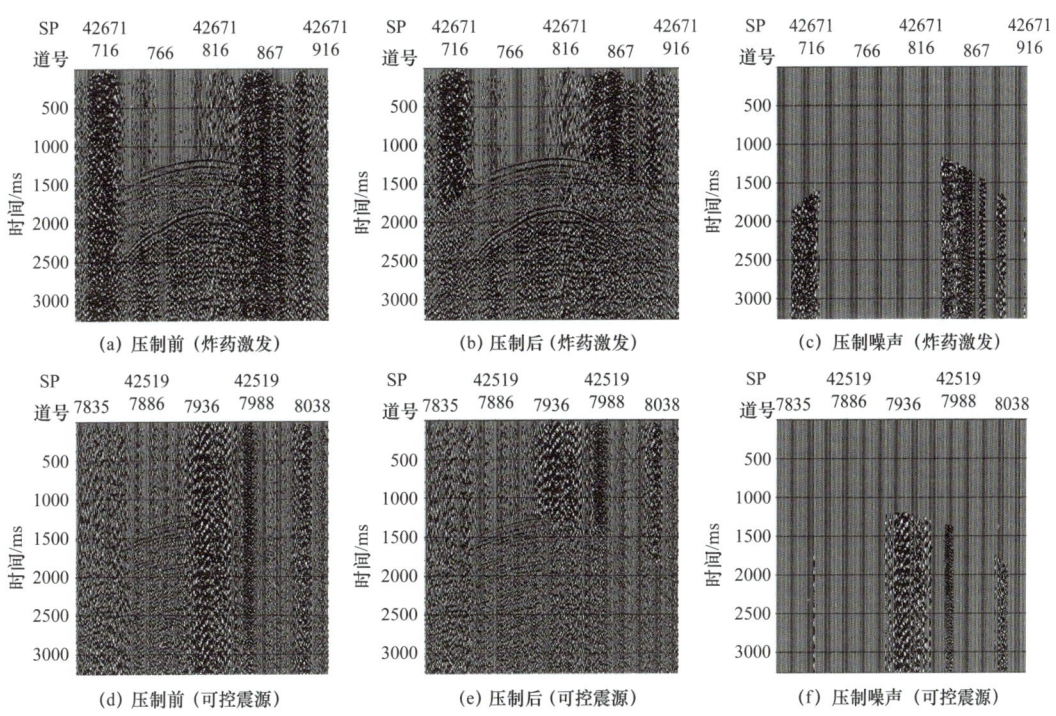

图 3-2-11　分频异常振幅压制前后单炮效果对比

从剖面压制效果看，压制后剖面上的大低频噪声等强能量噪声被有效压制，如图 3-2-12（b）所示，2300ms 左右的盆地重要目标层 Tc_2 同相轴横向连续性加强，资料信噪比得到明显提升。从噪声叠加剖面看，如图 3-2-12（c）所示，噪声剖面上无明显有效反射，说明去噪参数合理，无有效反射能量损失。

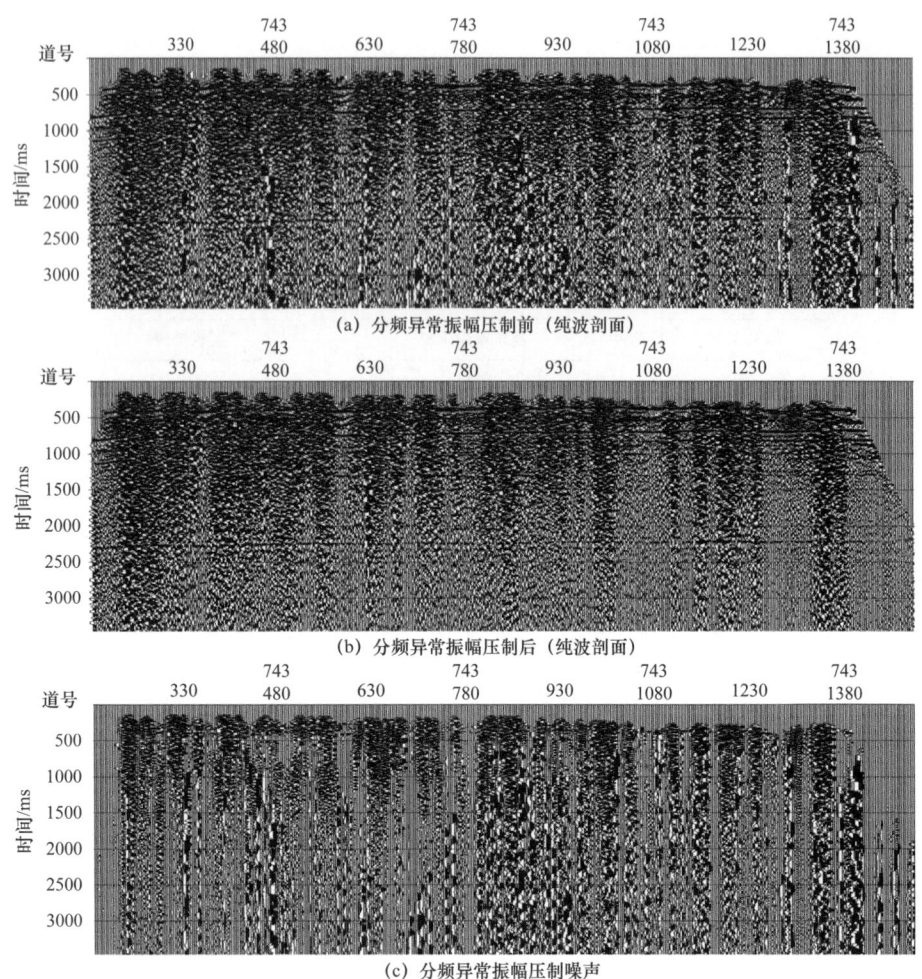

图 3-2-12　分频异常振幅压制前后剖面效果对比

2. 近炮点强能量压制

近炮点的强能量干扰是黄土塬区最为典型的噪声，其噪声特点是能量强、频带宽、无相干性、能量集中特异性差，对近炮点强能量的压制一直是黄土塬区噪声压制的重点。本次采用多域（炮域、共偏移距—随机域等）不同地震道排列方式，打乱近炮点强能量的空间位置规律性，进而采用异常振幅压制的方法对其进行能量压制，突出有效反射信息。

如图 3-2-13 所示为黄土塬区内近炮点强能量压制前、后单炮效果对比，从单炮压制前后可以看出近炮点强能量得到很好压制，压制后单炮近中远偏移距地震道能量差异缩小，相同振幅级别情况下远偏移距能量得到突显。从图 3-2-13c 的近炮点强能量压制噪声看，被压制的噪声主要集中在近偏移距（1000m）范围内。从近炮点强能量压制前后的叠加剖面（图 3-2-14）看，近炮点强能量压制后纯波剖面的信噪比得到明显提升，中生界与古生界目标层段标志层同相轴横向连续性加强，有效反射能量加强。从噪声剖面［图 3-2-14（c）］看，无明显有效反射，压制效果较好。

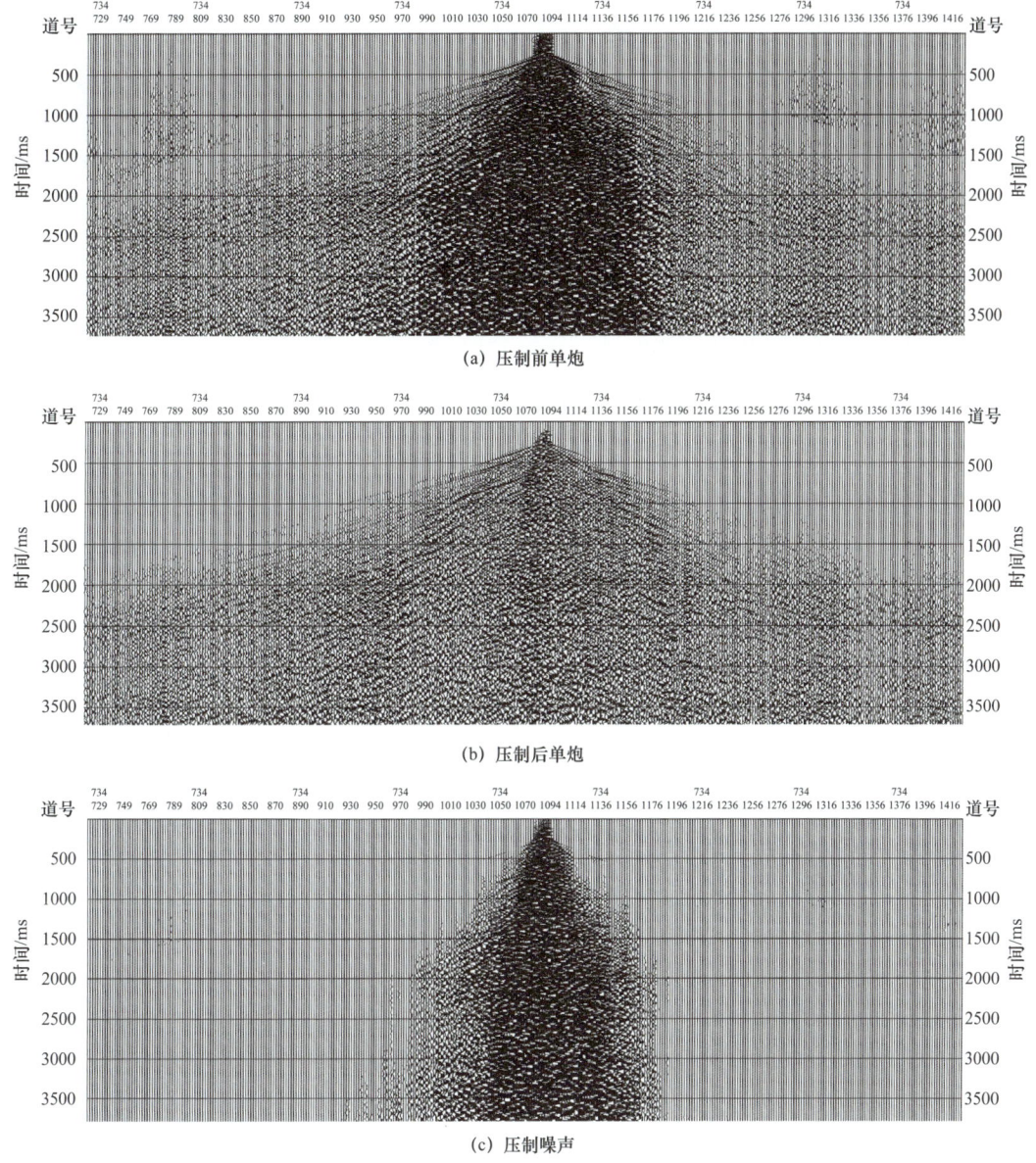

图 3-2-13 近炮点强能量压制前后单炮效果对比

3. 线性噪声压制

针对黄土塬区发育的浅层高速折射噪声与中低速的线性干扰,其都具有速度基本相同的线性相干性,对于此类相干噪声,压制的基本思想是将相干干扰自动地识别出来并减去,而且被减掉的部分主要集中在干扰波覆盖的区域,其他部分则不受影响,整体的压制效应是局部的。相比较其他的线性相干噪声压制方法,这样做有以下两个优点:其一可以适应线性噪声同相轴的变化,克服了 F—K 法和 τ-p 法压制线性噪声的弱点;其二避免了在记录上产生蚯蚓化现象。从图 3-2-15 所示相干噪声压制前后的单炮看,较低速

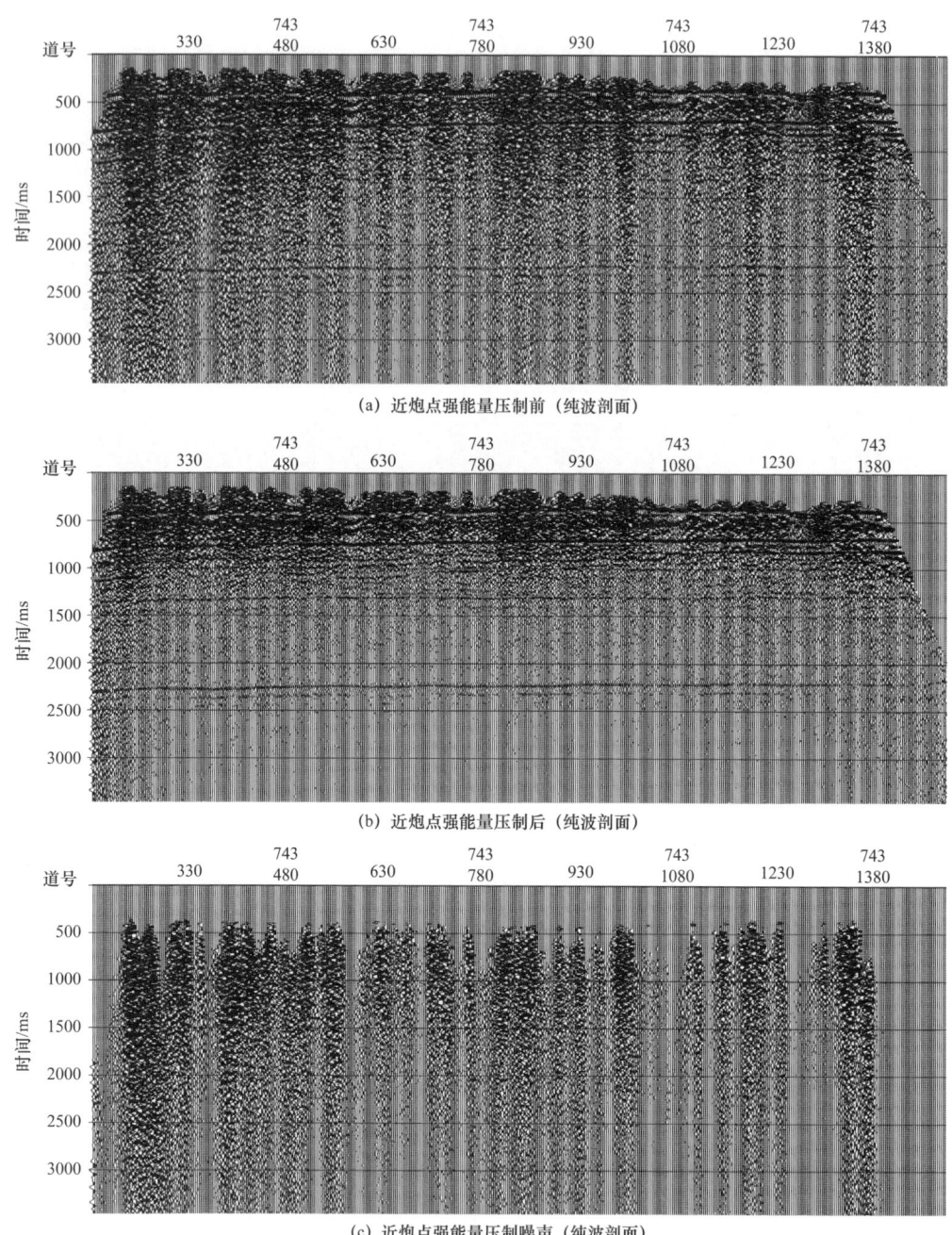

图 3-2-14 近炮点强能量压制前后剖面效果对比

的线性干扰压制效果很好。同时,必须指出的是,由于浅层折射的速度与有效反射的速度十分接近,因此,对于浅层折射的压制必须做好噪声监控工作,防止有效反射能量损失。从去噪前后的叠加剖面(图 3-2-16)上看,线性干扰的压制在黄土塬区叠加剖面上的表现不明显,没有如同近炮点强能量压制前后剖面信噪比得到明显提升,这主要是影响黄土塬地震剖面信噪比的主要因素是地震道各成分的能量大小。一般而言,黄土塬单

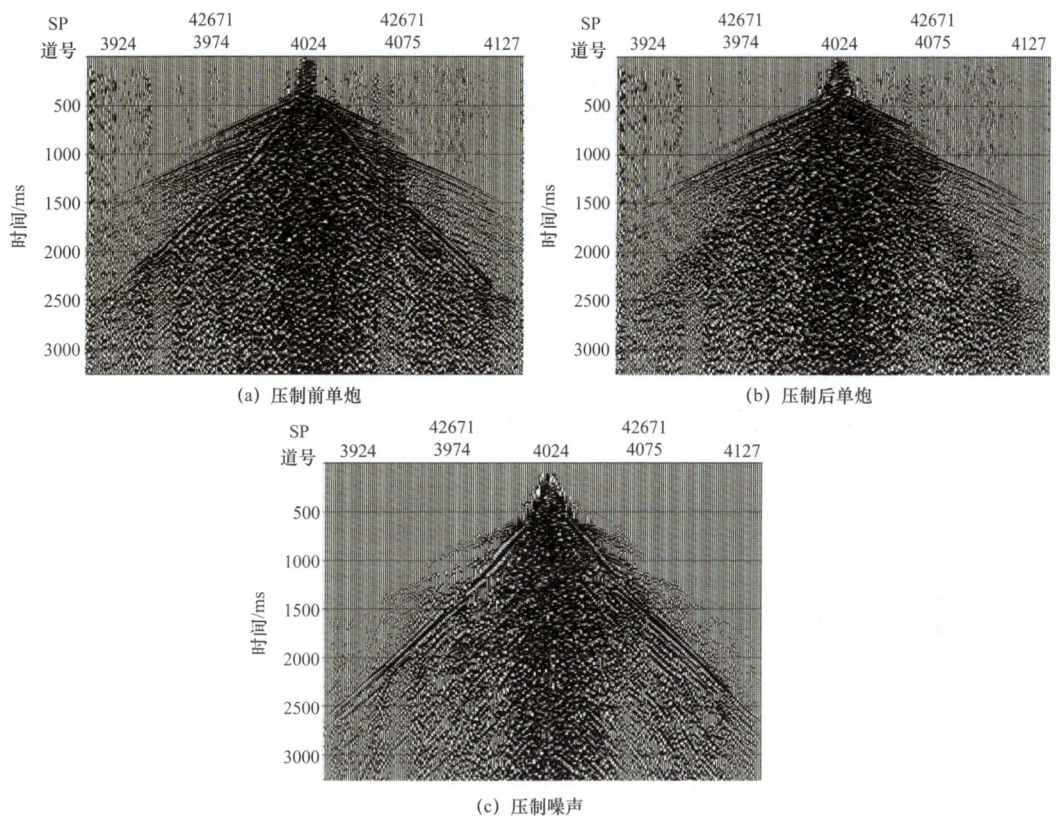

图 3-2-15 相干噪声压制前后单炮效果对比

炮记录中线性干扰的能量较弱,因此,对其的压制前后纯波剖面的信噪比变化较小。

4. 多次波压制技术

由于在鄂尔多斯盆地中生界侏罗系到长 7—长 8 段之间发育多套强波阻抗界面,地震波在传播过程中易形成多次反射,形成多次波,鄂尔多斯盆地的多次波对地震剖面的分辨率及可靠性有较大影响。针对层间多次波,目前最为常用的压制方法为高精度拉冬变换,拉冬变换多次波压制技术主要是模拟多次波和相减多次波模型的处理。将 CMP 道集转换到拉冬域(tau-p),在该域中识别多次波,生成切除文件,再转换到时间—偏移距(t-x)域,从原始数据中应用切除文件将多次波减掉。该转换根据动校正量(速度)分离同相轴,多次波速度与反射波的速度差异越大,越容易识别,效果也越好。

由压制前后动校道集及叠加剖面对比可知,多次波得到有效去除,叠加内幕更为清晰,同相轴更为可靠(图 3-2-17 和图 3-2-18)。

通过多域、多方法针对性的噪声压制处理,地震剖面的信噪比得到明显提升,各主要目标层位反射清晰,长 7 段页岩油区资料同相轴连续,信噪比高,为后续提高分辨率处理提供了较好的基础资料。

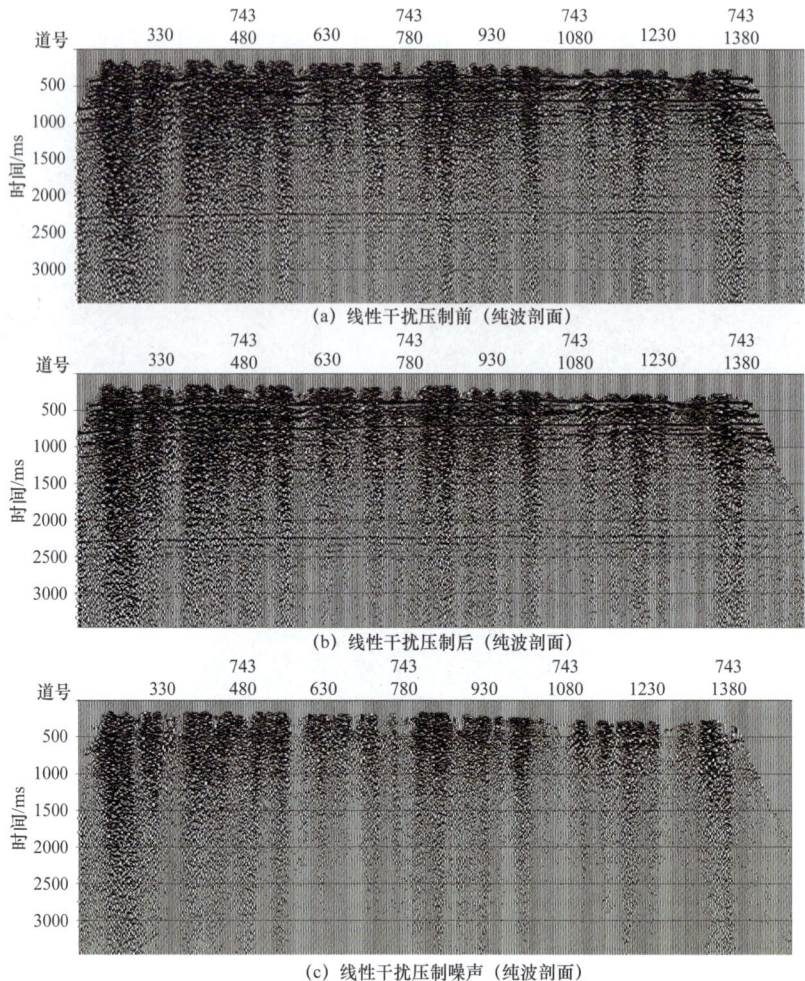

图 3-2-16　相干噪声压制前后剖面效果对比

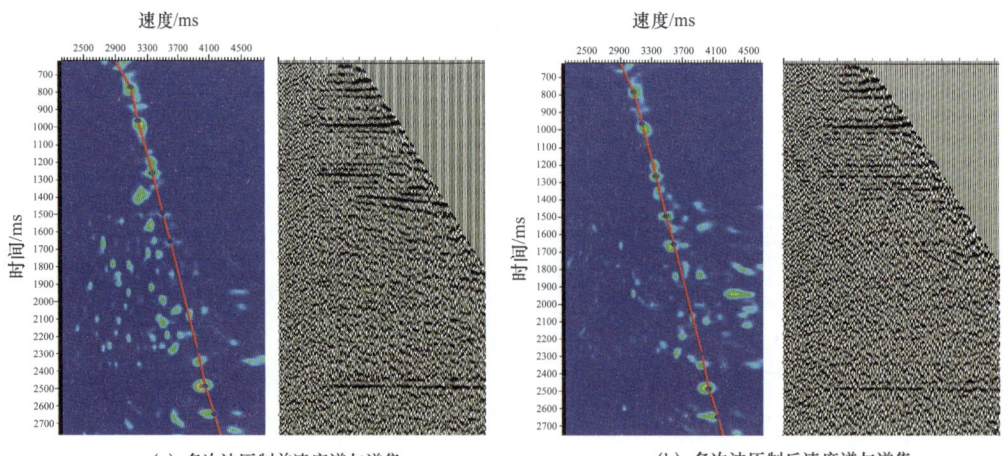

图 3-2-17　多次波压制前后道集效果对比

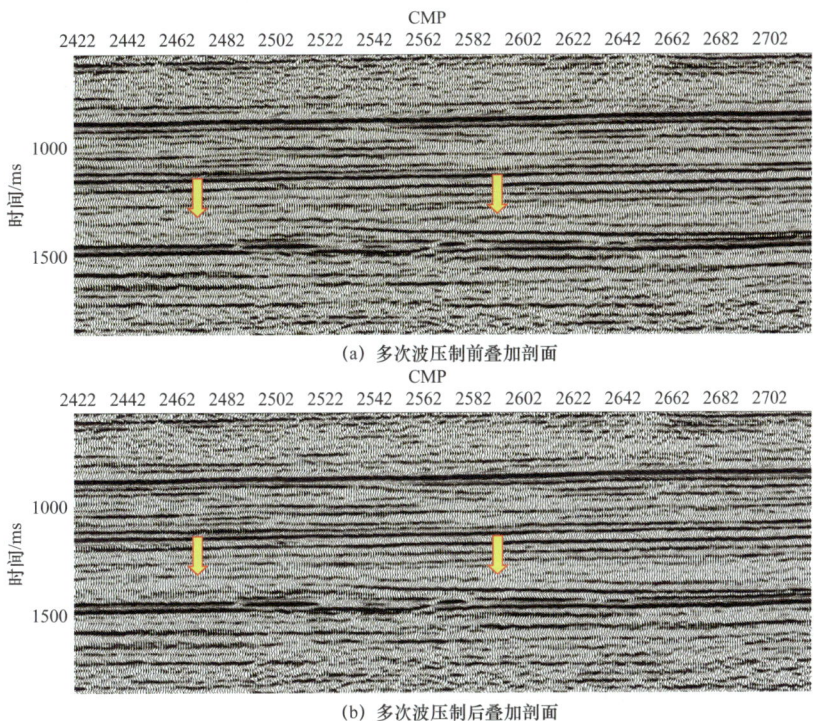

图 3-2-18 多次波压制前后叠加剖面对比

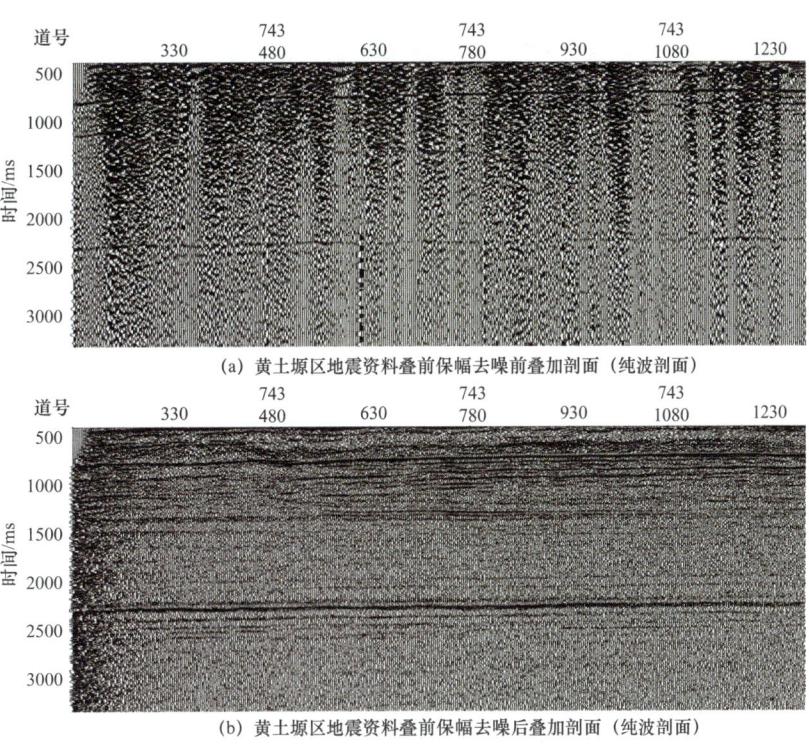

图 3-2-19 黄土塬区地震资料综合叠前保幅去噪后叠加剖面对比

三、黏性介质高频补偿与频散校正处理技术

品质因子 Q 本身反映了地层岩石的物理特性，能够定量地衡量地震波的衰减情况。从能量消耗方面讲，Q 表征的是子波传播一个完整周期或波长的储能与耗散能的比值，Q 值越大，表示衰减越小；Q 值越小，表示衰减越严重，即：

$$Q = 2\pi \frac{E}{\Delta E} \quad (3\text{-}2\text{-}2)$$

式中　E——子波在应力和应变最大值处的弹性能，J；

　　　ΔE——子波能量振动一个周期的损耗，J。

黄土塬三维近地表结构复杂，一般而言，其表层岩性结构自上到下分为干燥黄土、潮湿黄土、含水黄土、古近—新近系红土层和白垩系砂岩。表层疏松的干燥黄土层，非均质性强、弹性差，地震波传播速度为 300~500m/s，厚度为 5~400m（图 3-2-20），对地震波的吸收和衰减作用强烈。

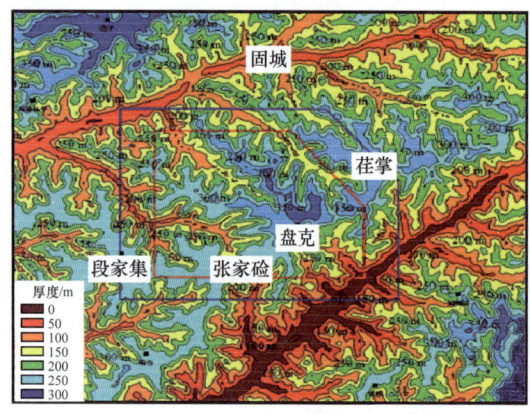 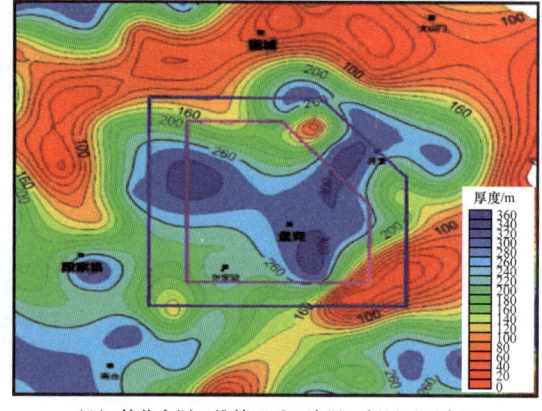

　　　　（a）某黄土塬三维低降速层厚度图　　　　　　（b）某黄土塬三维第四系—古近—新近系厚度图

图 3-2-20　盘克三维低降速带厚度图

为了地震资料更好地成像，提升地震资料的分辨率，实现对介质的非弹性吸收衰减补偿是非常重要的。近地表 Q 补偿技术能够有效补偿地震波在地下介质传播过程中的吸收衰减，恢复地下岩层的反射系数，从而达到振幅补偿、频率恢复和相位校正的目的，能够有效地提高地震信号的分辨率和保真度，满足高精度勘探的要求。

近地表 Q 补偿技术的核心在于建立较为精细的近地表 Q 模型，主要是应用双井微测井资料获得工区 Q—v（Q 值—速度）关系式，并将其应用于单炮初至反演层析静校正模型，得到近地表 Q 模型，完成近地表 Q 补偿（图 3-2-21）。

对于双井微测井资料 [图 3-2-22（a）、图 3-2-22（b）和图 3-2-22（c）]，应用基于峰值频率频移的 Q 值估算技术，根据地震波的吸收衰减理论，地震子波在介质中传播时高频部分较低频部分衰减更快，反映到接收信号中就是峰值频率趋于低频的现象 [图 3-2-22（d）]。根据雷克子波频谱，可以得出峰值频率、方差和品质因子 Q 之间的关系，即：

$$Q = \frac{\pi t f_p f_{p0}^2}{2(f_{p0}^2 - f_p^2)} \quad (3-2-3)$$

式中 t——信号走时，s；

　　f_p——t 时刻信号峰值频率，Hz；

　　f_{p0}——未经吸收的信号峰值频率，Hz。

根据双井微测井资料所获得的从浅到深的频率变化，代入式（3-2-4）中，通过求解，可以得到 Q-v 散点，通过 Q-v 关系拟合，获得近地表 Q 值与 v 的多项式关系。再结合微测井所获得的近地表速度场，就可得到黄土塬区的近地表 Q 场（图 3-2-23）。

在实际的地震资料记录中，由于激发炮点激发深度的不同，造成相同位置处单炮频谱有一定差异，其频谱中高频端的能量的衰减，可以认为是由于 12m 的井深差异造成的（图 3-2-24）。所以，要得到更为精确的 Q 补偿效果，在做炮域的近地表 Q 补偿时，需要考虑不同激发井井深的影响。因此，在实际的资料处理过程中，建立的是两个域的近地表 Q 场，即炮域 Q 场和检波点域 Q 场，炮点自井深处开始补偿，检波点自地表补偿，对于处于地面激发的可控震源单炮来说，其自地表开始补偿，其对应 Q 场与检波点域 Q 场一致（图 3-2-25 和图 3-2-26）。

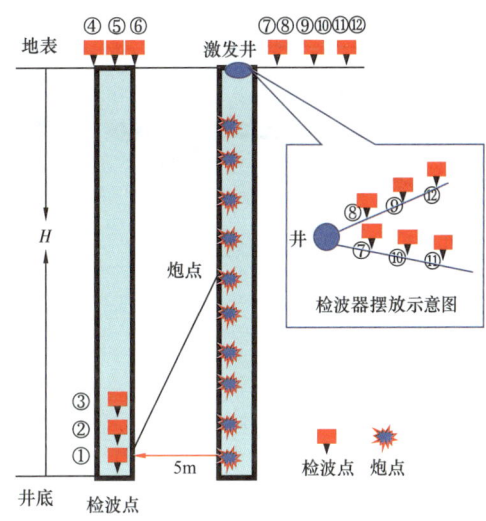

图 3-2-21　双井微测井示意图

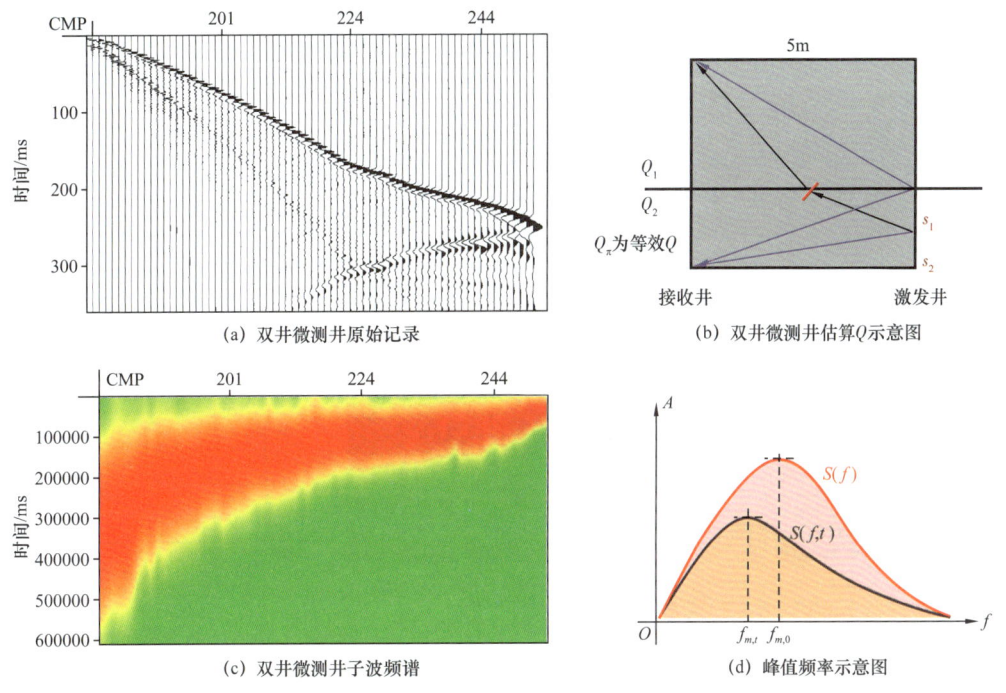

图 3-2-22　双井微测井计算 Q 示意图

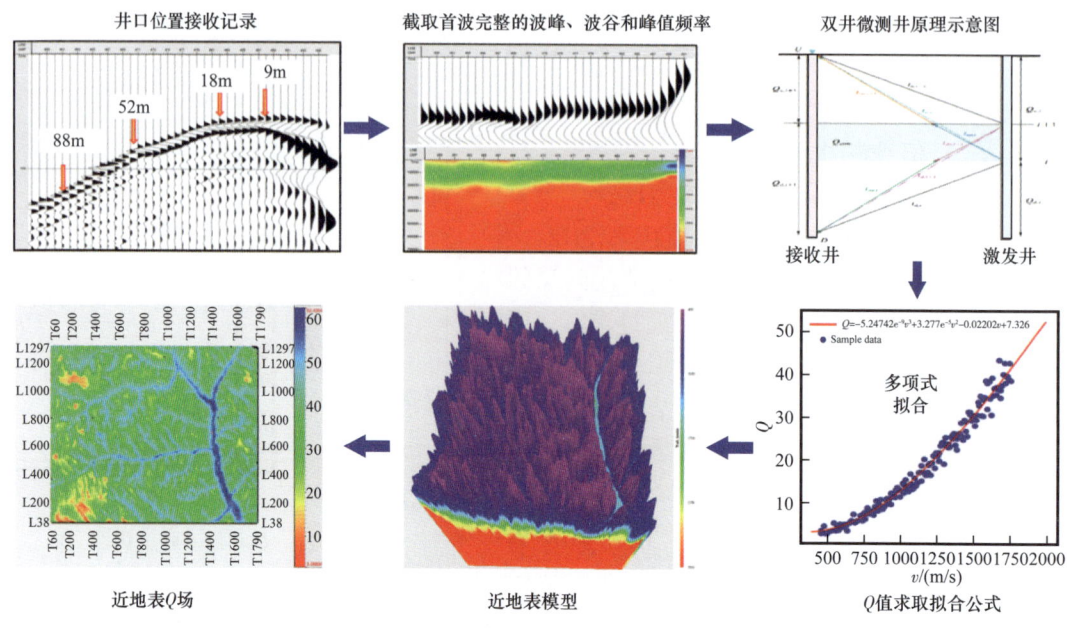

图 3-2-23 双井微测井计算 Q 示意图

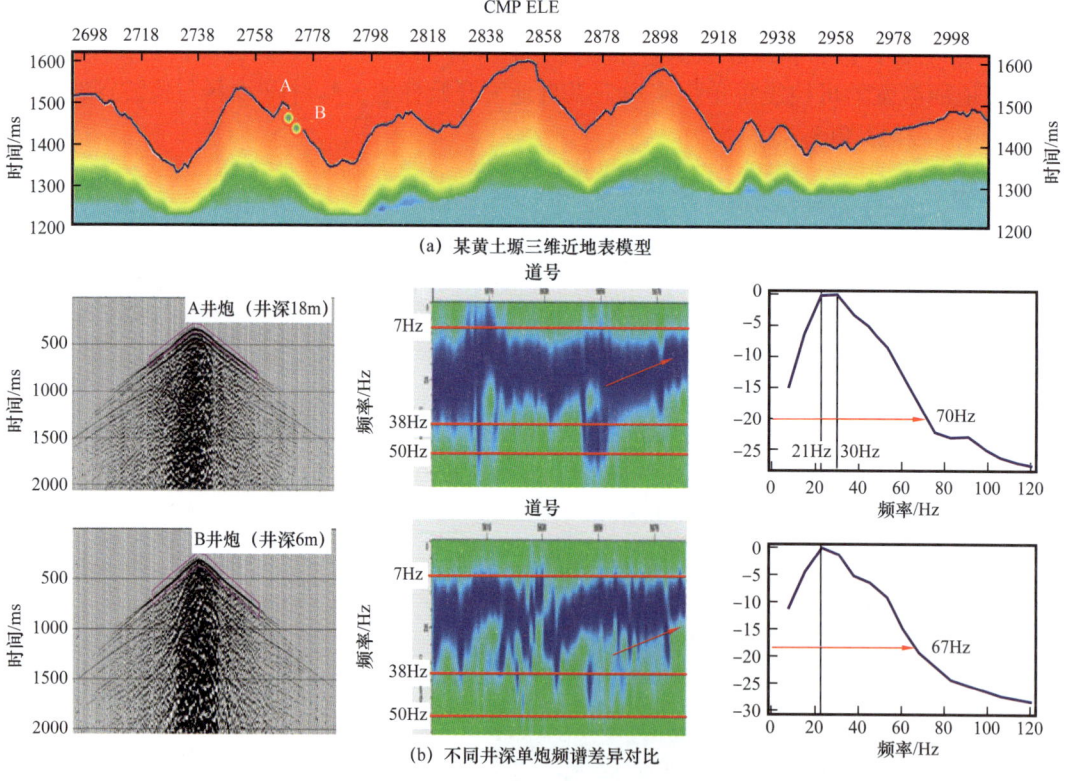

图 3-2-24 不同井深单炮频谱吸收差异对比

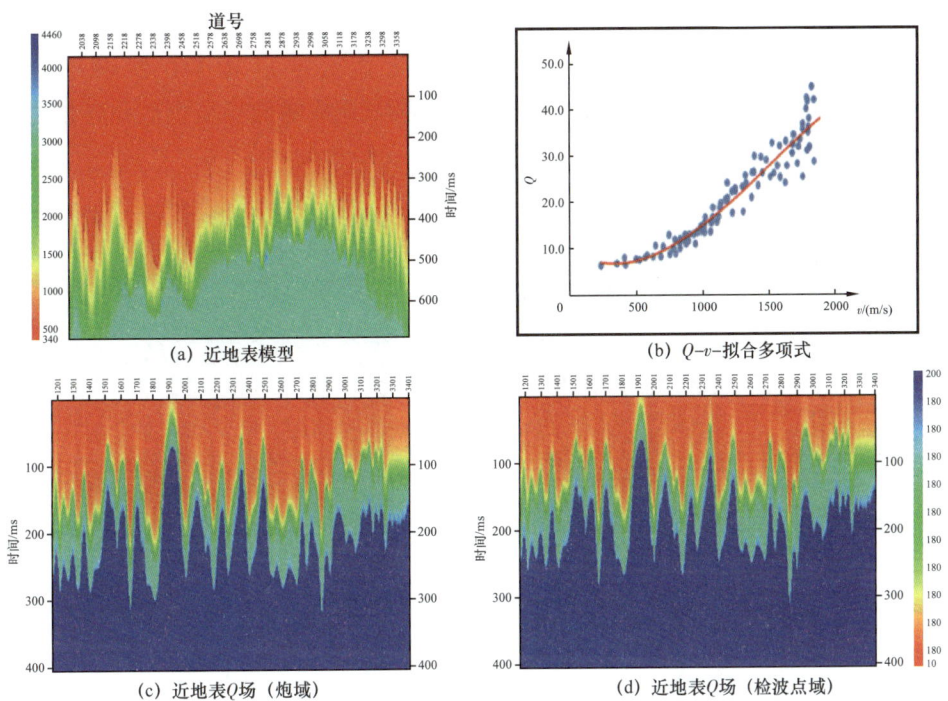

图 3-2-25　双域近地表 Q 场建立过程

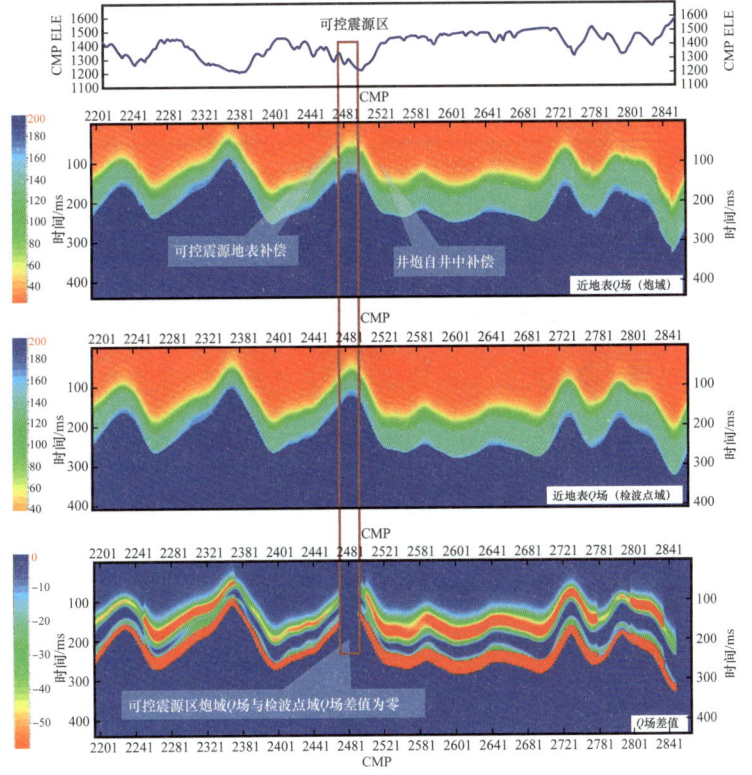

图 3-2-26　双域近地表 Q 场不同补偿路径及差值

进行双域近地表 Q 补偿后，剖面视分辨率得到提升，频谱得到明显展宽，高频端由 38Hz 提升至 54Hz（中生界），33Hz 提升至 45Hz（古生界）（图 3-2-27 和图 3-2-28）。同时，从局部剖面放大频率扫描上看，由于黄土吸收造成的低频端频散和高频的能量与信噪比都得到明显补偿（图 3-2-29）。

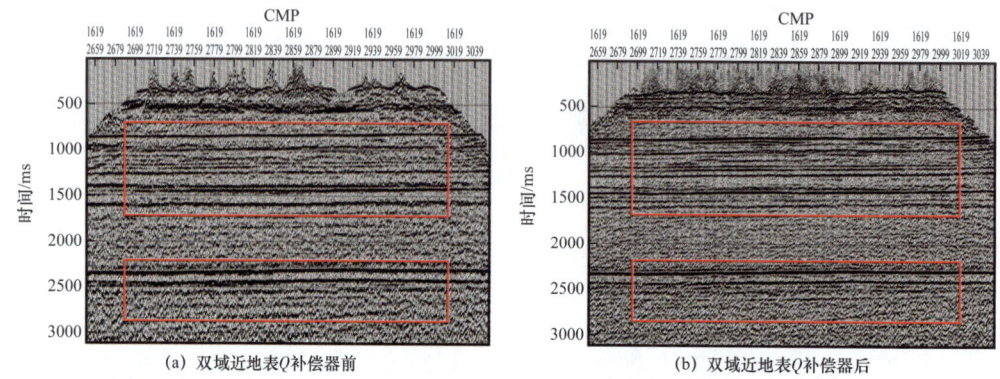

图 3-2-27　近地表 Q 补偿效果

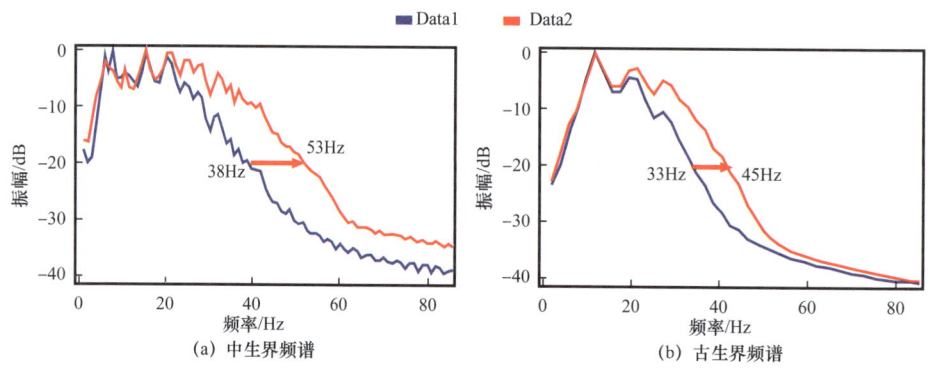

图 3-2-28　近地表 Q 补偿前后频谱

四、地表一致性处理技术

众所周知，井炮和可控震源激发的地震记录存在相位、频率和能量上的差异。因为采用井炮激发的采集得到的地震记录子波是最小相位的，而采用可控震源激发采集得到的地震记录是通过扫描信号与接收信号进行相关后的数据，其地震子波是零相位的。图 2-3-30（a）是可控震源单炮，图 2-3-30（b）为图 2-3-30（a）小相位化处理后单炮，图 2-3-30（c）为同一位置井炮。可以看出，通过针对可控震源采集的资料进行最小相位化处理之后，二者之间的相位差得以一定消除。

另外，井炮和可控震源激发的单炮频率上存在较大差异，如图 2-3-31（a）所示，抽取同一条 inline 线井炮和可控震源剖面，剖面左边为井炮激发数据的叠加剖面，剖面右边为可控震源激发的叠加剖面。从图中可以明显看出，井炮激发的数据叠加剖面频率偏低，由于覆盖次数高，信噪比较高；而可控震源激发的数据叠加剖面频率偏高，但信噪比较低。

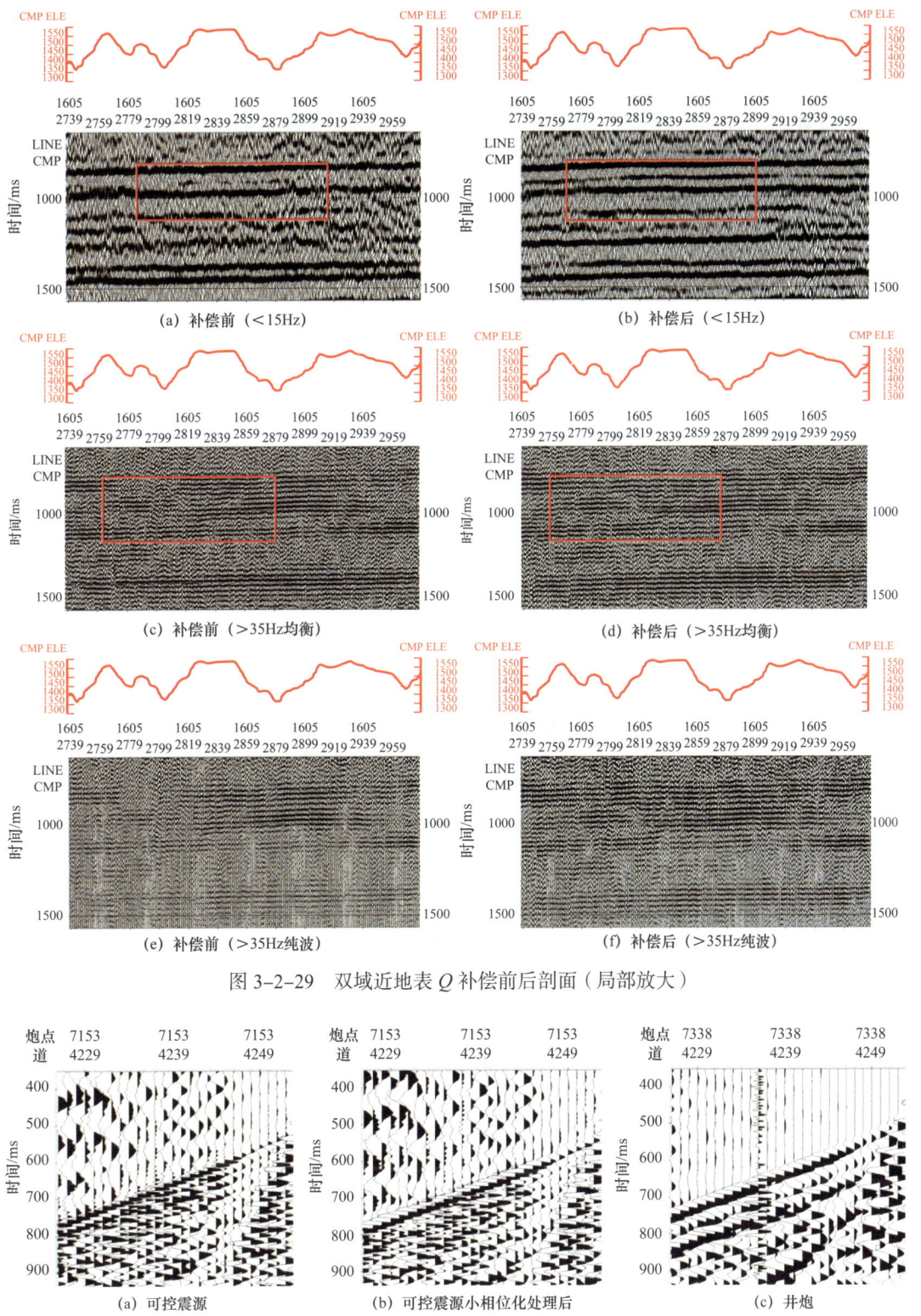

图 3-2-29 双域近地表 Q 补偿前后剖面（局部放大）

图 2-3-30 庆城北三维同一位置单炮记录

对于可控震源与井炮震源叠加剖面存在的一致性问题，目前，主要的解决方法包括时移法、调整反褶积参数法和子波整形法。时移法是分析两组不同震源数据重叠部分的时差，通过对最小相位化后的可控震源剖面进行整体时移，消除时差。这种方法只能局部改善两组地震数据的一致性。应用效果不佳。调整反褶积参数法通过合理的反褶积参数选取，消除不同震源数据的频率差异。但实际应用中，如何准确的选取反褶积参数是难点。

子波整形法作为一种可以调整不同震源原始资料频率和相位关系的有效方法，已经广泛应用到黄土塬区的地震资料中。实际处理时，首先对可控震源资料进行小相位化处理，再对井炮和小相位化处理后的数据进行子波整形。子波整形主要是根据维纳滤波的原理，估算整形因子。由于采用多道统计的方法求取整形因子，因此需要选取目的层段信噪比高、同相轴连续、构造变化小的部位进行计算求取。得到整形因子后，应用到叠前数据中分析处理效果，通过反复迭代，得到较准确的整形因子。

如图 2-3-31 所示为庆城北三维子波整形前后井炮叠加与可控震源叠加剖面对比，可以看出，子波整形前两种震源得到的叠加剖面波组特征差异明显，一致性差。主要目的层对应关系差，存在一定的时差。经过子波整形后的叠加剖面与井炮震源叠加剖面的波组特征对应关系改善明显，基本消除了接口处的相位差异，且叠加剖面频率差异也变小。

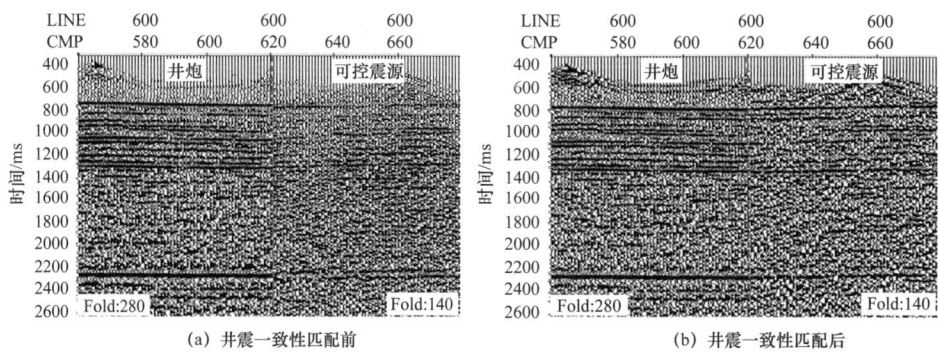

图 2-3-31 庆城北三维子波整形前后叠加剖面对比

对庆城北三维井炮和可控震源所有数据进行叠加，对比井震匹配前、后某一条 Inline 线叠加（图 2-3-32），可以看出，匹配后成像质量得到了大幅度的提高，消除了因激发方式不同带来的地震子波不一致性，为后续的资料处理打下坚实的基础。

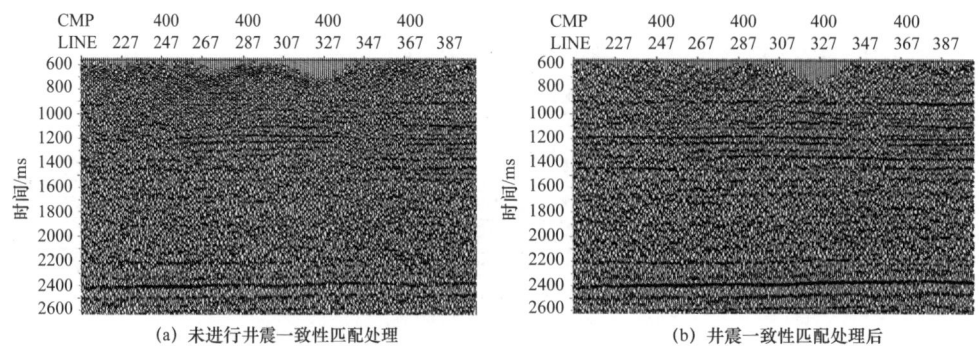

图 2-3-32 庆城北三维井震一致性匹配叠加剖面对比

五、黄土塬三维 OVT 域宽方位处理技术

1.OVT 域的概念及特征

OVT 的概念最早由 Vermeer 于 1998 年提出，又叫炮检距向量片（Offset Vector Tiles）（刘依谋等，2014；段文胜等，2013），它是十字排列数据集的细分。如图 3-2-33 所示，一个十字排列是炮线与检波线的正交域，相同圆环表示等炮检距，从圆心向外为同一方位角，方位角顺时针方向增加。因此，每一个十字排列包含这个十字排列内的所有炮检距和所有方位角的信息。炮检距向量片是在十字排列域根据炮线距和检波线距等距离划分矩形，从所有十字排列中抽取同一位置的小矩形的信息，即对十字排列域的数据进行分组，组成相应的炮检距向量片平面，也就是共炮检距共方位角向量片。这样细分的数据集最大的特点是每一个数据集有相同的偏移距及方位角信息。

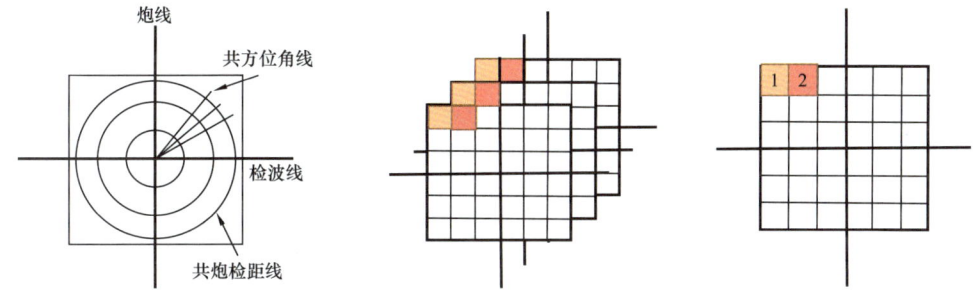

图 3-2-33　OVT 技术处理示意图

OVT 域处理就是在每个炮检距向量片中分别进行去噪、数据规则化、偏移等处理，它的优势主要体现在以下几个方面：（1）噪声压制时相当于在整个工区进行，相比其他域的处理边界效应小；（2）每个炮检距向量片具有相近的偏移距及方位角，数据的相似度高，一致性更好，数据规则化及叠前时间偏移等处理更可靠；（3）考虑了宽方位观测带来的方位各向异性问题，成果数据保留了方位角信息，能更好地针对方位角开展裂缝预测及方位各向异性参数提取等工作。

2.数据规则化处理

以合水地区盘克三维为例，此块三维是真正意义上的黄土塬区"两宽一高资料"，其横纵比为 1，炮道密度 $80×10^4$ 道 $/km^2$，受地表障碍物等的影响，工区炮检点分布不规则，引起空间采样不均，从而导致了偏移噪声等问题，降低地震成像质量。因此需要对数据进行插值，使炮检距、覆盖次数等分布规则。

通过在每一个 OVT 域内进行五维插值来减少每个向量片的数据空洞。由于每个炮检距向量片的数据具有相近的炮检距及方位角，与传统的共偏移距五维插值相比，OVT 域数据的相似性更高，插值结果更可靠。如图 3-2-34 所示为某一个炬检距向量片数据规则化前后 Inline 剖面对比效果，可以看出缺失道得到部分补偿。为工区数据规则化前后最小偏移距和覆盖次数，可以看出数据规则化后的空洞减少（图 3-2-35），规则化后的地震数据可有效减少叠前时间偏移处理的划弧，提高后续资料处理质量。

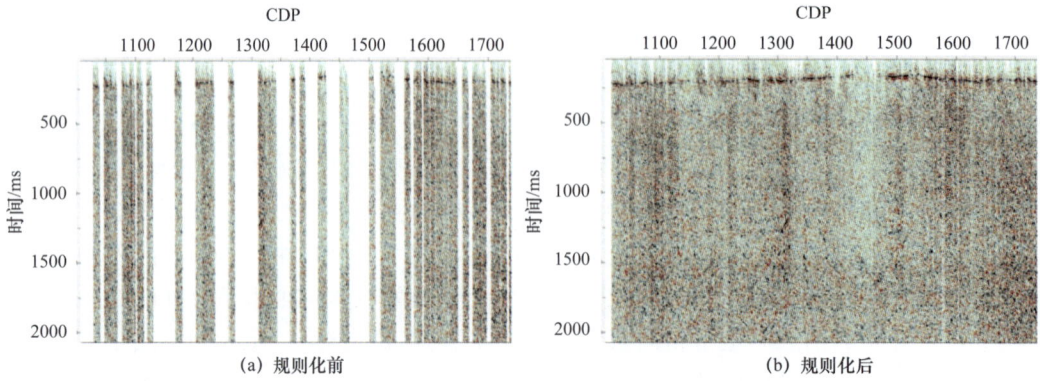

图 3-2-34　某一个 OVT 片数据规则化前、后 Inline 剖面对比

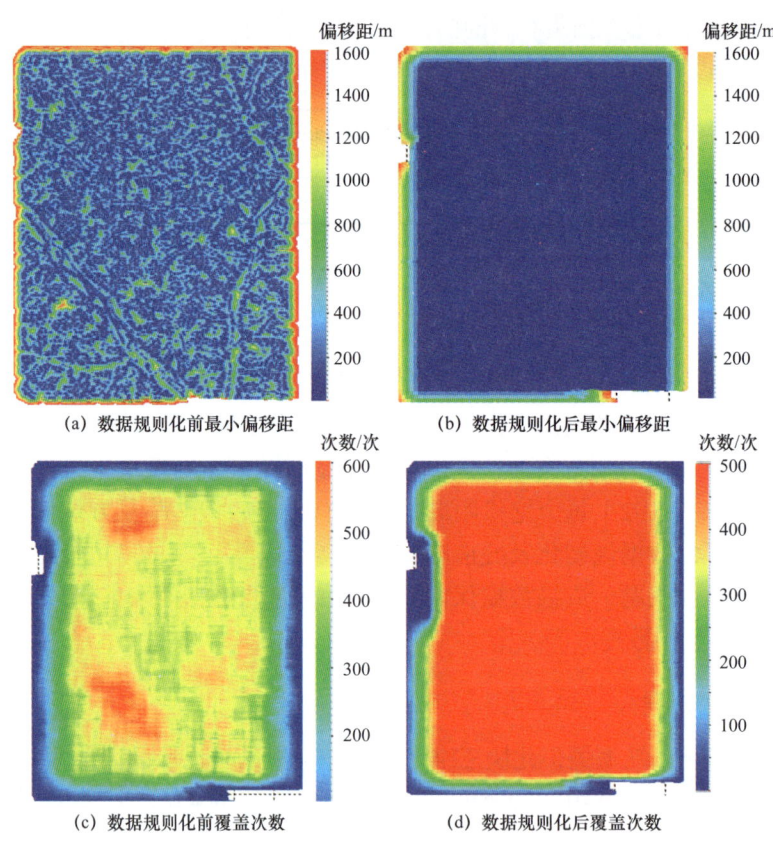

图 3-2-35　OVT 域插值属性图

3. OVT 域叠前时间偏移

OVT 域叠前时间偏移与传统共炮检距域偏移的原理是相同的,只是在 OVT 域逐一进行偏移。由于每个 OVT 域有相近的偏移距和方位角,偏移后道集近、中、远的能量更均衡,得到的数据更适合于进行叠前反演。且道集保留了方位角的信息,有利于后续开展方位各向异性分析及裂缝检测。

4. 方位各向异性校正

在每个OVT域进行叠前时间偏移后，可得到OVG（Offset Vector Gather）道集。OVG道集按CMP和OVT片进行分选就可得到如图3-2-36（b）所示的"蜗牛"（Snail Gather）道集。因为OVT编号是顺时针螺旋式排列，所以方位角是在不断变化的。如图3-2-36（b）所示，折线表示不断变化的方位角，道集上同向轴存在抖动的现象，说明有明显的方位各向异性，特别是1100～1200ms处。因为道集保留了方位角的信息，后续可得到分方位角道集、进行裂缝预测，并能更好的提取速度和各向异性属性等参数。

如果后续是针对地震数据的振幅开展工作，就可进一步进行方位各向异性校正。它的原理是对每一道的实际数据与模型道进行匹配，计算出每一道的时差，最终得到整个工区的位移场，在空间上进行平滑，再将这个位移场应用到数据中，实现空间相关的局部同相轴拉平。如图3-2-37所示，校正后的道集质量更好，更有利于同相叠加。

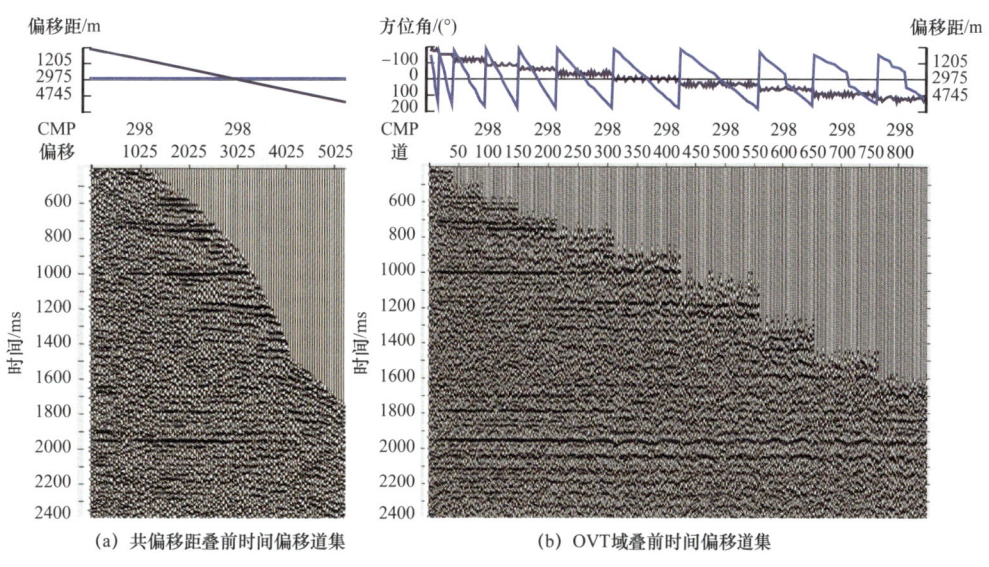

图3-2-36 盘克三维不同偏移道集对比

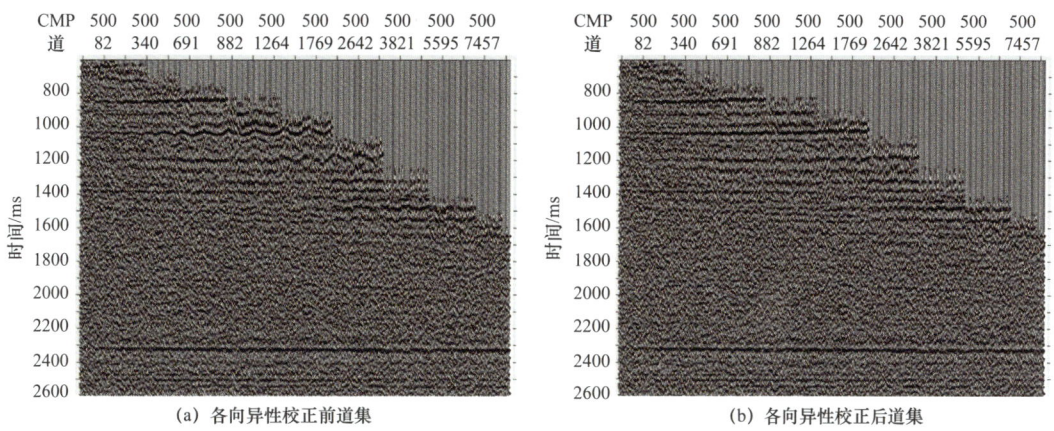

图3-2-37 庆城北三维各向异性校正前后道集

六、Q 叠前深度偏移处理技术

提高黄土塬地区地震资料成像质量与分辨率对于提高钻探精度具有重要的意义，而 Q 偏移处理技术对于提高黄土塬地区地震资料质量具有很好的应用前景（付锁堂等，2020）。开展黄土塬区资料 Q 叠前深度偏移研究主要做好黄土塬空变 Q 场一体化模型建立和补偿吸收衰减偏移成像两方面工作。

根据对鄂尔多斯盆地黄土塬资料的特点进行分析，开展 Q 偏移研究存在以下几方面难点：低降速层速度厚度变化大，近地表地层黏滞效应强，原始地震数据高频损失严重，地震数据原始分辨率低；资料信噪比较低，获取稳定的 Q 值难度大；黄土塬区微测井和 VSP 控制点少，速度与 Q 值关系建立有较大局限性；深度偏移效果受速度建模精度影响大，提高速度建模精度难度大。

针对以上难题，采取如下研究思路（图 3-2-38）。

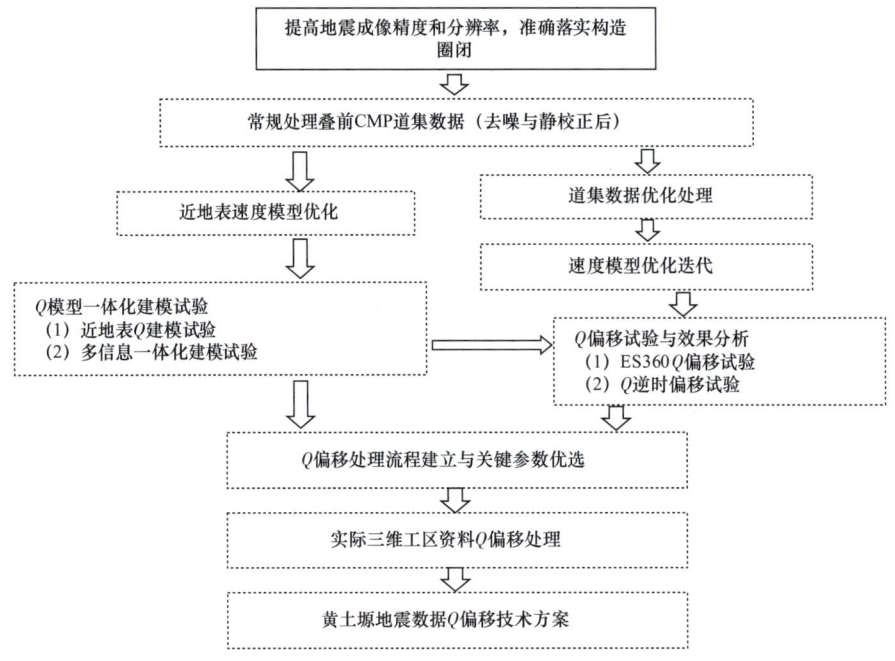

图 3-2-38　黄土塬空变 Q 场一体化模型建立技术方案

1. 黄土塬空变 Q 场一体化模型建立

针对黄土塬空变 Q 场一体化模型建立难题，为了建立较准确的 Q 场，应充分应用已知资料，采用如下方案（图 3-2-39）进行 Q 值一体化模型建立。

1）微测井资料近地表 Q 建模方法

常规的匹配追踪算法要求在每次匹配中扫描全部的原子库，但原子库是过完备的，扫描过程计算量较大，计算速度较慢。为了减少匹配中的扫描工作量，可以使用快速复数域匹配追踪（Complex domain Fast Matching Pursuit decomposition，CFMP）方法来提高计算效率（张繁昌等，2013）。CFMP 的方法需要根据实际地震记录获取复地震记录，从

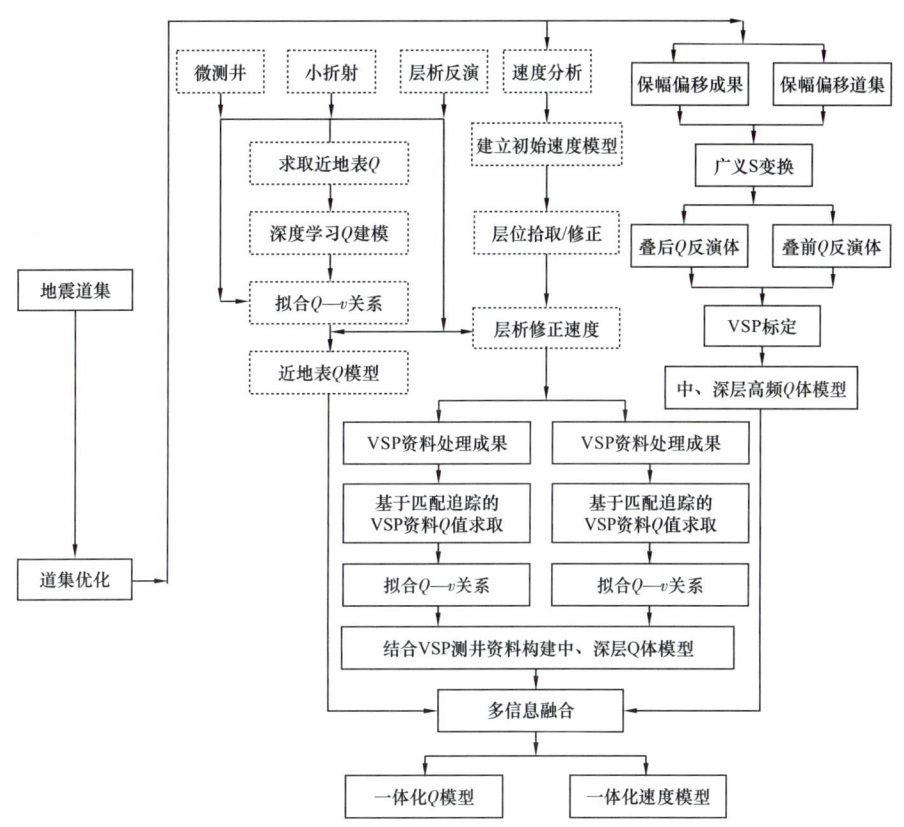

图 3-2-39　Q 值一体化模型流程图

复信号中获取先验信息（如振幅包络最大值处的时间、瞬时频率以及瞬时相位），然后在先验信息的约束下扫描一小部分的原子库得到最佳匹配，完成复信号的重构后再将结果返回实数域，从而在一定程度减小匹配中的计算量，提高算法效率。匹配追踪算法的基本思想是将信号投影到一系列时频原子上，选取的时频原子应能很好地匹配信号的局部特征，利用这些时频原子精确地表示原始信号。

以庆城地区庆城北三维为例，如图 3-2-40 所示，是利用 CFMP 对数谱比法 Q 值估算的过程监控图。如图 3-2-41 所示，是 5 口深井微测井利用 CFMP 对数谱比法估算的近地表 Q 函数。利用庆城北三维 2019 年新采集的 5 口双井微测井计算的近地表 Q-v 关系作为标签，建立深度学习模型，实现多井 Q-v 多元非线性回归关系。开展多元非线性三维回归模型训练过程中，尽可能多的收集工区附近的微测井数据，作为初始模型训练的样本，再在此基础上，基于迁移学习原理，利用本工区的样本点深化调优，提高模型预测的精度。如图 3-2-42 所示，是基于多元非线性回归模型获得的近地表 Q 剖面。

2）基于 CFMP 的 VSP 测井资料处理

VSP 测井资料和微测井资料类似，也可以用 CFMP 对数谱比法进行 Q 值估算，从而得到 3 口 VSP 测井资料 CFMP 对数谱比法估算的 Q 值函数（图 3-2-43）。如图 3-2-44 和图 3-2-45 所示，分别是 VSP 测井速度—Q 联合交会，获得新的速度—品质因子关系函数，以及利用 VSP 回归模型求出基于速度场的中深层 Q 体。

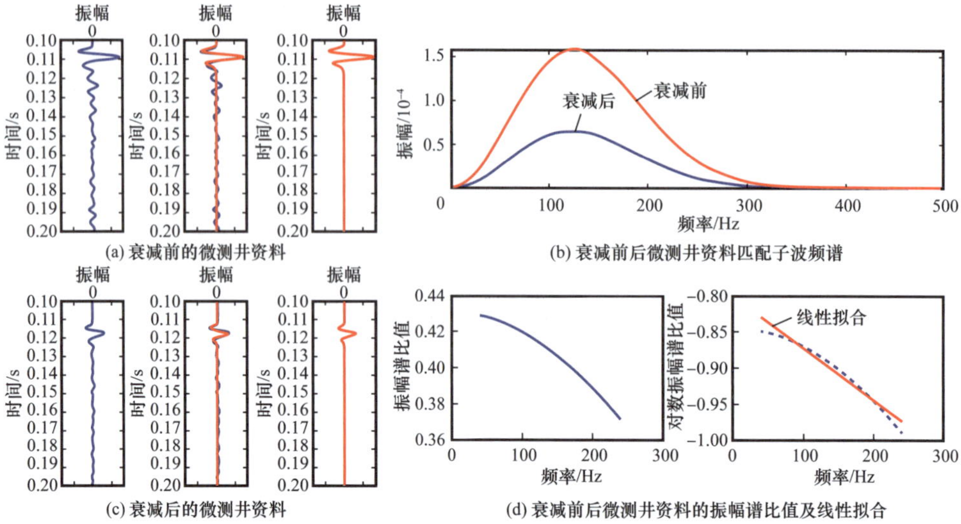

图 3-2-40　CFMP 对数谱比法 Q 值估算

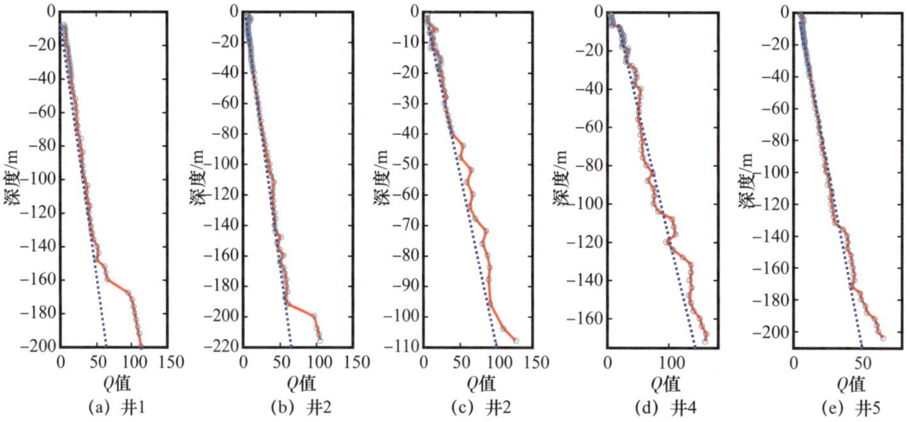

图 3-2-41　5 口深井微测井利用 CFMP 对数谱比法估算的近地表 Q 函数

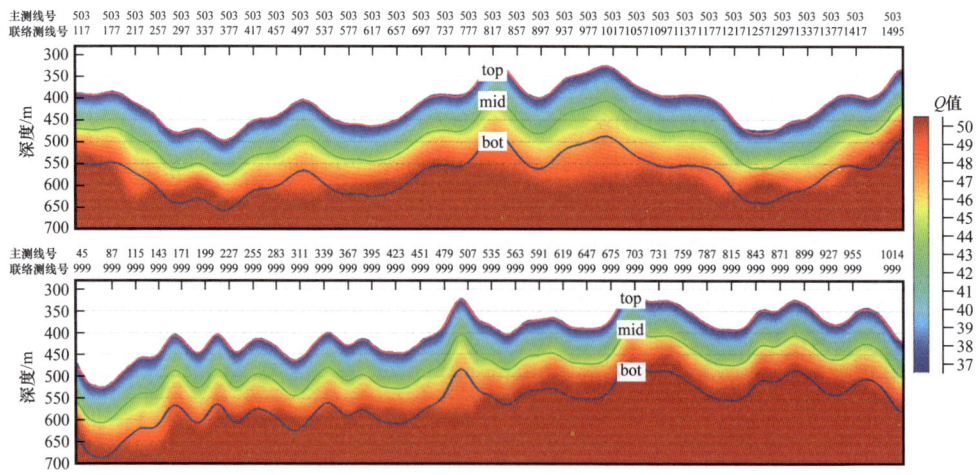

图 3-2-42　基于多元非线性回归模型获得的近地表 Q 剖面

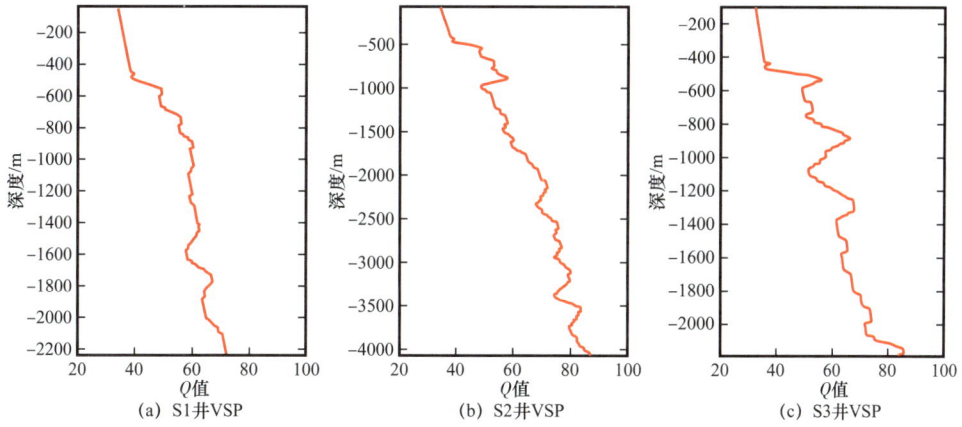

图 3-2-43 三口 VSP 测井资料 CFMP 对数谱比法估算的 Q 值函数

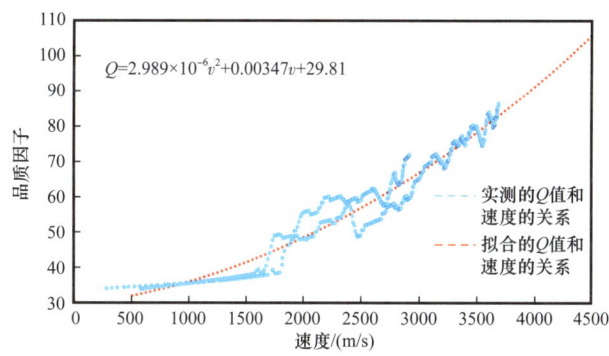

图 3-2-44 VSP 的速度—Q 联合交会，获得新的速度—品质因子关系函数

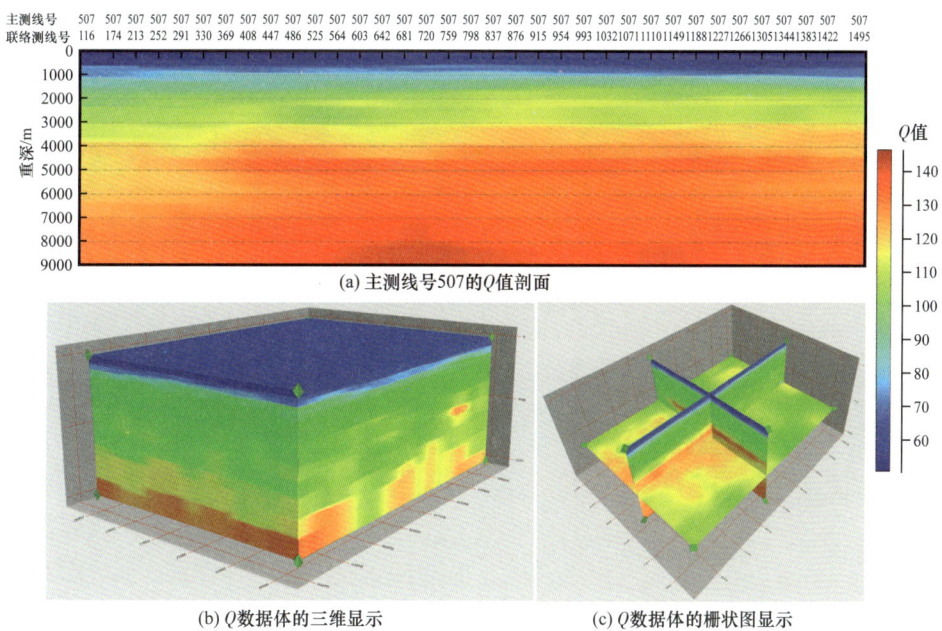

图 3-2-45 利用 VSP 回归模型求出基于速度场的中深层 Q 体

3）基于地震数据的中深层 Q 值估计方法

基于高分辨率时频谱分析的子波特征 Q 值反演借助于广义 S 变换对叠前地震数据做时频分析，逐道求取频谱比斜率，经炮检距归零处理得到零炮检距处的地层 Q 值。该方法不仅充分考虑了因地层吸收而引起的振幅、频率等信息的变化，而且避免了常规品质因子计算中的平均效应，使估算的品质因子更加准确，适用性更强（王东凯等，2019）。由于地震波衰减是传播路径的累加过程，在叠前地震资料中直接求取的地层拟 Q 值（固有衰减和炮检距影响之和）是随炮检距变化的，记为 Q_X，X 为炮检距。为了得到地层的常 Q 值，需要消除炮检距对地层 Q 值的影响。炮检距归零处理就是利用频谱比斜率值随炮检距的变化关系推出零炮检距地层 Q 值，即地层的常 Q 值，具体流程如图 3-2-46 所示。最终得到基于叠前 CMP 道集利用广义 S 变换的高分辨率时频谱计算中深层 Q 体（图 3-2-47）。

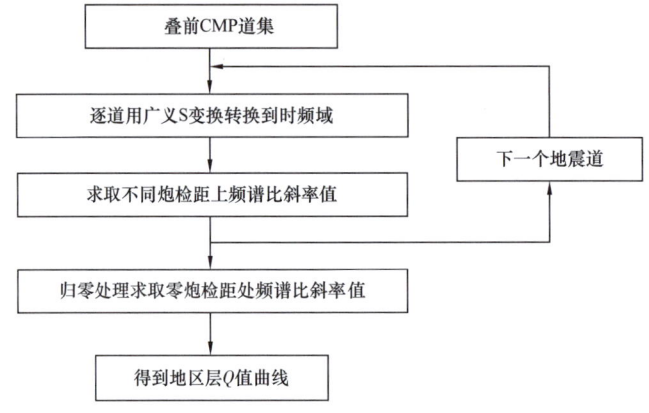

图 3-2-46　叠前时频域谱比法 Q 值反演流程图

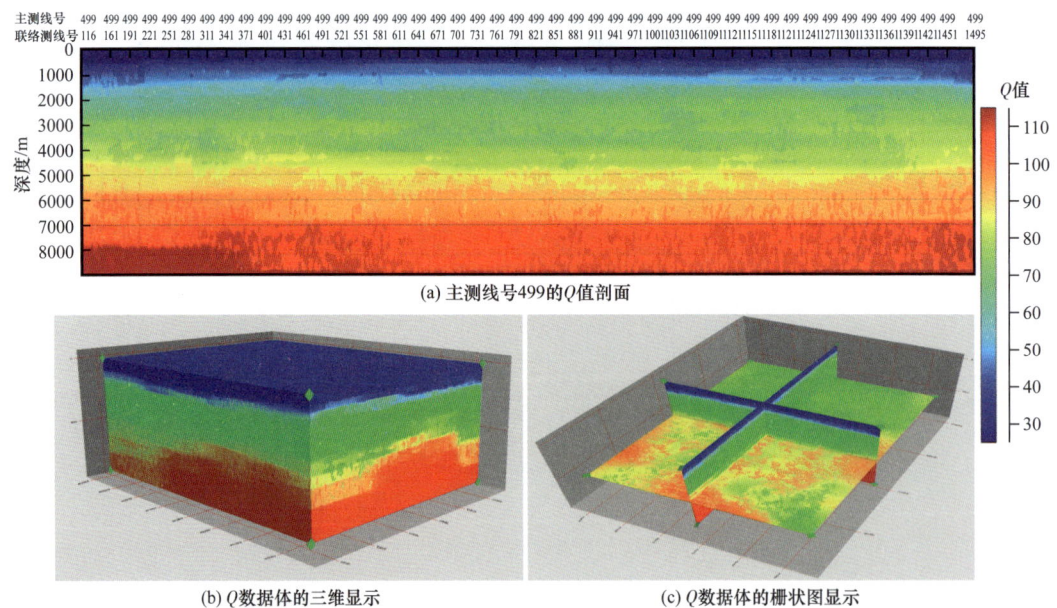

图 3-2-47　基于叠前 CMP 道集利用广义 S 变换的高分辨率时频谱计算中深层 Q 体

4）基于卷积神经网络的 Q 值三维一体化建模技术

基于深度学习库的训练样本和测试样本集的神经网络训练及应用：在已构建的深度学习库和深度神经网络模型的基础上，选择合适的样本作为学习对象（样本数据越多，深度学习算法的效果就更好），同时选择合适的样本作为测试集，以确定神经网络训练的效果。通过样本学习获得能够很好表征地震波形特征随时间、空间变化的回归模型，并将该模型应用于浅 Q 体、中 Q 体、深 Q 体，实现非线性回归三维一体化 Q 建模。如图 3-2-48 所示为利用深度学习构建近地表 Q 体和融合 Q 体的一体化模型。以庆城北三维为例，得到 Q 场模型后，可得到应用 VSP 回归与信息融合求取的 Q 体进行黏弹偏移，对比处理，可以看出信息融合求取的 Q 体进行黏弹偏移处理的成像质量更好（图 3-2-49）。

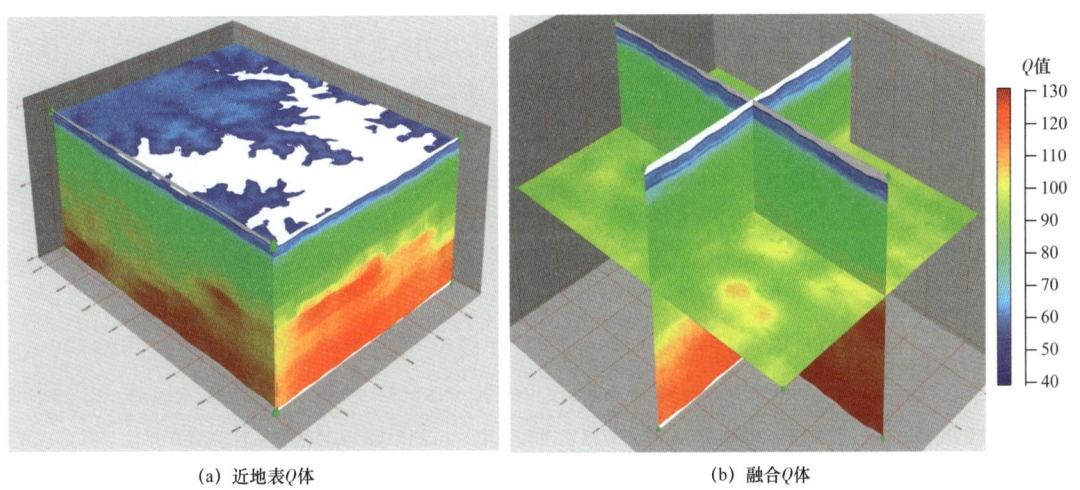

(a) 近地表Q体　　　　　　　　　(b) 融合Q体

图 3-2-48　利用深度学习构建近地表 Q 体和融合 Q 体的一体化模型

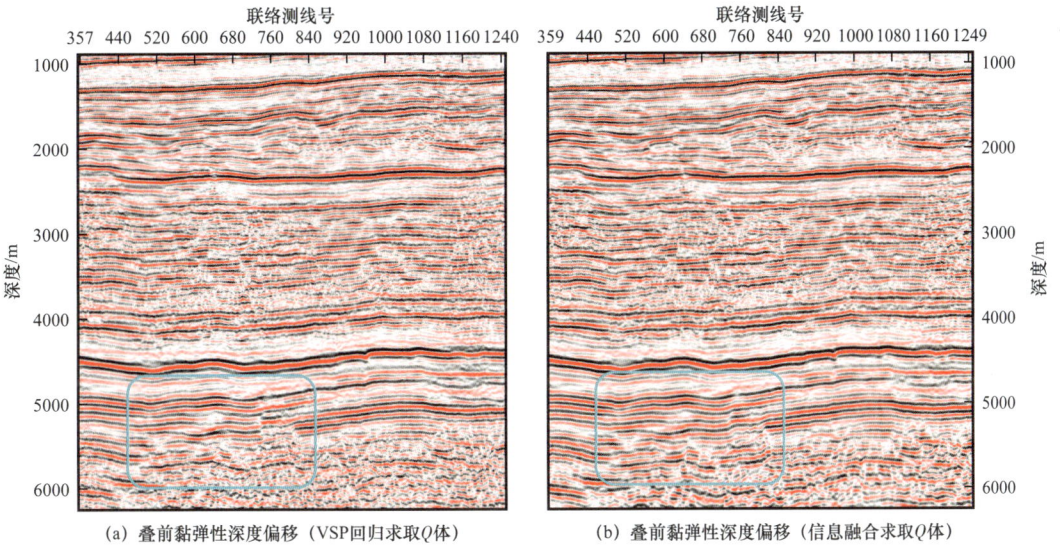

(a) 叠前黏弹性深度偏移（VSP回归求取Q体）　　　(b) 叠前黏弹性深度偏移（信息融合求取Q体）

图 3-2-49　庆城北三维不同方法求取 Q 体黏弹偏移效果比较（Inline666）

2. 速度反演与速度模型建立

在实际资料处理过程中，通常初始采用人工拾取沿层剩余层速度，基于模型层析法修正速度模型。当速度达到一定精度以后再用人工和自动拾取剩余速度相结合，基于网格层析法修正速度模型。随着勘探精度不断提高，处理技术不断创新，基于地震结构属性约束的网格层析法修正速度模型的方法取得了良好的效果，得到广泛应用。地震属性约束修正速度模型法是 Paradigm 公司推出的一种新的速度模型约束修正法。通过设计平面波解构滤波器（Plane Wave Destructor，PWD）（Fomel，2002）估计每个反射点处的局部方向矢量，即计算每一个地震反射点的倾角和方位角，以方向矢量的球坐标形式表示倾角和方位角。通过估计相邻道法线向量（倾角和方位角）的相似度来给出连续性属性。根据地层连续性，自动提取反射层位，针对反射层位拾取剩余速度，优化速度模型。通过研究提出一套完整、能有效提高模型优化效率的层析速度建模流程。概括地讲，该流程主要分为三个步骤：第一步，前期资料准备；第二步，初始速度模型的建立；第三步，速度模型的优化。

第一步，前期资料准备时，需要结合工区地质信息和深入研究以往地震资料，进行一系列的精细化地震资料处理和针对性的资料处理，得到高质量的叠前时间偏移数据，进行目标线叠前时间偏移迭代，得到较准确的均方根速度模型，为下一步建立初始层速度模型打好基础。

第二步，建立初始层速度模型，初始层速度模型至关重要。经过叠前时间偏移、速度分析反复迭代，得到较准确的均方根速度模型，结合构造模型转换至深度域，得到深度域层速度模型，将其作为初始速度模型，输入下一步的速度模型优化流程中。

第三步，速度模型优化时，主要是借助处理软件进行基于网格或模型的层析速度建模，通过处理软件自动提取地震属性构造网格层析成像矩阵，并在一次次解矩阵的过程中优化速度模型，最终得到较为准确的叠前深度偏移速度模型，进行叠前深度偏移成像。通过速度模型修正、速度线叠前深度偏移的反复迭代，最终得到优化后的速度模型，如图 3-2-50 和图 3-2-51 所示，可以看出，不同迭代阶段速度剖面与偏移结果，偏移成像效果逐渐提高，断层越来越清晰。道集质量也逐步得到提升（图 3-2-52）。

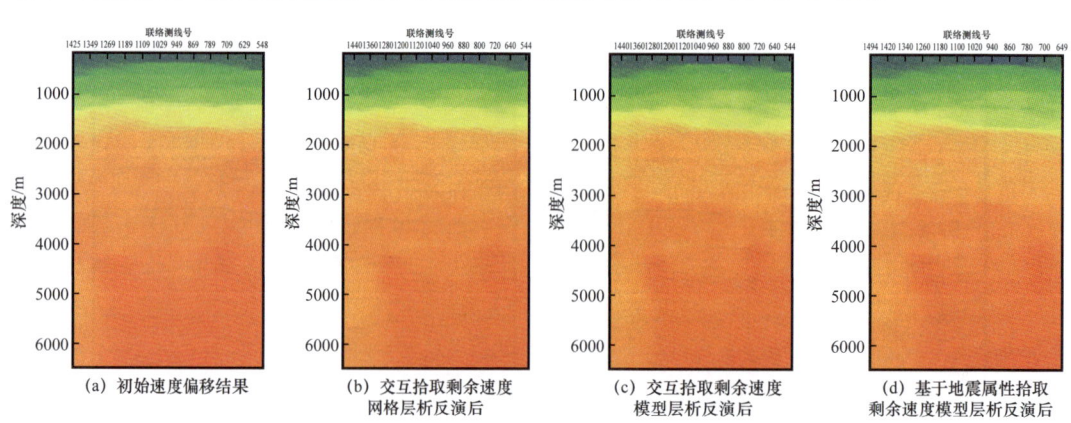

图 3-2-50　Inline701 线不同迭代阶段速度剖面

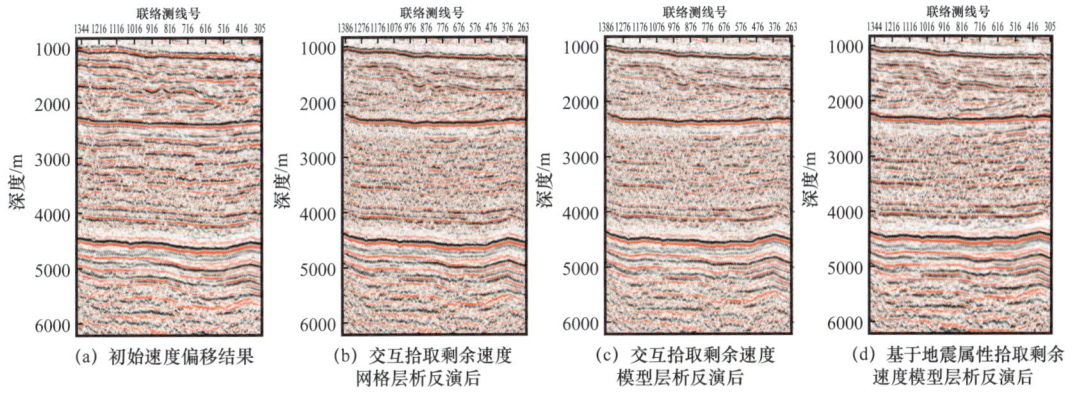

图 3-2-51　Inline701 线不同速度迭代阶段偏移剖面

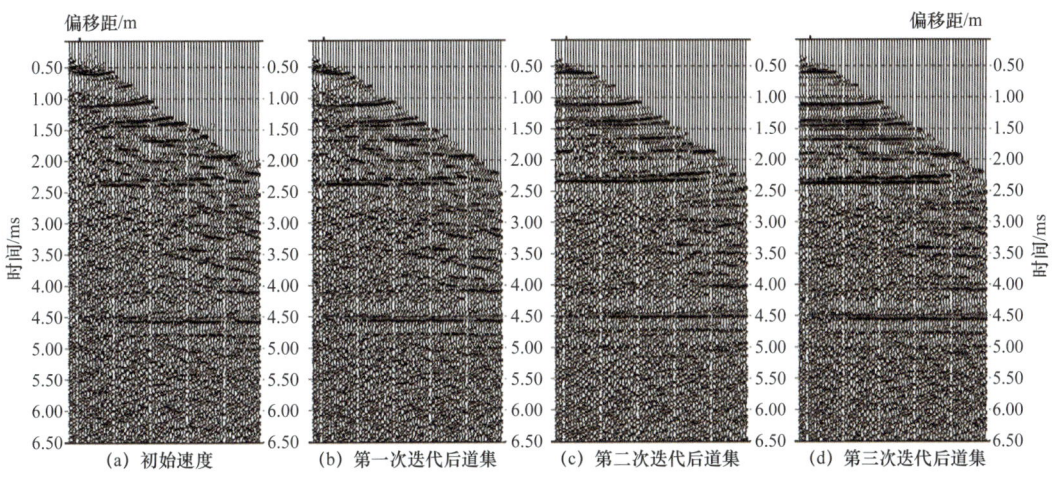

图 3-2-52　不同叠前深度偏移迭代阶段的偏移道集

3. 叠前 Q 深度偏移

1）ES360 全方位叠前 Q 深度偏移

ES（Earth Study）360 成像的射线追踪是从地下网格点一直到地表，形成一个精确的系统，用于将记录的地表地震数据映射到图像点的地下局部角度域（Logical Angle Domain，LAD）。该方法基于一个特别设计的点衍射算子，该算子确保从所有次表面方向和所有表面源接收器位置获得最大的图像点照明，其中所有到达的波场都被考虑在内，振幅和相位都得到了保留（Fedyaev et al，2019）。该方法可以被看作一种特殊的束偏移，因为成像过程被应用于使用最佳计算参数（表面慢度向量和估计的菲涅耳区域）从输入数据轨迹实时生成的局部锥形倾斜叠加，然后，使用正确计算的权重将束从中心线外推到相邻的次表面点。

与常规柯希霍夫偏移不同的是，它首先把地面地震数据转换成地下接收面元的局部角度域，再从地下接收面元向地面发射射线束，当射线与实际传播路径相吻合时能量最强，以此为依据进行菲涅尔带叠加，提高偏移成像质量，压制噪声。

以庆城北三维为例，如图 3-2-53 和图 3-2-54 所示，是常规柯希霍夫偏移与 ES360

偏移效果对比（Inline666）以及局部放大效果对比（Crossline606），ES360偏移结果与常规克希霍夫偏移结果相比信噪比高、分辨率高、断层清晰，特别是目的层，其成像质量改善明显。ES360偏移还配有Q黏弹偏移，设计了Q黏弹偏移方程式，它既可以补偿振幅，也可以补偿相位，还可以对振幅、相位同时进行补偿，经过ES360黏弹偏移的剖面聚焦效果好，波组特征清晰，ES360 Q黏弹与非黏弹偏移结果相比信噪比与分辨率都有提高，断层、小断块清楚，特别是中深层目的层，分辨率大幅度提高。ES360偏移是全方位叠前深度偏移，可以输出共反射角道集、共方位角道集、共倾角道集等富含地质属性信息的道集，为储层预测提供有力依据。

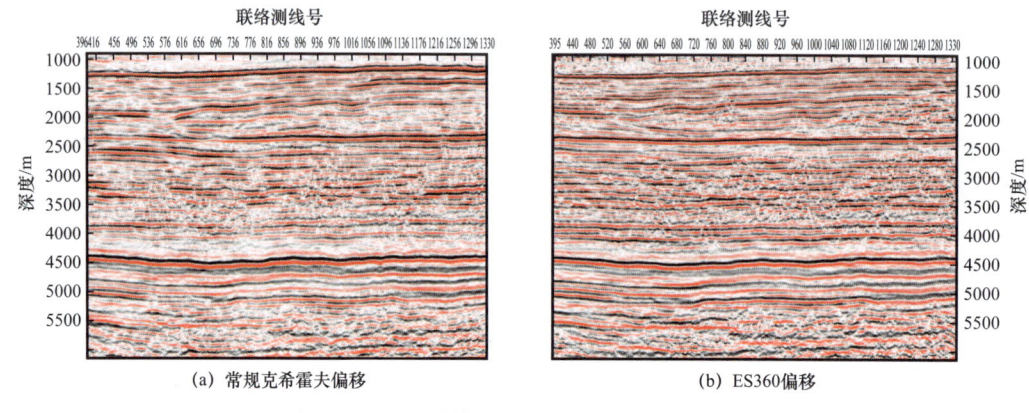

图 3-2-53　不同偏移处理效果对比（Inline666）

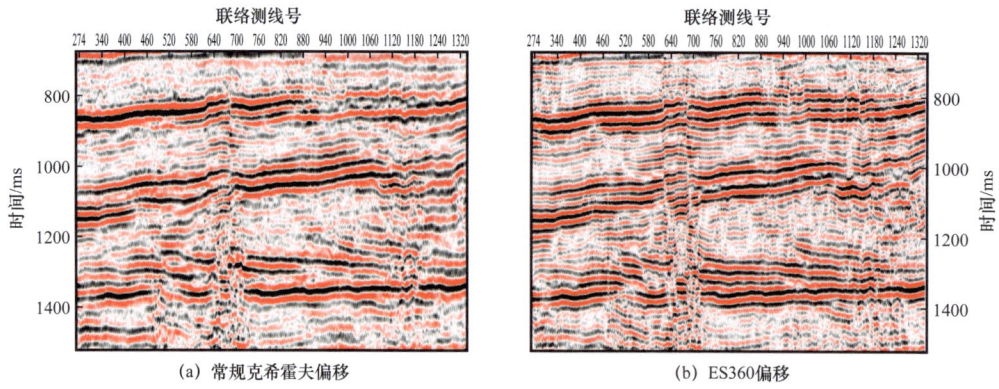

图 3-2-54　不同偏移处理局部放大效果对比（Crossline 606）

2）稳定型Q补偿逆时偏移

根据工区黄土塬地表和地下地质特征，利用工区已有速度和Q资料，建立三维数值模型，摸索黄土塬地区地震资料补偿吸收衰减逆时偏移成像经验和关键参数的选取技巧，为后续的实际资料处理积累基本认识，有利于研究工作的顺利推进。Q逆时偏移试验与效果分析思路如图 3-2-55 所示。

为解决传统方法中的不稳定性及精度低的问题（Zhu et al，2014），采用一种绝对稳定的逆时偏移吸收衰减补偿算法，衰减和频散都需被列入补偿范围，对于振幅衰减部分提出了一种间接稳定的补偿算子（Zhao et al，2018；Chen et al，2020）。

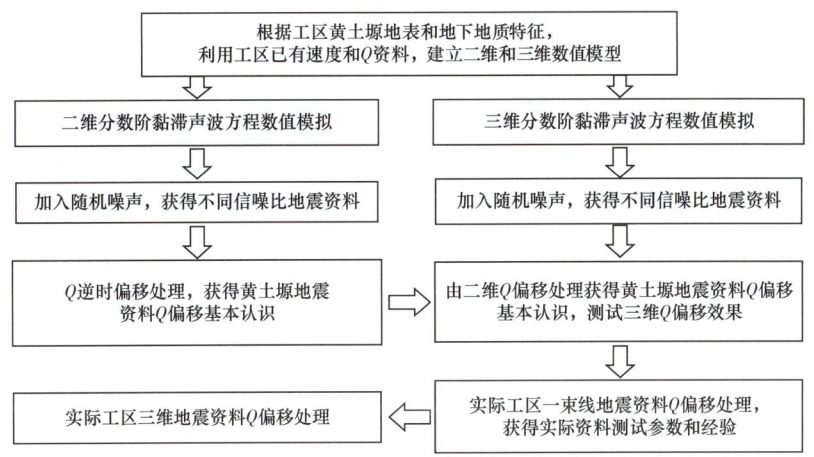

图 3-2-55 稳定型 Q 补偿逆时偏移试验与效果分析思路

基于庆城地区地质情况,同时利用测井资料外推建立速度模型,并用经验公式生成的 Q 模型(图 3-2-56),浅层最小 Q 值为 35。考虑和未考虑 Q 影响模拟单炮地震数据(图 3-2-57),RTM 偏移黏滞声波结果和 Q-RTM 偏移黏滞声波结果及其频谱图分别如图 3-2-58 和图 3-2-59 所示。

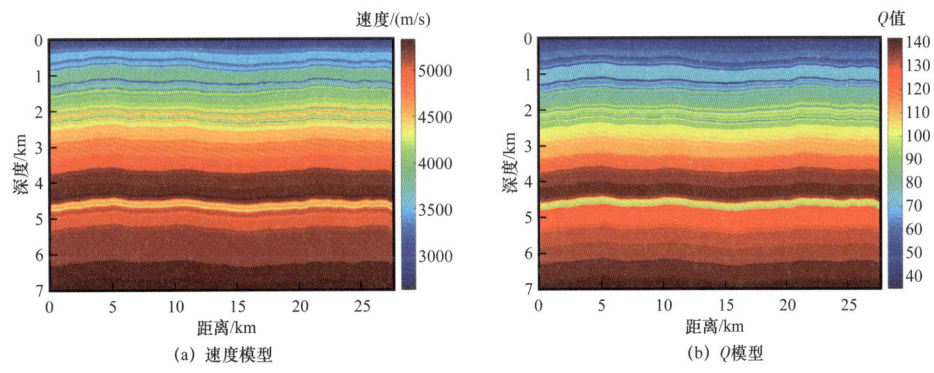

图 3-2-56 庆城北三维速度模型和 Q 模型

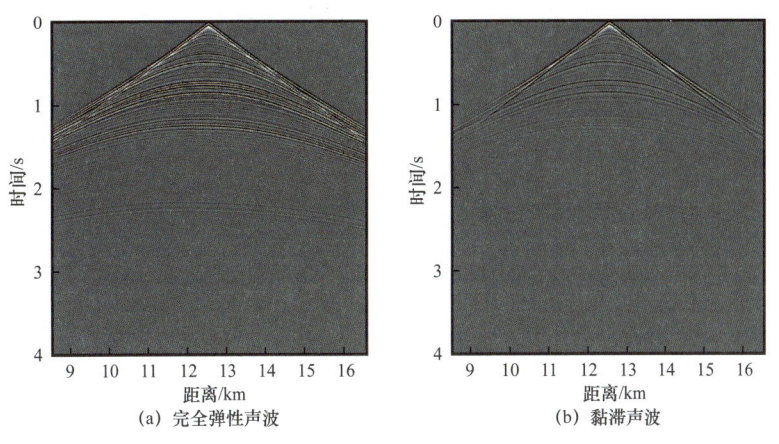

图 3-2-57 第 300 炮共炮点地震记录

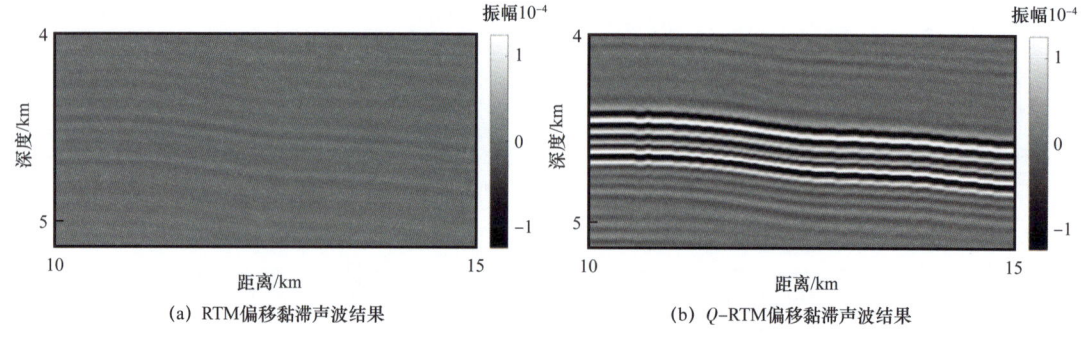

(a) RTM 偏移黏滞声波结果 (b) Q-RTM 偏移黏滞声波结果

图 3-2-58　不同偏移方法的局部放大剖面对比

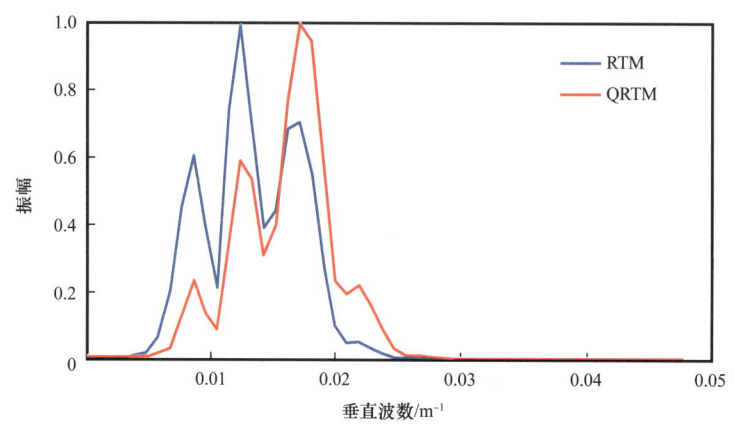

图 3-2-59　RTM 和 Q-RTM 两种偏移方法的归一化波数谱比较

进一步对庆城北三维实际数据进行偏移测试。如图 3-2-60 所示，为商业软件 Q-ES360 对 Inline272 线的偏移结果和 Q-RTM 对同一测线的偏移结果对比，两者的结果总体吻合很好，但 Q-RTM 偏移结果呈现更高的分辨率，且对断层面的识别更清晰。

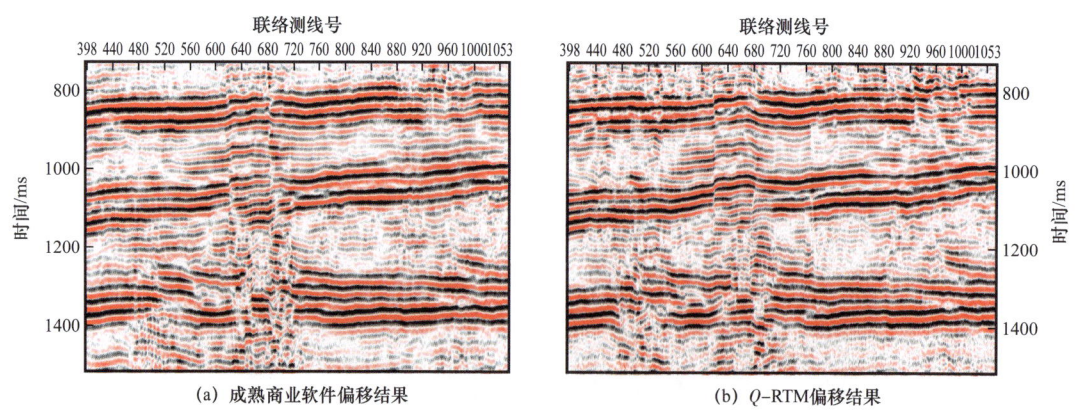

(a) 成熟商业软件偏移结果 (b) Q-RTM 偏移结果

图 3-2-60　庆城北三维不同偏移方法偏移效果对比（Inline272）

第三节 三维地震处理效果

以最终制订的精细目标处理流程为基础，同时结合三维区的地质任务、资料处理要求、地震资料的特点，在处理过程中，认真把握每个环节，最终得到了高保真、高信噪比、高分辨率的成果剖面，为后期的地震解释及叠前反演等工作提供了基础资料。并形成了一套更加合理的、充分应用新技术的宽方位数据处理方法，更能满足叠前地震描述与油气藏预测技术的要求。三维叠前时间偏移数据体聚焦成像较好、资料信噪比较高、地层反射特征较清晰，构造特征较清楚（图3-3-1）。

以庆城北三维为例，偏移成果主要标志层波组特征合理，浅、中、深层波组特征清晰，成果资料信噪比较高，主要标志层能够连续对比追踪（图3-3-2）。目的层主频从原始的15~20Hz提升到30~35Hz，信噪比由原始的1以下提升到5以上，能够满足构造及岩性解释需求（图3-3-3）。

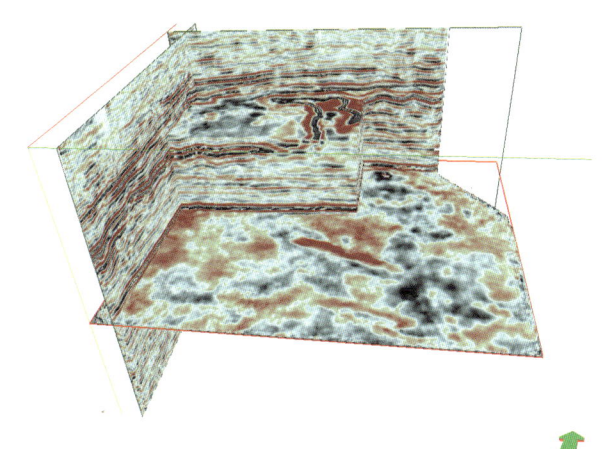

图3-3-1　盘克三维地震成果数据体立体显示

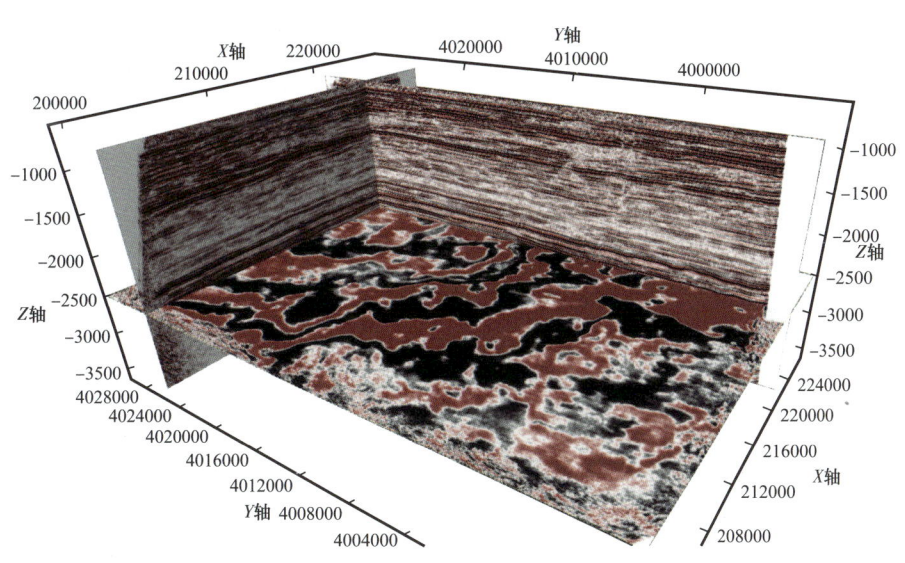

图3-3-2　庆城北三维地震成果数据体立体显示

如图3-3-4所示为庆城北三维分偏移距叠加剖面段、分偏移距叠加1300ms处的时间切片（图3-3-5）与不同偏移距叠加的信噪比分布（图3-3-6），分偏移距资料质量高，一致性好，满足中生界目标叠前反演的需求。

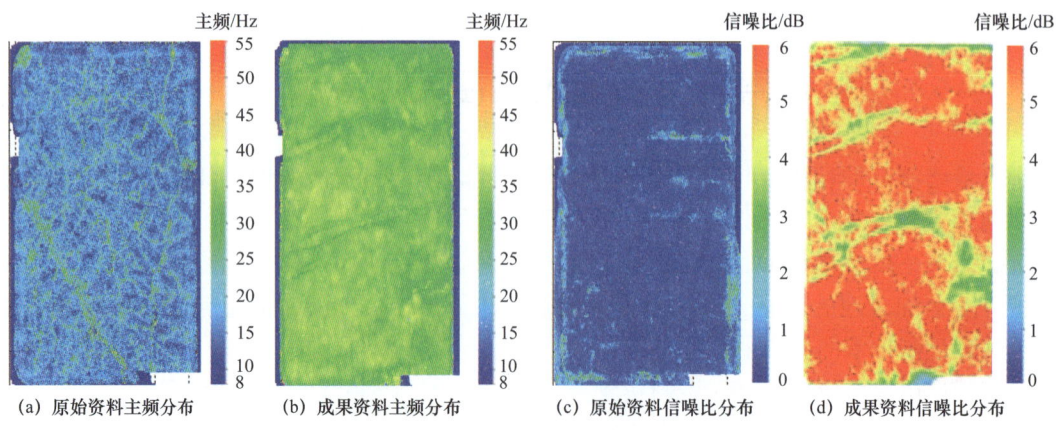

(a) 原始资料主频分布　　(b) 成果资料主频分布　　(c) 原始资料信噪比分布　　(d) 成果资料信噪比分布

图 3-3-3　庆城北三维地震资料处理成果目的层主频和信噪比

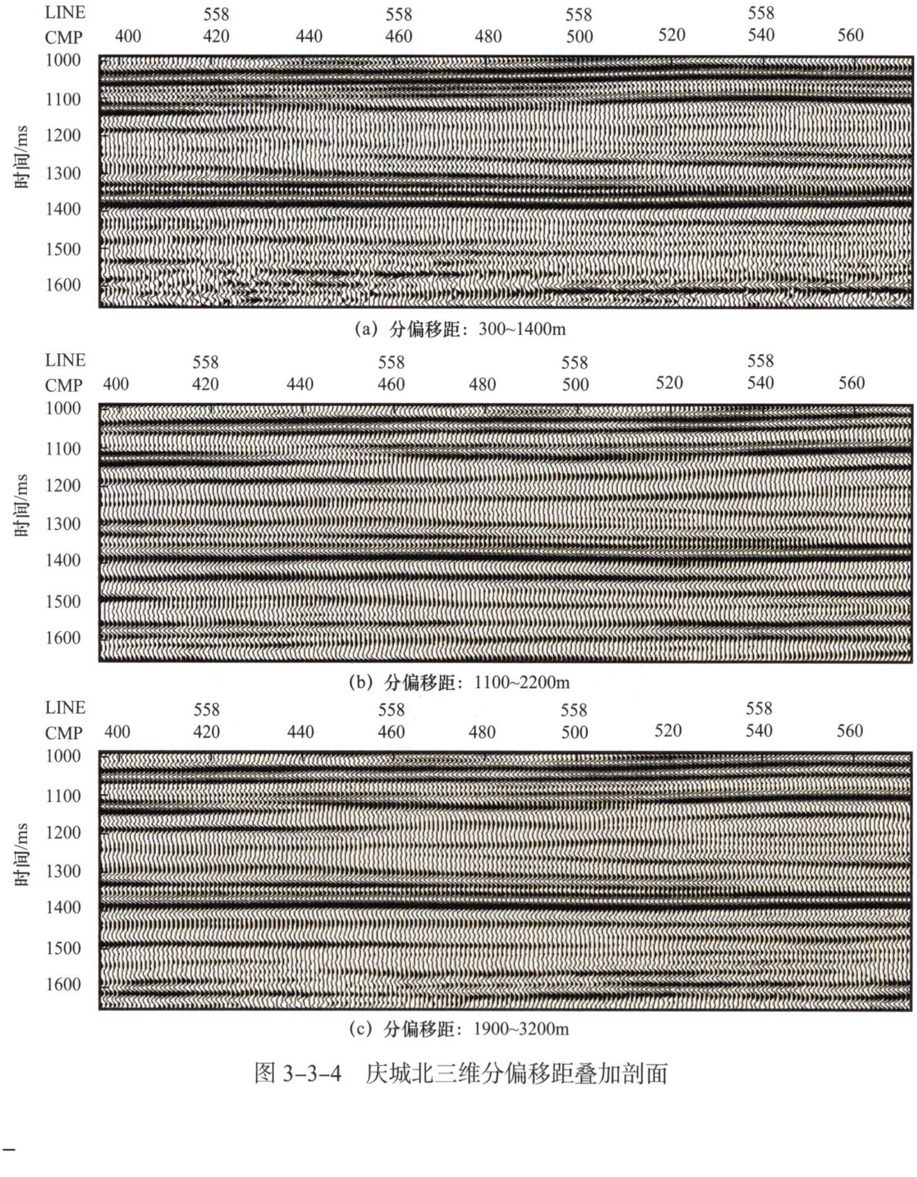

(a) 分偏移距：300~1400m

(b) 分偏移距：1100~2200m

(c) 分偏移距：1900~3200m

图 3-3-4　庆城北三维分偏移距叠加剖面

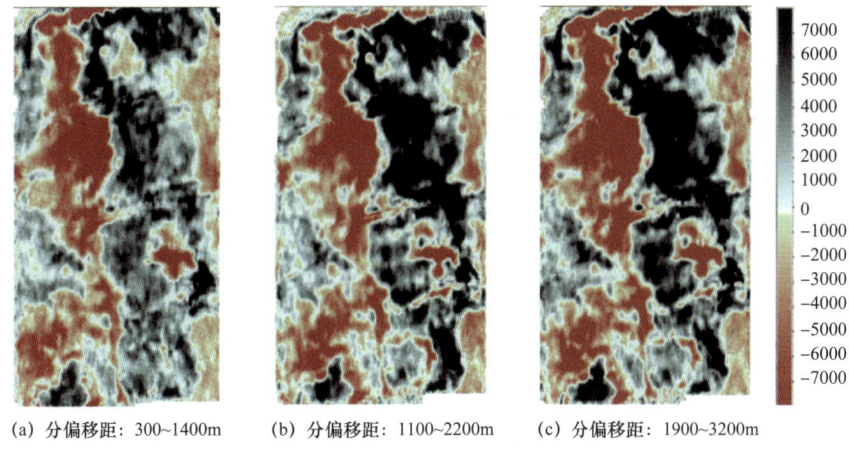

图 3-3-5　庆城北三维分偏移距叠加剖面时间切片（1300ms）

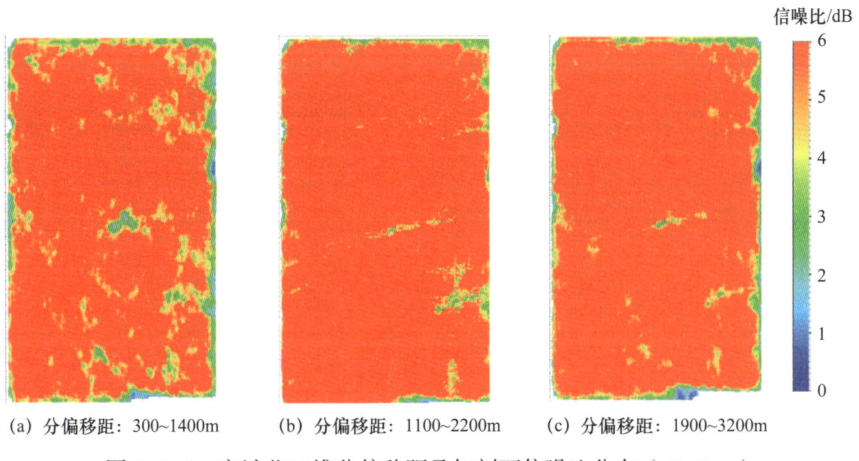

图 3-3-6　庆城北三维分偏移距叠加剖面信噪比分布（1300ms）

通过 OVT 域处理后，得到了包含方位角信息的处理成果，对其进行分方位角叠加，可以看出分方位角叠加成果信噪比高，可以清晰地看出在不同的方位断裂特征存在差异（图 3-3-7）。

与二维资料相比较，三维取得突破性进展。以庆城北三维地震资料为例，三维地震资料波组特征更加清楚，地层界面更加清晰；资料信噪比更高，频带范围更宽，构造特征及目标层段内幕弱反射成像品质更好，三维地震资料波组特征更合理，小微构造、断层成像更加清晰，地质现象更加丰富、地质特征更加明显（图 3-3-8）。Q 叠前深度偏移后，断层断点更加清晰，与 VSP 资料的吻合度更好，深层的分辨率也得到一定程度的提升（图 3-3-9）。

通过对三维工区已知井进行标定，以盘克三维为例，中生界—古生界波组特征清晰，小幅度构造、古地貌、断层特征清楚，处理成果资料保真度高，井震一致性好，匹配相关度高（图 3-3-10）。

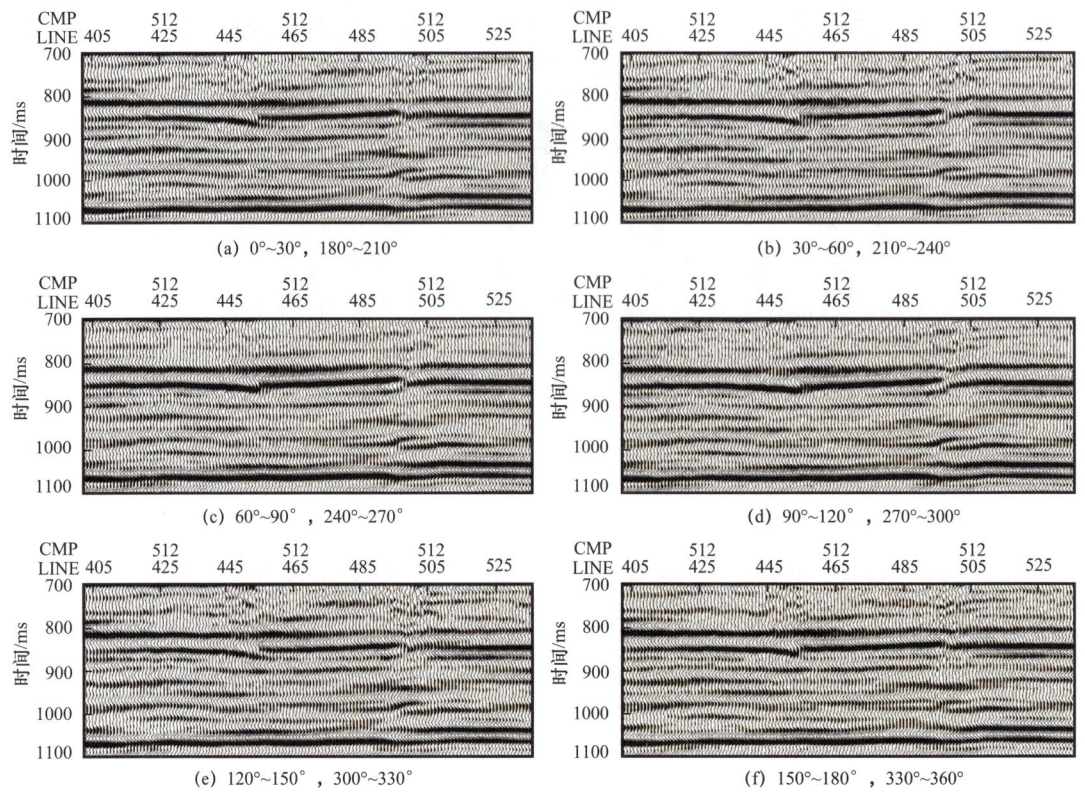

图 3-3-7　庆城北三维分方位角叠加剖面（Crossline）

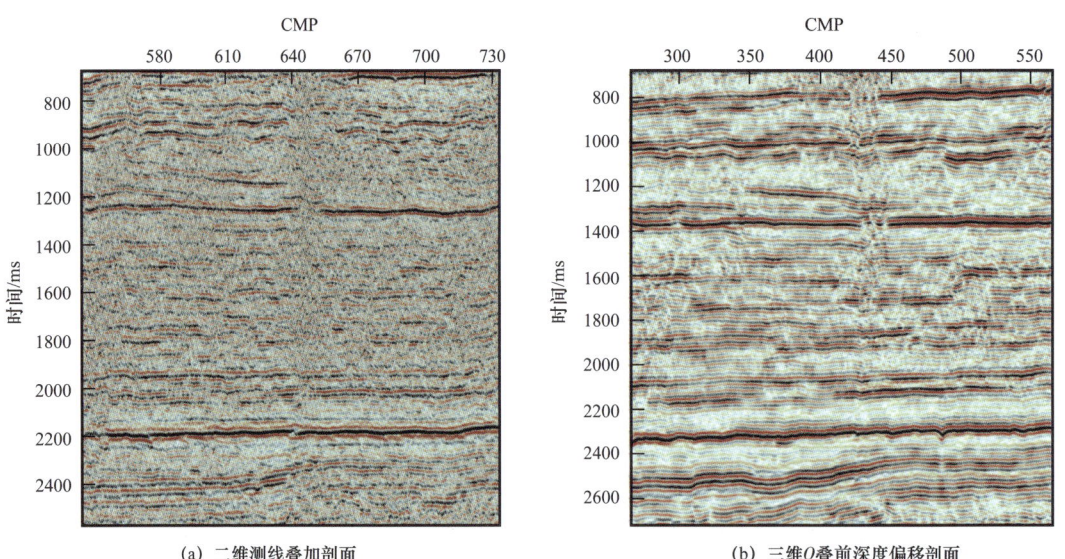

图 3-3-8　庆城北三维同一位置二维及三维地震资料剖面对比

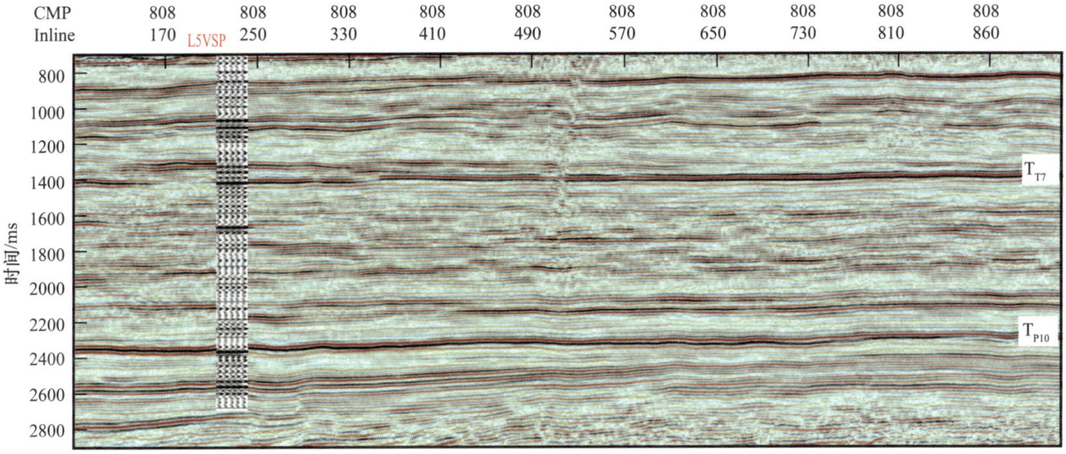

(a) OVT域克希霍夫叠前时间偏移

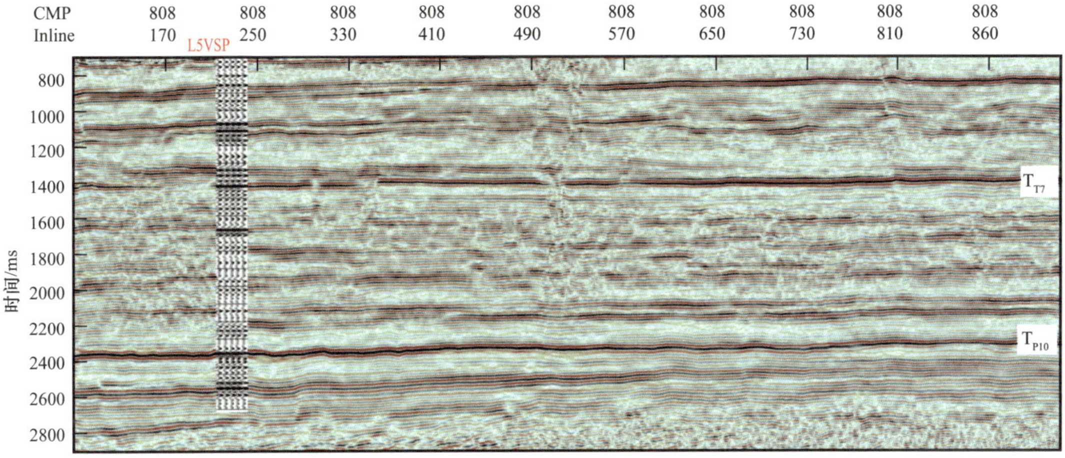

(b) Q叠前深度偏移剖面

图 3-3-9　庆城北三维不同偏移成果对比

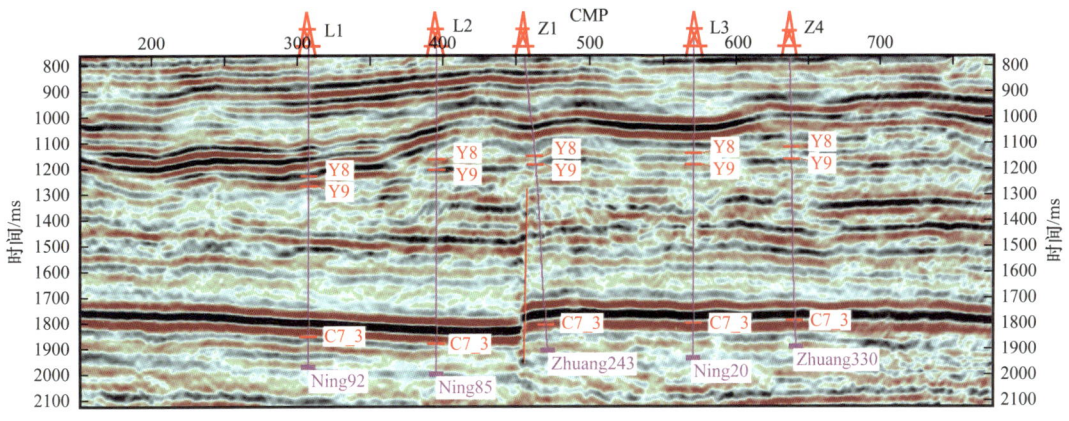

图 3-3-10　盘克三维过多井的叠前深度偏移剖面

第四节 高分辨率处理新技术

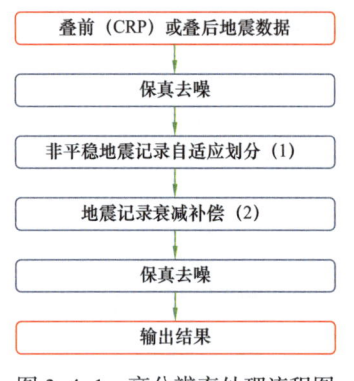

图 3-4-1 高分辨率处理流程图

实际地下介质具有黏弹性，地震子波在地下传播时由于波前扩散和吸收衰减等效应会使得子波的能量衰减、频率变窄，即引起地震子波时变。常规的提高地震资料纵向分析率处理方法大多假设地震记录是平稳的（即地震子波在地下传播过程中是不变的），这使得这些方法在中深层地震资料处理中难以取得好的效果。本节基于相空间信号分析理论提出了适合非平稳地震记录的高分辨处理方法，主要包括非平稳地震记录划分和 Gabor 分子标架反褶积。本节所提的高分辨处理技术的流程图如图 3-4-1 所示。

一、非平稳地震记录自适应划分

如果一个函数集 $\{\psi_j : j \in Z\}$ 和为 1，即

$$\left\{\sum_{j \in Z} \psi_j(x) = 1, \forall x \in R\right\} \tag{3-4-1}$$

则此函数集构成对单位 1 的分割。令 $\phi(t)$ 为满足下列特性的窗：

$$\sum_{m \in Z} \phi(t - m\Delta t) \equiv \sum_{m \in Z} \phi(t) = 1 \tag{3-4-2}$$

可见集合 $\{\phi_m(t) : m \in Z\}$ 构成一个单位分割。取分析时窗函数 $g(t)=\phi(t)^p$，综合时窗函数 $\gamma(t)=\phi(t)^{1-p}$，$0<p\leq 1$，则 $\{g_m : m \in Z\}$ 和 $\{\gamma_m : m \in Z\}$ 能够构造一对 Gabor 标架。

对于满足一定条件的和不为 1 的函数集，也可以通过归一化的方法将其变为对单位 1 的分割。Grossman 等（2002）的研究表明，由构成单位分割的原子时窗叠加组合构成的分子时窗对应的时频原子族构成非均匀 Gabor 标架，这为本节后续产生自适应分子 Gabor 时窗，进而生成分子 Gabor 标架对地震记录作分子 Gabor 变换提供了依据（Gröchenig，2001；Grossman，2005）。

由于 Gabor 变换在每个时间采样点都有一个分析时窗，冗余度很高，因此，如果在 Gabor 域逐窗处理数据，计算量会很大。而且如果选择的窗太窄，则频率分辨率低，窗内的时变子波无法提取；而如果为了提高频率分辨率，将窗口变宽，则窗内平稳假设的近似程度可能会变差。针对上述问题，本节提出了基于地震道包络峰值的时窗构造方法。

根据复道分析原理，设 $s^*(t)$ 为 $s(t)$ 的 Hilbert 变换，则 $s(t)$ 的包络为

$$a(t) = [s(t)^2 + s^*(t)^2]^{1/2} \tag{3-4-3}$$

如图3-4-2所示，图3-4-2（a）给出了一个合成的反射系数序列，图3-4-2（b）给出了相应的非平稳合成地震道、地震道包络及包络峰值。对比图3-4-2（a）中的反射系数序列和图3-4-2（b）中的地震道包络峰值点（星点）可见，地震道的包络峰值与反射界面有一定的对应关系。图3-4-2给出了一个实际地震资料的例子，其中图3-4-2（a）为一段实际地震资料剖面，图3-4-2（b）为相应的地震资料包络峰值剖面，对比可见，地震道的包络峰值在一定程度上可以大致反映地层的层序结构。因此，如果使用地震道的包络峰值约束分子窗的构造，那么构成的分子窗在横向上将与地层结构有关，有利于保持处理后资料的横向连续性。

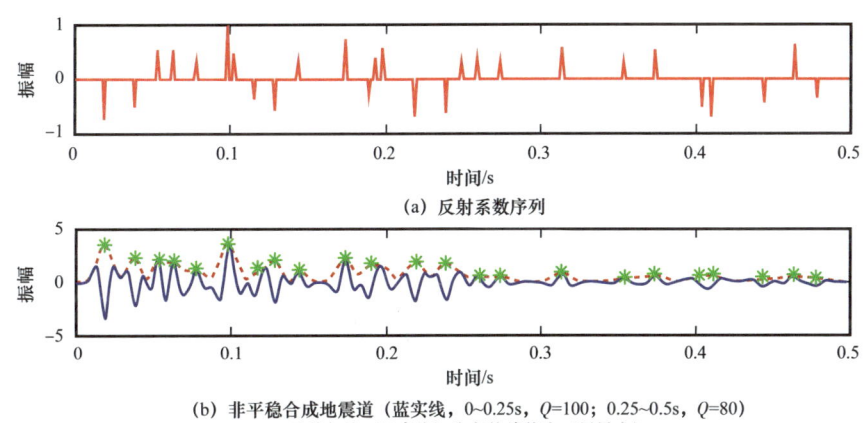

图3-4-2 合成地震道及其包络峰值

基于地震道包络峰值的时窗构造方法，步骤如下：

（1）提取地震道包络峰值。

计算地震道包络，并提取包络峰值点，如图3-4-3（a）所示。

（2）生成满足单位分割的原子窗集。

恰当地选择基本原子窗函数$G(t)$，用$G_j(t)=G(t-j\Delta t)$表示中心位于第j个采样点上的原子窗[图3-4-3（b）]。对原子窗族$\{G_j : 1 \leqslant j \leqslant N\}$按式（3-4-4）归一化：

$$g_j(t) = G_j(t) / \sum_{i=1}^{N} G_i(t) \qquad (3-4-4)$$

式中 N——地震道采样点个数。

可得一组单位分割原子窗集$\{g_j : 1 \leqslant j \leqslant N\}$。本节的$G(t)$选为窗长略大于一个子波波长的高斯窗。

（3）构造自适应分子窗。

选择每相邻两个包络峰值点的中点作为各分子窗的边界点，将边界点间的满足单位分割的原子分析时窗叠加起来形成分子分析时窗，如图3-4-3（c）所示。这样，可以保证每个分子窗内至少有一个反射子波，在减少时窗数量的同时，可以有效减少窗端点对子波的截断效应。并且由于包络峰值可以大致反映地层的层序结构，构成的分子窗在横向上与地层结构有关，有利于保持处理后资料的横向连续性。

(4)对步骤(3)得到的自适应分子窗进行能量归一化。

Gabor变换是保能量的变换,如图3-4-3(c)所示可以看出,在步骤(3)中得到的分子窗族中,不同的窗能量不同。如果用这些窗直接构造分子Gabor标架,则一个地震道的时频能量表示不仅与该地震道有关,还与分子窗有关。文中,这一时频能量希望表示只与地震道有关。为此,需要对每个分子窗进行能量归一化。如图3-4-3(d)所示为对图3-4-3(c)中的分子窗进行能量归一化以后的分子窗。

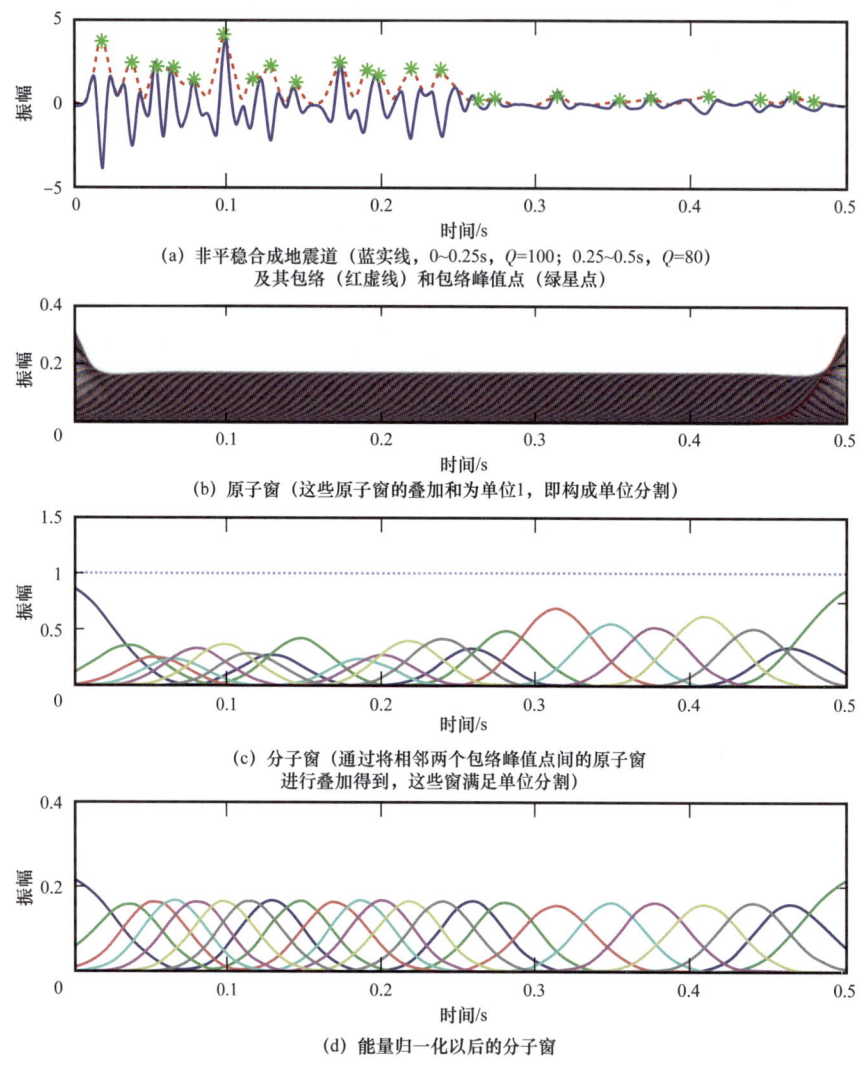

(a) 非平稳合成地震道(蓝实线,0~0.25s,Q=100;0.25~0.5s,Q=80)
及其包络(红虚线)和包络峰值点(绿星点)

(b) 原子窗(这些原子窗的叠加和为单位1,即构成单位分割)

(c) 分子窗(通过将相邻两个包络峰值点间的原子窗
进行叠加得到,这些窗满足单位分割)

(d) 能量归一化以后的分子窗

图3-4-3 包络峰值驱动的分子窗构造方法原理图

二、地震记录衰减补偿

当地下介质为非厚层和非均匀黏弹性介质时,相邻界面的反射波在地震记录上有交叠,且地层Q值随着深度发生变化(Otis等,1977;Rosa等,1991;Neidell,1991;Scheffner等,2003)。本文假定地震子波具有光滑、慢变的振幅谱,且仅考虑地层的黏弹性吸收。如果可以恰当地构造分子窗，使得每个分子窗内的吸收衰减函数表现为一个随频率变化较缓慢的量，而反射系数的时频谱表现为一个随频率变化较快的量，那么在每个分子窗内，子波的振幅谱较易于提取。这样，就可以选取震源子波的振幅谱作为参考子波振幅谱，在对地震记录进行自适应分子分解得到的时频平面上，通过校正各窗内等效子波的振幅谱，恢复它们与参考子波振幅谱的相似性，完成吸收补偿（Gao 等，2017；Wang 等，2013，2016）。

本节基于包络峰值的分子窗构造方法构造分子窗，把由参考子波（震源子波）到第 k 个分子窗之间的介质视为均匀黏弹性介质，介质的等效品质因子记为 Q_{ek}。令参考子波从震源传播到第 k 个分子窗的中心所用的时间为 T_k，则满足因果律的吸收衰减函数为

$$\hat{h}(T_k,f) = \exp\{-\pi f T_k / Q_{ek} + iH[\pi f T_k / Q_{ek}]\} \quad (3-4-5)$$

则地震记录自适应 Gabor 变换因子分解式为

$$S(T_k,f) \approx \hat{w}(f)\hat{h}(T_k,f)R(T_k,f) \quad (3-4-6)$$

振幅谱 $|S(T_k,f)|$ 的包络 $|S_{env}(T_k,f)|$ 可表示为

$$|S_{env}(T_k,f)| \approx |A(T_k)||\hat{w}(f)||\hat{h}(T_k,f)| \quad (3-4-7)$$

式中 $A(T_k)$——与窗的中心 T_k 及窗内反射系数有关且不依赖于频率的函数；

$|\hat{w}(f)||\hat{h}(T_k,f)|$——近似为中心在 T_k 处的分子窗内等效子波的振幅谱。

如图 3-4-4 所示，给出了一个非平稳合成地震记录自适应 Gabor 变换振幅谱及振幅谱包络的关系图。其中，图 3-4-4（a）为非平稳合成地震记录，图 3-4-4（b）为构造的自适应 Gabor 分子窗，图 3-4-4（c）和图 3-4-4（d）分别为各分子窗内地震信号段的振幅谱及包络。其中图 3-4-4（d）中的振幅谱包络可近似视为各分子窗内地震信号段的等效子波振幅谱。下面讨论求取吸收补偿滤波器的方法。

前文已述及，在时频平面上恢复等效子波和参考子波的相似性，可完成地层吸收补偿。因此本文给出如下求取补偿滤波器的方法。选择初始时刻子波的振幅谱（即震源子波的振幅谱）作为参考子波振幅谱，记为 $L_0(f)$。实际中可以把在地震资料浅层估计出的子波的振幅谱作为参考子波振幅谱。假设各个分子窗内信号的振幅谱补偿滤波器满足如下函数式：

$$a(f;\sigma) = \exp(\sigma f) \quad (3-4-8)$$

式中 σ——与介质黏弹性吸收衰减有关的参数。

设用式（3-1-8）给出的补偿滤波器补偿后的第 k 个分子窗内地震道片段的振幅谱包络为

$$L_k(f,\sigma) = |S_{env}(T_k,f)|a(f;\sigma) \quad (3-4-9)$$

令

$$L_0'(f) = L_0(f) - \bar{L}_0$$

$$L'_k(f;\sigma) = L_k(f;\sigma) - \overline{L}_k(\sigma)$$

式中 $\overline{L}_0$——$L_0(f)$ 对频率 f 求平均；
$\overline{L}_k(\sigma)$ ——$L_k(f;s)$ 对频率 f 求平均。

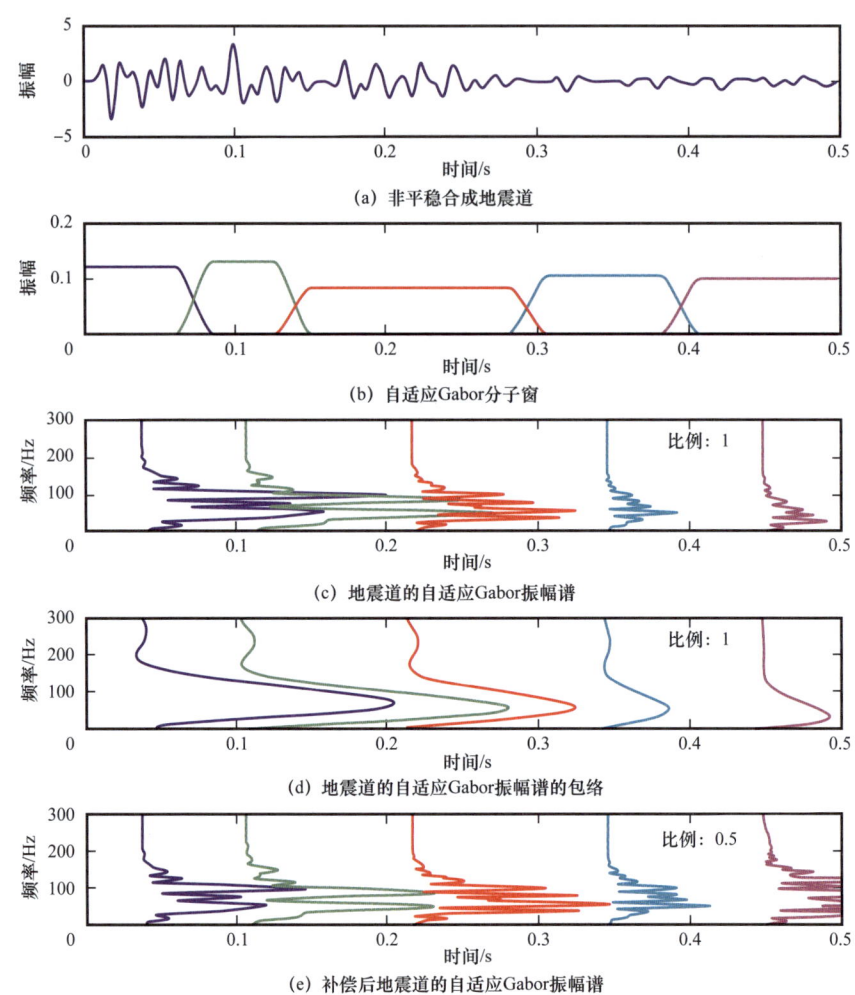

图 3-4-4 用波形表示的自适应 Gabor 振幅谱图

定义相关系数

$$C_k(\sigma) = \frac{\langle L'_0(f), L'_k(f;\sigma) \rangle}{\|L'_0(f)\| \|L'_k(f;\sigma)\|} \quad (3\text{-}4\text{-}10)$$

$C_k(\sigma)$ 可以度量第 k 个分子窗内补偿后的子波振幅谱 $L_k(f;\sigma)$ 和参考子波振幅谱 $L_0(f)$ 的相似性，$C_k(\sigma)$ 的值越大，则相似性越好，当 $C_k(\sigma)$ 达到最大时对应的参数，记为 σ_k，即

$$\sigma_k = \arg\max_{\sigma} C_k(\sigma) \quad (3\text{-}4\text{-}11)$$

式中 σ_k——第 k 个分子窗对应的补偿滤波器参数。

考虑了相位校正后第 k 个分子窗对应的补偿滤波器为

$$\beta(T_k,f) = \exp\left[\sigma_k f - iH(\sigma_k f)\right] \quad (3\text{-}4\text{-}12)$$

用 $\beta(T_k,f)$ 与 $S(T_k,f)$ 相乘可得

$$\tilde{S}(T_k,f) = S(T_k,f)\beta(T_k,f) \approx \hat{w}(f)R(T_k,f) \quad (3\text{-}4\text{-}13)$$

对各分子窗内时频系数加权补偿后再作反变换，即可得到补偿地层吸收后的地震记录。

三、合成数据算例

如图 3-4-5 所示，给出了相邻界面的反射波在地震记录上有交叠（非厚层）且地层有两个不同的 Q 值（非均匀黏弹性）的合成地震记录的补偿结果。其中，图 3-4-5（a）为未经地层吸收衰减的合成地震记录；图 3-4-5（b）为地层吸收衰减后的合成地震记录，其中前半段记录的吸收衰减因子 $Q=80$，后半段记录的吸收衰减因子 $Q=60$。由图可见，合成地震记录的能量和相位均得到有效补偿，充分说明了本节方法对于反射波有重叠和 Q 值随深度变化的地震记录也能取得较好的效果。

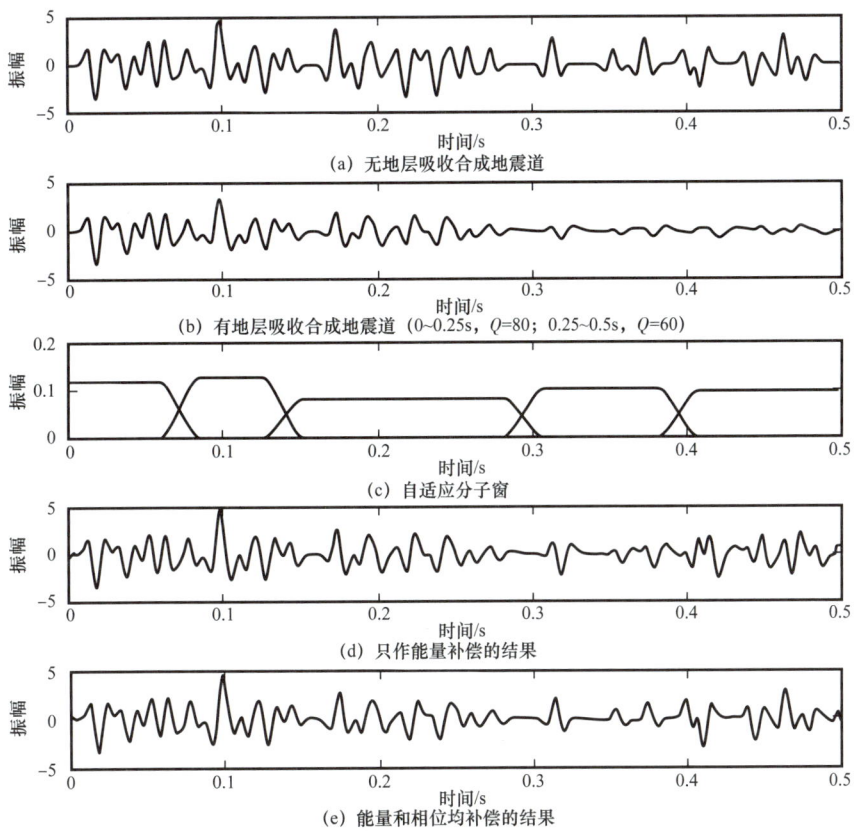

图 3-4-5 反射波有交叠的合成地震记录的地层吸收补偿

四、实际数据验证

本项目提高分辨率技术效果检验所使用的数据采自盘克地区叠前地震资料，如图 3-4-6 所示为该工区网格范围及部分井点相对位置情况。该数据记录的观测系统 CMP Line 范围为 1006~1665，CMP 范围为 1006~1840；采样间隔为 1ms，Nyquist 频率为 500Hz；采样点数为 5003 点，记录长度为 5003ms；最大覆盖次数为 173 次。本次叠前提高分辨率的处理对象是偏移成像后得到的 CRP 道集（如图 3-4-7 所示为 Inline1200 的部分 CRP 道集，对应图 3-4-6 中红线位置）。从图 3-4-7 叠前道集可以看出，本次待处理资料具有低信噪比低分辨率的特点。如图 3-4-8 所示为 Inline1200 对应的成像叠加剖面，从剖面上可以直观地看出该剖面分辨率低，目标层位无法追踪有效的反射波同相轴。本项目进一步对如图 3-4-8 所示的地震剖面浅层、中层、深层分别展开相同长度与宽度的时窗分析各自的振幅谱，不难看出，由浅至深主频逐渐降低，带宽逐渐变窄，说明了本次待处理资料的非平稳性。本次叠前资料处理，以 Inline1200 线为例，展开方法验证研究。

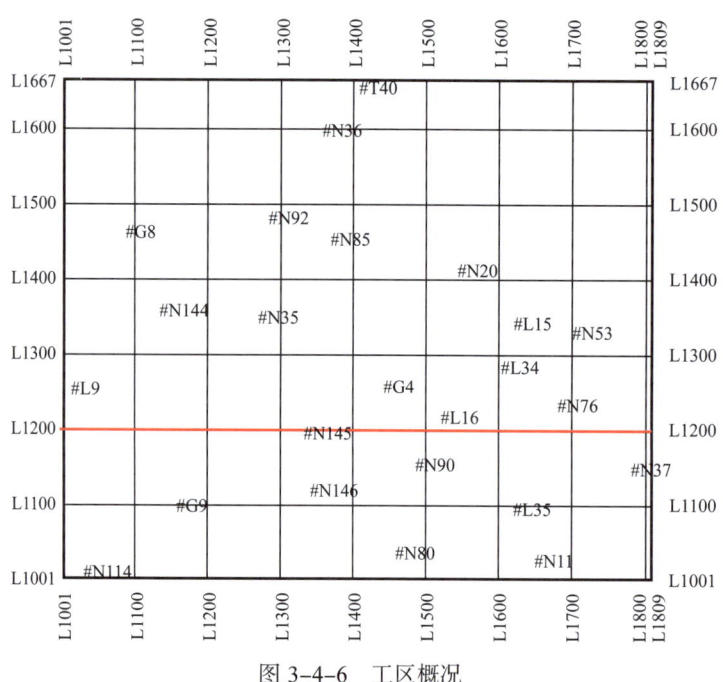

图 3-4-6　工区概况

如图 3-4-9 所示为利用本项目提出的关键技术及处理流程所得到的叠前提高分辨率的结果。共包含四张剖面，分别是原始 CRP 道集、本项目提出的非平稳校正技术处理后得到的 CRP 道集、本项目超分辨率反演技术反演得到的反射系数 CRP 道集以及最终对反射系数投影得到的叠前超分辨率反演结果，对比非平稳校正与原始记录可见非平稳校正后的 CRP 道集深层分辨率得到了一定程度的提升。对比最终的提高分辨率结果与原始 CRP 道集可见，本项目提出方法在提升浅层地震记录的分辨率的同时深层分辨率得到了大幅提升。

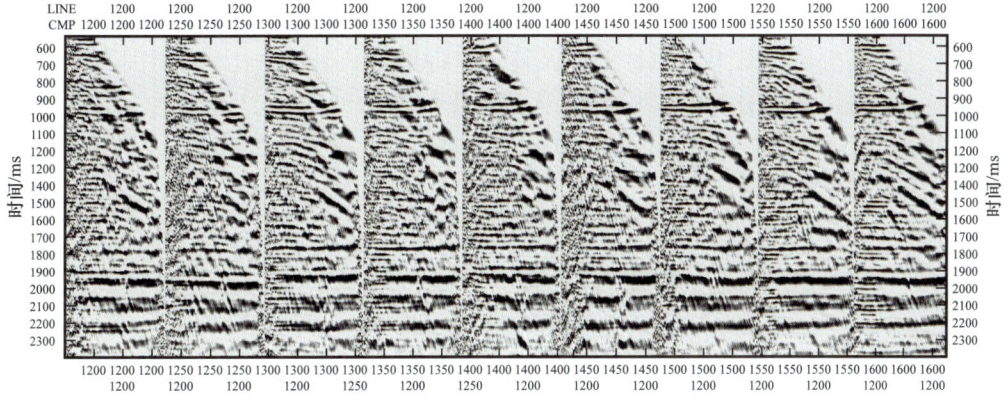

图 3-4-7　工区 Inline1200 测线部分 CRP 道集

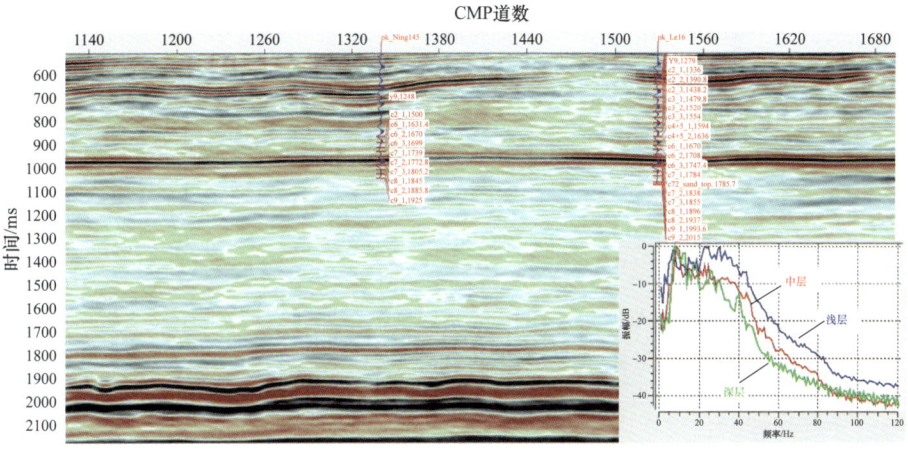

图 3-4-8　工区 Inline1200 测线成像叠加剖面及不同深度数据频谱分析

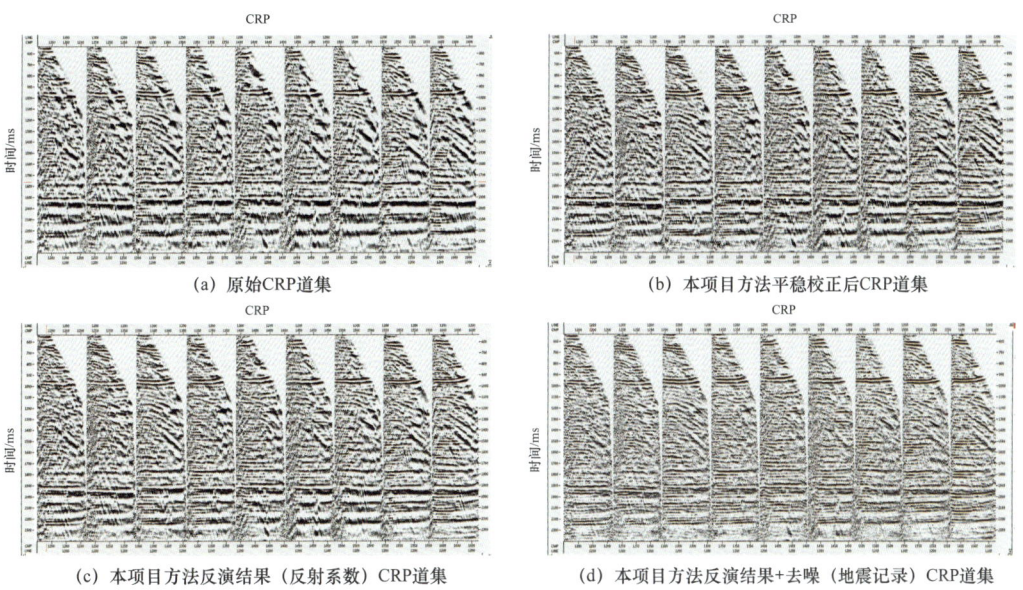

(a) 原始 CRP 道集　　　　　　　　　　　(b) 本项目方法平稳校正后 CRP 道集

(c) 本项目方法反演结果（反射系数）CRP 道集　　(d) 本项目方法反演结果+去噪（地震记录）CRP 道集

图 3-4-9　工区 Inline1200 叠前 CRP 道集高分辨率反演应用效果

对提高分辨后的叠前 CRP 道集进一步进行水平叠加处理，如图 3-4-10 所示为最终本项目方法提高分辨率结果与原始剖面及商业软件处理结果的对比，对比原始剖面可见本项目方法大幅提升了分辨率。从频谱分析结果不难看出，在 -20db 处原始地震剖带宽为 3~50Hz、商业软件方法带宽为 5~60Hz、本项目方法带宽为 3~80Hz，进一步证明了本项目方法提高分辨率的有效性。

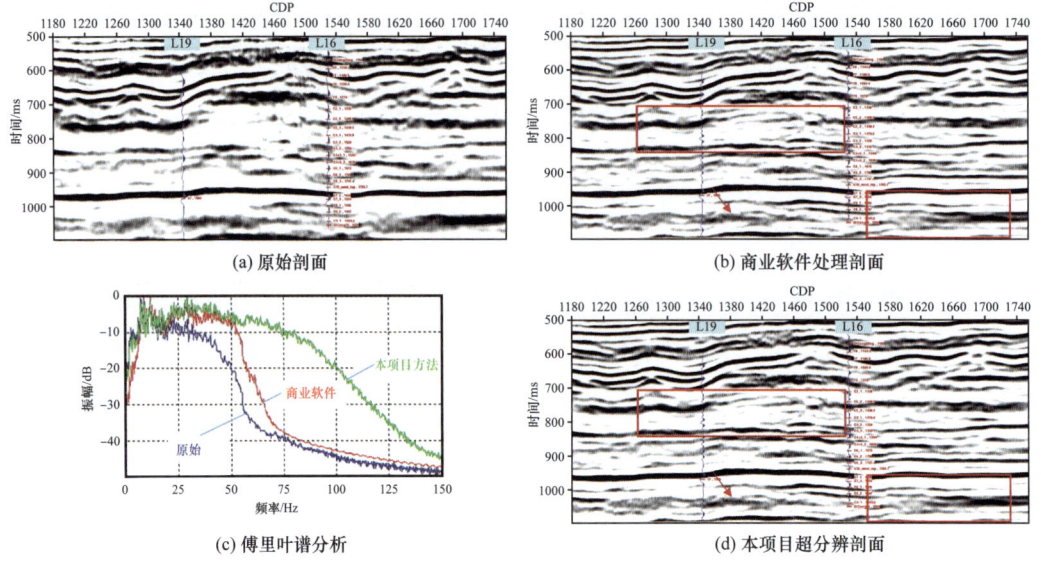

图 3-4-10　本项目方法提高分辨率结果分析

第四章 页岩储层预测技术

长 7 页岩油储层主要分布在长 7_1、长 7_2 油层组，储集体为重力流沉积，主要发育水道、堤岸、前端朵叶 3 种亚相，微相主要划分为滑塌沉积、砂质碎屑流沉积、浊流沉积 3 种储层，厚度 5～20m。储层虽然整体较厚，但单砂体薄、横向变化快，且长 7_2 紧邻长 7 底部的暗色泥岩，地震反射淹没在强反射背景中，地震预测难度较大。与常规岩性油藏相比，页岩油成藏比较复杂，除了受储层厚度及其含油性控制外，还与储层结构、储层脆性、裂缝及地应力等相关，地震在这些方面的预测技术都还处于探索阶段。针对这些难点，在层位解释、断层识别、岩石物理分析的基础上，形成了地震相分析、砂体结构、薄储层、砂体展布及含油性预测等地质甜点预测技术，同时根据页岩油水平井钻探及体积压裂的特点，形成了脆性指示、裂缝检测、地应力预测等技术，为页岩油甜点优选提供了技术保障。

第一节 页岩油解释技术

页岩油国家标准指出，页岩油是赋存于富有机质页岩层系内，储层包含页岩及其中的碳酸盐岩和碎屑砂岩夹层单砂体厚度不大于 5m，砂地比小于 30%，常规技术难以开采的石油。常规油气勘探开发中地震解释的重点在于对构造、沉积、储层三个方面进行解释，落实含油气有效圈闭。从页岩油的概念分析可知，页岩油藏具有单层储层厚度小、储层类型多、孔隙度渗透率低、含油性好、纳米级孔和裂缝系统、岩石组分复杂多样、储层脆性指数高、水平井和分段压裂开采、大面积连续分布等特点，因此，页岩油地震解释也具有其特殊性。

鄂尔多斯盆地长 7 油藏主要赋存于长 7 烃源岩层系内，单砂体厚度平均 3.5m，砂地比平均 17.8%，需采用水平井体积压裂开发，属典型的页岩油。近年来针对长 7 页岩油藏进行大面积黄土塬三维地震勘探，三维地震解释主要从构造、断裂裂缝、储层岩性与厚度、储层物性和含油性、储层脆性、地层压力、地质甜点和工程甜点等方面开展预测。

一、三维地震构造解释

油气勘探开发所指的地质构造是指在地球的内、外应力作用下，岩层或岩体发生变形或位移而遗留下来的形态。具体表现为岩石或岩层的褶皱、断裂、劈理以及其他面状、线状构造。地震构造解释技术就是通过地震数据资料的时间、波形特征及连续性、速度、地震属性等信息表征出地下地层的构造特征。鄂尔多斯盆地庆城油田长 7 页岩油地震构造解释主要在预测页岩油主要标志层的构造特征、断层的空间分布和微裂缝的发育等展开。

1. 地震地质综合层位标定技术

地震反射层位的标定是地震解释技术的基础工作，常用的地震层位标方法一般是采用测井的声波时差、密度曲线计算波阻抗，建立深度与时间关系，由波阻抗曲线计算得到反射系数，然后与子波进行褶积获得人工合成地震记录，与井旁地震道对比分析标定地震反射层位。人工合成地震记录制作时密度曲线可采用声波时差曲线计算得到，子波可以采用理论子波或从地震资料的井旁地震首上提取得到。另外用零偏VSP资料直接进行地震反射层位的标定，测井或VSP资料较少的地区，可利用地震数据处理时的叠加速度、偏移速度等资料建立速度场或间接应用野外地质露头资料进行地震层位识别。按应用类型分，可以分为两种情况：（1）叠后地震数据层位标定，用于叠后地震数据的层位、断层解释或叠后反演应用；（2）叠前分偏移距多套数据联合标定，主要用于地震数据叠前反演应用。

鄂尔多斯盆地庆城油田地震地质层位标定时，具有钻井资料多，每平方千米3~5口钻井，声波时差和密度测井资料齐全，石油探评井均进行全井段测井，区域构造和地层相对平缓，倾角小于1°，发育白垩系、侏罗系多套煤系地层和长7烃源岩等易识别标志层等优势。在全叠加或偏移地震数据层位标定时，重点从四个方面考虑：

（1）基础资料收集。收集研究区内的三维地震数据，全部钻井、测井资料和相关的地质资料。

（2）测井资料数据标准化。测井资料受测井仪器、井筒情况、钻井液等情况的影响，不同的测井资料品质存在差异，需要采用测井曲线统计标准化方法对测井资料进行标准化校正，消除测井数据的非一致性。

（3）子波确定。子波的参数主要包括子波的相位谱、子波类型、子波频率谱等。鄂尔多斯盆地地震数据执行的SEG国际标准，负反射系数表示高速地层与下伏低速低层的反射界面，使用理论子波如雷克子波时，子波相位谱采用$-180°$零相位，子波频率依据所标定地震数据的主频确定，一般选取低于所标定地震数据主频5Hz的频率的子波。采用地震数据井旁地震道计算的子波时可以直接应用。

（4）根据测井和地震主要标志层，反复精细对比波形、波组、振幅等特征，确定储层段的层位。部分地震地质层位标定相关系数低于80%的，要在一定时间内进行地层速度调整，提高地震地质层位标定的相关系数。

如图4-1-1所示为X261井的地震地质综合标定剖面，从图中可以看出，目的层长7_1油层组为波峰反射，长7_2油层组为波谷反射。如图4-1-2所示为庆城油田叠后三维地震多井联合标定结果，采用25Hz雷克子波多井联合标定后的相关系数达到90%以上。

叠前分偏移距多套数据标定时，测井数据除纵波声波时差数据和密度数据外，还需要横波测井数据，没有横波测井数据的地区，需要采用岩石物理建模、数据统计回归或理论公式由纵波和密度测井数据拟合出横波测井数据。地震数据标定时采用与叠后地震数据标定相同的流程，依据叠前分偏移距地震数据体分别进行标定。计算人工合成地震记录时，根据云计算的地震数据体的入射角信息，分别计算出不同入射角的合成地震记

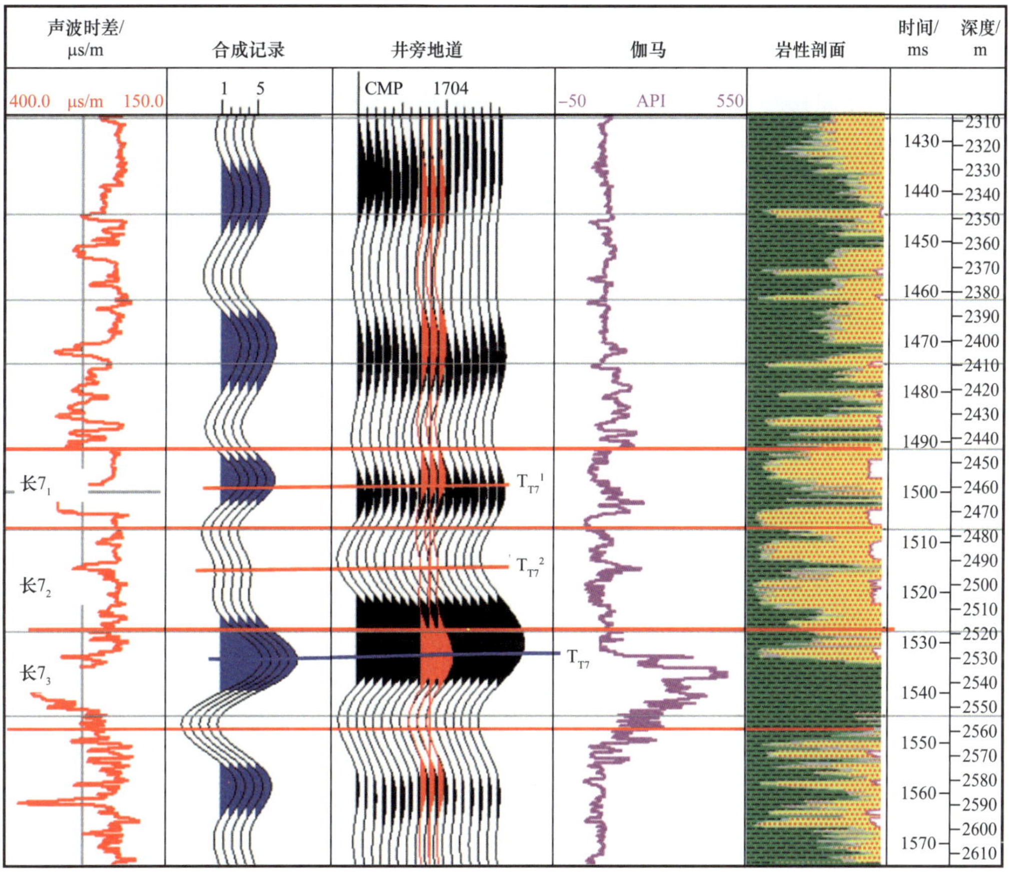

图 4-1-1　X261 井地震地质综合标定剖面

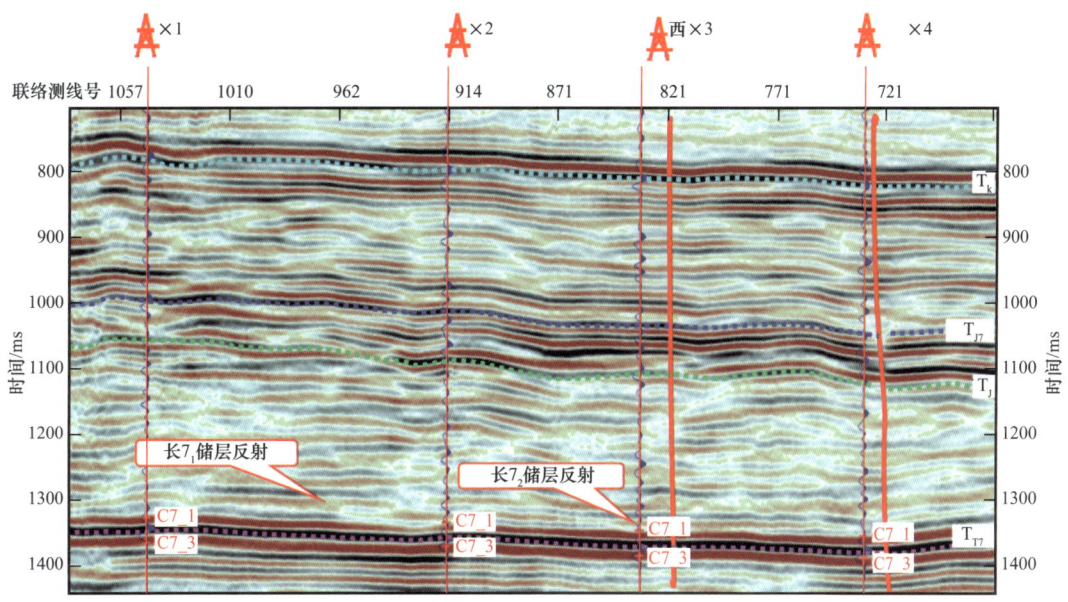

图 4-1-2　多井标定层位解释剖面

录,然后进行储层的地震反射层位综合标定。在叠前分偏移数据标定时,关键要做好两个方面的质量检查:

(1)叠前分偏移距地震数据质量检查。对偏移距地震数据体的闭合、振幅、相位、分辨率、信噪比、构造形态等进行一致性检查,重点检查标志层和储层段的地震数据。

(2)横波测井数据质量。区内多口井实测横波资料,要做好横波测井资料环境校正,拟合得到的横波测井数据,要分段、分岩性建立横波数据,有岩心横波测试数据的,用岩心横波测试资料进行校正。

如图 4-1-3 所示为庆城油田庆城北三维地震叠前三套分偏移距数据体标定结果,图中近、中、远三套数据主要反射层标定的结果一致,但储层段地震数据保留了反射振幅随入射角变化的信息,叠前反演后计算的岩石的泊松比、横波阻抗、拉敏系数、纵横波速度比等参数更可靠。

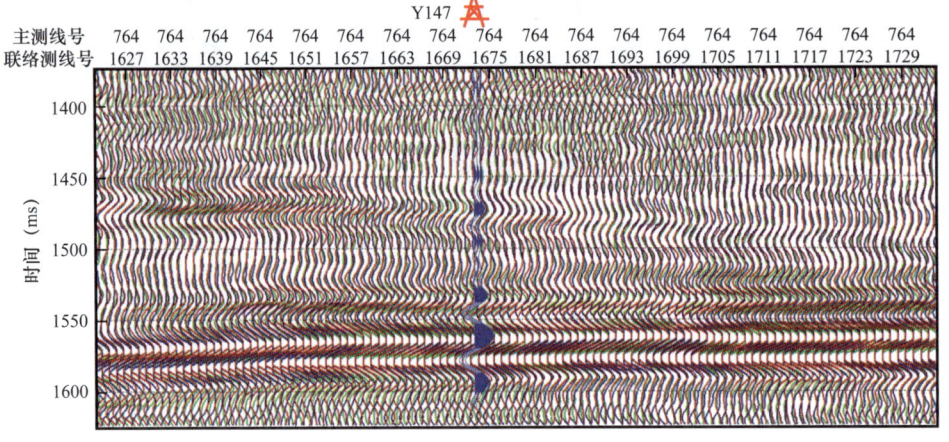

图 4-1-3 分偏移距资料标定剖面

2. 可视智能化三维地震层位综合解释技术

地震层位解释是地震解释的基础工作,而层位的识别和追踪是地震层位解释的一个很重要的环节。层位追踪由过去的纯手工解释,随着高密度小面元大面积海量地震勘探和计算机三维可视化技术的发展,三维可视化解释、波形特征种子点层位解释技术得到长足发展,大幅度节约了三维地震数据层位解释的时间,火成岩体边界、碳酸盐岩缝洞体边界、低幅度构造特征、河道沉积、特殊地质体等地质现象在地震数据体上解释地越来越可靠。近年来,随着人工智能算法的不断改进和完善,决策树、随机森林算法、逻辑回归、SVM、朴素贝叶斯、K 最近邻算法、K 均值算法、Adaboost 算法、神经网络、马尔可夫等先进的算法在地震层位解释中广泛应用,形成了可视智能化三维地震层位综合解释技术。这项技术的主要特点:(1)适用于高品质的三维地震数据层位解释,对数据体可分块进行层位追踪解释;(2)种子点、线、体相结合的层位追踪方法;(3)应用地震数据的旅行时、波形、振幅、相位等地震多属性综合判别,而不是依据单一地震属性识别;(4)层位追踪结果随时在三维可视化中显示,即所见及所现。(5)种子点、剖面线和三维体层位结果相互联动，可直观、方便调整。如图 4-1-4 所示为庆城油田三维地震数据层位智能化解释结果。

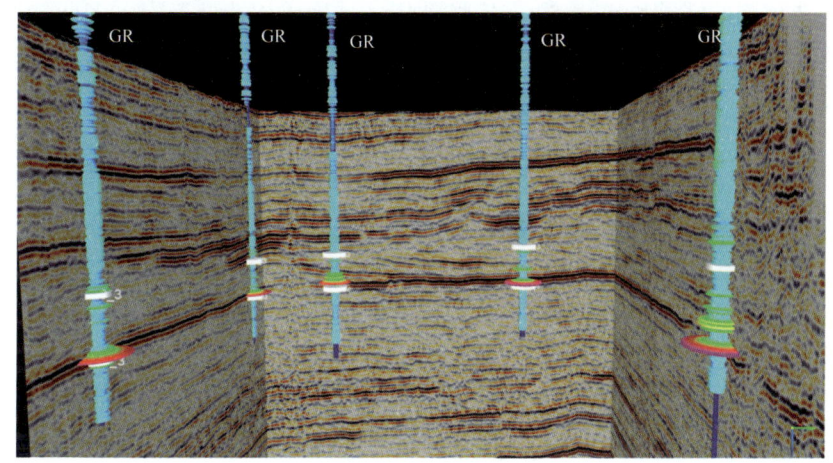

图 4-1-4 庆城油田三维地震数据层位智能化解释

3. 基于地质信息的高精度速度建模技术

对地下地质目标的精确定位是地震勘探的重要任务，而对地下地质体的构造形态准确描述不仅需要地震层位准确解释获得的时间信息，还需要对地下地层准确的速度场信息。现有的速度场建模方法主要包括 DIX 公式法速度建场、层位控制法速度建场、偏移归位法速度建场、模型层析法速度建场、时深曲线法速度建等技术。DIX 公式法速度建场主要优点是适用于构造平缓地区，不足是速度准确性较低。层位控制法速度建场主要对解释层位时间梯度内插，得到叠加速度倾角，然后对叠加速度进行倾角校正，其计算精度要高于 DIX 公式。偏移归位法速度建场是对 DIX 公式所建速度场沿解释层位的一个横向偏移，通过对速度场的横向偏移有利于求准速度横向变化趋势，适应地层倾角比较大、断层比较发育地区速度建场。模型层析法速度建场相当于对 DIX 公式所建平均速度场沿等时界面的一个逐层射线偏移，空间归位是沿着解释层位进行直射线偏移，有利于搞准速度横向变化特征。时深曲线法速度建场直接利用井时深关系曲线进行空间内插，建立平均速度场。

庆城油田采用基于地质信息的高精度速度建模技术，本方法与时深曲线法速度建场类似，但主要优势：（1）庆城油田构造相对平缓，断层裂缝相对不发育，层状沉积，无特殊地质体，纵向上和横向上地层速度变化小；（2）测井资料平面上分布均匀、多井时深曲线多质量高；（3）三维地震井震标定相关系数高，深时关系准确可靠；（4）页岩油藏埋深较浅，主要分布在 1800～2200m，甜点段紧邻全盆地主要标志层反射；（5）纵向上受白垩系、侏罗系煤层、烃源岩等多套标志层控制；（6）地震数据浮动基准面基于与地面高程一致，基准面填充速度采用高速层层速度充填，长波长静校正问题少；（7）盲井速度场检查与效正在平面上分布相对均匀，不需要虚拟井点时深关系控制。如图 4-1-5 所示为环县三维长 7_2 油层组底及庆城油田三维地震采用基于地质信息的高精度速度建模技术开成的速度场，从图中可以看出，速度不好不大，整体东高西低，为如图 4-1-6 所示三维地震预测的 T_{T7} 地震反射层构造图。用未参与速度场建立和构造预测的 10 口井进行检查，构造预测的误差均小于 5m。庆城油田区域地质构造处于鄂尔多斯盆地伊陕斜坡西南部。构造为一个西倾单斜，构造整体为东高西低、南高北低的特征，地层倾角不足 1°，构造较为平缓，区内发育两期断层，断层对局部构造影响较大。通过分析，长 7 段成藏与构造关系不大，构造的变化主要影响后期的水平井长水平段的导向和实施。

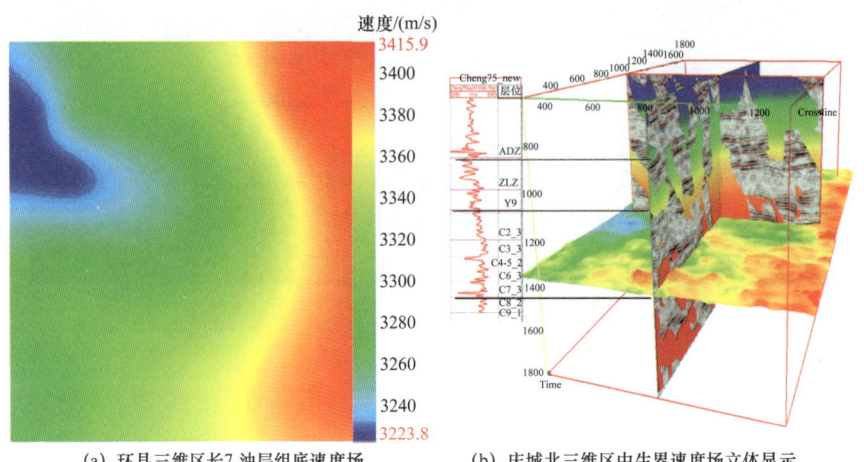

(a) 环县三维区长 7_2 油层组底速度场　　(b) 庆城北三维区中生界速度场立体显示

图 4-1-5　三维多井层控速度场

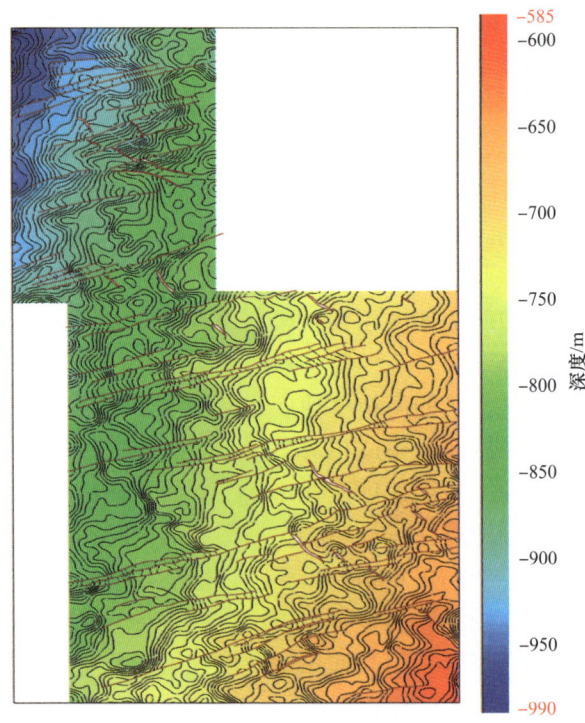

图 4-1-6　庆城油田长 7 段底部构造图

二、断层识别

断层识别是地震资料解释的基础,随着计算机技术及全方位三维地震的发展,地震断层解释技术有了长足的发展。目前常用的有四大类技术:(1)常规断层识别方法;(2)基于地震属性的断层识别方法;(3)断层的自动追踪与解释方法;(4)基于图像处理技术的断层识别方法(方红萍和顾汉明,2013;李婷婷等,2018;Al-Dossary S 和 Marfurt K J, 2006;Bahorich M S 和 Farmer S L, 1995;Dorn G A 和 James H E, 2005)。庆城油田长 7 段微断裂发育。断层会影响水平井油层钻遇率,但对储层展布无影响。在地震构造导向滤波基础上,采用常规断层识别、蚂蚁体追踪、相干及曲率等准确预测庆城油田断层发育位置、断距大小、形成期次及平面展布特征,并分析断层与成藏关系。

1. 构造导向滤波

构造导向滤波根据地层倾角和方位角进行定向滤波,使地震数据同相轴的连续和间断特征更明显,提高了层位、断层的可解释性。应用构造导向滤波后,可以提高层位追踪可信度。但这样的滤波需满足 3 个条件:(1)定向性;(2)边缘检测;(3)边缘保护性定向滤波。为了满足这 3 个条件,设计了构造导向滤波流程。利用地层倾角和方位角沿地层进行定向性滤波,利用相干和曲率计算结果来判断地层主要的不连续性,达到边缘检测的目的,分析不连续性的意义。通过构造导向滤波处理,提高了资料的信噪比,从而可以提高断层的解释精度(图 4-1-7)。

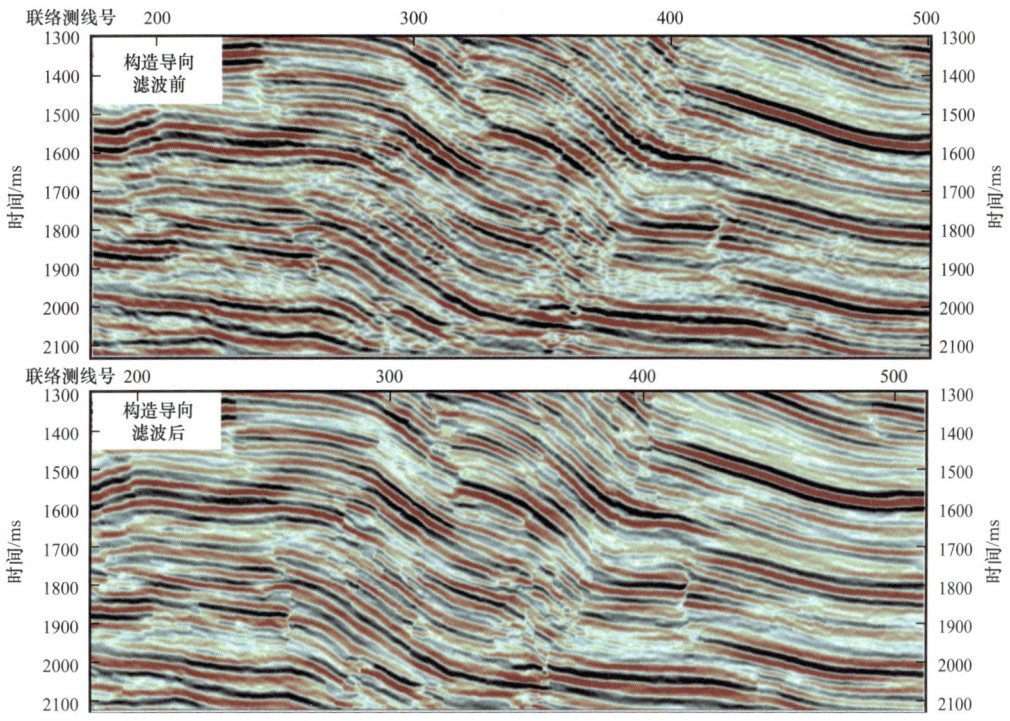

图 4-1-7 叠加与构造导向滤波处理后对比剖面

2. 蚂蚁体追踪及常规断层识别

蚂蚁追踪算法最初用来解决旅行商这类组合优化问题（即一个旅行商人从一个城市出发并途经若干城市后回到原点，应如何选择行进路线，以使总的行程最短），它的基本原理是利用每只蚂蚁个体行为的简单交互，使整个蚁群具有结构性的群体行为。将这种模仿蚁群觅食行为的仿生进化算法用于地震属性分析，并将蚂蚁数量、蚂蚁密度及循环重复系统 3 种参数融合于地震属性。在地震数据体中播撒大量电子蚂蚁追踪断层异常信息，同时释放断层信息素，通过断层信息素召集一定范围内的其他"蚂蚁"跟进，而"蚂蚁"会优先选择信息素浓度大的路径。通过大量"蚂蚁"的共同努力，最终识别和追踪数据中的细小信号异常。蚂蚁体对地震资料的细微变化、地层扭动极其敏感，可以对断裂带进行精细解释（图 4-1-8）。

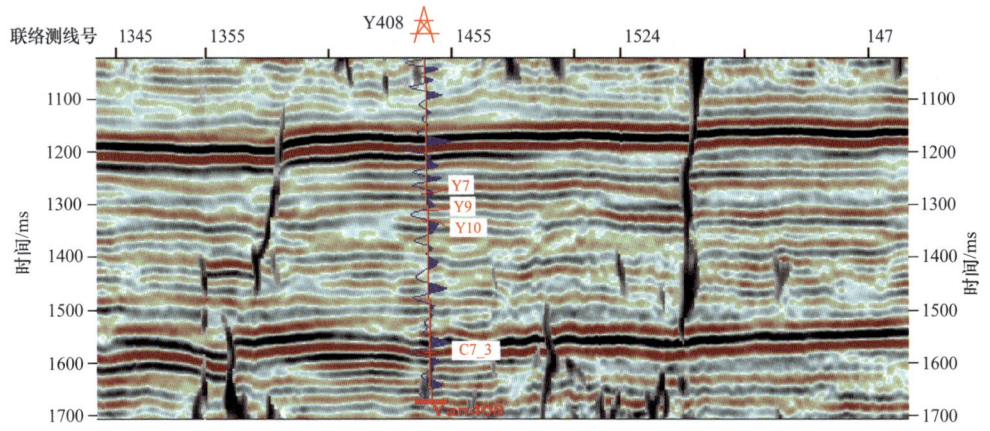

图 4-1-8 蚂蚁体追踪断层识别剖面

在常规地震剖面上，断层最明显的表现是反射同相轴的错断，通常情况下，都是通过区域标志层的错断来识别。庆城地区从白垩系到二叠系共有四套标志层：第一个标志层为白垩系底部的厚层砂岩，厚度约为 500m，与下覆的侏罗系泥岩波阻抗差异明显；第二个标志层为侏罗系延 8 段顶部的煤层，厚度为 2～5m；第三个标志层为延长组长 7 段底部发育的低密度、低速度的含油页岩，厚度为 5～30m；第四个标志层为二叠系太原组的煤层，厚度为 1～5m。这四套标志层在全区广泛发育，地震剖面上表现为强波峰反射特征，分别对应于地震 T_k、T_{J7}、T_{T7} 及 T_{p10} 反射同相轴，全区可连续对比追踪。该区发育两期断层，一期为延长组内部的正断层，在地震剖面上，延长组断层的反射特征为 T_{T7} 反射同相轴错断明显，而其他标志层反射连续、无错断。另一期断层形成时间较晚，断层从白垩系断到二叠系。在地震剖面上，T_k、T_{J7} 反射同相轴错断明显，而其他两套标志层无明显错断，但有扭曲特征。该区中生界及古生界为河流相沉积的砂泥岩地层，除了上述四套标志层为强反射外，其他层位同相轴反射特征相近，断层只在标志层上特征明显。因此，通过识别标志层反射同相轴的错断、同相轴产状突然变化或出现空白带等特征对断层进行识别，确定断层的位置、断距及产状等特征（图 4-1-9）。

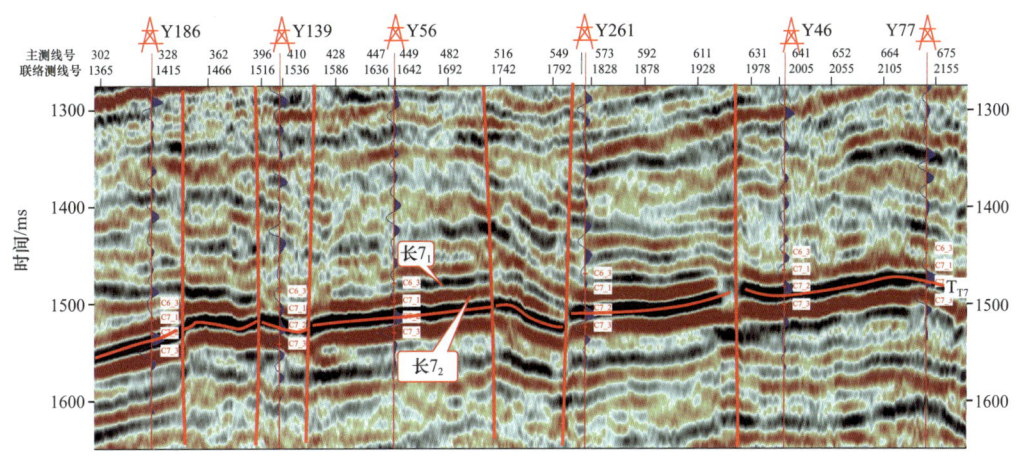

图 4-1-9 常规断层识别剖面

3. 相干体分析

相干体技术用于检测地震波同相轴的不连续性。其基本原理是在偏移后的三维数据体中，对每一道每一样点求得与周围数据的相干性，形成一个表征相干性的三维数据体，即计算时窗内的数据相干性，把这一结果赋予时窗中心样点相干体技术将地震资料相似性以相干属性的形式体现出来，可以突出断层、微断裂、地质体边界的整体空间发育特征。相干算法主要有三种，分别是相关算法（Correlation）、相似算法（Semblance）和特征值算法（Eigenvalues）。地震相干体技术在 1995 年召开的第 65 届 SEG 年会上正式推出，这种技术在分析不连续（断层）现象方面有独到之处。首先提出相干（关）体技术的是 AMOCO 石油公司，其第一代方法采用三道相干处理，对于高品质的资料具有很好的检测效果，分辨率也最高；第二代方法采用多道相干处理，其分析结果分辨率稍低，但抗噪能力较强；第三代方法称作特征构造，它把多道地震数据组成协方差矩阵，应用多道特征分解技术求得多道数据之间的相关性。相干属性的基本原理是通过对三维数据体的各种逻辑关系和物理属性的分析研究，认为地震三维数据体的不相关性主要反应断层及岩性变化，连续性主要反映岩性的均一性和地层的连续性。本次研究采用特征值算法，即最新的第三代相干算法。该方法具有抗噪能力强、断层分辨能力高等优点，可以较好地识别断距 10m 以上的断层（图 4-1-10）。

4. 曲率

曲率是描述曲线上任一点的弯曲程度，它是一个圆半径的倒数，大小可以反映一个弧形的弯曲程度，曲率越大越弯曲。对于脆性岩石，裂缝发育程度与弯曲程度成正比，所以可以用曲率属性去评价规模较小的断裂和裂缝。断层在常规地震剖面上表现为同相轴的变化、扭曲、振幅突变，这些变化在地震曲率上表现为线状条带特征，它反映了地层受构造应力挤压时层面弯曲程度，因此利用线状条带特征可进行断层预测。曲率属性可以有效反映线性特征及局部形状变化，在反映断层、裂缝及地貌变化方面，与其他属性算法效果对比具有明显优势。

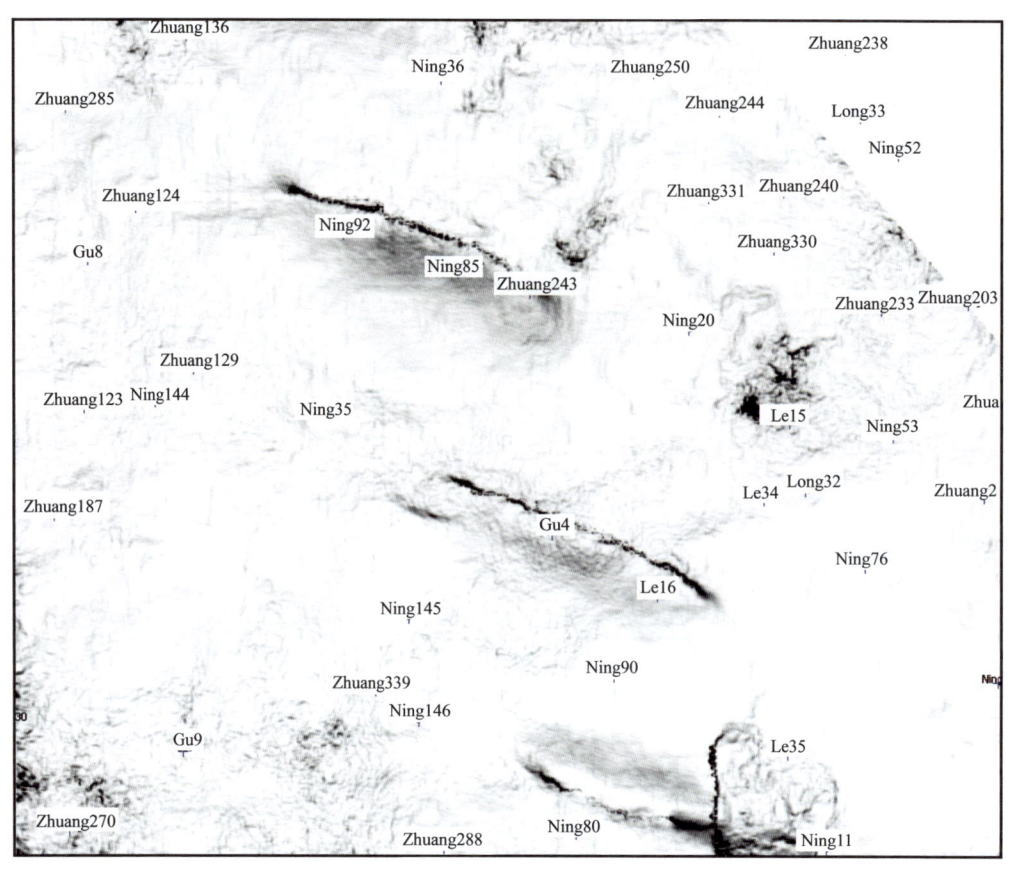

图 4-1-10　盘克三维长 7 段沿层相干体属性图

体曲率分析建立在形态而并非属性计算的基础上。与其他相干类属性相比，体曲率能够反映地震分辨率无法分辨的精细断层和微小的裂缝特征。按照不同的算法，曲率可以分为很多种，常用的有最大曲率、最小曲率、最大正曲率、最大负曲率和倾角曲率等。不同算法的曲率属性以及用不同的参数计算的某一种曲率属性，可以不同程度反映断层、线性特征、局部形状等信息。其优点是直接基于原始数据进行计算，避免了解释偏差，以及拾取过程中的偶然错误。曲率体反映的信息较为丰富，不仅仅包括断裂，也包括地层尖灭、岩性变化、相位变化等地质和地震产生的综合信息。

曲率属性具较高的抗噪性和较好的三维可视化解释功能。平滑后的层位解释线存在曲率由正到负或由负到正的转变，因而可以通过地质体自身的曲率变化对断层、裂缝等构造实现有效的识别（图 4-1-11）。曲率可以识别小断层，但多解性强，与相干等相结合可以降低它的多解性。

5. 断层的形成时间及其与成藏关系

通常情况下，通过判断断层上下盘的位置关系及断层的错断层位，并结合区域构造背景，可以判断断层的性质及形成时间。但有时断层的错断层位并不明显，就需要借助钻井资料及区域沉积特征来判断断层形成时间。延长组内部断层倾角较陡，地震剖面上

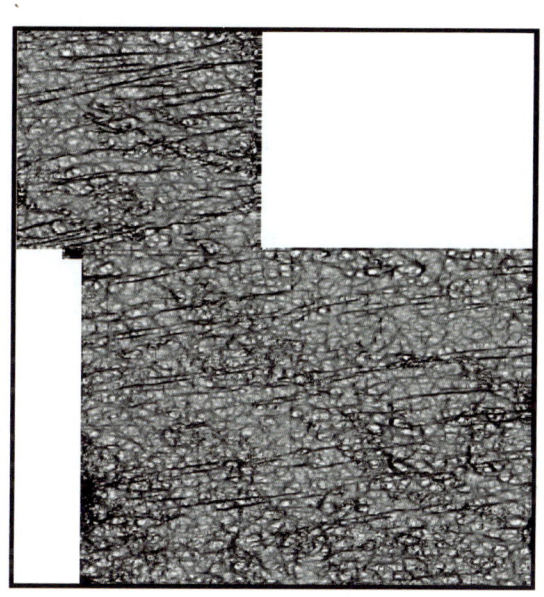

图 4-1-11　庆城、庆城北、环县三维长 7 段沿层曲率属性图

可以明显看出上盘下降，下盘上升，可以确定为正断层。但断层除了在 T_{T7} 反射轴错断明显外，其他层位均不明显，较难确定断层形成时间。因此，利用断层两侧的钻井资料将地层进行对比分析，来确定断层的形成时间。如图 4-1-12 所示为断层两侧两口井的地震偏移剖面及地层对比图，表 4-1-1 为两口井各层的海拔及地层厚度对比情况。从图 4-1-12 及表 4-1-1 中可以看出，Y85 井与 Y332 井的长 8 段、长 7 段、长 6 段的地层厚度最大相差 13.5m，基本是等厚的，与鄂尔多斯盆地构造平缓、地层厚层横向变化不大的地质特征一致。而位于断层上盘的 Y85 井长 4+5 段、长 3 段的地层厚度明显比位于下盘的 Y332 井厚，厚度最大相差 37.5m。从两口井的地层对比图上明显看到长 4+5 段沉积末期，Y85 井地层加厚，说明在长 4+5 段沉积期发生了填平补齐，证明断层形成于长 4+5 段沉积末期。鄂尔多斯盆地延长组是一个完整的湖盆发生、发展至消亡的过程，在长 7 段沉积后，鄂尔多斯盆地整体处于挤压抬升。层序地层学研究表明，鄂尔多斯盆地三叠系延长组湖盆的演化经历了早期的初始沉积、加速扩张、最大扩张再到萎缩，直至消亡，在这一过程中，又存在五次完整且规模较大的湖平面上升及下降旋回（张杰和赵玉华，2007），其中长 4+5 期是盆地仅次于长 7 期的又一次大规模湖盆扩张，这为正断层的形成创造了力学条件。另一组断层断穿白垩系底部层位。从地震剖面上可以看到，断面呈锯齿状，在曲率切片上，断层走向平直，都具有走滑断层的特征。通过研究两组断层的组合关系，从图 4-1-12 可以发现，第二组断层横切第一组断层，被切的第一组断层北面部分明显有向东移动的特征，证实第二期断层为左旋走滑断层，形成于晚白垩世，与燕山期构造运动吻合。鄂尔多斯盆地早侏罗世以来区域上发生燕山运动，古太平洋板块及古特提斯洋向华北板块俯冲消减及陆块碰撞，至晚白垩世，由于印度板块向北移动，推挤等构造作用，鄂尔多斯盆地区域形成 SE—NW 走向的挤压作用力，因此，形成该期左旋走滑断层。

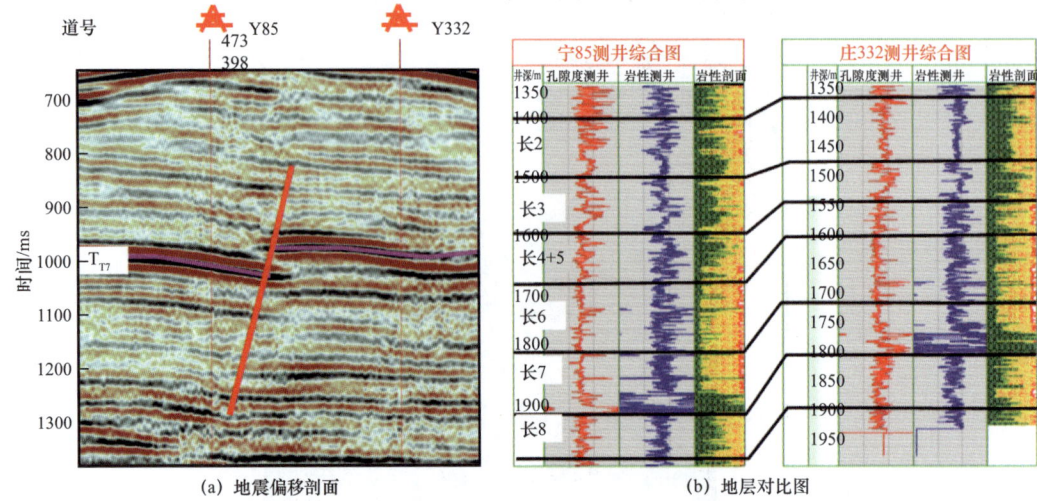

图 4-1-12　过断层两侧 Y85 与 Y332 井的地震偏移剖面及地层对比图

表 4-1-1　Y85 井与 Y332 井地层海拔对比情况表

地层	X 井地层底界海拔 / m	X 井地层厚度 / m	Y 井地层底界海拔 / m	Y 井地层厚度 / m
长 2	−73.52	99	−69.74	112
长 3	−169.52	96	−142.74	73
长 4+5	−257.52	88	−193.24	50.5
长 6	−377.52	120	−314.74	121.5
长 7	−480.52	103	−404.24	89.5
长 8	−560.52	80	−496.74	92.5

断层对成藏既有建设性作用，又有破坏性作用。这主要与断层形成时间与成藏期的先后关系、断层的封闭性、断层规模及储层物性等息息相关。鄂尔多斯盆地储层都为低渗透及特低渗透储层。因此，断层与成藏关系与断层的封闭性关系不大，主要取决于断层形成时间与成藏期的先后、断层对储层储集性的破坏程度及储层的物性。包裹体测温及埋藏史研究表明，晚侏罗世至早白垩世末期，延长组地层快速埋藏，烃源岩处于生排烃高峰，晚侏罗世、早白垩世末期为鄂尔多斯盆地延长组油藏主要的充注期。而该区第一期断层形成于成藏前，因此，对成藏无影响。第二期断层形成于成藏之后，但通过对工区内已完钻 198 口直井的钻井成功率统计发现，整体成功率为 60.2%，距断层 1km 内完钻井的成功率为 56.2%，相差不大，说明断层对成藏无影响。这主要是因为第二期断层规模小，对储层的破坏作用有限；此外，长 7 储层物性差，且为负压，原油流动性差，射孔后，如果不采取压裂的措施，就没有液体。因此，小规模的断层不会破坏成藏。如图 4-1-13 所示，X312 及 X33 井分别位于走滑断层附近，两口井在长 7 段均获得工业油流。

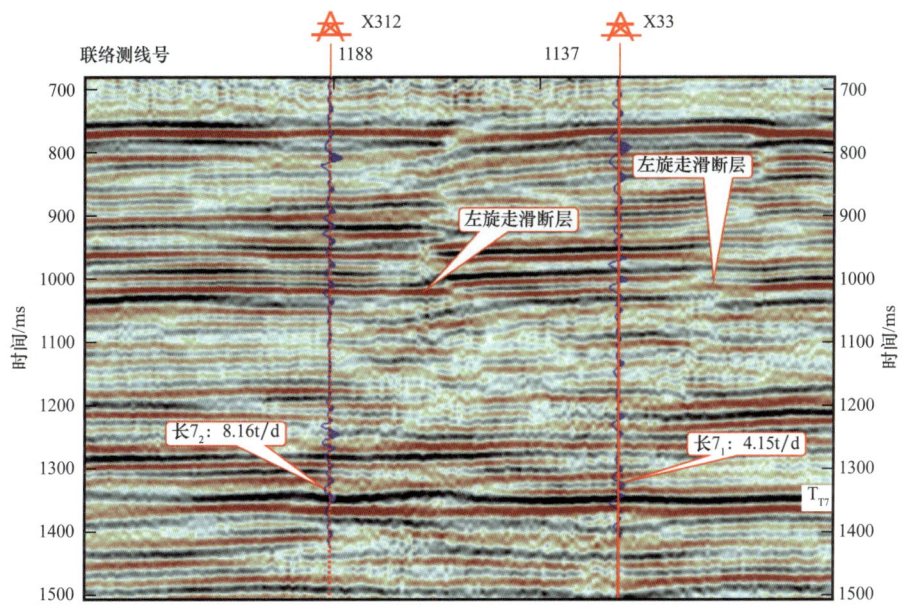

图 4-1-13　过 X312 井与 X33 井地震剖面

第二节　页岩油岩石物理分析

岩石物理分析是研究岩石物理岩性、物性和含烃类特征与地震属性参数之间关系一项重要工作，是地震定量分析储层与地质综合油藏描述的桥梁（杨华等，2013）。而岩石物理测试为岩石物理分析提供基础数据的关键手段，是最直观的地球物理数据来源（王大兴，2016），它包含实验室超声波测定和应力应变低频测试的纵横波速度。实验室进行岩石物理测量目的是通过对岩石纵横波速度测试分析储层的各类弹性参数，如泊松比、杨氏模量、剪切模量和衰减因子，进而研究地震属性与储层特性之间的相关性，从机理上确定含油储层的敏感参数，为"甜点"预测奠定坚实的物理基础。

利用地下地层的反射地震数据信息来预测和描述地下岩性和孔隙流体需要详细地开展页岩油岩石物理分析。地震数据所隐含的信息要通过地震属性分析和反演来获取，比如速度、波阻抗、密度、各种弹性参数，而储层岩石对应的岩性、物性和饱和度等特性需要从岩心测试分析和测井数据计算求得。因此，要建立地震属性与地质特性之间的关系，就必须对岩石物性与岩石的弹性参数进行详细的分析。岩石的弹性参数主要有拉梅系数、弹性模量、泊松比、岩石密度和纵横波速度等，比如泊松比定义为圆柱棒沿轴线方向进行纵向拉伸时，横向收缩与纵向拉伸之比，是一个无量纲量，也是描述油气层最重要的参数。目前，常规地震勘探指的就是纵波勘探，可以求取纵波速度和密度，但要获得横波速度、横波阻抗和密度，以及相关的众多弹性参数要靠叠前弹性反演和 AVO 反演等方法技术，而通过岩石物理分析建立岩石物理学参数与岩性、含油气性的关系是进行叠前弹性反演的物理基础。用地震资料之所以能够预测地下地层的形态、岩性及其所含流体信息，是因为不同的岩性及不同年代的地层之间存在纵横波速度及密度的差异。由于地下介质的复杂性，只根据纵波速度是无法推断地层岩性的，需要求取更多的弹性参数综合分析来判断岩性，其中求解横波速度就可在一定程度上解决相应的问题。纵横波速度比值和泊松比是相关的，泊松比是描述油气藏和岩性的最重要的参数之一，研究泊松比的变化对流体识别和岩石性质描述具有重要的意义，不但是利用AVO识别烃类和岩性，而且对于对页岩油储层来说，还是与杨氏模量共同构成脆性指数计算的重要参数。此外，地震波穿过含油储层受孔隙结构和流体影响造成波能量和频率的损耗现象，通过岩石物理测量研究频散也是一项主要的基础工作。最后，通过分析目的层不同岩性的岩石物理参数建立岩石物理图版，是进行储层预测和甜点优选方法的关键环节。

一、岩心测试

鄂尔多斯盆地长7页岩油是长庆油田"二次加快"发展的重要领域之一，页岩油岩石物理响应机理、页岩油甜点识别和预测给地球物理勘探带来了挑战。为了厘清页岩油岩石物理特征机理，开展了页岩油岩心超声波、低频变饱和度纵横波速度测量，分析其变化规律，为页岩油地球物理识别与预测提供理论依据。

1. 低频变饱和度纵横波速度测量

目前，低频测量是利用应力—应变原理，在岩心样品表面粘贴应变计，激振器将经过功率放大的不同频率正弦信号转换为周期性振动，岩心样品和标准件因受到相同应力作用而发生形变，应变计将这种形变转换成电信号输出，根据输出的电压幅值，就可以进行不同频率条件下速度和衰减的测量和计算（杨志芳等，2009）。

测试项目选取甘肃省陇东地区Z233-1井和M53-2井的两块页岩油砂岩岩心样品开展了低频测试分析，频率范围1～1171Hz，26个频率点，8个不同含油饱和度，油驱水方式饱和。Z233-1井砂岩样品：长7_2油层组，埋深1758.4m，密度2.44g/cm^3，孔隙度7.81%，渗透率0.045mD，在30MPa下测得孔隙度6.16%、渗透率0.024mD。M53-2井砂岩样品：长7_2油层组，埋深2222.6m，密度2.39g/cm^3，孔隙度9.55%，渗透率0.075mD，在30MPa下测得孔隙度7.88%、渗透率0.047mD。

1）低频速度特征

选取Z233-1井和M53-2井两块样品开展了低频测量，测量结果分析表明：不同含油饱和度纵横波速度都存在频散，在小于100Hz频段，纵波速度随频率的变化率大，频散相对强，如图4-2-1（a）和图4-2-2（a）所示；横波速度随频率的变化率小，频散弱，如图4-2-1（b）和图4-2-2（b）所示，注意图4-2-1（b）和图4-2-2（b）与两张对应图图4-2-1（a）和图4-2-2（a）相比其纵向比例放大了一倍，在含油饱和度为30%～75%时纵波频散比横波更加明显，但大于100Hz频段时纵横波速度频散都很微弱。完全饱含油样品（含油饱和度100%）的纵横波速度都略高且比较接近完全饱含水样品（含油饱和度0），如图4-2-2所示的含油饱和度100%M53-2井样品纵波速度比含油饱和度为0的略高。

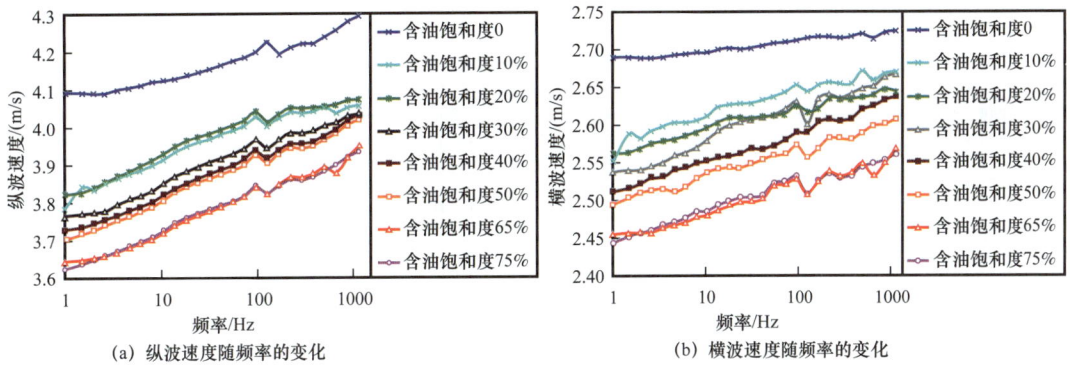

图 4-2-1　Z233-1 井样品在不同含油饱和度下纵横波速度随频率的变化规律

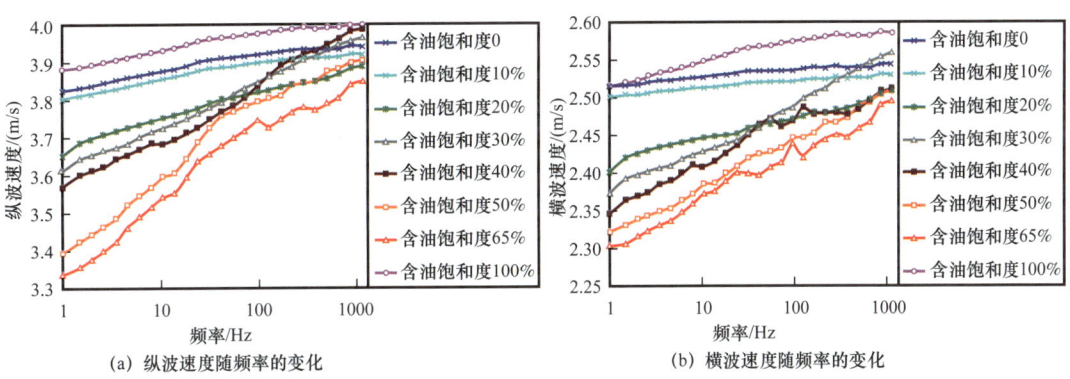

图 4-2-2　M53-2 井样品在不同含油饱和度下纵横波速度随频率的变化规律

2）含油性对低频速度的影响

在 Z233-1 井和 M53-2 井两块样品的测试结果中分别选取 32Hz 和 73Hz 频率，分析纵波和横波速度在地震频段的一般中频和高频段研究随含油饱和度变化的频散差异规律，如图 4-2-3 和图 4-2-4 所示，与其他小于 100Hz 频段规律类似，32Hz 和 73Hz 频段速度频散最明显的含油饱和度是 30%~70%。纵波速度随频率的变化率大，频散相对强，如图 4-2-3（a）和图 4-2-4（a）所示，地震频带内高频段（73Hz）与中频段（32Hz）在含油饱和度 30%~70% 之间差异最大；横波速度随频率的变化率小，频散弱，如图 4-2-3（b）和图 4-2-4（b）所示。由此说明，利用纵波的高低频率差异预测含油饱和度具有坚实的实验室岩石物理基础，这一类型预测含油性方法，如流体活动性、高亮体等含油预测技术在长庆页岩油田生产中得到了推广应用。

2. 超声波变饱和度纵横波速度测量

超声波速度测量技术较为成熟，测量误差可有效控制在 1% 以内。超声波速度测量采用脉冲透射技术（Birch，1960），由脉冲发射器产生电信号，通过 P 波或 S 波换能器将信号发生器的电信号转化为超声波，超声波透过岩心后通过另一个换能器接收并转化成电信号，然后传送到信号采集系统进行数据采集。通过拾取 P 波和 S 波信号的初至，计算走时得到纵横波速度。由于超声波脉冲频率为 1MHz，而地震波的频率在 100Hz 以下，其间存在频散（王大兴等，2006），通过上面的频散分析，其波速值变化规律可参考应用。

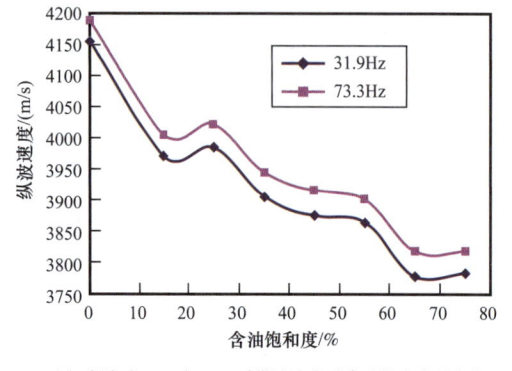
（a）频率为32Hz和73Hz时纵波速度随含油饱和度的变化

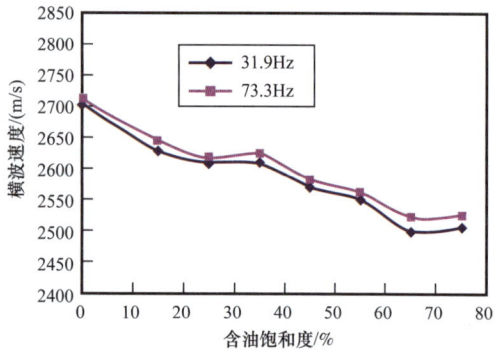
（b）频率为32Hz和73Hz时横波速度随含油饱和度的变化

图 4-2-3　Z233-1 井样品地震高低频纵横波速度随含油饱和度的变化

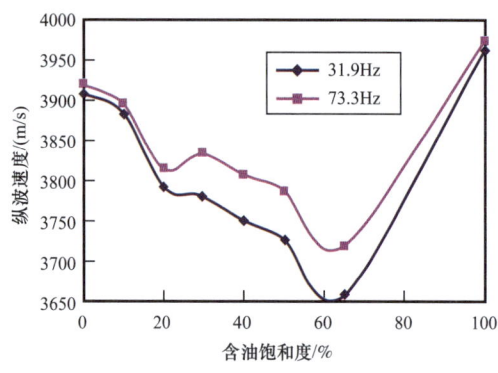
（a）频率为32Hz和73Hz时纵波速度随含油饱和度的变化

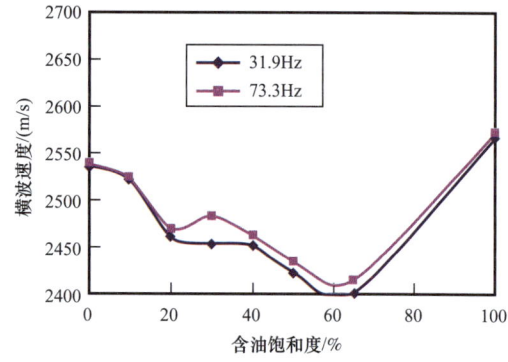
（b）频率为32Hz和73Hz时横波速度随含油饱和度的变化

图 4-2-4　M53-2 井样品地震高低频纵横波速度随含油饱和度的变化

1）页岩油样品的制备

共选取符合要求的鄂尔多斯盆地陇东地区 21 块样品，长 7 页岩油三个甜点段均有样品，见表 4-2-1。每个样品进行加工，直径 25.1mm，长 50mm；制作同尺寸的铝块，与样品测量相应的项目；21 块样品测量完全饱油、饱气、饱水时变压力情况下的纵波速度、横波速度及波形，测试温度为 20℃，孔隙压力为 5MPa 时，变围压力测试；8 块样品在 20℃、孔隙压 5MPa 时，测量岩心样本在不同含水/气、油/水饱和度下的纵波速度和横波速度及波形，变围压力测试。

2）页岩油样品的超声波测量及衰减计算

在温度为 20℃，孔隙压 5MPa 时，变围压力和变饱和度下测试了页岩油 8 块样品，其纵横波波形如图 4-2-5 所示，目前，纵横波衰减均用频谱比法计算 Q 值（巴晶等，2012，2013），具体流程如图 4-2-6 所示。

表 4-2-1　鄂尔多斯盆地三叠系延长组长 7 段页岩油 21 块细砂岩样品数据表

井号编码	深度 /m	样品编号	层位	密度 /(g/cm³)	孔隙度 /%	渗透率 /mD
Xxxx-ab	2098.95	1-2	长 7_2	2.41	8.285	0.111
Xxxx-ab	2101.83	1-3	长 7_2	2.44	6.350	0.081
Xyyy-ab	1825.10	1-5	长 7_2	2.48	6.577	0.054
Xyyy-ab	1819.50	1-8	长 7_2	2.49	5.779	0.043
Xzzz-cd	2030.00	1-10	长 7_3	2.54	5.512	0.020
Yab	2011.80	1-12	长 7_2	2.49	6.680	0.083
Yab	2036.50	1-15	长 7_2	2.58	3.220	0.019
Bcd	1995.40	1-17	长 7_3	2.44	4.997	0.032
Bcd	1996.80	1-19	长 7_3	2.44	4.631	0.051
Bcd	2000.60	1-20	长 7_3	2.57	5.285	0.023
Mef	2228.10	1-24	长 7_2	2.47	6.448	0.099
Ygh	1929.00	1-28	长 7_1	2.46	6.814	0.096
Ygh	1949.40	1-29	长 7_2	2.51	4.841	0.059
Ygh	1948.20	1-30	长 7_3	2.53	4.675	0.062
Lcde	2341.50	2-1	长 7_1	2.48	6.321	0.039
Lcde	2345.00	2-2	长 7_1	2.57	4.151	0.022
Xabc	1964.00	2-3	长 7_2	2.41	8.011	0.128
Xabc	1967.00	2-4	长 7_2	2.53	5.736	0.024
Xabc	1979.60	2-5	长 7_2	2.44	7.069	0.072
Xyyy-ab	1800.00	2-9	长 7_2	2.41	8.853	0.177
Xyyy-ab	1804.00	2-10	长 7_2	2.43	8.240	0.158

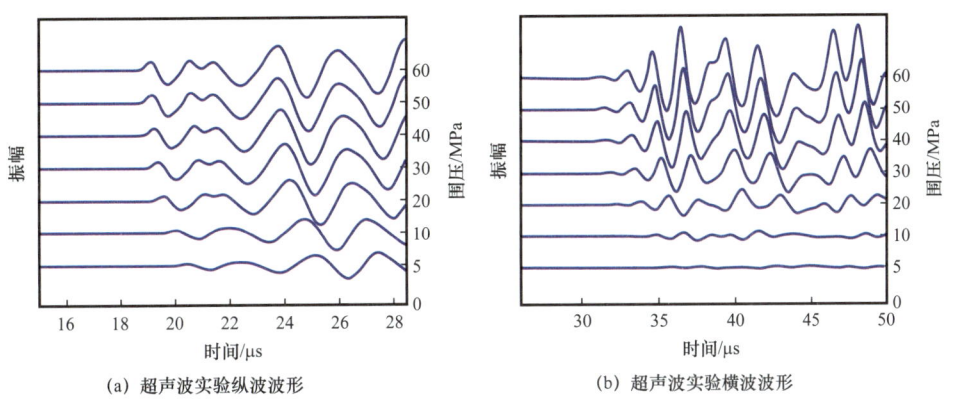

(a) 超声波实验纵波波形　　　　(b) 超声波实验横波波形

图 4-2-5　长 7 段样品变压力变饱和度下超声波实验纵横波波形

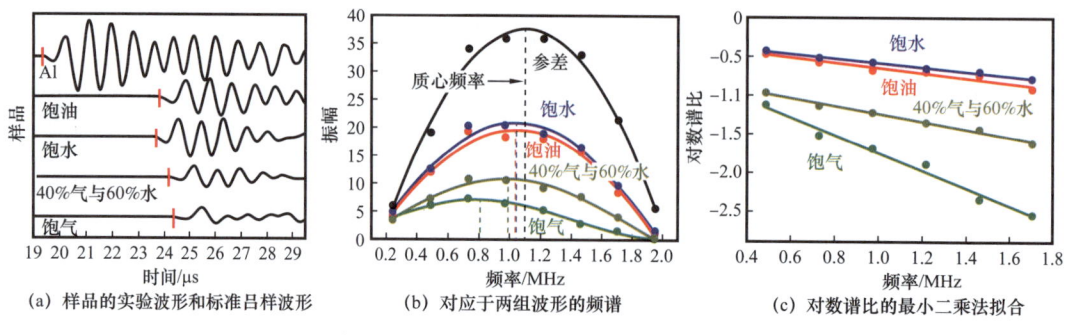

图 4-2-6 超声波实验—计算衰减示意图

3) 页岩的超声波速度、泊松比随含水饱和度的变化分析

在围压 20MPa、20℃、孔隙压力 5MPa 实验条件下,纵波速度和泊松比在低含水时先下降,之后随着含水饱和度的增加,速度和泊松比增加,速度在含水饱和度从 40% 增加至 100% 时的变化率为 0.03,泊松比随在含水饱和度从 40% 增加至 100% 时的变化率为 0.373(图 4-2-7)。

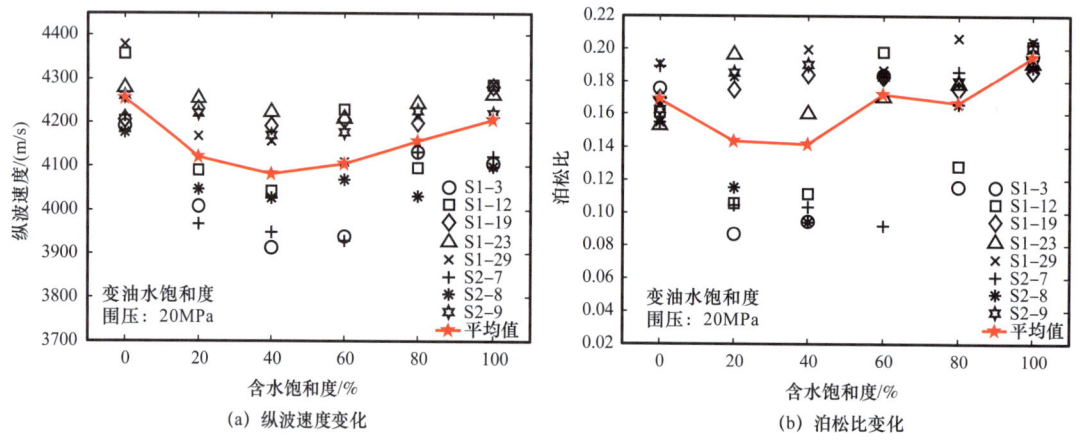

图 4-2-7 页岩油 8 块样品变饱和度下的纵波速度和泊松比的变化规律

4) 页岩的超声波纵波和横波速度与衰减的变化分析

在围压 30MPa、20℃、孔隙压力 5MPa 实验条件下,饱水和饱油岩石的纵、横波衰减整体高于饱气情况;随着孔隙度增大,纵、横波速度均有减小趋势(图 4-2-8)。

5) 页岩储层段阵列声波衰减随含水饱和度的变化分析

利用页岩储层段阵列声波测井资料,用质心频率法提取随含水饱和度变化的衰减值(Quan 等,1994;Sun 等,2000),对比测井解释结果,发现衰减随着含水饱和度及孔隙度的增加而增大现象比较明显,如图 4-2-9 所示。

6) 页岩储层衰减与孔隙度和渗透率的变化分析

对 21 块页岩储层实验样本采取孔隙度和渗透率分段归类求均值的方法,分析衰减与孔隙度和渗透率的关系:随着围压的增加,孔隙度和渗透率减小,衰减亦减小;而围压的减小,孔隙度和渗透率增大,衰减亦增大,如图 4-2-10 所示。

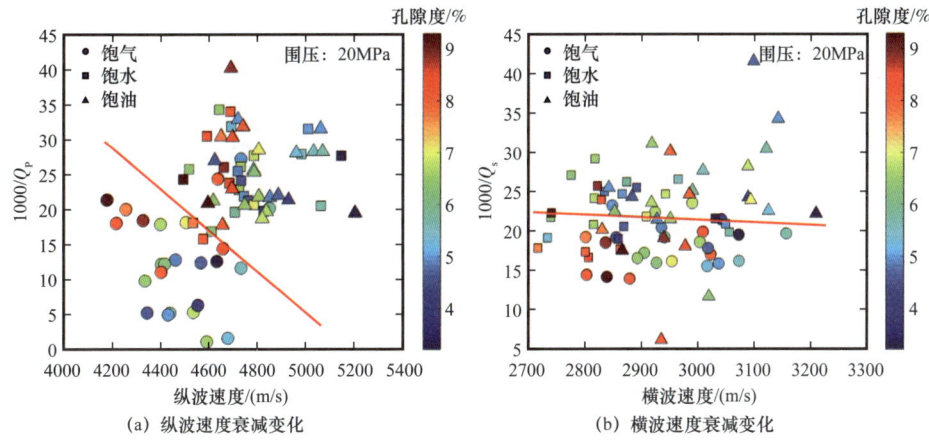

图 4-2-8　21 块样品在压力 20MPa 下三种饱和状态超声波纵波和横波速度的衰减变化分析

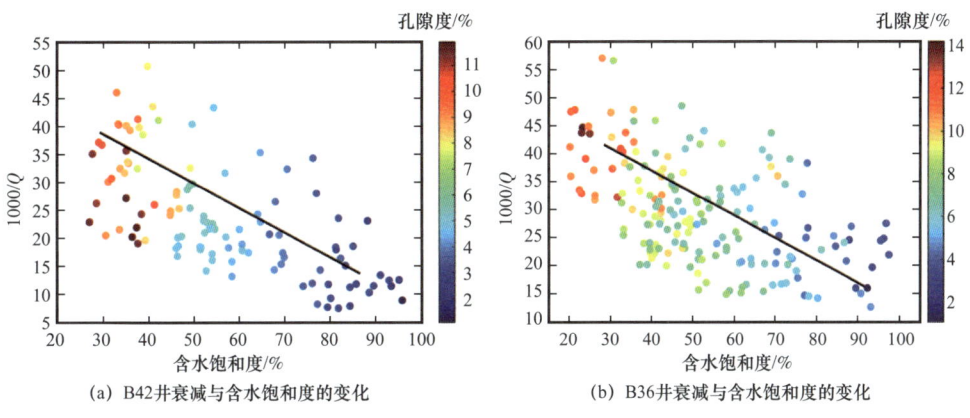

图 4-2-9　阵列声波测井计算的含水饱和度和衰减的变化规律

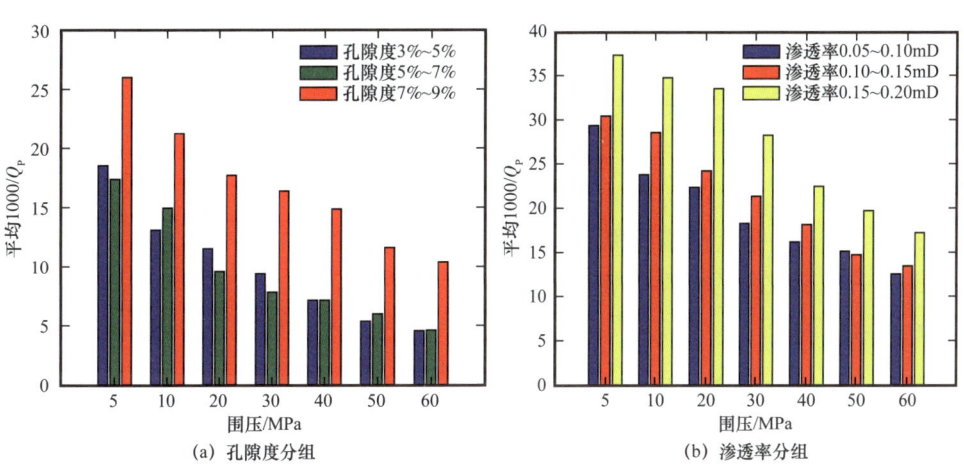

图 4-2-10　21 块样品孔隙度和渗透率分组的变压力衰减变化分析

7）页岩油储层流体替换分析

对 21 块页岩储层实验样本采取孔隙度分组，进行饱油和饱水两种流体替换，研究纵波速度频散变化，结果表明纵波速度随孔隙度的增加而增大，饱油状态下的频散远大于饱水，如图 4-2-11 所示。

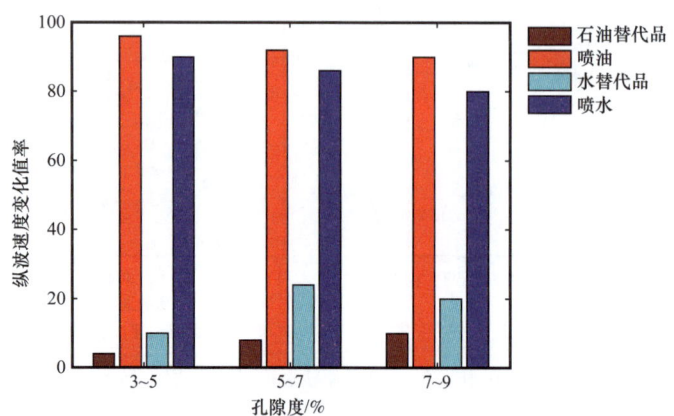

图 4-2-11　21 块样品分孔隙度组的饱油和饱水下速度频散变化分析

8）页岩油储层脆性分析

页岩油储层具有低孔隙度、低渗透率的特点，与常规油气资源存在明显差异，将传统油藏勘探开发的理论和技术应用于页岩油储层面临着较大困难。水平钻井和压裂技术能有效地提高石油的产能，研究发现岩石脆性对实施水平钻井和水力压裂等技术有重要的影响。Rickman（2008）认为岩石脆性与杨氏模量、泊松比相关，杨氏模量越大，泊松比越小，储层越脆，建立脆性指数 BI。

$$E_{BI} = \frac{E - E_{min}}{E_{max} - E_{min}} \quad (4-2-1)$$

$$\upsilon_{BI} = \frac{\upsilon - \upsilon_{max}}{\upsilon_{min} - \upsilon_{max}} \quad (4-2-2)$$

$$BI = \frac{E_{BI} + \upsilon_{BI}}{2} \quad (4-2-3)$$

式中　E——杨氏模量，GPa；

　　　E_{max}，E_{min}——最大的杨氏模量以及最小的杨氏模量，GPa；

　　　E_{BI}——归一化后的杨氏模量，GPa；

　　　υ——泊松比；

　　　υ_{max}，υ_{min}——最大的泊松比以及最小的泊松比；

　　　υ_{BI}——归一化后的泊松比。

建立脆性岩石物理图版（Tan 等，2020），并对实验数据进行分析，其结果如图 4-2-12 所示。从图版中可以看出大部分数据落在图中，还有少量数据在图版外，在图版外的数据是因为岩石受到孔隙度、裂隙含量、矿物组分、裂隙纵横比等多种因素共同影响，而图版中只考虑了孔隙度、矿物组分两种主要影响因素，其他影响因素都是固定值。随着石英含量增多，其脆性指数越大。从图4-2-13可以看出实验数据计算的脆性结果与图版规律一致。选取Y45井的测井数据对脆性岩石物理图版进行校正，图版中可以看出随着石英含量增大，其脆性指数增大，岩石脆性越好。测井数据的脆性规律与所构建的岩石物理图版的规律一致。不管是图版中还是图版外测井数据计算的脆性结果与模板一致。无论是实验数据还是测井数据都可以有效地验证脆性岩石物理图版，基于验证后的图板可以预测储层脆性。

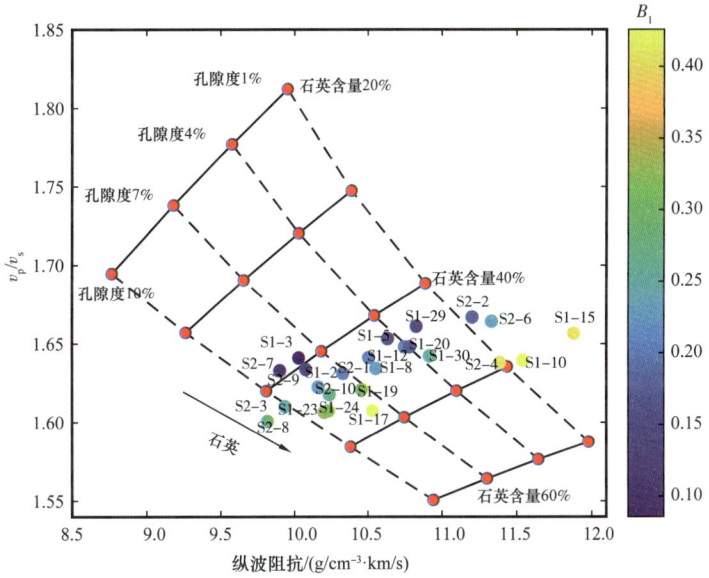

图4-2-12　S1-15样品投影岩石物理图板预测脆性

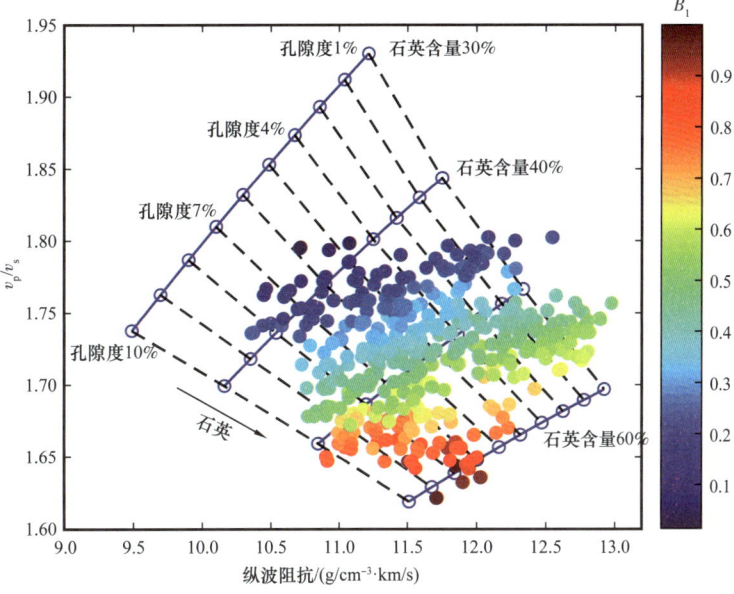

图4-2-13　Y45井数据投影岩石物理图板预测脆性

9）页岩储层的敏感分析

基于测井数据和超声波实验数据，对目的层开展敏感性参数分析，优选页岩油敏感弹性参数，为后续建立岩石物理模型打下基础。用饱水和饱油状态下的相对变化率 FSI 作为敏感性参数，如果某个参数的 FSI 值大，那么就说明该参数具有较强的流体识别能力。

$$\text{FSI} = \frac{|\overline{X}_\text{W} - \overline{X}_\text{H}|}{\overline{X}_\text{W}}$$

式中　$\overline{X}_\text{W}$——水饱和状态下的参数平均值；

$\overline{X}_\text{H}$——油饱和状态下的参数平均值。

如图 4-2-14 所示，实验样品 S1-20 来自于同一口 B36 井。其样品与 B36 测井含水饱和度敏感性分析表明，纵横波衰减、电阻率、泊松比、纵横波速度比、剪切模量和剪切阻抗对含水饱和度很敏感。

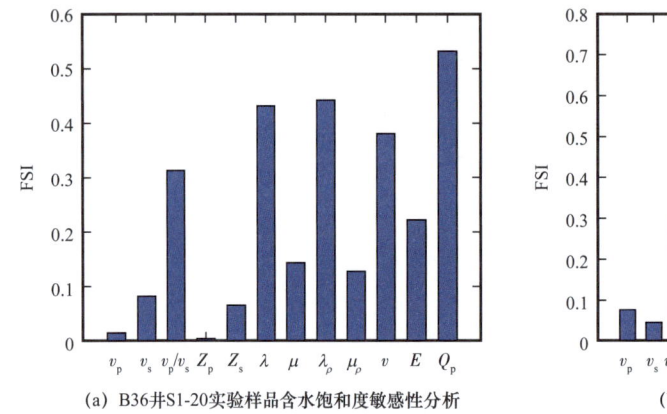
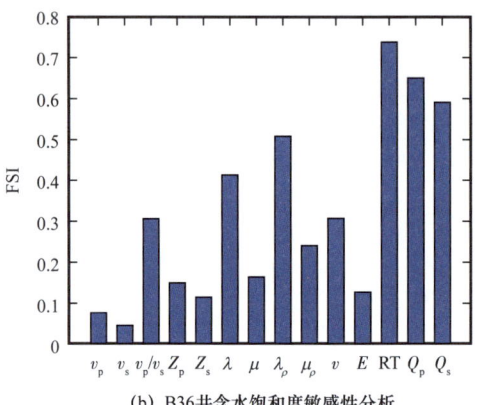

(a) B36井S1-20实验样品含水饱和度敏感性分析　　(b) B36井含水饱和度敏感性分析

图 4-2-14　实验样品 S1-20 的含水饱和度与 B36 测井含水饱和度敏感性分析

v_p 为测量得到的纵波速度；v_s 为测量得到的横波速度；v_p/v_s 为纵横波速度比值；Z_p 为纵波阻抗；Z_s 为横波阻抗；λ 为计算出的拉梅常数；μ 为计算出的剪切模量；ρ 为密度；υ 为泊松比；E 为杨氏模量；Q_p 为计算得到的纵波品质因子；Q_s 为计算得到的横波品质因子

10）三维岩石物理耦合模板

通过基于巴晶提出的含黏弹性流体波传播理论方程及并联电路电阻网络方程，模拟电阻率、纵波衰减及泊松比参数随物性参数、泥质含量等的变化关系（Pang 等，2021），构建页岩油弹性、衰减及电性耦合模型。同时考虑孔隙、流体饱和度及泥质含量对模型的影响，将模型中的孔隙度、流体饱和度及泥质含量设置为变量，将相应的衰减、波阻抗、泊松比及电学参数进行交会分析，得到关于储层孔隙度、流体饱和度及泥质含量的三维多参数联合模板。

基于岩石物理多尺度耦合模型，结合对流体饱和度及泥质含量敏感的电阻率参数，构建页岩油储层多维地震—测井—地质参数，联合岩石物理模板表明：含油饱和度与孔隙度、电阻率、纵波阻抗和衰减成正相关，与泊松比和泥质含量成反比。

图 4-2-15 给出了页岩油储层波阻抗、衰减因子和电阻率三维图版，色标指示测井数

据的含油饱和度。其中，黑线、红线及蓝线分别为固定的孔隙度、流体饱和度及泥质含量。对比数据和模板，可知，数据的含油饱和度与模板吻合良好，随着含油饱和度的增大，散点衰减、波阻抗及电阻率的变化趋势与模板相同。测井资料可以获得衰减、波阻抗和电阻率，因此，可以将数据点投影在三维岩石物理模板上，实现页岩油储层参数的定量反演。

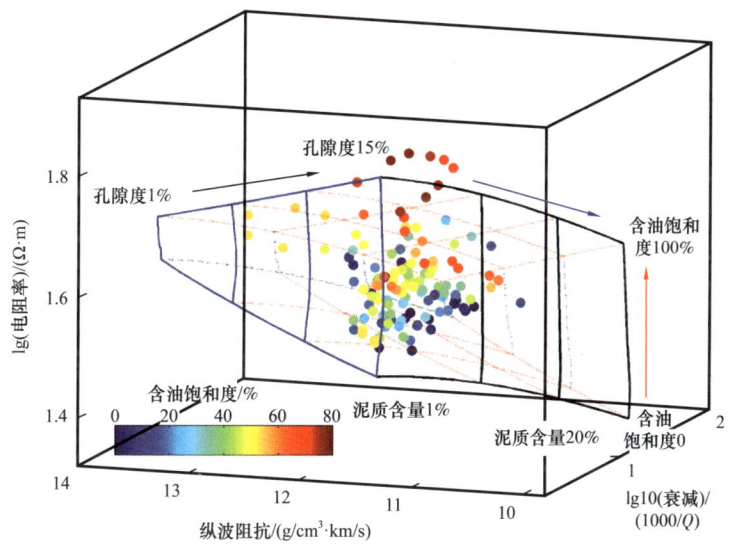

图 4-2-15　页岩油储层波阻抗、衰减因子和电阻率三维图版（彩色点为测井数据投影）

图 4-2-16 给出了页岩油储层泊松比、衰减因子和电阻率三维图版，色标指示测井数据的含油饱和度。其中，黑线、红线及蓝线分别为固定的孔隙度、流体饱和度及泥质含量。对比数据和模板，可知，数据的含油饱和度与模板吻合良好，随着含油饱和度的增大，散点衰减、泊松比及电阻率的变化趋势与模板相同。测井资料可以获得衰减、泊松比和电阻率，可以将数据点投影在三维岩石物理模板上，实现页岩油储层参数的定量反演。

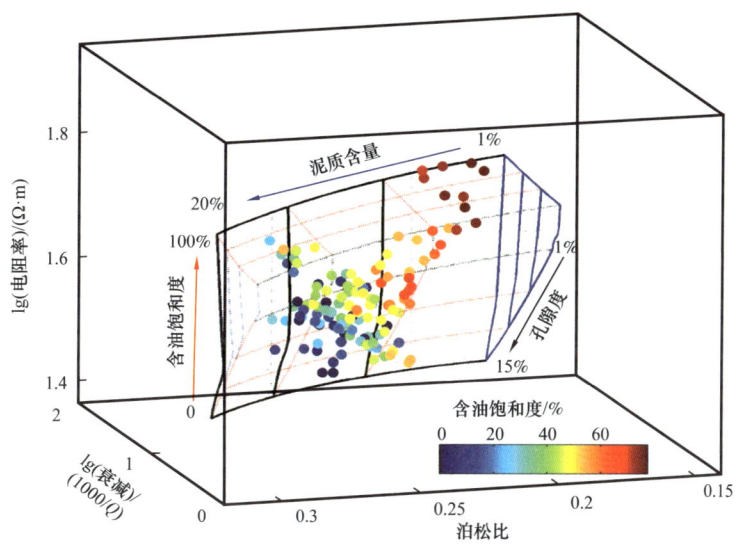

图 4-2-16　页岩油储层泊松比、衰减因子和电阻率三维图版（彩色点为测井数据投影）

二、测井岩石物理分析

优选庆城油田的 14 口井偶极横波测井数据,计算纵波阻抗、横波阻抗和泊松比数据,应用这些井的数据对长 7 段目的层的岩石物理特征进行分析。

经统计,长 7 段砂岩纵波阻抗为 10200～13000g/cm³·m/s,大部分砂岩纵波阻抗大于 10700g/cm³·m/s,泥岩的纵波阻抗为 8000～12000g/cm³·m/s,75% 左右的砂岩与泥岩的纵波阻抗差异明显。长 7 段含油砂岩泊松比一般分布 0.18～0.27,其中物性较好的含油砂体的泊松比小于 0.25,泥岩的泊松比分布在 0.23～0.33,储层的脆性指数一般大于 50(图 4-2-17)。

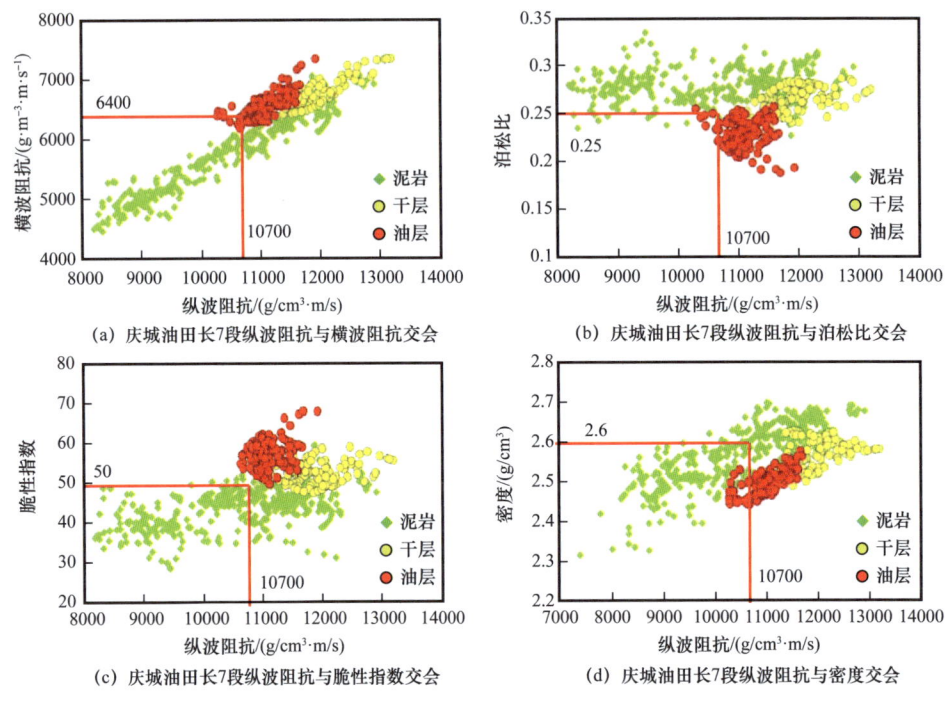

图 4-2-17 庆城油田长 7 段测井岩石物理参数交会图

长 7 储层与常规储层相比,由于长 7 泥岩发育,且泥岩多为烃源岩,储层与围岩的地球物理属性差异明显,为地震预测提供了有利条件。

第三节 页岩油储层地质"甜点"预测

一、地震相分析

针对陇东地区长 7_{1-2} 段三角洲发育、沉积相带变化快的沉积特点,地震相刻画主要采取了地质、测井、地震"三位一体"和多属性模式识别相结合的方法。

第一步:用岩心刻度测井,建立沉积相与测井相的对应关系。根据不同沉积相带的取心结果,确定不同相带中的岩性结构和电性特征(图 4-3-1);通过统计研究区内 30

多口井的测井和地震相特征,可以看出研究区砂体以箱型曲线特征为主,箱型曲线特征干砂体的地震波形多为较连续弱反射特征,高产井的箱型砂体表现为不连续中强反射,工业油流井的箱型砂体表现为连续中弱反射;漏斗型曲线特征含油砂体的地震波形多为较连续弱反射特征;指状曲线特征含油砂体的地震波形多为较连续强反射特征;钟形曲线特征含油砂体的地震波形多为不连续弱反射特征;

井名	模式	曲线特征	曲线	试油结果/(t/d)	地震波形特征	波形描述
乐15		箱形		油:17.77		不连续中强波谷
乐34		箱形		油:0.85		连续弱波峰—连续中强谷组合
宁11		箱形		油:5.27		连续中强波谷
宁35		箱形		油:0.68		较连续中弱波谷
宁37		漏斗形		油:5.53		较连续弱波谷—连续弱峰
宁80		箱形		油:5.53		较连续中弱波谷
庄124		箱形		油:1.36		连续中强波谷—连续弱峰
庄130		钟形		油:6.97		不连续中强波谷—较连续弱峰
庄187		钟形		油:5.70		较连续中弱波谷—不连续弱峰
庄231		指状		油:10.37		连续中强波谷—较连续弱峰
庄243		钟形		油:5.61		较连续中弱波谷—较连续中强峰
宁20		箱形		干井		连续弱波峰—连续中强谷组合
宁85		箱形		干井		较连续中弱波谷—较连续弱峰
宁145		箱形		干井		较连续中弱波谷—较连续弱峰
宁144		箱形		干井		较连续中弱波谷—较连续弱峰
宁285		箱形		干井		较连续中弱波谷—较连续弱峰

图 4-3-1 页岩油典型井测井和地震响应特征对应图

第二步:利用基于层序和沉积模型的正演模拟,建立测井相与地震相的关系,明确了泥岩发育区的地震响应特征(图 4-3-2 和图 4-3-3)。利用工区内的已知井获得目的层段的砂泥岩速度信息,建立不同砂泥厚度结构下的地震正演模型。通过图 4-3-2 和图 4-3-3 可以看出,砂泥互层中厚砂夹薄泥岩情况下,地震反射振幅强,而泥岩厚度较大的薄砂夹厚泥情况下,地震同相轴表现为不连续弱反射特征;以此为契机,可以通过地震反射特征落实泥岩相对发育区的范围。

第三步:利用地震相的反射特征和反射结构刻画不同相带边界。根据前三角洲泥岩分割或者在前缘相叠置的反射特征和反射结构,在地震剖面上确定前三角洲相分布范围和前缘相叠置的界线来圈定边界。

第四步:利用属性选择和属性压缩进行属性优化,从多个属性中优选出对地震最敏感的几个属性。在进行地震储层预测时,通常引入与储层预测有关的各种地震属性。地震属性的引入通常要经过一个从少到多,又从多到少的过程。因此针对具体问题,从全体地震属性集中,挑选最好的地震属性子集是必要的,此即地震属性优化问题。地震属性优化方法就是利用经验或数学方法,优选出对所求解问题最敏感(或最有效、最有代表性)的、个数最少的地震属性或地震属性组合。目的在于提高地震储层预测精度,从而改善与地震属性有关方法的效果。地震属性优化方法可分为地震属性选择与地震属性

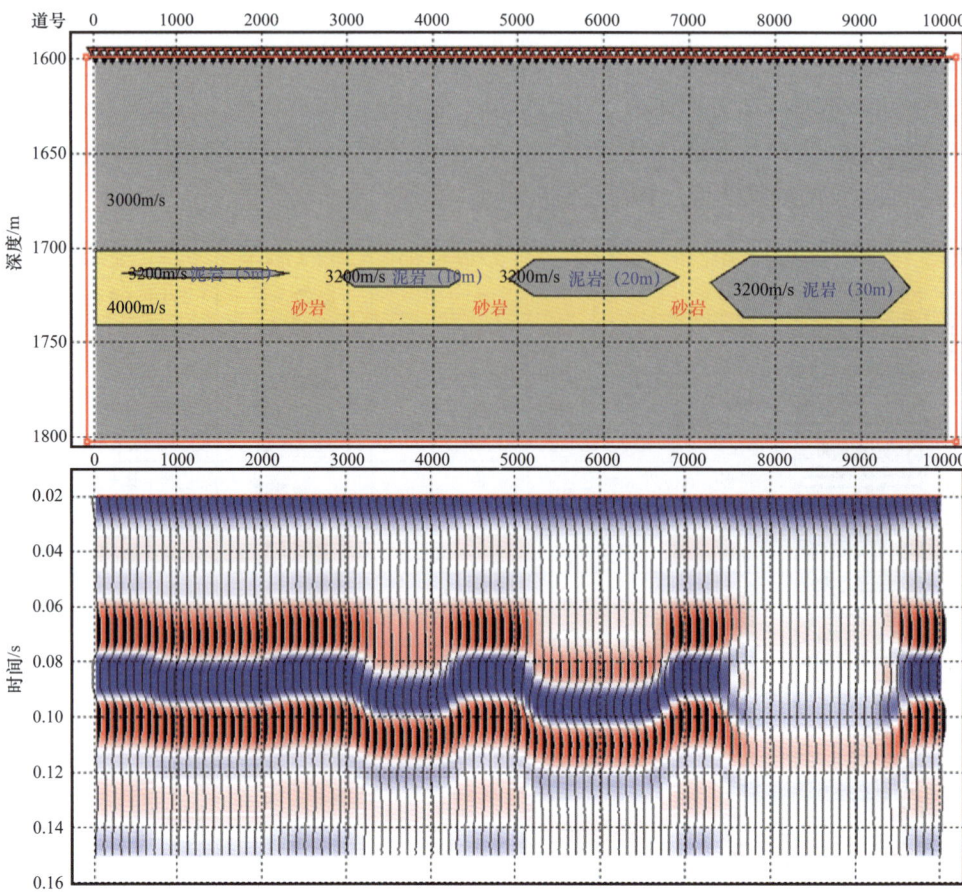

图 4-3-2　页岩油砂泥岩地震模型正演图

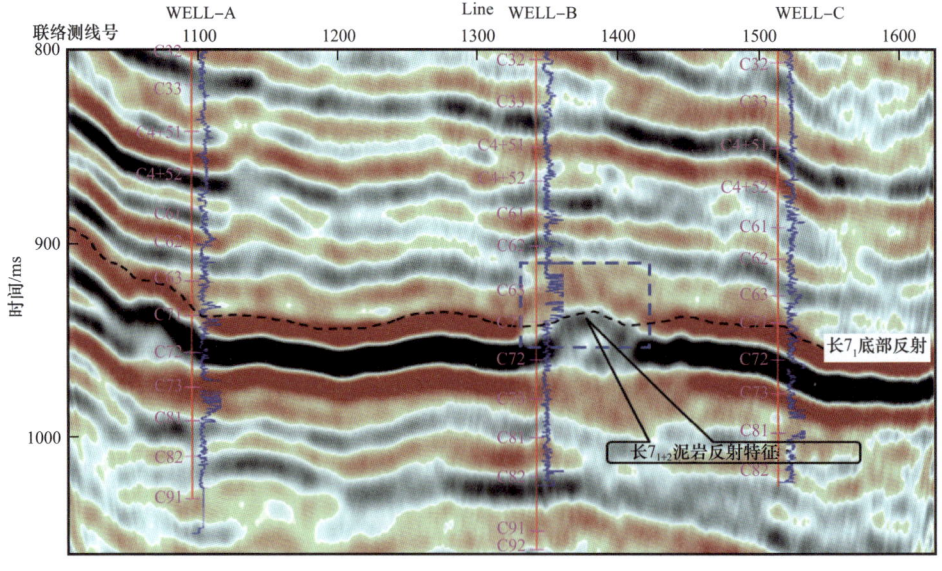

图 4-3-3　泥岩发育区地震响应特征典型剖面

降维映射（压缩）两大类方法。地震属性选择方法应用与地震地质条件非常好，地质结构简单的条件，属性单一，多解性强；属性压缩方法应用多种属性共同分析，得到相似特征的共同响应，抗多解性强，适用于地质条件复杂的地区。

针对陇东地区长 7_1 段和长 7_2 段的地质特征，本次采用属性压缩方法开展地震相分析，属性压缩是通过某种数学变换对地震属性进行压缩，把原始属性压缩成数目较少、彼此独立的几种混合属性，消除或减少所用特征之间可能存在的相关性，以最有利于分类为准则，使变换后的特征维数降低、数据量减少，从而提高模式识别计算的效率。属性压缩包含 PCA（主成分分析）和 KPCA（核主成分分析）两种属性压缩方法。

PCA 主成分分析是地震属性降维映射较常用的方法，它通过 K-L 变换将多个地震属性压缩成新的混合属性，没有实际物理意义。该方法需要建立类别样本，结果严重依赖样本。主成分分析是一种线性方法，在处理非线性问题时，往往不能取得很好的效果。而核主成分分析（KPCA）适合于处理非线性问题，能提供更多的信息。核主成分分析（KPCA）的基本思想就是通过引入一个非线性变换 Φ（核函数—高斯径向基核函数和多项式核函数），把每一个样本向量 x_i，$(i=1,\cdots,N)$，由输入空间（Rd）映射到特征空间 F 上，然后在特征空间 F 中利用主成分分析（PCA）进行特征提取（图 4-3-4）。针对长 7 段非均质性强的特点，本次主要利用 KPCA（核主成分分析）属性压缩方法进行地震属性优化。

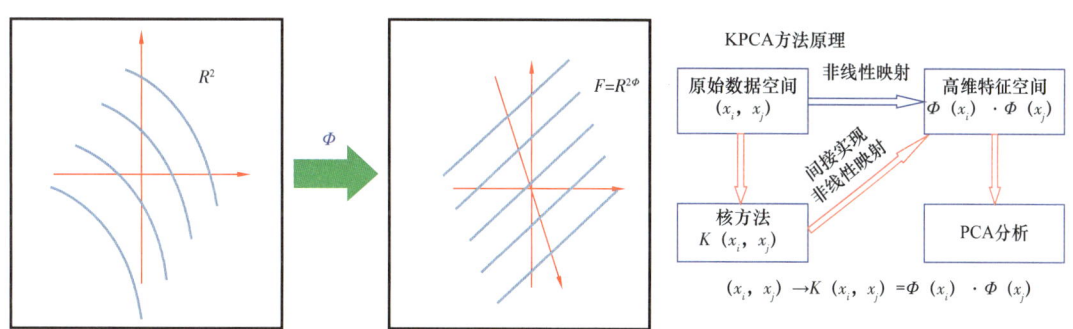

图 4-3-4 核主成分分析原理示意图

第五步：开展属性模式识别，明确地震相分布特征。地震属性模式识别就是利用模式识别方法对多属性进行综合分析，根据是否用到训练样本，可分为有监督和无监督方法，根据所用到的方法分为统计模式识别方法和神经网络法，根据算法分为线性和非线性等多种方法。它们各有特点，互为补充，应根据实际数据和工区情况灵活选择。模式识别即指统计模式识别，它包括监督模式识别和非监督模式识别两大类方法，监督模式识别即有样本属性分析，无监督模式识别即无样本属性分析：前者是根据一定的已知类别样本的情况来设计一个分类器（这一过程称作训练或学习），用它来对分析的未知样本进行分类；后者则是在没有已知样本的情况下，利用某种算法按一定的规律将很多未知的样本分成若干个类，使同一类之内的样本间具有某种相似性而不同类之间表现出一定的差别。无监督模式识别无法利用已知井的信息，纯粹依赖地震信息，多解性较强；而有监督模式识别中有已知井信息参与，多解性小。有监督模式识别包括 AdaBoost、BP、

RBF、SPR 和 SVR 五种分析方法。

有监督模式识别中的监督神经网络分析（BP）方法是一种非线性算法，适用于非均质性强的地质条件复杂区，采用的是多层感知器（MLP）神经网络模型，采用后向传播（BP）学习算法，故简称 BP。它适用于在有一定井的情况下对储层进行定性、半定量或定量分析。用 BP 方法能取得较好结果的前提条件之一是所选择使用的地震特征与待分析的储层参数之间存在某种规律，另一前提条件是所选的已知井在本研究区确实有代表性，结合研究区的井震资料分析后，认为该方法适用于该地区的地质条件。

最后通过 BP 神经网络法多属性模式识别的结果，准确刻画沉积亚相的边界，明确长 7_1 段和长 7_2 段地震相和砂体分布宏观特征（图 4-3-5 和图 4-3-6）。

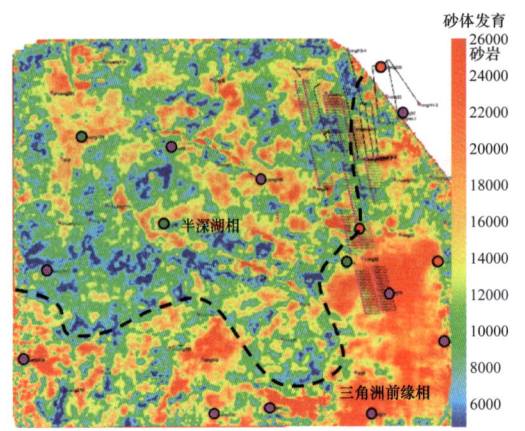 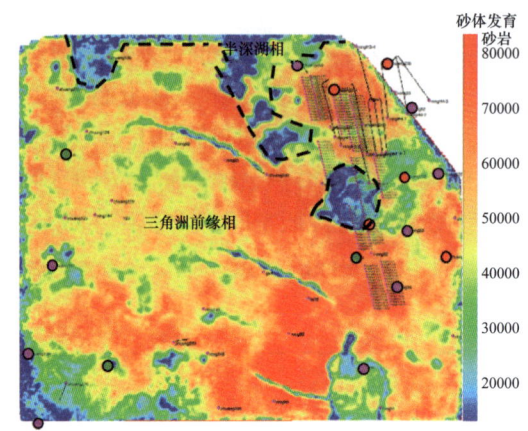

图 4-3-5　盘克三维长 7_1 段地震相模式识别平面图　　图 4-3-6　盘克三维长 7_2 段地震相模式识别平面图

二、储层结构预测——基于同步挤压变换的砂体结构预测

众所周知，由于陆相砂泥岩地层具有很强的非均质性，不但砂泥岩之间的分布关系复杂，而且砂岩之间的关系也很复杂，其砂岩岩性变化快、砂体厚度大小不一、内部结构连通与不连通等难以精确描述。因此，砂体结构和砂体构型研究程度严重制约地下砂体和有效储层的认识，影响油气井，特别是丛式/水平井的井位部署、井轨迹设计、压裂改造程度及开发效果。鄂尔多斯盆地陇东地区长 7 砂体属于半深湖隔—深湖重力流沉积，多发育薄层细粉砂岩叠合砂体夹泥页岩层和泥页岩层夹多薄层细粉砂岩，与常规低渗透长 6—长 8 储层相比，长 7 页岩油夹层更加发育，影响了水平井油层钻遇率提高，急需开展用地震资料识别块状多薄层叠合砂体与薄互层泥页岩砂体，为水平段长度的优化、轨迹设计提供依据。

由于地震信号是典型的非平稳信号，时频分析可以描述非平稳信号的局部时频特性，因此，时频分析技术常用于描述河流相砂体等地质结构。将时频分析用于三维地震数据体，利用不同厚度和结构的砂体在时频域的不同响应，可以描述砂体结构变化，但如何得到具有高分辨率的时频表示是亟待解决的问题。同步挤压（Synchrosqueezing）最早由 Daubechies 等（2011）提出，并应用于研究语音信号中，Daubechies 等在研究经验模态分解（EMD）的基础上，于2011年又系统地提出了同步挤压小波变换，并给出了完整的理论体系。同步挤压变换实际上也是一种特殊的能量重排方法，它能够使得时频谱能量聚集性更好；其不仅有快速算法，而且有着严格的反变换。由于三参数小波可以更好地匹配地震子波，从而可以更加精确地描述地震信号的局部结构和特征，所以在本文中被选取作为基本小波函数用于描述砂体结构，为进一步提高三参数小波变换的时频分辨率能力，引入并结合了同步挤压变换，提出了砂体结构同步挤压变换预测方法。本节主要介绍同步挤压三参数小波变换的原理（Liu 等，2017；高静怀等，2018）及其在鄂尔多斯盆地湖盆延长组长7页岩油砂体结构刻画中的应用。

1. 连续小波变换

给定一个基本小波 $\psi(t)$，对其作平移和伸缩变换，可得到函数族 $\psi_{a,b}(t)$，则平方可积的实信号 $s(t)$ [记 $s(t) \in L^2(R)$] 的连续小波变换可表示如下：

$$CWT(a,b) = a^{-p} \int s(t) \psi^* \left(\frac{t-b}{a} \right) dt \quad (4-3-1)$$

$$\psi_{a,b}(t) = |a|^{-p} \psi \left(\frac{t-b}{a} \right) \quad (4-3-2)$$

式中　$\psi^*(t)$ —— $\psi(t)$ 的复共轭；

　　　p ——常数，常取 $\frac{1}{2}$ 或 1；

　　　t ——时间变量，s 或 ms；

　　　a ——尺度因子，用于控制小波函数的宽度；

　　　b ——时移因子，用于控制小波函数的位置，s 或 ms。

基本小波平方可积，无直流分量，满足以下容许性条件：

$$C_\psi = \int_{-\infty}^{\infty} \frac{|\psi(\omega)|^2}{|\omega|} d\omega < \infty \quad (4-3-3)$$

式中　$\psi(\omega)$ ——基本小波 $\psi(t)$ 的傅里叶变换。

$$\psi(\omega) = \int_{-\infty}^{\infty} \psi(t) e^{-i\omega t} dt$$

通常，小波变换中选取 $p=1/2$，此时时频原子族中的每一个元素具有和基本小波相同的能量。然而在将小波变换用于地震信号分析时，经常取 $p=1$，而不是惯用的 1/2，因为前者更便于分析震荡信号。当 $p=1$ 时，小波变换时域和频域分别可表示为

$$\begin{aligned} CWT(a,b) &= a^{-1} \int s(t) \psi^* \left(\frac{t-b}{a} \right) dt \\ &= \frac{1}{2\pi} \int_{-\infty}^{\infty} S(\omega) \psi^*(a\omega) e^{i\omega t} dt \end{aligned} \quad (4-3-4)$$

式中　$S(\omega)$ —— $s(t)$ 的傅里叶变换。

2. 三参数小波

针对薄互层地震信号含有快速变化的振幅和频率分量的特点，高静怀等（2006）提出了三参数小波。由于三参数小波具有三个参数，通过调节三个参数，可以灵活地调整其形状，将其应用于层序检测和高精度地震资料分辨中都取得了很好的效果。三参数小波的定义为：

$$\psi(t;\sigma,\tau,\beta) = e^{-\tau(t-\beta)^2}\left\{p(\sigma,\tau,\beta)[\cos(\sigma t) - k(\sigma,\tau,\beta)] + iq(\sigma,\tau,\beta)\sin(\sigma t)\right\} \quad (\sigma,\tau,\beta \in R \text{ 且 } \sigma,\tau > 0) \tag{4-3-5}$$

式中 τ ——能量衰减因子；

β ——能量延迟时间；

σ ——分析小波调制频率。

为了书写方便，用向量 $\mathbf{\Lambda}=(\sigma,\tau,\beta)$ 记参数集合，则 $\psi(t;\sigma,\tau,\beta)$ 可记为 $\psi(t;\mathbf{\Lambda})$，则式（4-3-5）可简写为

$$\psi(t;\mathbf{\Lambda}) = e^{-\tau(t-\beta)^2}\left\{p(\mathbf{\Lambda})[\cos(\sigma t) - k(\mathbf{\Lambda})] + iq(\mathbf{\Lambda})\sin(\sigma t)\right\} \tag{4-3-6}$$

其中

$$k(\mathbf{\Lambda}) = e^{-\frac{\sigma^2}{4\tau}}\left[\cos(\beta\sigma) + i\frac{q(\mathbf{\Lambda})}{p(\mathbf{\Lambda})}\sin(\beta\sigma)\right]$$

$$p(\mathbf{\Lambda}) = \left(\frac{2\tau}{\pi}\right)^{\frac{1}{4}}\left[4\left(e^{\frac{\sigma^2}{2\tau}} - e^{\frac{3\sigma^2}{8\tau}}\right) \times \cos^2(\beta\sigma) + 1 - e^{-\frac{\sigma^2}{2\tau}}\right]^{-\frac{1}{2}} \tag{4-3-7}$$

$$q(\mathbf{\Lambda}) = \left(\frac{2\tau}{\pi}\right)^{\frac{1}{4}}\left[4\left(e^{\frac{\sigma^2}{2\tau}} - e^{\frac{3\sigma^2}{8\tau}}\right) \times \sin^2(\beta\sigma) + 1 - e^{-\frac{\sigma^2}{2\tau}}\right]^{-\frac{1}{2}}$$

对式（4-3-6）作傅里叶变换，得到其频域形式为

$$\begin{aligned}\hat{\psi}(\omega;\mathbf{\Lambda}) &= \int_{-\infty}^{\infty}\psi(t;\mathbf{\Lambda})e^{-i\omega t}dt \\ &= \sqrt{\frac{\pi}{\tau}}\frac{p(\mathbf{\Lambda})+q(\mathbf{\Lambda})}{2}e^{-i\beta(\omega-\sigma)-\frac{(\omega-\sigma)^2}{4\tau}} + \\ &\quad \sqrt{\frac{\pi}{\tau}}\frac{p(\mathbf{\Lambda})-q(\mathbf{\Lambda})}{2}e^{-i\beta(\omega+\sigma)-\frac{(\omega+\sigma)^2}{4\tau}} - \sqrt{\frac{\pi}{\tau}}p(\mathbf{\Lambda})k(\mathbf{\Lambda})e^{-i\beta\omega-\frac{\omega^2}{4\tau}}\end{aligned} \tag{4-3-8}$$

3. 计算瞬时频率

假设一个单频余弦信号，即 $s(t) = A\cos(\omega_0 t)$，$s(t)$ 的傅里叶变换为

$$\hat{s}(\omega) = A\pi[\delta(\omega+\omega_0) + \delta(\omega-\omega_0)] \tag{4-3-9}$$

根据式（4-3-1），信号 $s(t)$ 关于三参数小波 $\psi(t;\mathbf{\Lambda})$ 的小波变换结果为

$$W_s(a,b) = \frac{1}{2\pi}\int_{-\infty}^{+\infty}\hat{s}(\omega)\overline{\hat{\psi}}(a\omega;\Lambda)e^{i\omega b}d\omega$$
$$= \frac{A}{2\pi}\left[\overline{\hat{\psi}}(a\omega_0;\Lambda)e^{i\omega_0 b} + \overline{\hat{\psi}}(-a\omega_0;\Lambda)e^{-i\omega_0 b}\right]$$
（4-3-10）

因为选择的三参数小波几乎没有负频率分量（Liu 等，2018），即 $\omega<0$，$\hat{\psi}(\omega;\Lambda)\approx 0$，且只考虑正尺度，则式（4-3-8）可以简化为

$$W_s(a,b) = \frac{A}{2\pi}\overline{\hat{\psi}}(a\omega_0;\Lambda)e^{i\omega_0 b}$$
（4-3-11）

从式（4-3-11）可以看到，假如三参数小波 $\psi(t;\Lambda)$ 的峰值频率为 ξ_M，则小波变换的结果将在尺度 $a=\xi_M/\omega_0$ 处取到最大值，并以这个能量最大的尺度为中心形成一个尺度带，造成能量的扩散。为了得到更集中的时频分布，首先参考 Daubechies 等（2011）在研究 EMD 时，提出信号 $s(t)$ 的瞬时频率定义为

$$\omega_s(a,b) = \frac{\partial_b W_s(a,b)}{2\pi i W_s(a,b)}$$
（4-3-12）

其中 $\quad\quad\quad\quad\quad\quad\quad\quad W_s(a,b) \neq 0$

当参考信号是单频余弦信号时，其小波变换会形成一个尺度带，但是可以由式（4-3-12）计算其瞬时频率为

$$\omega_s(a,b) = \omega_0$$
（4-3-13）

从式（4-3-13）可以看到，式（4-3-12）定义的瞬时频率就是单频余弦信号的频率，即对于一个余弦信号，它的三参数小波变换得到的时间—尺度域结果会在某个能量最大的尺度附近形成一个尺度带，但是这些尺度对应小波系数通过式（4-3-12）计算出来的瞬时频率都为余弦信号的频率 ω_0，因此可以想象将这些尺度的能量都集中到 ω_0 上，这就解决了上面提到的能量往哪个频率成分集中的问题。

4. 时间—尺度域到时间—频率域的映射

式（4-3-12）计算得到瞬时频率后，能量应该往这个频率上挤压（集中），也就是将小波变换系数累加到这个频率成分上，即 $(a,b)\to[\omega(a,b),b]$，进行能量重排，那么如何将对应在同一个频率成分上的小波系数累加到一起呢？

对于给定的信号 $s(t)\in L^2(R)$ 的三参数小波变换为 $W_s(a,b)$，有如下表达式：

$$\int_0^{+\infty} W_s(a,b)a^{-1}da = \frac{1}{2\pi}\int_{-\infty}^{+\infty}\int_0^{+\infty}\hat{s}(\omega)\overline{\hat{\psi}}(a\omega;\Lambda)e^{i\omega b}a^{-1}dad\omega$$
$$= \frac{1}{2\pi}\int_0^{+\infty}\int_0^{+\infty}\hat{s}(\omega)\overline{\hat{\psi}}(a\omega;\Lambda)e^{i\omega b}a^{-1}dad\omega$$
$$= \int_0^{+\infty}\frac{\overline{\hat{\psi}}(\omega;\Lambda)}{\omega}d\omega\frac{1}{2\pi}\int_0^{+\infty}\hat{s}(\omega)e^{i\omega b}d\omega$$
（4-3-14）

记

$$C_\psi = \frac{1}{2}\int_0^{+\infty}\frac{\overline{\hat{\psi}}(\omega;\Lambda)}{\omega}d\omega$$

而 $s_a(b) = \frac{1}{2\pi}\int_0^{+\infty}2\hat{s}(\omega)e^{i\omega b}d\omega$ 是 $s(t)$ 的解析信号，从而式（4-3-14）可以写为

$$\int_0^{+\infty}W_s(a,b)a^{-1}da = C_\psi s_a(b) \tag{4-3-15}$$

因为 $s_a(b)$ 是 $s(b)$ 的解析信号，故有

$$s(b) = \Re e[s_a(b)] = \Re e\left[C_\psi^{-1}\int_0^{+\infty}W_s(a,b)a^{-1}da\right] \tag{4-3-16}$$

从式（4-3-16）中可以看到，通过小波变换系数再乘以因子 a^{-1} 得到的结果和原信号的解析信号只差一个常数因子，这很容易得到其反变换。如果将 $W_s(a,b)a^{-1}$ 都分配给上面提到相应的瞬时频率成分上，则就可以得到挤压后的时频分布，而且存在简单、严格的反变换，由此得出时间—尺度域到时间—频率域的映射如下：

$$T_s(\omega,b) = \int_{\{a:a>0,\omega_s(a,b)=\omega,W_s(a,b)\neq 0\}}W_s(a,b)a^{-1}da \tag{4-3-17}$$

通过式（4-3-17），在某个固定的时刻 b，在小波系数 $W_s(a,b)\neq 0$ 处，计算其瞬时频率 $\omega_s(a,b)$，将所有瞬时频率都为某一频率 ω 的小波系数通过式（4-3-17）累加到一起，这样就完成了能量的重分配，得到了挤压后的时频分布，式（4-3-17）的等价形式为

$$T_s(\omega,b) = \int_{\{a:a>0,W_s(a,b)\neq 0\}}W_s(a,b)a^{-1}\delta[\omega_s(a,b)-\omega]da \tag{4-3-18}$$

对于信号 $s(t)$，选择一个平滑函数 $h\in C_0^\infty$，h 满足 $\int h(t)dt = 1$，则对于给定的阈值 $\tilde{\varepsilon}$ 和精度 α，信号 $s(t)$ 的同步挤压三参数小波变换定义为（Liu 等，2017）：

$$S_{s,\tilde{\varepsilon}}^\alpha(\omega,b) = \int_{A_{\tilde{\varepsilon},s}(b)}W_s(a,b)\frac{1}{\alpha}h\left[\frac{\omega-\omega_s(a,b)}{\alpha}\right]a^{-1}da \tag{4-3-19}$$

其中

$$A_{\tilde{\varepsilon},s}(t) = \{a\in R^+;|W_s(a,b)|>\tilde{\varepsilon}\}$$

式中　$h(t)$——具有紧支集的无限光滑函数。

当 $\alpha\to 0$ 时，$\frac{1}{\alpha}h\left[\frac{\omega-\omega_s(a,b)}{\alpha}\right]\to\delta[\omega-\omega_s(a,b)]$，用 $h(t)$ 代替单位脉冲函数时相当于起了个加权的作用。当 $W_s(a,b)$ 很小时，计算瞬时频率时会出现不稳定的情况，所以在数值计算的时候我们取 $|W_s(a,b)|>\tilde{\varepsilon}$ 进行计算。

本节将同步挤压三参数小波变换用于合成地震记录，该合成地震记录如图 4-3-7（a）所示。该合成地震记录包含三组反射系数对：第一组反射系数对包含两个主频为 10Hz 的零相位 Ricker 子波，其时间间隔为 100ms；第二组反射系数对包含一个主频为 10Hz 的零相位 Ricker 子波和一个主频为 40Hz 的零相位 Ricker 子波，二者到达时间相同；第三组反射系数对包含两个主频为 20Hz 的零相位 Ricker 子波，其时间间隔为 50ms。由 Morlet 小波变换、三参数小波变换、同步挤压变换和本项目算法计算得到的时频结果如图 4-3-1（b）至图 4-3-1（d）所示。Morlet 小波变换的结果时间分辨率较低，不能准确刻画第一组和第三组反射系数对。由于三参数小波能更好地匹配地震子波，而且其包含三个可调参数，可以得到优化的时频分辨率，故其对第三组反射系数对的刻画比 Morlet 小波变换更为清晰，但由于低频时小波变换的时间分辨率较低，所以其不能很好地刻画第一反射系数对。虽然同步挤压变换提高了时频分辨率，但当地震子波到达时间相近时其不能准确地刻画地震子波的时频特点。由于本项目算法可以得到更高的时频分辨率，所以其对该合成地震记录的刻画更为准确，可以较好地分辨各个地震子波及其频率成分，如图 4-3-1（b）至图 4-3-1（d）中箭头所示位置。

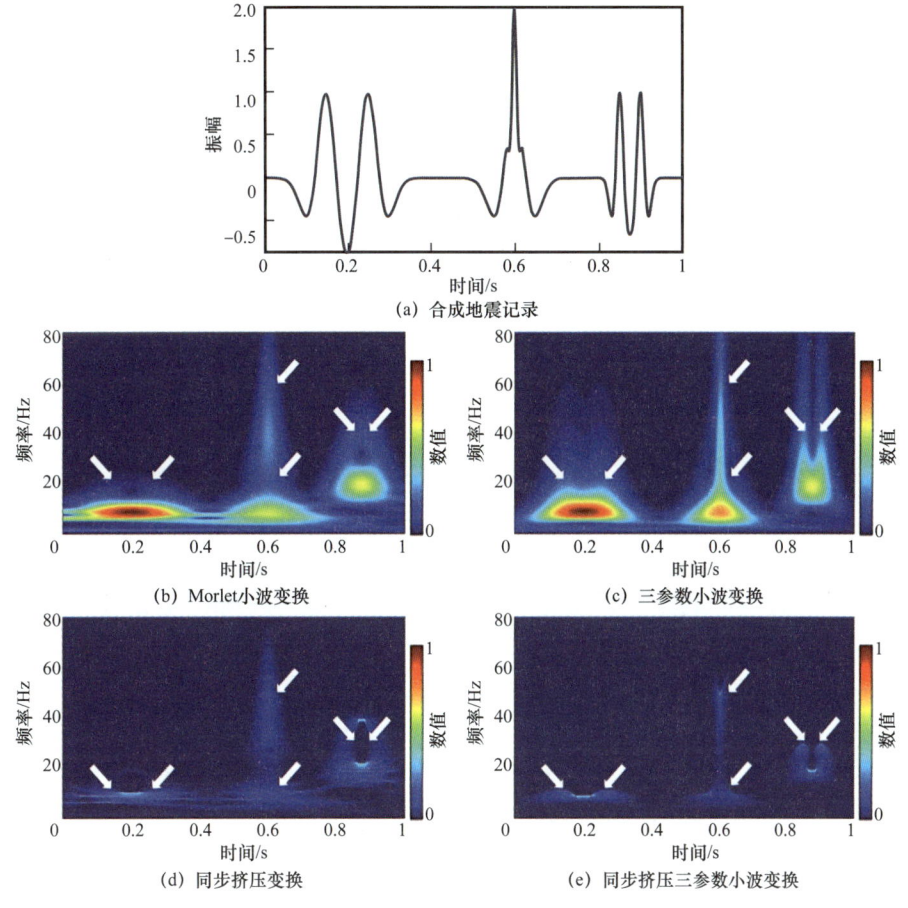

图 4-3-7　合成地震记录及其时频表示

将上述变换用于实际地震数据进行致密砂体结构刻画，该数据采自盘克地区，处理对象为叠后地震数据。如图4-3-8所示为新安边油田盘克三维Inline370测线地震叠加、三参数小波变换和同步挤压变换剖面的应用效果，该剖面是湖盆中部新安边油田盘克三维区过7口井的连井地震剖面，两边为10m左右薄砂体结构，呈现高频特征；中间为厚层块砂岩结构，呈现低频特征。对比无挤压的三参数小波变换，挤压三参数小波变换能够更加高分辨的表征由于砂体厚度变换导致的频率成分变化特征（其中高频成分丰富的位置对应薄砂体发育位置，低频成分丰富的位置对应厚砂体发育位置）。与井点砂体解释结果对比不难看出，本节提出的同步挤压变换所表征的厚度区间与井解释结果一一对应。本节提出的变换对砂体结构预测，与国内外已有方法的对比高低频的分辨率明显增强，有利于定性识别砂体结构。

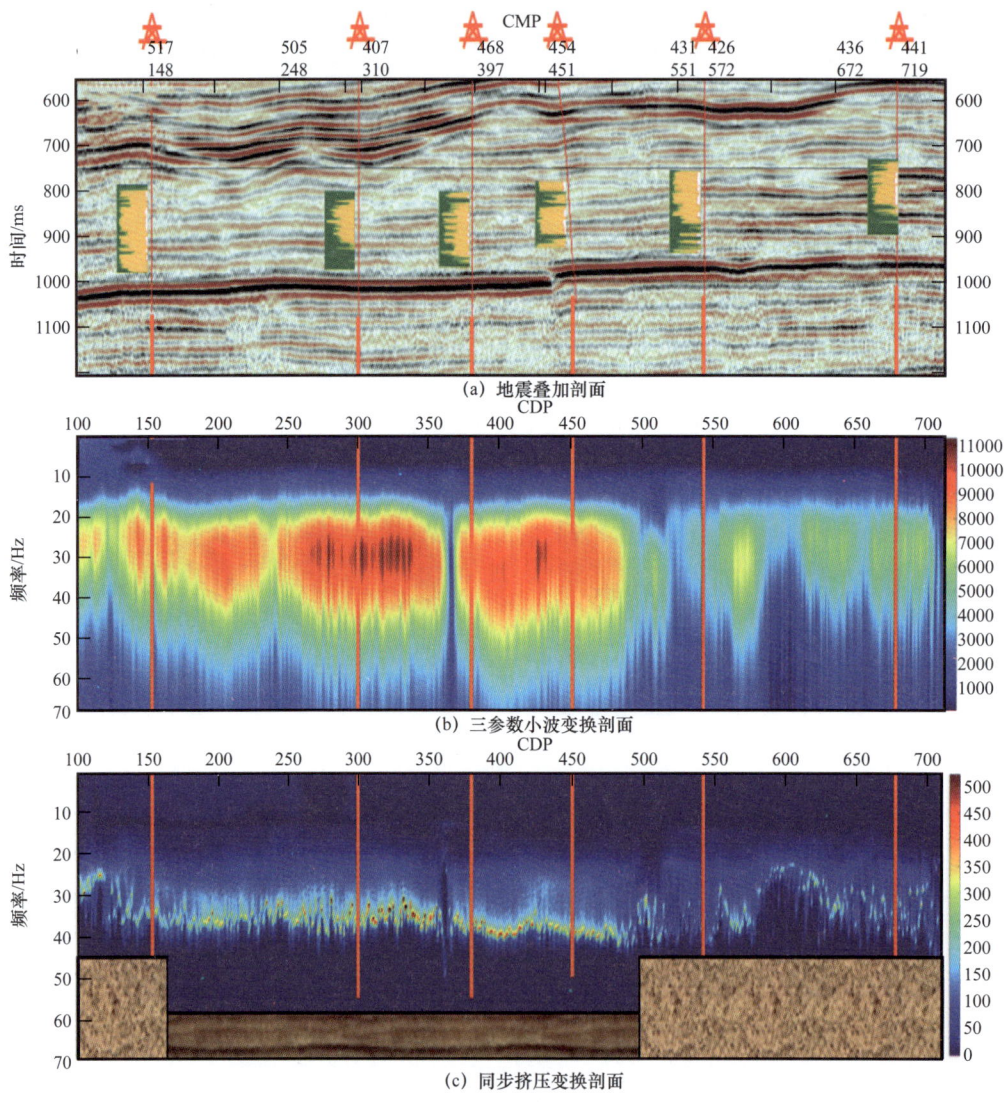

图4-3-8　鄂尔多斯盆地新安边油田地震叠加、时频分析、三参数小波变换和同步挤压变换剖面

如图4-3-9所示为本节方法与商业软件计算的结果对比。对比图4-3-8中结果可以发现，首先，商业软件计算的结果存在时频基原子不匹配地震子波导致的震荡假象。其次，由于长7_2段位置强反射的存在导致强反射之上的一套砂体无法识别，本节提出的技术计算结果能够清晰展示水平井之上与之下两套砂体横向展布情况。实钻结果表明，根据本章提出方法表征砂体结果，砂体结构稳定，建议水平段加长900m，实钻2406m，有效储层钻遇率92.2%。

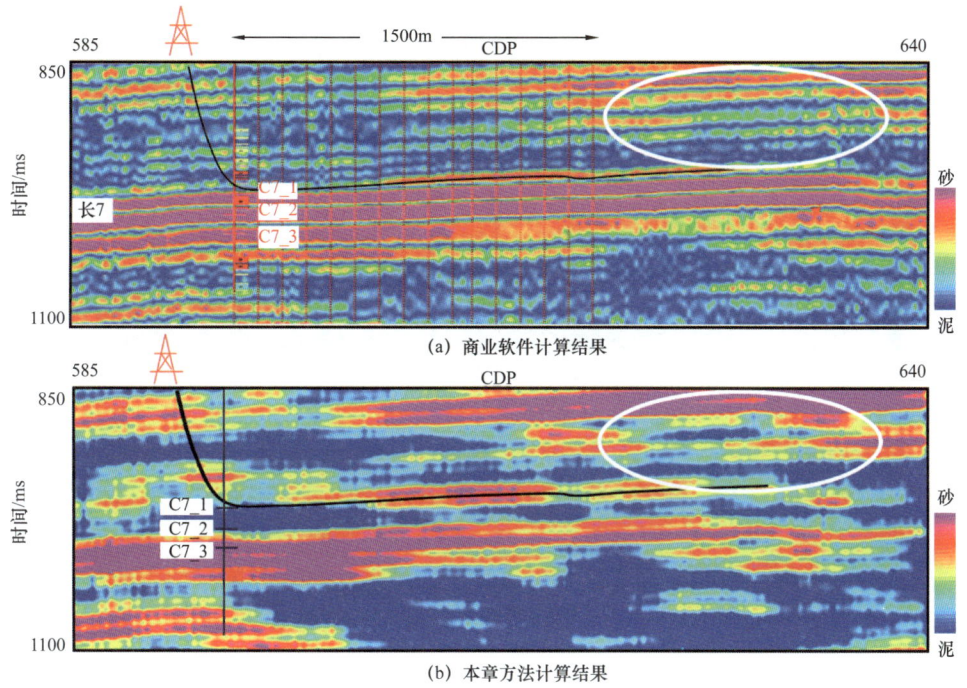

图4-3-9 致密砂体横向厚度变化规律刻画（用于辅助水平井导向方案设计）

如图4-3-10所示为盘克三维过NH1-2水平井的地震叠加、三参数变换和同步挤压变换分析及60Hz单频剖面，从图4-3-5（b）看沿着NH1-2水平井实施的靶点和方向，水平段砂体发育和结构稳定，原设计1500m，由于目的层段三参数变换，特别是同步挤压变换显示的砂体稳定向前延伸，建议水平段加长。调整设计加长至1700m，实钻1647m，有效储层钻遇率89%。在盘克三维区砂体结构预测结合页岩油甜点预测的其他方法，为13口井水平导向提供依据，其中新建议2口长水平井，调整水平轨迹1口，延长2口水平段，缩短2口，暂缓2口，确认4口。油层钻遇率提高到80%以上，为水平井调整、设计和导向提供了技术支撑。

致密页岩油田效益开发迫切需要搞清砂体的结构和空间展布特征，特别是纵向上识别砂体结构（单层、多层、厚块状、薄互层），为制定开发政策、确定开发井型提供依据。本文利用同步挤压三参数小波变换新方法，定性预测了砂体纵向上厚块状和薄互层的分布。鄂尔多斯盆地庆城页岩油田的实际地震资料应用，表明该方法可定性识别厚快状和薄互层砂体，为定向井部署特别是开发水平井导向和提供依据。

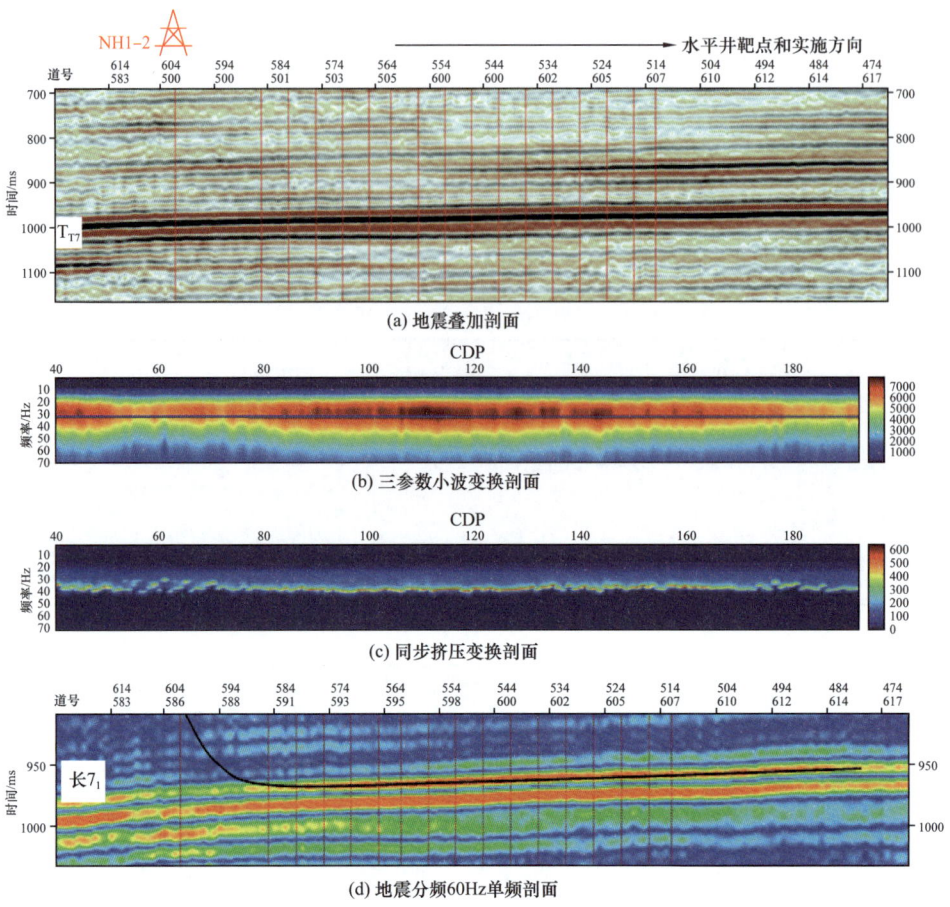

图 4-3-10 盘克三维过 NH1-2 水平井地震叠加、三参数变换和同步挤压变换及 60Hz 单频剖面

三、薄储层预测

常规叠前确定性反演通过低频建模能够较好地保留地震的低频趋势，反映岩性横向变化特征，但对于薄储层，反演结果纵向分辨率低，不能满足"甜点"的精细刻画及水平井轨迹的准确导向。叠前地质统计学反演是目前提高纵向分辨率最有效的方法，纵向对井吻合度高，但横向上不能充分兼顾地震低频趋势。因此，研究区"甜点"预测对方法进行了创新，形成了基于叠前三维分级体控反演的多参数甜点定量描述技术：充分考虑地震低频趋势和岩相空间展布规律，运用低频建模的叠前弹性参数体和地质统计学反演的高分辨率岩性概率体作为三维控制体，分别开展逐级控制下的三轮次反演（图 4-3-11），完成井、震之间的高精度迭代，得到井、震合理参与的反演体。反演结果的优势在于可有效兼顾储层横向低频趋势，平面预测结果稳定，同时纵向分辨率显著提升，与叠前确定性反演结果对比（图 4-3-12），储层预测厚度由原来的 20～30m 提高到 5～8m，与井上薄砂层对应关系良好，大幅度提高了"甜点"预测精度，运用该结果支撑页岩油水平井钻探，油层平均钻遇率提升 15%。

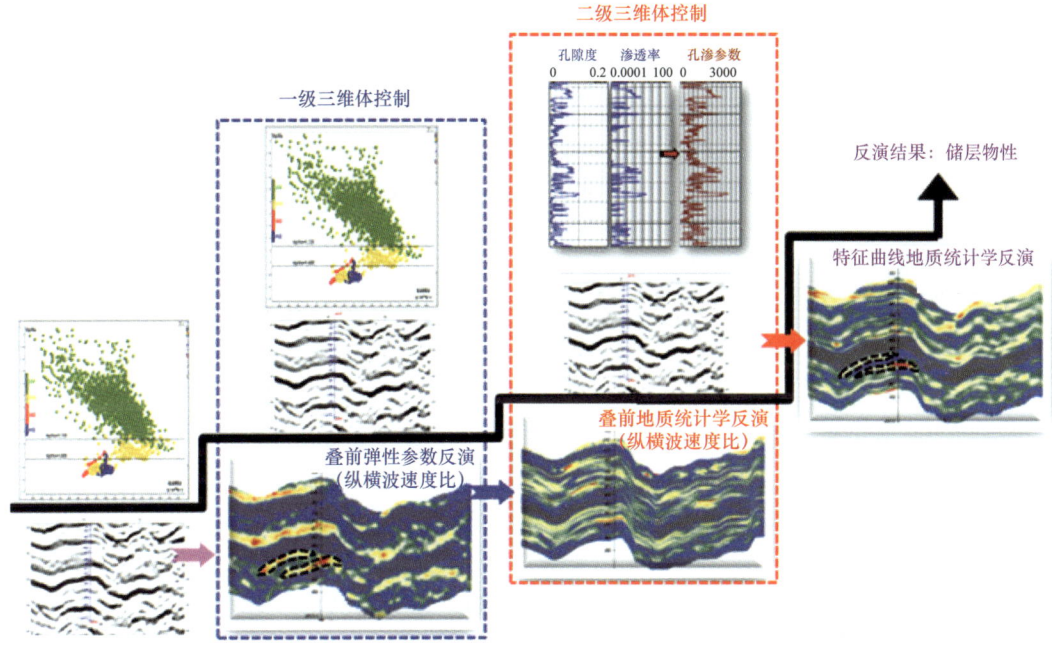

图 4-3-11　叠前 3D 分级体控反演技术思路

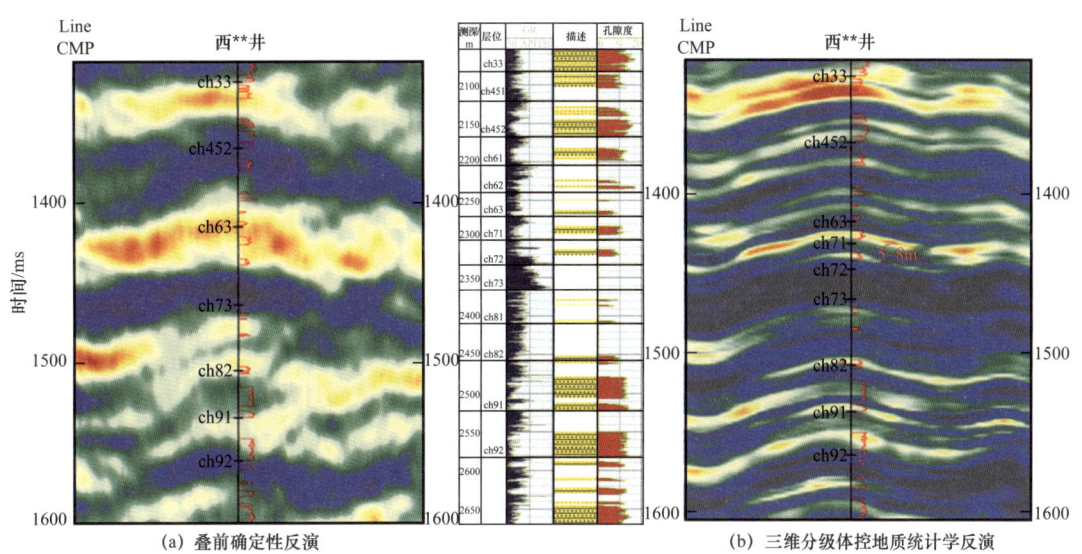

图 4-3-12　鄂尔多斯盆地某三维区过西**井不同反演结果对比图

四、储层平面展布预测

1. 属性优选

首先通过属性优选，选择砂体厚度敏感属性，对砂体厚度及展布进行预测。属性优选是从多个属性中优选出对地震最敏感的几个属性。在进行地震储层预测时，通常引入与储层预测有关的各种地震属性。地震属性的引入通常要经过一个从少到多，又从多到少的过程。因此针对具体问题，从全体地震属性集中，挑选最好的地震属性子集是必要的，此即地震属性优化问题。地震属性优化方法就是利用人的经验或数学方法，优选出对所求解问题最敏感（或最有效、最有代表性）的、个数最少的地震属性或地震属性组合。目的在于提高地震储层预测精度，从而改善与地震属性有关的方法的效果。

2. 时频分析

时频分析技术是一种基于频谱分析的高分辨率地震处理技术。利用不同频率的地震数据图，可以揭示地层的纵向变化规律、沉积相带的空间演变模式，并能进行储集层厚度展布的描绘与分析、单砂体级别薄互层的检测。根据长7段地层沉积特点，采用S变换谱分解及时频分析技术对该区长7储层进行研究。S变换是以Morlet小波为基本小波的连续小波变换思想的延伸。在S变换中，基本小波是由简谐波与Gaussian函数的乘积构成的，基本小波中的简谐波在时间域仅作伸缩变换，而Gaussian函数则进行伸缩和平移。这一点与连续小波变换是不同的。在连续小波变换中，简谐波与Gaussian函数进行同样的伸缩和平移。与连续小波变换、短时Fourier变换等时间—频率域分析方法相比，S变换有其独特的优点，如：信号的S变换的分辨率与频率（即尺度）有关，与此同时，信号的S变换结果与其Fourier谱保持直接的联系，基本小波不必满足容许性条件等。因此，利用S变换谱分解得到不同频率的数据体，可对长7砂体厚度进行定性预测。井震对比表明，40Hz单频体可以较好地反映长7储层的变化。

3. 流体活动性

流体活动性主要利用储层在叠后地震数据上表现的频率异常开展储层预测，以往主要用于含油气性检测，该技术只依靠地震资料，分析数据量小，运算速度快，在描述和评价横向非均质性强的砂岩储层中显示出了巨大的潜力，通过属性敏感性分析，流体活动性对长7储层较为敏感，可以预测长7储层展布。

通过储层敏感属性优选，选择流体活动性、均方根振幅、瞬时频率、40Hz单频地震属性（图4-3-13），采用井约束神经网络技术，精细预测长7储层的平面展布。井约束神经网络分析方法采用的是多层感知器（MLP）神经网络模型，采用后向传播（BP）学习算法。它适用于在有一定井的情况下对储层进行定性、半定量或定量分析，陇东地区井控程度较高，适合利用该方法进行储层厚度预测。优选工区内地震反射特征与砂体厚度对应关系较好井作为样本井，共筛选样本井86口，以这些井砂体厚度为样本，建立地震属性与砂体厚度对应关系，最后用完钻井进行校正，预测目标层位砂体展布，地震预测结果与井上实钻结果吻合较好，40口验证井平均误差为3.5m（图4-3-13）。

庆城油田长7段砂体发育，纵向上相互叠置，复合连片。长7段储层大面积连片分布，厚度为5~25m，其中长7_1段储层在樊家川—悦乐—城关一带最厚，长7_2段储层由西向东减薄。

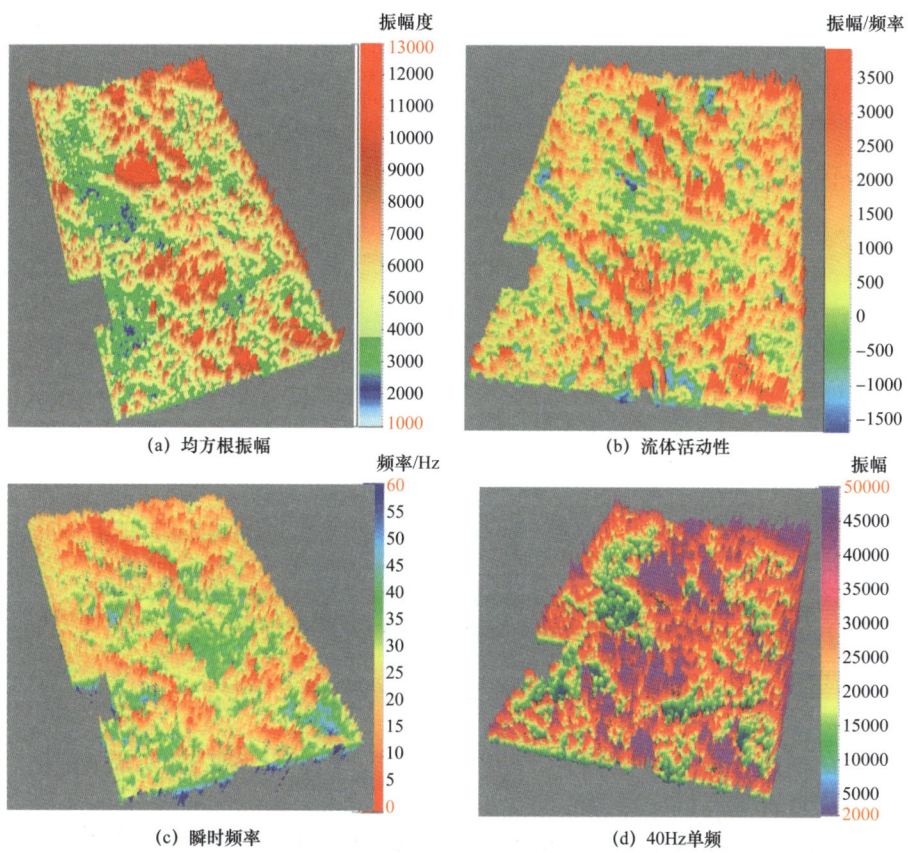

图 4-3-13　某三维区长 7_1 段属性图

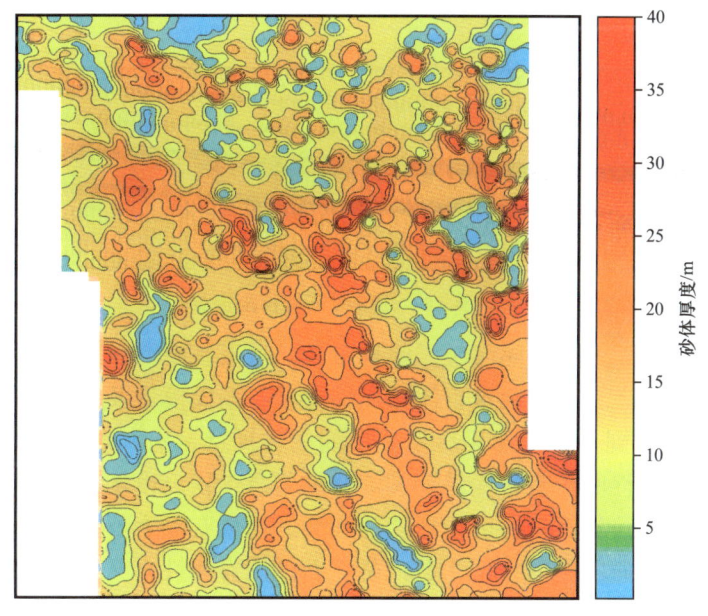

图 4-3-14　庆城油田地震预测长 7_2 砂体厚度图

五、含油性预测

1. 叠前同时反演

页岩油也是一种特殊的岩性油藏,因此储层物性决定它的含油性,可以通过对储层物性的预测,间接地进行含油性预测。岩石物理分析表面,长 7 段含油砂体的泊松比表现为低异常,一般小于 0.25。储层的泊松比可以反映储层的物性,因此通过叠前泊松比反映,可以对页岩油储层的含油性进行间接预测。叠前反演技术是以 AVO 理论为基础,利用纵波或转换波的叠前地震资料,按不同偏移距(入射角)地震资料(图 4-3-15)进行反演获得弹性波阻抗,纵、横波阻抗,密度,泊松比等多种与岩性及含流体性有关的参数,可以降低叠后地震预测的多解性。

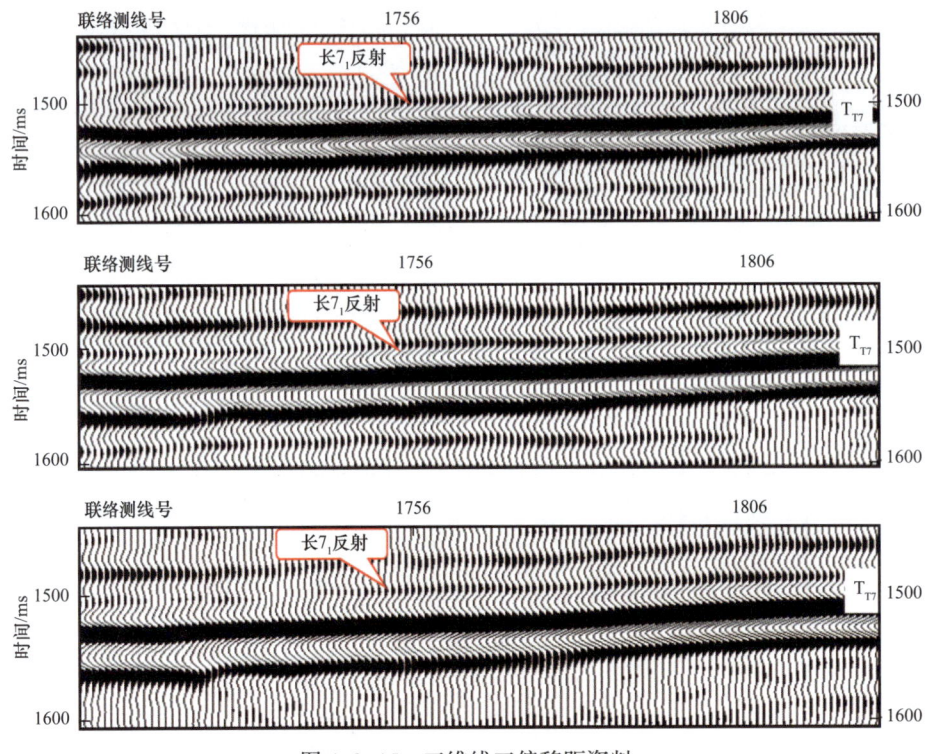

图 4-3-15 三维线三偏移距资料

叠前反演的第一步是优选储层敏感弹性参数。岩石基本的弹性参数主要包括岩石的纵横波速度,拉梅系数、剪切模量、体积压缩模量、杨氏模量及泊松比等,这些参数都是用来描述岩石在受到外力场作用后发生形变的物理量(王大兴等,2012)。其中拉梅系数是岩石不可压缩性的函数,提供有关流体的信息;杨氏模量是岩石受外力作用阻力的度量;剪切模量反映岩石抵抗剪切形变的能力,提供有关岩石骨架的信息;泊松比表示物体横向应变与纵向应变的比例系数,是岩石的固有属性,又称横向变形系数,主要指示流体的变化。这些弹性参数在不同程度上能够反映储层的岩性、物性和含流体性质。因此,依据实际的纵横波测井资料,通过计算不同岩性、物性的岩石弹性参数,寻找适合目标层段储层岩性、物性识别的敏感岩石弹性参数或弹性参数组合，流程如图 4-3-16 所示。通过叠前同时反演得到长 7 储层的泊松比可对长 7 砂岩储层的含油性进行预测（图 4-3-17 和图 4-3-18）。

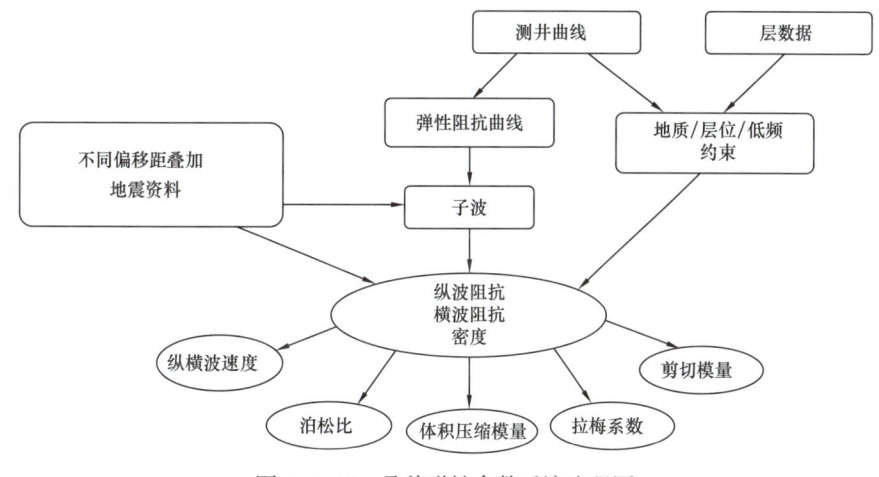

图 4-3-16　叠前弹性参数反演流程图

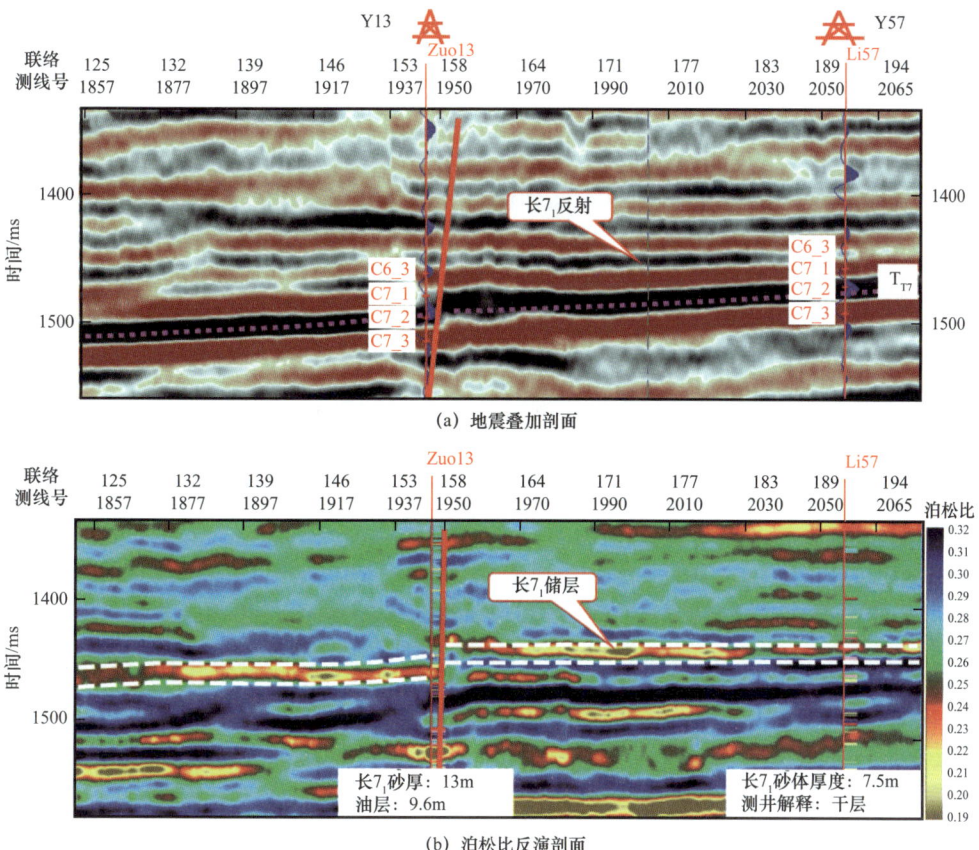

图 4-3-17　环县三维区 Y13、Y57 井任意线地震叠加及泊松比反演剖面

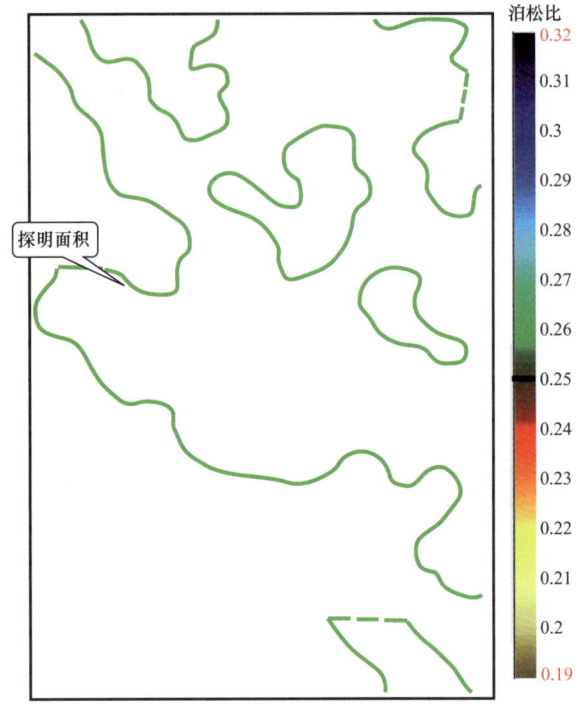

图 4-3-18　环县三维区长 7_1 泊松比属性图

2. 基于各向异性分析的方位质心频率含油性预测

流体的频率响应主要在低频段，低频信息对于流体检测精度的提高具有至关重要的作用。前人大量的研究结果证实，地震的频谱属性对流体比较敏感，在此基础上产生了一系列的储层预测和流体检测方法。然而在实际生产中发现，地震资料的频谱特征除受储层和流体等因素影响外，还受到地层埋深、上覆异常地质体等非储层流体因素影响。常规叠后含油性检测技术（如谱梯度流体检测技术、频谱衰减等技术）应用于本区页岩油含油性预测效果不理想。如何提高检测精度，是目前亟待解决的问题。

介质的各向异性指介质的物理或化学等特性随方向发生变化，反映到螺旋道集上表现为道集同相轴的幅值、剩余时差等特性随方位角发生"抖动"。可以通过有效提取这一响应特性，预测地下介质的各向异性特性。

进行各向异性分析需要叠前螺旋道集数据，该数据包含了不同方位丰富的信息，常规道集分方位角数据规则化方法，按照方位角信息对道集数据分组分选，一定程度上保持了数据的方位角信息。但是由于近偏移距数据覆盖次数比较低，往往限制了方位角划分的个数。远偏移距数据有足够的覆盖次数且对方位角响应信息敏感，较少的方位角个数损失了这一部分信息。通过利用盘克三维全方位数据宽频带、宽方位的优势，采用"矩形"数据分选、投影方法，保障了近、中、远偏移距数据有相同或相近样本采样个数，对原始覆盖次数要求比较低，能够实现任意小方位角间隔的数据规则化，利于共方位角道集或者共偏移距道集的抽取及道集的多维柱状显示（图 4-3-19）。

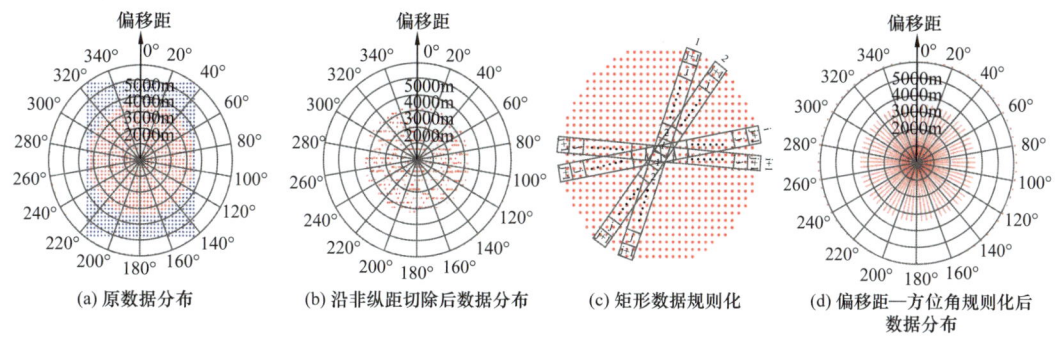

图 4-3-19　偏移距—方位角域数据规则化效果图

自适应方位质心频率是利用叠前道集不同方位数据体计算同一位置地震属性会存在两个极端的特性，通过 OVT 域螺旋道集不同方位各道分别计算得到同一点多个频率，优选出这些频率中的大值、中值、小值，再自适应提取最大、最小质心频率，降低单一方位敏感属性对储层、流体描述出现的不确定性因素，可以刻画目的层的某一方位的频谱特点，实现含油性预测的目的。质心频率指频谱质心所对应的频率（图 4-3-20），其计算公式如下：

$$\Delta f_{\mathrm{mc}} = \frac{f_{\mathrm{mean}} - f_{\mathrm{mc}}}{f_{\mathrm{max}} - f_{\mathrm{min}}} \quad (4\text{-}3\text{-}20)$$

其中

$$f_{\mathrm{mean}} = \frac{f_{\mathrm{max}} - f_{\mathrm{min}}}{2} + f_{\mathrm{min}}$$

式中　f_{mc}——半能量频率（质心频率）—有效频带内频谱半能量对应的频率，Hz，反映储层物性；

　　　f_{mean}——平均频率，Hz；

　　　f_{min}——最小频率，Hz；

　　　f_{max}——最大频率，Hz；

　　　Δf——频率间隔，Hz；

　　　Δf_{mc}——质心频率变化率，Hz，反映流体的变化，值越小，表示低频成分越丰富；值越大，表示高频成分更多。

方位质心频率技术通过系统自动识别叠前方位角—炮检距域道集资料频谱的方位最大频率 f_{max} 和方位最小频率 f_{min}，计算对比频谱的横向变化，以达到预测有利储层发育范围的目的。"两宽一高"地震数据经过保方位角偏移处理（如 OVT 域偏移处理），能够获得具有方位角信息的蜗牛道集。在各向异性发育区，远炮检距的共炮检距道集同相轴的振幅、旅行时会随着方位角的变化而变化，不同方位的质心频率也会随着方位角的变化而变化。

通过该方法预测长 7_2 段含油性属性平面图与已知井数据符合率 87%，解决了含油性预测的难题，有效指导了水平井的设计和实钻导向。从长 7_2 段方位质心频率属性平面图来看，工区的含油砂主要分布在西北部和东部（图 4-3-21）。

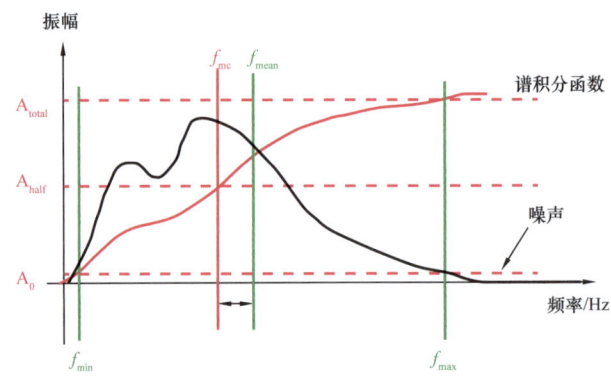

图 4-3-20　质心频率属性原理示意图

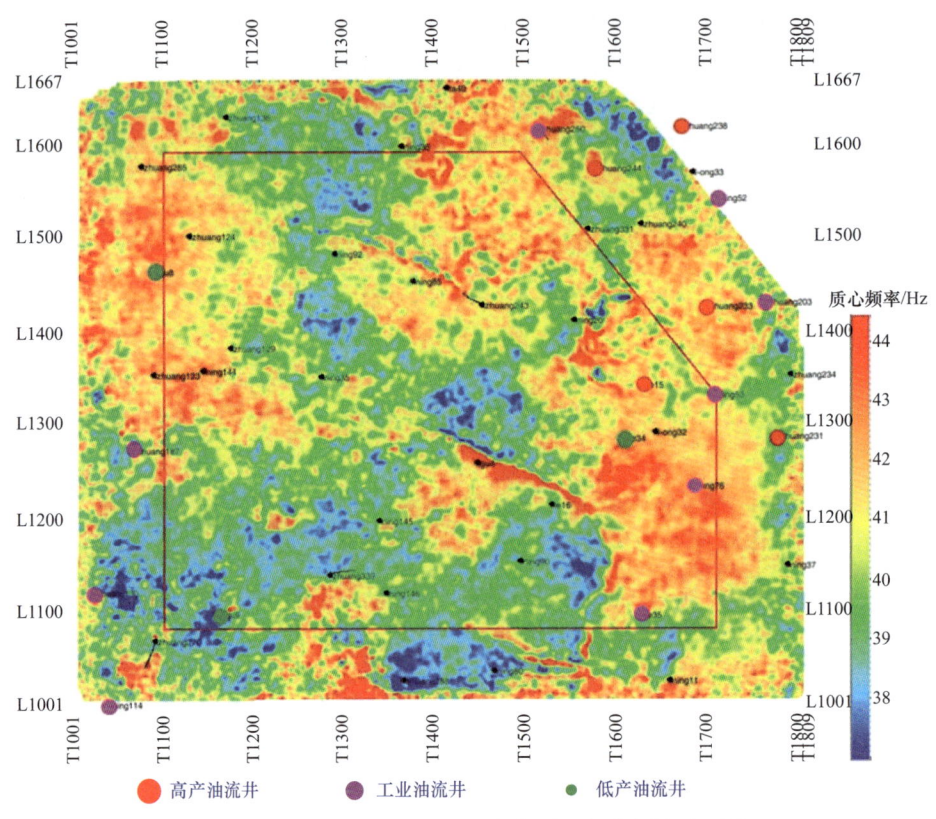

图 4-3-21　盘克三维长 7_2 段方位质心频率属性平面图

3. 高亮体

高亮体属性是近年来研发的一种地震含油性预测方法，该项技术通过计算峰值与有效频带内平均振幅之差，突出振幅明显异常区，能很好反映区内长 7 储层的物性，进而间接预测含油性。在高亮体剖面上，长 7 页岩油储层表现为强反射特征，说明储层发育含油性好，与井上实测结果吻合较好（图 4-3-22）。

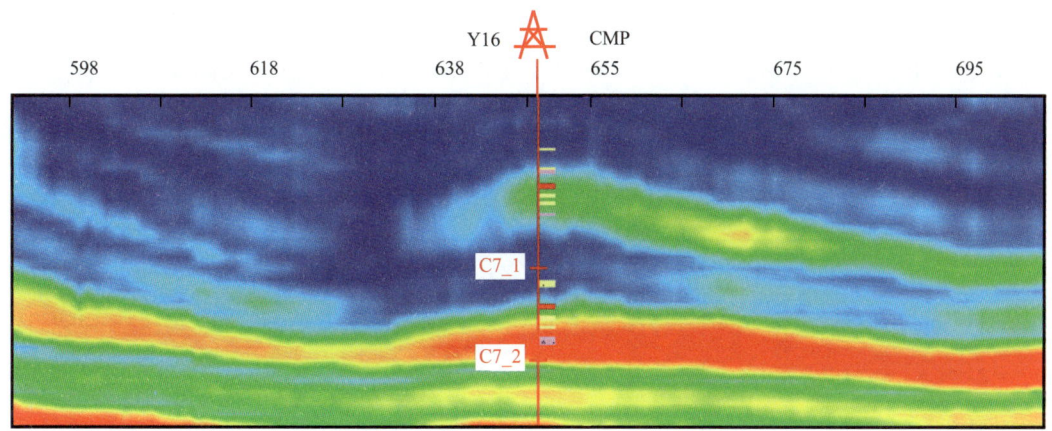

图 4-3-22　庆城北三维过井 Y16 高亮体属性剖面

第四节　页岩油储层工程"甜点"预测

一、脆性指数预测

当应力由某一初始弹性态加载到峰值强度后,将发生突变而迅速跌落至残余强度面上。岩石应力跌落的这一特征被称为应力脆性跌落系数或脆性指数(Brittleness Index,BI)。岩石脆性特征对天然裂缝、人工压裂缝均具有较强的影响和控制作用,脆性指数越高,储层的可压性越好,越容易形成缝网,脆性指数的定量评价对地质甜点优选及体积改造意义重大。目前,对于岩石脆性指数的计算,主要是通过岩石矿物分析法和岩石力学法(归一化杨氏模量和泊松比加权法)。岩石矿物分析法:

$$BI = \frac{石英+长石+碳酸盐}{石英+长石+碳酸盐+黏土} \qquad (4-4-1)$$

利用测井矿物解释结果能够获得全井段脆性表征剖面,实用性强。但只能进行单井点预测,不能对储层脆性平面展布特征进行分析。

岩石力学法主要是利用实验数据回归关系,总结出脆性指数和杨氏模量及泊松比关系。一般情况下随泊松比的增大,脆性指数明显降低;随杨氏模量的增大,脆性指数呈增大趋势(表 4-4-1)。

目前大多采用式(4-4-1)用测井资料计算脆性指数。Rickman 的公式[式(4-2-3)]中杨氏模量和泊松比对脆性指数的贡献是一样的,这种公式的适应性差,因为不同地区杨氏模量和泊松比与脆性指数的对应关系及相关性差异较大,因此根据鄂尔多斯盆地实际情况,将式(4-2-3)改写成:

$$BI = a\Delta E + b\Delta \sigma \qquad (4-4-2)$$

其中 $\qquad\qquad\qquad\qquad a+b=1$

系数 a 和 b 的值可以控制杨氏模量和泊松比占的比重大小，由此，计算的脆性指数更为合理。具体方法是以深度域的 X 衍射矿物组分计算脆性指数及对应偶极声波测井计算的归一化杨氏模量和泊松比三组数据（王大兴等，2015；张杰等），求解计算式（4-4-2）的系数 a、b 值。

表 4-4-1　实验室测定的岩心数据表

测试编号	深度 /m	岩性	井号	弹性模量 /MPa	泊松比	BI/%
1	2435.2	粉砂岩	C56	20236.0	0.127	51.9
2	2441.0	泥岩		16253.7	0.217	34.4
3	2441.2	细砂岩		22701.6	0.156	48.6
4	2445.8	泥岩		10116.9	0.372	4.7
5	2449.4	细砂岩		13962.4	0.252	27.1
6	2483.6	泥岩		10888.9	0.332	11.9
7	2471.0	粉砂岩	C53	14100.3	0.249	27.7
8	2475.4	细砂岩		15194.5	0.291	21.4
9	2483.1	泥岩		17501.4	0.324	17.4
10	2820.3	细砂岩		11216.7	0.193	35.3
11	2820.5	细砂岩		11534.4	0.282	20.6
12	2826.0	细砂岩		12955.8	0.111	50.0
13	2829.8	细砂岩		14164.2	0.174	40.3
14	2832.5	粉砂岩		20111.8	0.131	51.2
15	2825.5	细砂岩	H2	15336.0	0.177	40.5
16	2827.8	细砂岩		16960.9	0.251	29.2
17	2830.7	粉砂岩		17415.8	0.264	27.3
18	2831.1	粉砂岩		20965.4	0.142	49.9
19	2832.0	泥岩		15809.4	0.280	23.6

如图 4-4-1 所示，图中纵坐标为实测脆性指数（True BI），横坐标为计算脆性指数（Compute BI），图 4-4-1（b）所用公式中，杨氏模量与泊松比的权重分别为 0.32 和 0.68。图中可以看出，如果直接套用公式，系数 a，b 都是 0.5 时，计算的 BI 与实测的 BI 的关系如图 4-4-1（a）所示，两者相差较大，当权重可调后，计算的 BI 与实测的 BI 的关系如图 4-4-1（b）所示，两者相差较小，因此对于该地区来说系数 a=0.32，b=0.68 时计算的脆性指数更准确。

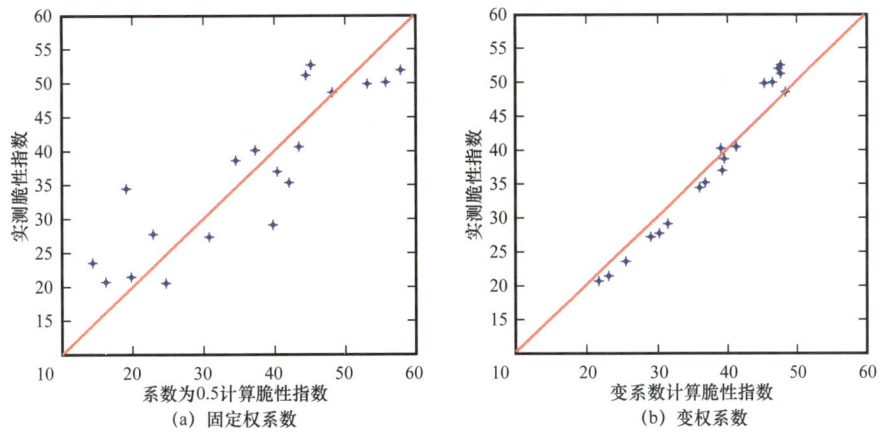

图 4-4-1　不同公式计算脆性指数与实钻结果对比图

利用三维三偏移距资料，反演得到泊松比及杨氏模量，采用改进杨氏模量和泊松比加权法预测储层脆性指数，为工程施工提供依据。脆性指数高的地方，石英等脆性矿物发育，岩性纯，物性更好，更容易压裂（图 4-4-2 和图 4-4-3）。

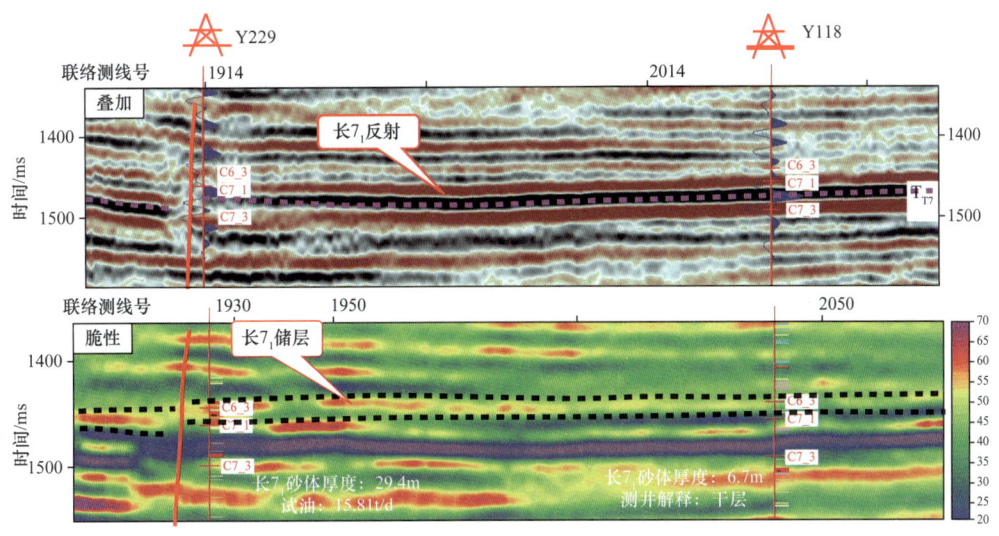

图 4-4-2　环县三维过 Y229 井、Y118 井脆性指数反演剖面

二、裂缝检测

1. 叠前五维裂缝检测

油气藏中储层天然裂缝的预测一直是难题，鄂尔多斯盆地长 7 页岩油藏钻井揭示，长 7 储层段 54 口井观察岩心中，有 31 口井不同程度上发育宏观裂缝，裂缝钻遇率达 57.4%。对页岩油储层裂缝发育带、发育密度等预测成为三维地震技术应用的关键。

传统方法是借助岩心露头和井数据来进行裂缝检测，虽然岩心露头资料能提供直观、可靠的裂缝资料，综合各种测井资料能对裂缝进行准确识别，但岩心及测井资料控

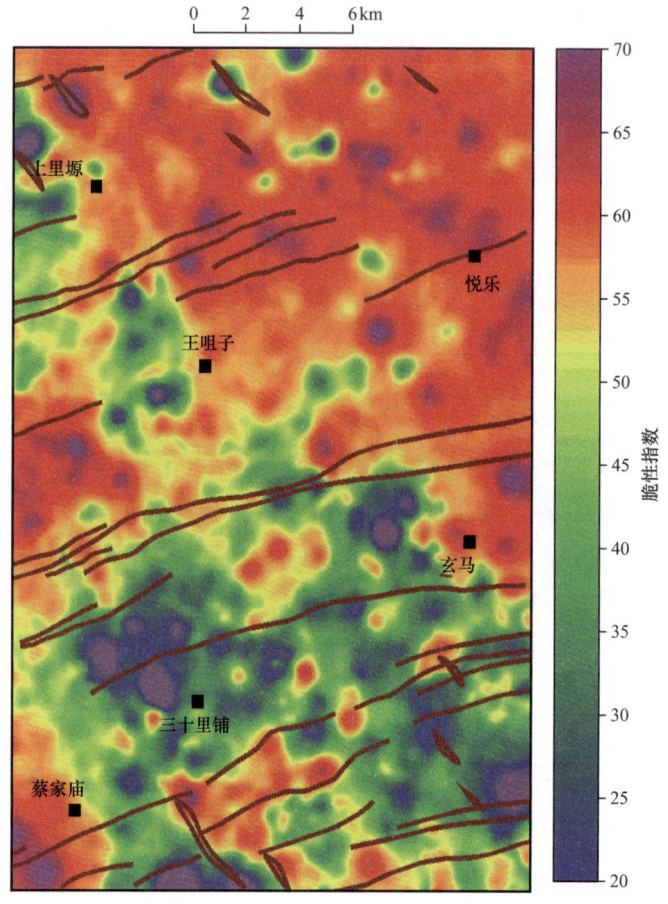

图 4-4-3　环县三维区长 7_1 脆性属性图

制点有限。通过理论研究和现场试验已经证明：利用地震各向异性特征和不连续性特征来识别、表征地下裂缝的走向、发育程度及分布范围是可行的。三维地震数据庞大的数据量使得三维叠后地震属性分析手段在裂缝预测方面仍然具有较为广阔的发展空间。与精细的裂缝识别与预测相关的三维叠后属性分析是围绕地震反射波型式的突变（不连续性）而开展的，倾角/方位角分析、曲率分析、相干分析、频谱分解等技术已得到广泛应用。

随着宽方位高密度地震勘探技术的发展，偏移距矢量（OVT）处理技术是一种有效的宽方位地震处理数据技术，能够提供振幅和方位保真的叠前道集数据体。OVT 的概念最早由 VERMEER 和 CARY 在研究宽方位数据观测系统设计时分别独立提出，VERMEER 较系统地论述了 OVT 采集、处理的一些基本问题，使 OVT 域处理技术理论基本成形。WILLIAMS 等从中发现了这种方法在方位各向异性速度分析和 AVAZ 应用方面的价值，应用 OVT 域处理数据进行裂缝预测开始应用。五维裂缝预测是利用宽方位的 OVT 域道集资料，通过分析不同方位角的道集资料的属性差异来进行裂缝预测（图 4-4-4）。宽方位地震资料方位角和炮检距分布较为均匀，通常能获取更好的预测效

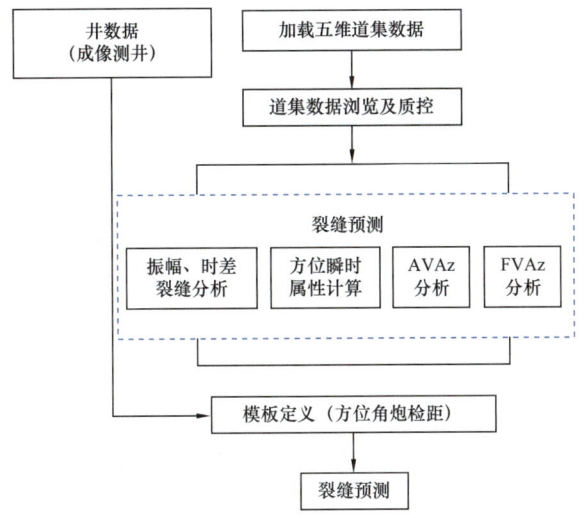

图 4-4-4　裂缝预测流程图

果。众多研究表明，当地震波通过裂缝介质时，不同方向波的旅行时、速度、振幅、频率和相位等属性都会随着传播方位而生变化，沿裂缝方向和垂直裂缝方向的旅行时、振幅和频率会出现各向异性，通过检测这些属性的各向异性，可以对裂缝进行预测。

通过振幅、时差的方位特征预测裂缝，就是基于方位道集振幅、均方根振幅、时差的各向异性的椭圆拟合，具体方法是提取不同方位道集中某个目的层的最大振幅值、最大均方根振幅或目的层的时差，根据这些振幅值或时差值与方位信息的椭圆拟合，根据椭圆扁率、长轴方向预测裂缝强度（密度）和方向。

宽方位（OVT）资料预测裂缝与通常的分方位裂缝预测相比有以下优点：

（1）交互分析炮检距范围，选择范围更合理。

（2）样点多，椭圆拟合更可靠。

叠前裂缝方向预测实现从常规分方位预测到直接利用螺旋道集（五维）预测，裂缝强度、方向预测精度得到明显提高。

庆城北三维区有 AVO 道集资料，可以利用五维裂缝预测技术对研究区裂缝进行预测。该方法的关键是要建立一个模板。用研究区内有成像测井资料的里 445 井周围的道集建立模型，当裂缝预测结果与实测结果一致，说明该模板比较符合研究区的实际情况。

首先从里 445 井周围的一个点出发，选择一个点的线道位置，接下来选择方位角和偏移距。做裂缝预测要用全方位数据，从 0°—180°的，需要改变的是偏移距，也就是图 4-4-5 中的大圆和小圆，可以用鼠标拖动大圈，甩掉远偏移距低信噪比的道集资料，拖动小圈，去掉近偏垂直入射的道集资料。本区选择的是 800~2200m 偏移距范围的道集资料。

还需要注意方位角叠加个数，目的是去除异常值，提高信噪比。裂缝预测主要计算沿层裂缝信息，因此必须要选择目的层。调整好参数后，保存模板（图 4-4-6）。

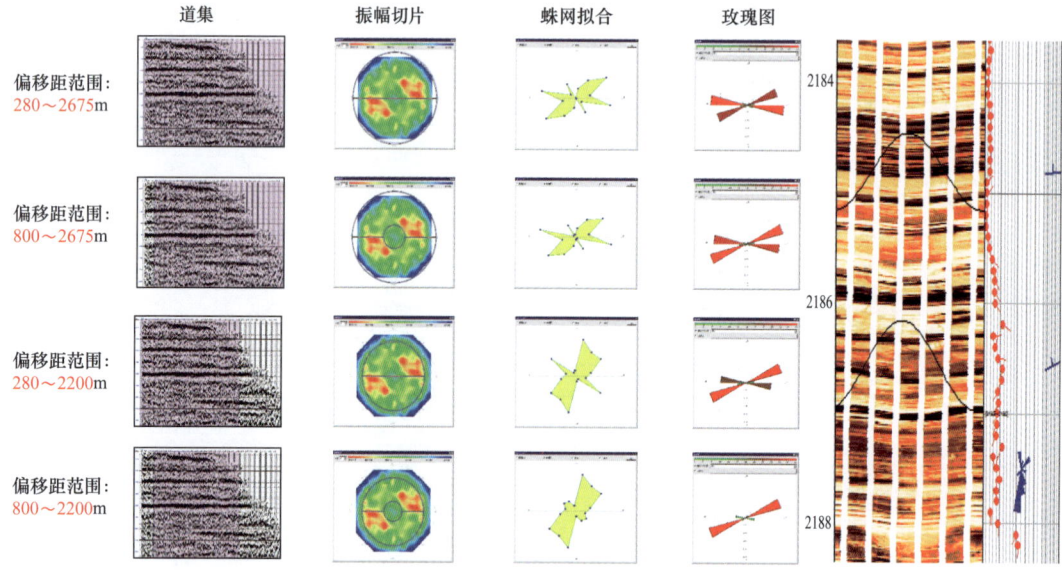

图 4-4-5　裂缝预测模板建立流程图

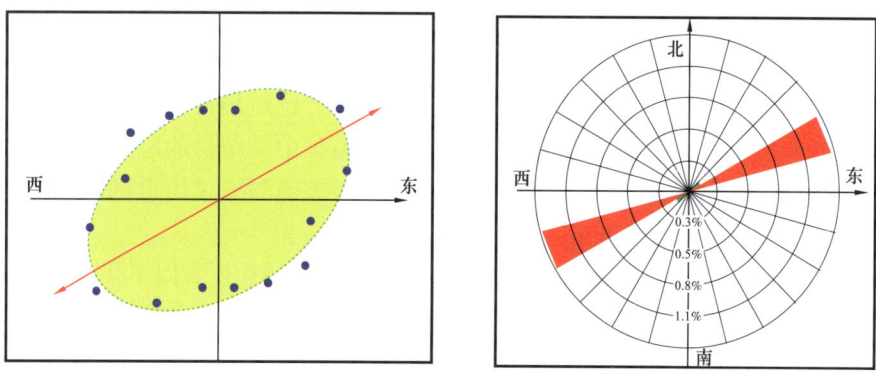

图 4-4-6　模板方位角拟合图

裂缝计算方法包括最大振幅、均方根振幅、走时三种方法。

（1）最大振幅椭圆拟合方法：根据目的层所在的振幅值来进行椭圆拟合。用该方法时需要给出目的层，可以对目的层进行时移，即偏移量。

（2）均方根振幅椭圆拟合方法：根据目的层一定层厚度之内的均方根振幅值来进行椭圆拟合。用该方法时在选择目的层的同时需要给出层厚度。

（3）走时椭圆拟合计算：需要定义上覆标准层（一般选择距离目标层较近的稳定的反射层），以消除上覆其他地层的各向异性影响，进而计算目标层与标准层时差，拟合椭圆的方法。用该方法时需要同时选择标准层及目的层。通过对比分析，最大振幅椭圆拟合方法与实际裂缝方向拟合较好，因此，本次研究选择最大振幅进行裂缝预测。如图 4-4-7 所示为庆城北三维区长 7_1 段、长 7_2 段、长 7_3 段地震预测裂缝密度图，从图中可以看出，裂缝展布具有继承性，且多分布在断层两侧，裂缝重要为两期，一期为北东—南西向，一期为北西—南东向，与两期断层展布方向一直。

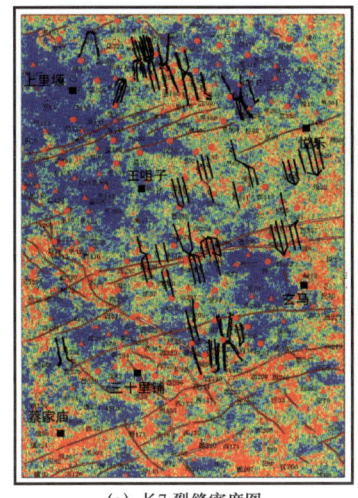 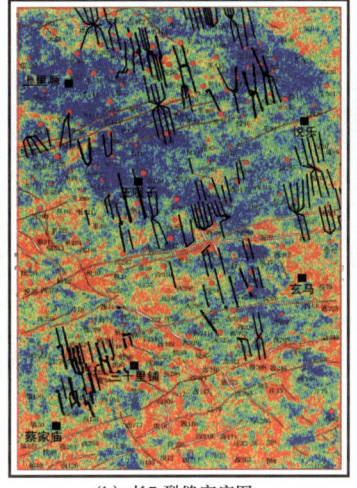 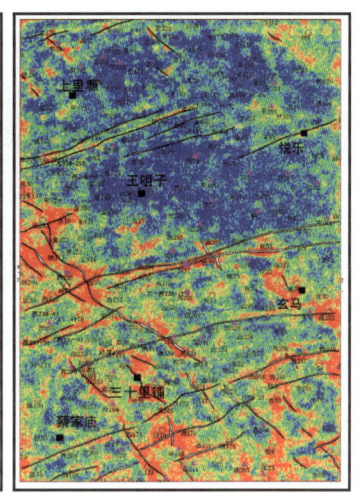

(a) 长7₁裂缝密度图　　　　　(b) 长7₂裂缝密度图　　　　　(c) 长7₃裂缝密度图

图 4-4-7　庆城北三维区地震预测长短裂缝分布图

2. 基于方位属性的裂缝检测

裂缝的地震预测是致密油气勘探中的重要内容，是储层"甜点"的重要控制因素，在改善储层渗流能力、提高储集空间和单井产量方面具有重要的作用。当前有关裂缝储层预测的方法也在不断探索和发展，近几年随着致密油气勘探的加速，裂缝预测方法也在不断地丰富和创新，特别是随着"宽方位、高密度"采集技术和 OVT 处理技术的发展和应用，近年发展了很多以方位各向异性理论为基础的裂缝预测技术。

裂缝的地震预测方法很多，分别从裂缝的不同特性出发、设计和预测，因此方法的分类不同。按照理论来分有地层形变理论和各向异性理论，按使用地震资料分类有纵波资料、横波资料和转换波资料按照资料处理结果划分有叠后和叠前预测方法。

储层中发育有定向排布的裂缝系统，会引起波场的各向异性效应。一方面，在不同的传播方向上，波场传播速度不同；另一方面，在地表不同的观测方位上，波场传播速度也存在明显差异，即方位各向异性。由此两者决定了不同观测方位、相同偏移距的动校正速度、振幅、AVO 梯度、层位走时等存在明显的差异性，称这些与方位紧密相关的属性为 AVD 属性，即方位属性。利用不同方位的振幅属性，对盘克三维区长 7_2 段裂缝进行预测（图 4-4-8），该区裂缝主要集中在断层附近，为北西—南东方向裂缝与断层走向一致，北东—南西向裂缝与断层走向垂直。

3. 裂缝对成藏的影响

大断裂起到油气运移通道、沟通油源的作用，并且控制局部构造的形成，微裂缝改善储集条件，有利于油藏富集和改造。庆城油田长 7 段发育的裂缝，有改善储层的作用，有利于油气成藏（图 4-4-9）。

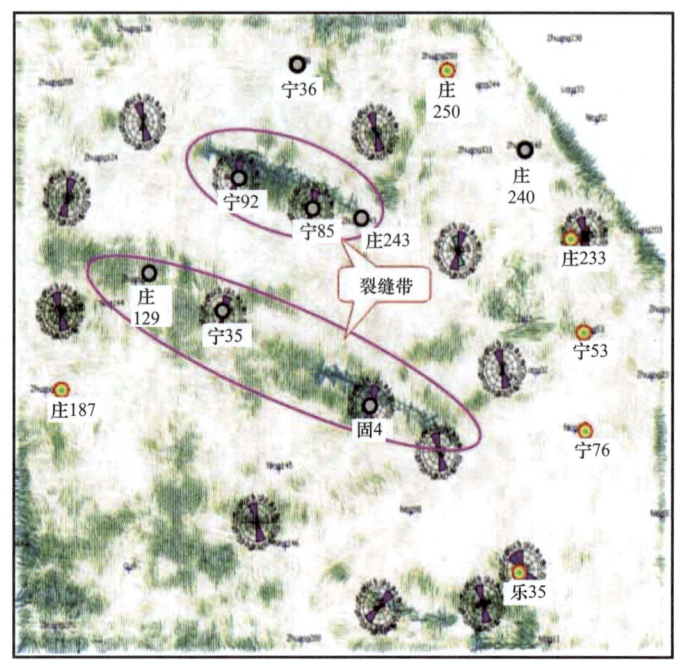

图 4-4-8　预测长 7_2 段裂缝分布图

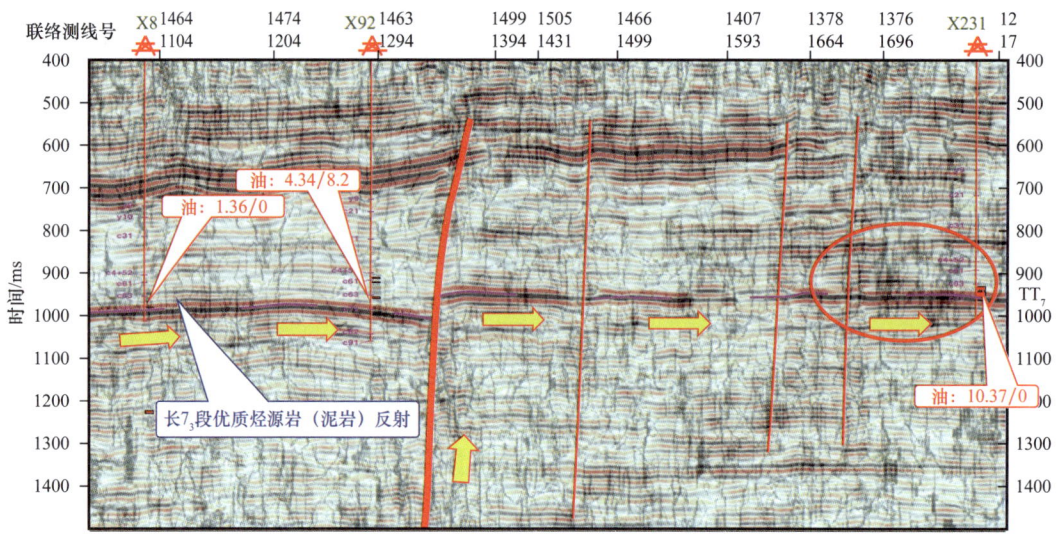

图 4-4-9　过 X8 井、X92 井、X231 井蚂蚁体裂缝检测剖面

三、地应力计算

1. 方法原理

地震各向异性参数是基于反射系数公式的 Fourier 级数展开公式，能够从地震反射资料分析地震反射随入射角与方位角的变化规律。对于中远偏移距，地震反射的方位各向异性特征反映了地层的各向异性。结合线性滑动理论各向异性等效介质模型，可以进一

步计算得到表示地层各向异性性质的法向柔度等信息,进而为地层主应力的计算提供了基础。

2. 各向异性方法计算地应力流程

利用地震资料计算地应力的流程如图4-4-10所示,主要分为以下几个关键步骤。

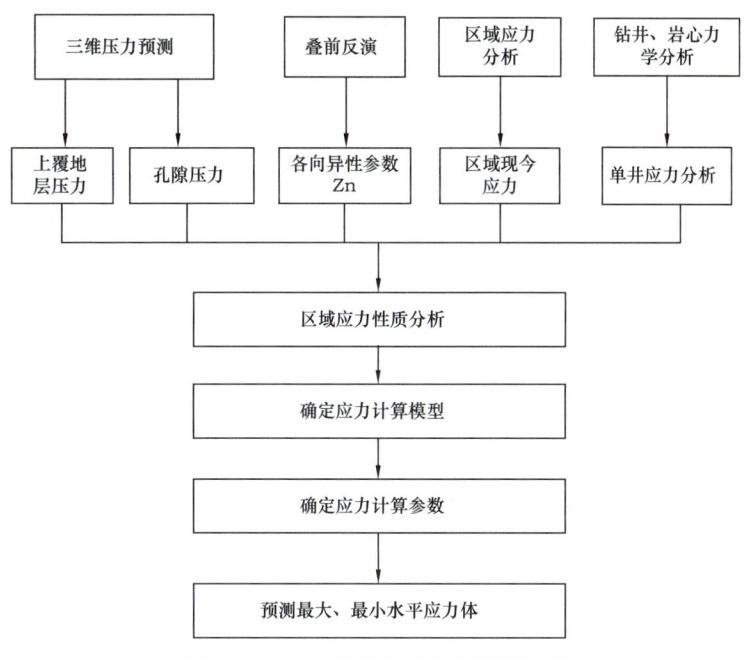

图4-4-10 向异性方法应力预测流程

1)计算上覆地层和孔隙压力

首先在井点处,利用测井及钻井数据,利用密度测井曲线进行上覆地层压力计算。然后对不同的孔隙压力计算模型进行系数回归和优选。

目前计算孔隙压力的方法有三种:第一种是Bowers公式计算法,该方法计算的孔隙压力收敛性差,计算的孔隙压力有异常值;第二种是Fillippone法,计算孔隙压力虽然在井样点处结果偏差不大,但是从井纵向规律看不符合地质情况,低速的页岩和泥岩会计算产生异常的低压,说明回归出的系数不合理;第三种为Eaton公式法,该方法结合有效应力模式计算的正常压实趋势线计算的孔隙压力在样点处基本吻合,整体计算结果也符合地质规律。最终选用Eaton公式进行孔隙压力计算。

利用井点实测孔隙压力进行结果验证,计算结果和实测结果吻合。泥岩段对应孔隙压力梯度比砂岩孔隙压力梯度值高,为0.8~0.95;页岩层内孔隙压力梯度值偏高,为0.9~1.2;砂岩层内孔隙压力梯度为0.75~0.85。

目标储层内孔隙压力差异较小,孔隙压力系数基本在0.70~0.95。主要产油井的孔隙压力值整体偏低,低压有利于油气成藏时的抽吸集聚。但是油气运移到储层中后,孔隙压力会有一定的回升,因此并不是孔隙压力越低,越指示油气丰度越高。笔者认为孔隙压力梯度值域为中间地带为油气可能有利区。

2）计算各向异性参数及弹性参数

利用叠前入射角道集进行同时反演获得弹性参数，结合方位角道集，计算各向异性参数。反演的泊松比能较好地反映砂岩分布带，杨氏模量可以区分出页岩。

各向异性强的区域主要集中在断层附近，这和断层附近易发育微裂缝、微断层有关。长7_2段的各向异性比长7_1段强，长7_3段由于页岩的各向异性强，其各向异性参数比长7_1段、长7_2段大。

3）井点应力数据分析

根据收集到的三口井的水平主应力数据进行分析，此地区地应力情况为：上覆地层压力＞水平最大主应力＞水平最小主应力，与本地区断层为正断层相符合。该区所处盆地受到区域构造活动影响小，区域构造应力小，因此水平主应力值整体不高。对收集到的破裂压力进行统计分析，破裂压力在最小水平主应力附近，有少部分施工点破裂压力极低。

4）井点水平主应力效验

将各向异性参数体提取井曲线，利用井曲线进行各向异性方法水平主应力计算，计算结果和井点实测水平主应力吻合，说明方法可行。

5）三维水平地应力计算

利用各向异性方法，计算三维水平主应力，可以看出在页岩段最小水平主应力值大，页岩段孔隙压力相对更高，以及岩石泊松比高和杨氏模量高有关，页岩段应力差异系数值低。

庆城油田最大水平主应力在断裂附近略有降低，而最小水平主应力在断裂附近降低明显。鄂尔多斯盆地整体受到近东西向的弱挤压，地层最大水平主应力为近东西向的主压应力，与断层走向基本一致，因此最大水平主应力受断层影响略小。而最小水平主应力在断层及裂缝附近明显低于非断裂发育区。

由于最小水平主应力在断层附近降低显著，因此应力差异系数在断层附近相对更高。地层压裂时，断层附近地层易压裂。

长7段最大主应力方向为近东西向。区域内构造相对平坦，没有大的构造活动带，区内应力方向基本一致，只在断层和构造起伏带略有变化。

盆地整体受喜马拉雅运动影响，地层最大水平主应力为近东西向的主压应力，与断层走向基本一致。水平应力差异系数相对小的区域，压裂施工时，易形成网状缝。

第五章　页岩油纵向"甜点"测井评价技术

页岩油地质特征与开发方式的特殊性，使得页岩油测井评价面临着以下三个方面的挑战：(1) 解决地质认识问题，即及时发现页岩油气，解决有无储量的问题；(2) 寻找"甜点"分布，即定量评价规模页岩油气分布和富集情况，解决能否产出工业油气和如何选择富集区域的问题；(3) 为钻完井和工程改造提供技术支持，即从有利层段优选、井眼轨迹设计、改造层段选取、压裂方案设计等方面开展研究，解决如何产出工业油气的问题。

针对上述三大挑战，页岩油测井评价应着眼于三个方面的核心问题（即"三品质"评价）来进行技术攻关：一是储层品质评价，强化分析储层品质和相对优质页岩油层展布规律；二是烃源岩品质评价，突出研究总有机碳含量计算方法、烃源岩品质描述参数以及烃源岩品质的纵横向展布规律；三是工程力学品质评价，重点确定地应力方位及其各向异性评价、优选出有利体积压裂层段。

第一节　页岩油测井评价参数体系

根据鄂尔多斯盆地页岩油地质与工程应用需求，在常规储层"四性"评价基础上，重构了页岩油"三品质"测井评价参数体系，共包含储层品质、烃源岩品质及完井品质评价在内的 12 项参数（图 5-1-1）。

常规"四性"关系评价成果图，主要包含泥质含量、孔隙度、渗透率、饱和度等参数的计算。页岩油储层岩性、孔隙结构复杂，测井性噪比低，评价难度大，因此仅通过"常规四性"关系评价无法满足地质和工程评价需要。通过近几年的技术攻关，在岩石物理实验和测井新技术采集试验基础上，创新开展了页岩油"三品质"测井综合评价。在储层品质评价方面，主要基于核磁测井开展了孔隙结构评价，基于元素俘获+电成像测井开展了精细岩相和岩石组分评价；在烃源岩品质评价方面，基于岩性扫描+能谱测井开

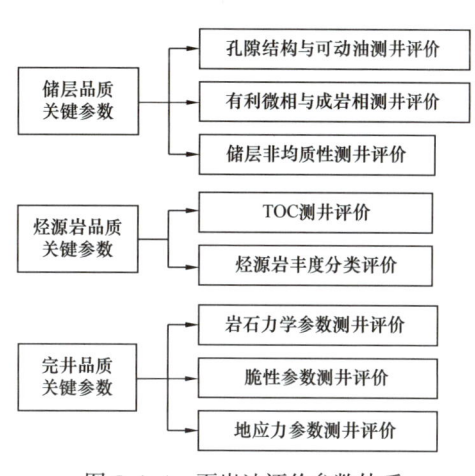

图 5-1-1　页岩油评价参数体系

展了有机碳含量计算；在完井品质方面，基于阵列声波扫描测井，开展了岩石力学评价（包括杨氏模量、泊松比、最小水平主应力、最大水平主应力、岩石脆性）。如图 5-1-2 所示为 C96 井测井综合解释成果图，完全按照页岩油"三品质"体系进行测井综合评价，满足了地质工程评价需求。

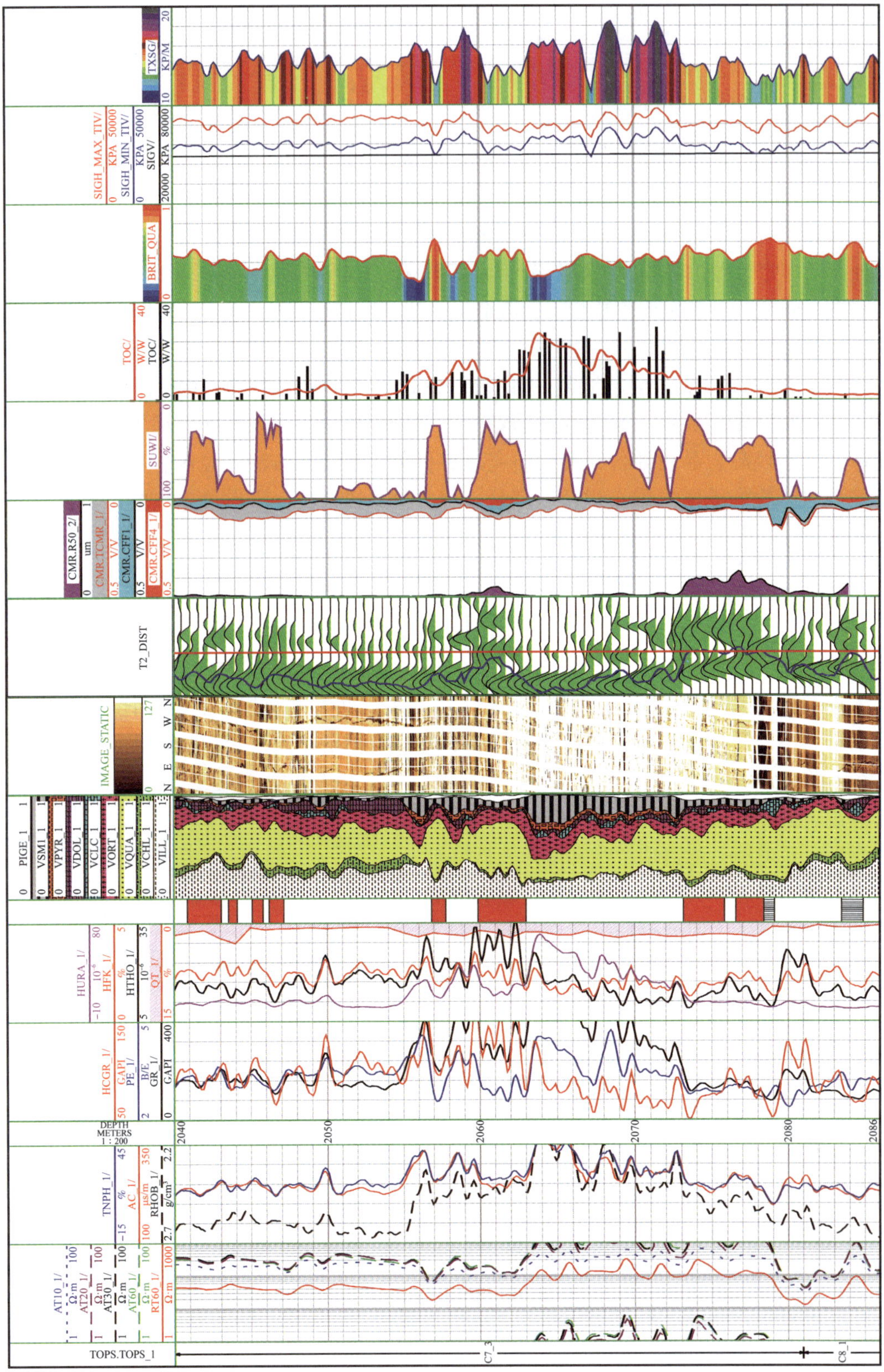

图 5-1-2 C96 井长 7 段 "三品质" 测井评价综合图

页岩油"三品质"评价参数体系比传统的测井"四性"关系评价体系内涵更加丰富，不仅满足了储层精细评价的要求，并且通过源储配置关系研究，优选"甜点"区，满足了地质综合研究的需要；同时还可以为水平井钻井和大型体积压裂改造等工程需求提供技术支持。因此"三品质"是页岩油测井评价的核心内容，所建立的参数评价体系能够很好地满足盆地页岩油勘探开发需求。

第二节　页岩油烃源岩评价

盆地延长组长7油层组沉积期为最大湖泛期，湖盆强烈拗陷，湖水分布范围广（超过$10×10^4 km^2$），沉积了一套富有机质的油页岩、暗色泥岩，厚20～60m。烃源岩有机质类型好，以低等水生生物为主，富含铁、硫、磷等生命元素，TOC值平均为13.75%，以Ⅰ型、Ⅱ$_1$型干酪根为主，烃源岩条件优越，是页岩油成藏的重要资源基础（杨华等，2013）。

页岩油是源储共生，未经长距离运移形成的油藏，烃源岩品质测井评价是页岩油评价不可或缺的关键因素之一。以往烃源岩评价往往都是通过对钻井取心样品的实验分析获得，但是受钻井取心的限制，单口探井往往很难获得连续的烃源岩地化参数。因此利用测井资料连续丰富特点，开展烃源岩品质的测井评价意义重大。通过识别优质烃源岩，并研究其源储配置关系，为最终寻找页岩油藏甜点分布区奠定良好的基础。

一、烃源岩测井响应特征

鄂尔多斯盆地中生界延长组长7段含有大量的油页岩，该段岩性主要为碳质泥岩、泥岩、粉砂质泥岩、泥质粉砂岩及粉细砂岩，且多数呈互层状。由于油页岩含有有机质，而有机质具有密度低和吸附性强等特征。因此，油页岩在许多测井曲线上具有异常反映。在正常情况下，有机质含量越高的岩层在测井曲线上的异常越大，测井曲线对油页岩的响应主要有：

（1）自然伽马曲线。在该曲线上表现为高异常，这是因为富含有机质的油页岩往往吸附有较多的放射性元素铀。

（2）密度和声波时差曲线。富含有机质的油页岩，其密度低于其他岩层，在密度曲线上表现为低异常，在声波时差曲线上表现为高时差异常。

（3）电阻率曲线。成熟的岩层由于含有不易导电的液态烃类，因而在该曲线上表现为高异常。利用这一响应可识别油页岩的成熟与否。

如图5-2-1所示为鄂尔多斯盆地长7段典型的烃源岩，其测井响应特征为：自然伽马值分布范围为90～544API，平均值为256API；补偿密度值分布范围为2.2～2.58g/cm³，平均值为2.45g/cm³；声波时差值分布范围为185～345μs/m，平均值为268μs/m，电阻率普遍在30～300Ω·m，最高可达2000Ω·m。该段整体测井响应特征表现为"三高一低"，即高自然伽马、高电阻率、高声波时差、低补偿密度。

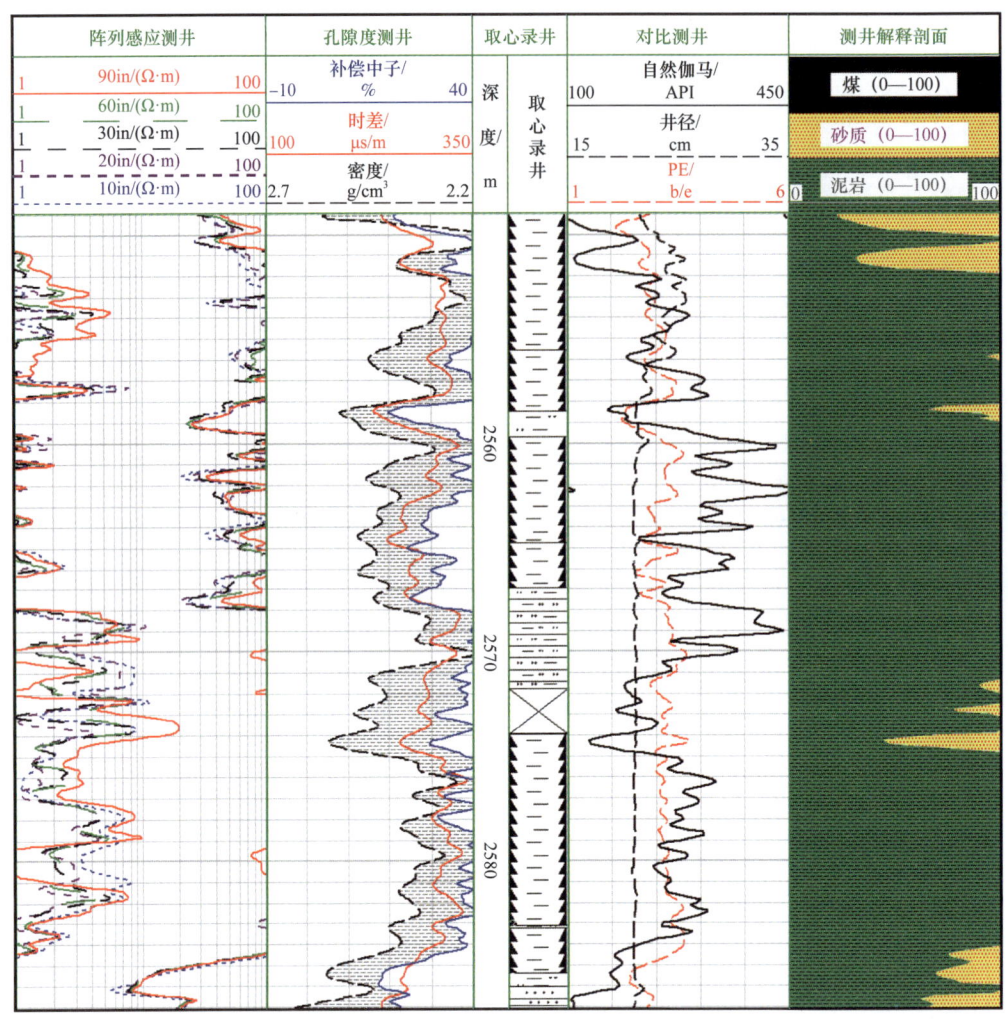

图 5-2-1 鄂尔多斯盆地长 7 段典型烃源岩测井响应特征

二、烃源岩分类标准建立

根据岩性特征、有机地球化学指标并结合测井参数特征，将鄂尔多斯盆地长 7 段泥页岩划分为黑色页岩（优质烃源岩）、暗色泥岩和一般泥岩三种类型，其中一般泥岩为非烃源岩。如图 5-2-2 所示为盆地烃源岩残余有机碳含量与源岩的自然伽马、密度、铀含量之间的关系图，可以看出相关性较好。通过岩性以及 TOC 含量将烃源岩划分为三类，并与测井参数相结合，最终确定了烃源岩测井分类标准（表 5-2-1）。

三、烃源岩品质定量评价

总有机碳含量（TOC）是致密砂岩储层评价的一个很重要的参数，它反映了烃源岩有机质含量的多少和生烃潜力大小。虽然实验室测得的有机碳含量或测井计算总有机碳含量不等同于原始烃源岩总有机碳含量，但却反映了烃源岩生烃潜力，对于致密储层烃源岩特性的评价具有重大的意义。

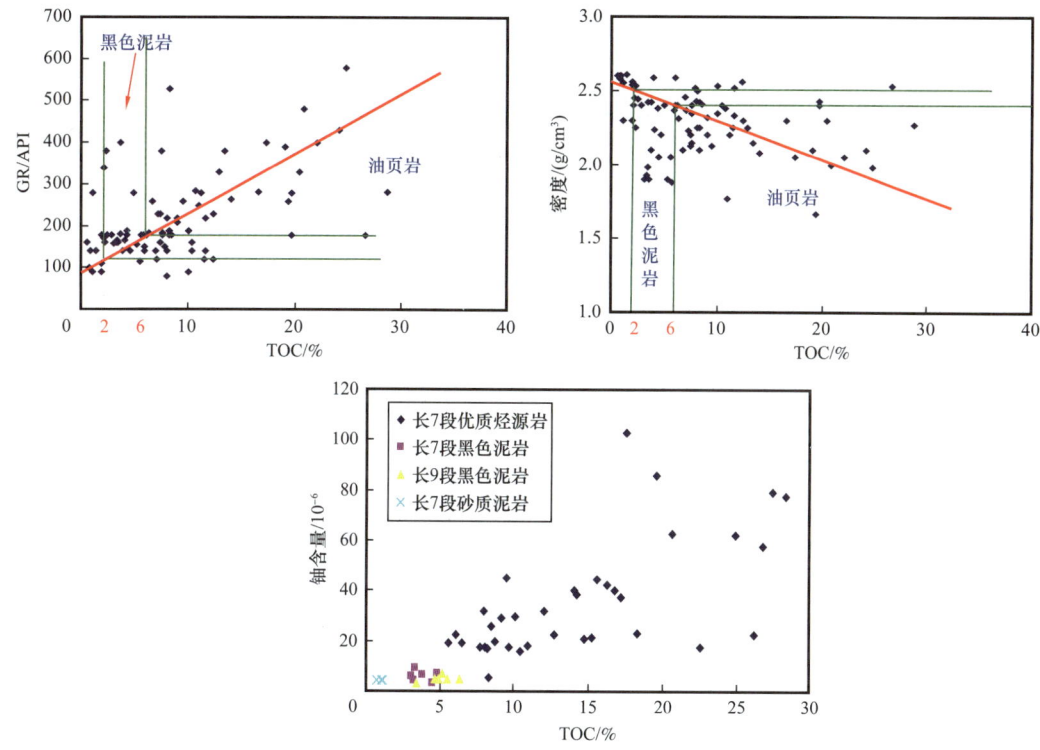

图 5-2-2　长 7 段烃源岩 TOC 含量与自然伽马、密度、铀交会图

表 5-2-1　长 7 泥岩测井分类标准

长 7 段泥页岩类型	自然伽马 /API	密度 /（g/cm³）	TOC/%	划分类型
黑色页岩	>180	<2.3	>10	Ⅰ
		2.4～2.3	6～10	Ⅱ
暗色泥岩	120～180	2.3～2.5	2～6	Ⅲ
一般泥岩	<120	>2.5	<2	

目前对于总有机碳含量的评价，通常采用的是有机地球化学的方法，即利用钻井取心或井壁取心和大量的岩屑在实验室进行分析化验来得到结果。但由于取心费用昂贵并且不可能对每口井都做大量分析化验，故使得地球化学方法对有机碳评价存在一定的局限性。测井资料具有在纵向连续性好、分辨率高的特征，故可以利用测井资料评价致密砂岩中烃源岩的总有机碳含量，从而弥补地球化学方法的不足，为有机质含量评价提供更加合理、准确结果。

许多基于测井特征和有机属性之间的经验公式已经被提出来计算 TOC。测井计算 TOC 方法主要有三种。第一种是 Exxon 石油公司的 $\Delta \mathrm{Lg}R$ 法（Passey，1990）。该方法利用重叠法，把刻度合适的孔隙度曲线（声波时差或密度曲线）叠加在电阻率曲线上，在贫有机质层段，这两条曲线相互重合或平行；富含有机质层段中两条曲线分离，主要由于低密度干酪根在声波时差曲线的反应和地层流体在电阻率曲线的反应不同。但是这种方法对测井曲线的质量要求较高，也受限于一定的计算公式及模型，故计算的精确度及适用性有限。第二种方法是自然伽马能谱铀曲线拟合法，通过线性拟合得到总有机碳含量与铀之间的关系式。第三种方法是多元回归分析法。通过分析盆地长7段大量的总有机碳含量岩心实验数据与测井响应特征的关系，优选声波时差、密度、自然伽马多元回归建立了不同区块的TOC计算模型。

1. 孔隙度—电阻率曲线叠加（$\Delta \lg R$）法

利用 $\Delta \lg R$ 方法进行 TOC 评价的基本原理是：利用自然伽马测井或者自然电位曲线识别并剔除油层、蒸发岩、火成岩、低孔层段、欠压实的沉积物和井壁垮塌严重层段等，然后将刻度合适的孔隙度曲线（声波测井、补偿中子、密度）叠合在电阻率曲线上，在非烃源岩层段，电阻率与孔隙度曲线彼此平行并重合在一起；而在储层或富含有机质的烃源岩层段，两条曲线之间存在幅度差异。

在富含有机质的泥岩或页岩层段，电阻率和孔隙度曲线的分离主要由两种因素造成：一是孔隙度曲线产生的差异是低密度和低速度（高声波时差）的干酪根的响应造成的，在未成熟的富含有机质的岩石中还没有油生成，观察到的电阻率与孔隙度曲线之间的差异仅仅是由孔隙度曲线响应造成的；二是在成熟的烃源岩中，除了孔隙度曲线响应之外，因为有烃类的存在，地层电阻率的增加，使得两曲线产生更大的差异。

孔隙度曲线（声波时差、补偿中子、密度）主要与固体有机质的数量有关，在未成熟的烃源岩中，电阻率与孔隙度曲线之间的间距（$\Delta \lg R$）主要是孔隙度曲线增大造成的，它反映有机质的丰度；而电阻率的增大或减小主要与生成的烃类物质有关。如图 5-2-3 所示示意性地表示利用各种类型孔隙度曲线与电阻率曲线的间距（$\Delta \lg R$）识别富含有机质岩石的推理过程。在交会图上声波时差向左偏移（即声波时差值大），电阻率也向左偏移（即电阻率值小），主要与固体有机质有关，反映了有机质丰度高，残留有机质较多，电阻率偏小，反映生烃较少，是较好的成熟烃源岩。当声波时差向左偏移（即声波时差值偏大），而电阻率向右偏移，说明残留固体有机质多，电阻率偏大，生烃较多，是好的成熟烃源岩。当声波时差向右偏移，而电阻率向左偏移，声波时差值偏小时，反映固体有机质较少，电阻率偏小，生烃较少，是差的烃源岩或非烃源岩。当声波时差向右偏移，而电阻率也向右偏移，由此形成

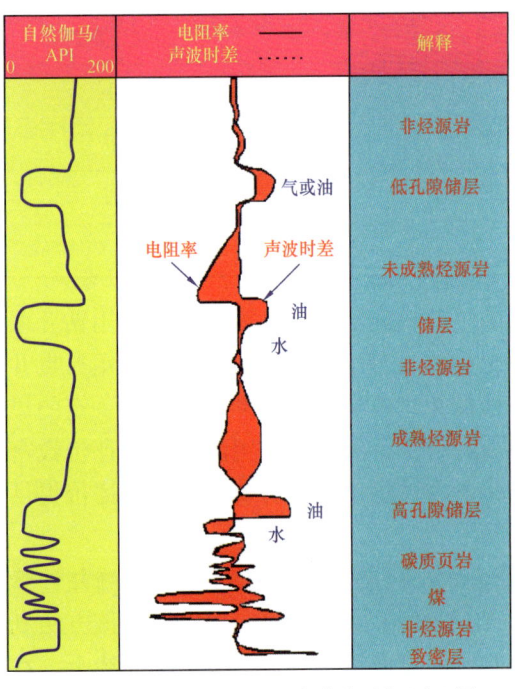

图 5-2-3 孔隙度与电阻率曲线叠加原理图

电阻率和声波时差曲线间的差异。声波值偏小，反映了有机质丰度低，残留有机质较少；电阻率偏大反映生烃较多，是好的成熟烃源岩。

采用电阻率与孔隙度曲线重叠法来定量评价烃源岩的总有机碳含量，可分别采用电阻率—密度叠合法和电阻率—声波叠合法来计算总有机碳含量，具体计算方法如下。

电阻率—密度叠合法：

$$\Delta \lg R = \lg \frac{R}{R_{基线}} + K(\rho - \rho_{基线}) \quad (5-2-1)$$

$$\text{TOC} = (\Delta \lg R) \times 10^{2.297-0.1688\text{LOM}} \quad (5-2-2)$$

电阻率—声波叠合法：

$$\Delta \lg R = \lg \frac{R}{R_{基线}} + K(\Delta t - \Delta t_{基线}) \quad (5-2-3)$$

式中　K——互溶刻度的比例系数，无量纲；

LOM——反映有机质成熟度的指数，无量纲，取 7（经地化分析数据标定）。

对于陇东地区的高成熟度烃源岩来说，由于排烃作用，实验室测得的总有机碳含量不准确，从而导致该图版确定有机质成熟度的指数不准确。如图 5-2-4 所示为 L57 井和 L147 井确定成熟度指数的交会图，从图中可以看出，交会图中点子非常分散，不能准确得到成熟度指数的大小，导致用该方法计算总有机碳含量不准确。

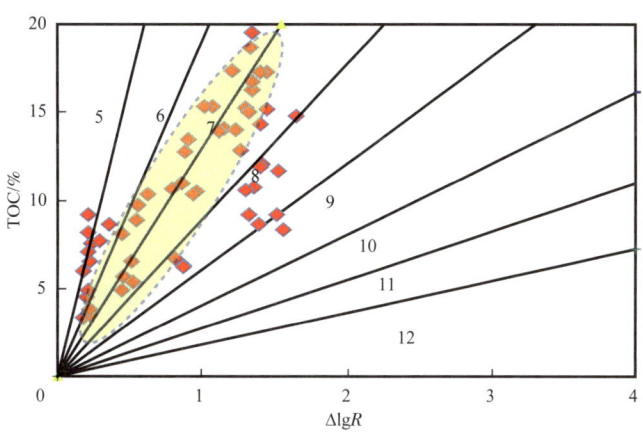

图 5-2-4　成熟度指数确定交会图
注：图中线上的数字代表利用公式反推出来的不同 LOM 值。

如图 5-2-5 所示为 L57 井计算实例，最后一道蓝色曲线为用 $\Delta \text{Lg}R$ 法计算的 TOC，红色数据点为岩心分析总有机碳含量，可以看出，两者相关性不是很好。在上部由于 TOC 分析值远小于计算值，该段可能是由于排烃作用，实验室测得的总有机碳含量不准确；而下部分实验室测得的值大于计算得到的值，电阻率出现骤降，该部分可能有黄铁矿影响，从而导致总有机碳含量评价结果不准确，故在有机碳成熟度较高或者含有黄铁矿层段故需要另找方法进行计算。

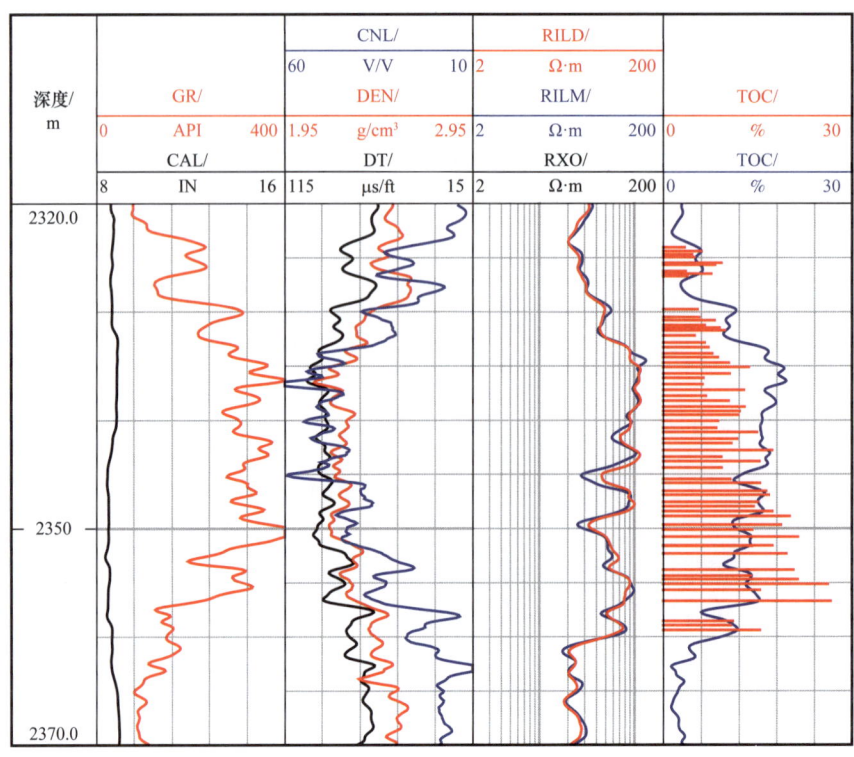

图 5-2-5　L57 井长 7 段烃源岩测井图

2. 自然伽马能谱铀曲线拟合法

有机质中铀的富集沉淀机理是一个非常复杂的物理、化学过程，铀在有机质中沉淀、富集的主要因素有以下几种：吸附作用、还原作用、离子交换作用及形成有机化合物的化学反应。由于有机质可以吸附铀元素、与铀元素产生配位作用而产生含铀的有机化合物或者还原含铀氧化物，因此铀元素对有机质含量具有非常好的指示作用，可以用铀曲线来计算有机碳的含量。

基于岩心刻度测井，建立总有机碳含量与相应深度的铀元素数值的交会图，如图 5-2-6 所示为利用 20 块岩心分析总有机碳数据建立了总有机碳含量与铀含量的交会图，总有机碳含量与测井铀含量呈线性关系，相关系数为 0.85。并通过线性拟合得到总有机碳含量与铀之间的关系式为

$$TOC=0.59c(U)+0.38 \quad (5-2-4)$$

式中　$c(U)$——铀含量（10^{-6}）。

如图 5-2-7 所示为 Z58 井的计算结果，最后一道黑色曲线为用铀曲线计算的 TOC，红色数据点为岩心分析总有机碳含量，两者相关性较好，因此可以采用铀曲线与总有机碳含量之间建立关系来评价总有机碳含量。

3. 多元拟合法

由于电阻率—孔隙度曲线叠加法不适用于目标区内的高成熟度油页岩以及含有黄铁

矿的层段，因此在对目标区内进行总有机碳含量评价时采用铀曲线结合 $\Delta \lg R$ 拟合法，利用多元线性方程拟合得出了拟合公式其相关性达到了 0.88，公式如下：

$$TOC=0.48o（U）+1.78\lg R+0.184 \qquad (5-2-5)$$

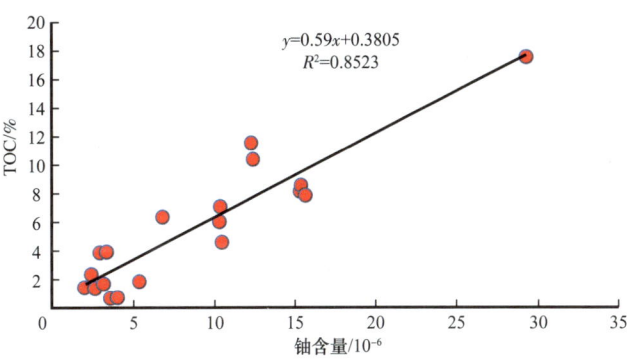

图 5-2-6　延长组长 7 段有机碳含量与铀含量交会图

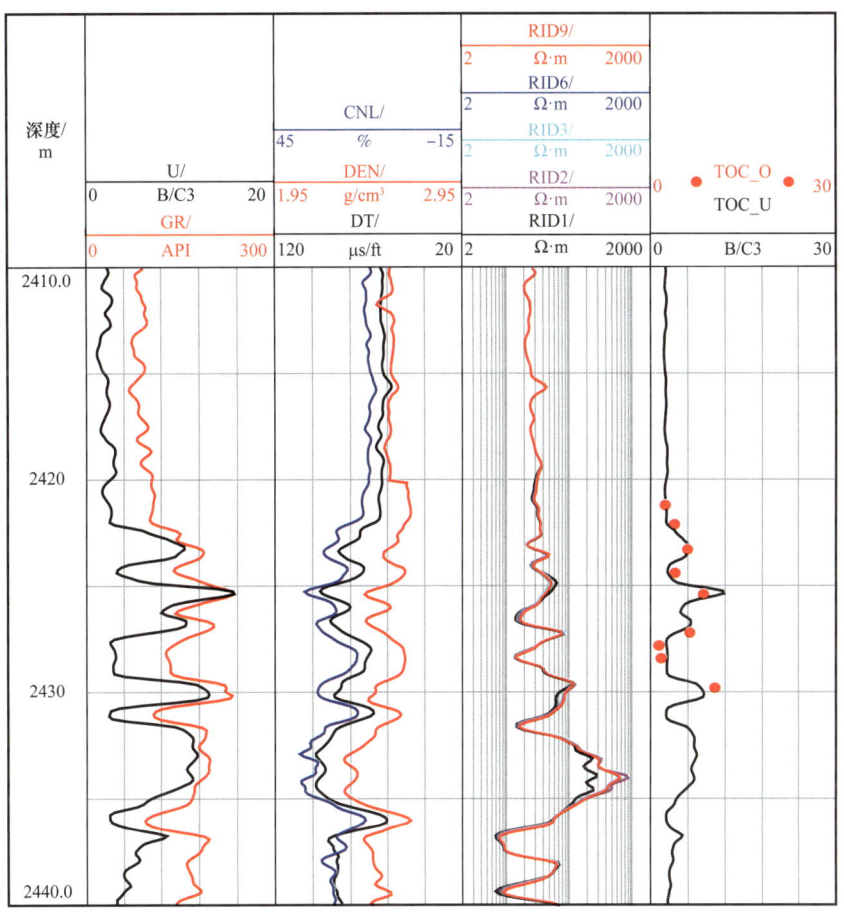

图 5-2-7　Z58 延长组 TOC 测井计算成果图

如图 5-2-8 所示为 Z58 井长 7 段有机碳含量的结果图，其中第一道为深度道，第二道为铀和自然伽马曲线；第三道分别为中子、密度、声波曲线；第四道为阵列感应电阻率曲线；第五道、第六道、第七道红色数据点为岩心分析总有机碳含量的结果，而三条黑色的曲线 TOC、TOC_U、TOC_UL 分别表示采用电阻率—声波曲线叠加法、U 曲线拟合法以及 U 曲线联合 ΔlgR 法计算的总有机碳含量结果。

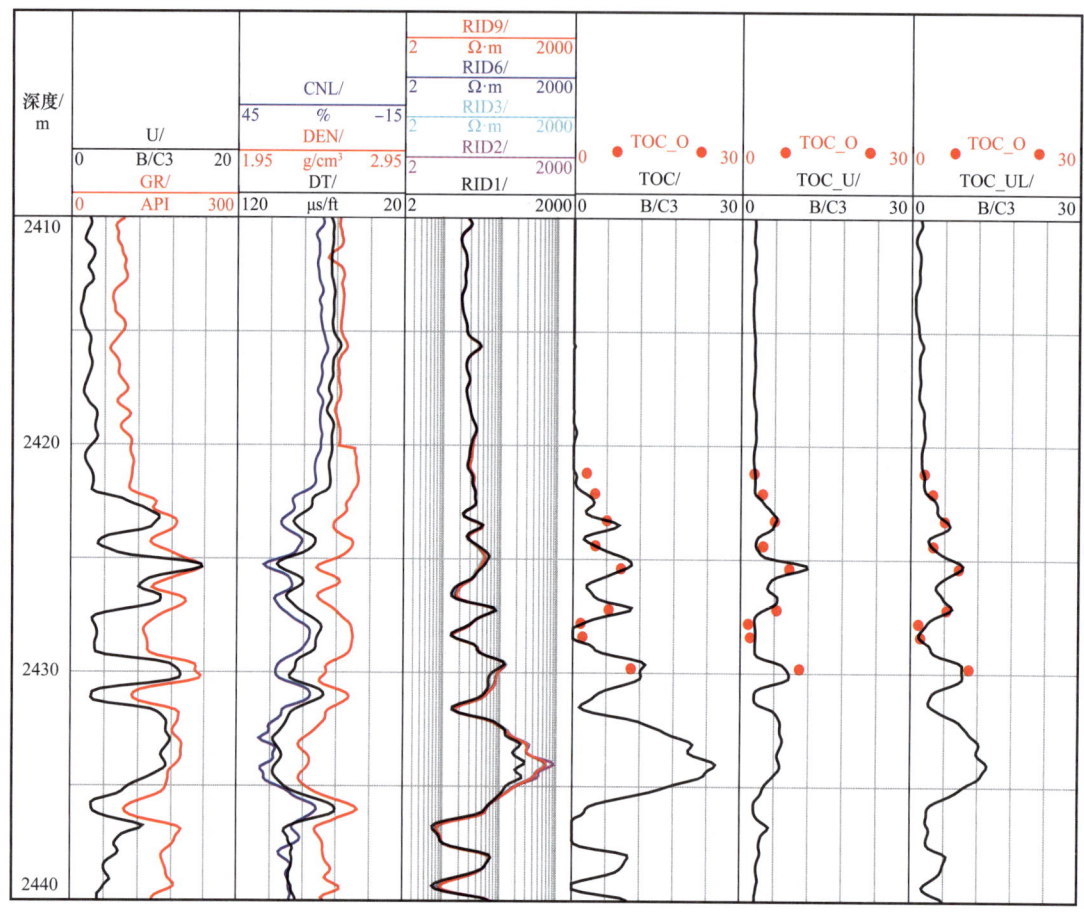

图 5-2-8　Z58 井长 7 段烃源岩 TOC 不同方法计算结果对比图

从三种方法计算结果与岩心分析结果的相关性分析可看出，运用 U 曲线联合 ΔlgR 法得到的结果与岩心分析结果吻合最好；从这三种方法对比来看，U 曲线联合 ΔlgR 法是鄂尔多斯盆地总有机碳含量定量计算的最佳方法。

由于本区自然伽马能谱测井采集较少，因此，难以普遍应用 U 曲线联合 ΔlgR 法计算该区的 TOC 含量。根据鄂尔多斯盆地的测井资料采集实际情况，应用取心资料标定，分别建立了 ΔlgR 结合常规测井的 TOC 计算模型和基于常规测井的 TOC 计算模型（图 5-2-9 和图 5-2-10），用于实际资料处理。根据建立的 TOC 测井计算方法对该区进行处理，将前述分类标准应用于实际资料处理中，可进行单井纵向剖面上的烃源岩类型划分（图 5-2-11），并统计每类烃源岩的累计厚度，为分析全区烃源岩分布提供基础。

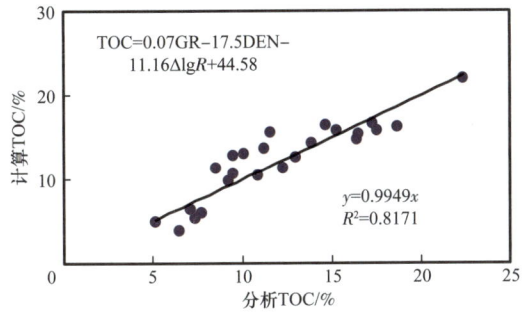

图 5-2-9 ΔlgR 结合常规测井 TOC 计算模型

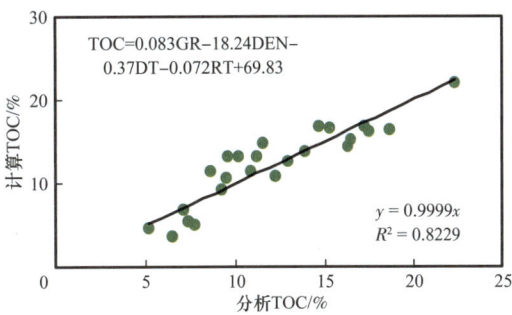

图 5-2-10 基于常规测井 TOC 计算模型

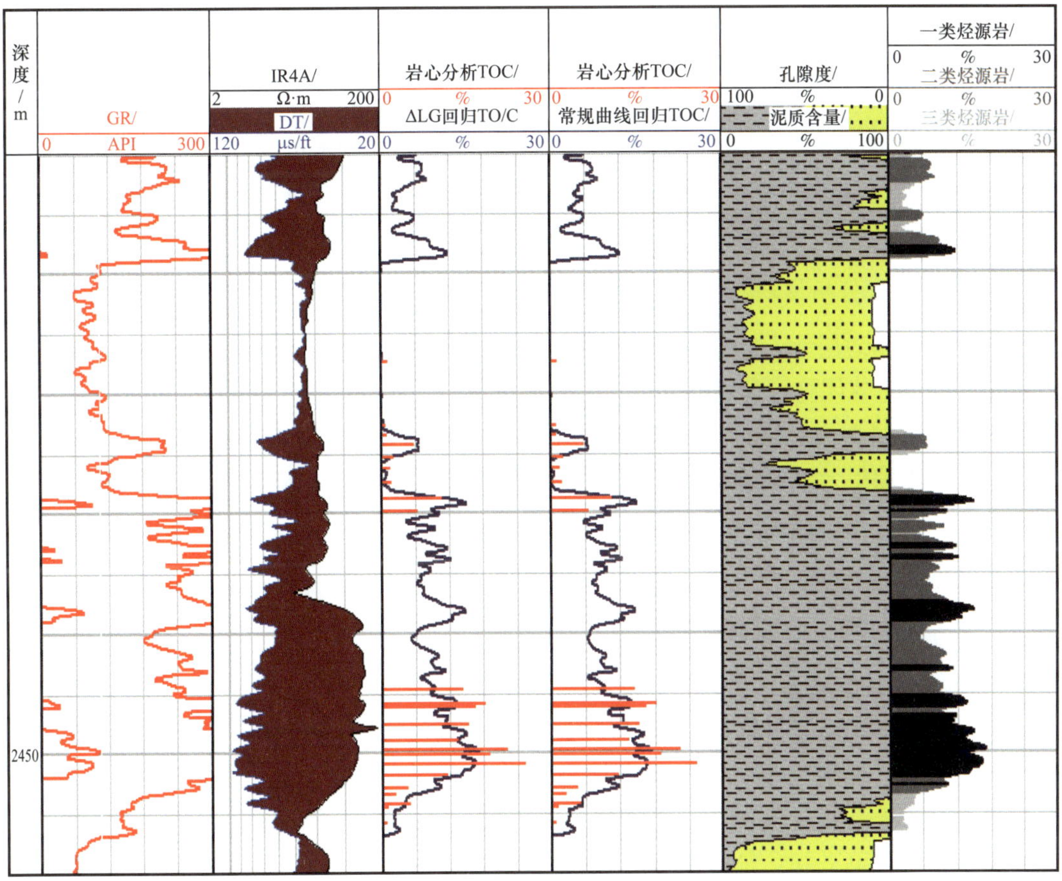

图 5-2-11 L147 井长 7 段测井计算烃源岩 TOC 及分类

第三节 页岩油储层参数评价

在页岩油储层品质评价中,测井解释面临的难点主要体现在以下两个方面:(1)页岩油储层地质—岩石物理特征复杂,常规测井系列分辨能力低、信息量不足,需开展测井新技术、新方法试验及系列优选；（2）目前页岩油测井评价基本沿用了低渗透储层的思路，其适应性明显不足，需提出针对性的测井评价内容、方法与标准。以岩石组分和孔隙结构评价为核心的储层品质评价是致密砂岩储层测井评价的主要任务之一。致密砂岩储层岩石矿物组分复杂，储集空间以次生溶蚀孔隙为主，孔隙类型多样，原始粒间孔基本消失，一般发育天然裂缝和微裂隙。岩石组分、孔隙类型、孔隙大小、裂缝发育情况及匹配关系是致密砂岩储层是否能够成为有效储层的重要因素。如何在岩石物理研究基础上，明确控制储层有效性的主控因素，应用测井资料评价储层品质是致密砂岩储层测井评价的重要内容。

一、岩石组分测井精细解释方法

盆地致密砂岩储层岩性复杂，主要为长石砂岩、岩屑长石砂岩和长石岩屑砂岩，细砂岩、粉砂岩占绝对优势，且富含有机质，造成了岩石组分定量评价难度大。弄清致密储层的矿物构成及确定储层岩石骨架，不仅可以为孔隙度等储层参数计算提供依据，而且对于页岩油的有效开发有着重要的意义，因为页岩油的有效开发都需经过大规模的储层改造，储层中脆性矿物成分含量的高低决定了储层改造的效果。

1. 基于全岩分析资料标定 ECS 测井确定岩石组分

ECS 测井是地层元素俘获谱测井的简称，ECS 可测量地层中的硅、钙、铁、硫、钛、钆等元素，通过氧闭合可计算砂岩、泥岩、碳酸盐岩、黄铁矿等的矿物含量。如图 5-3-1 所示为 C96 井长 7 段页岩油层 ECS 评价与 X 衍射全岩分析实验结果对比图，长 7_3 段富含黄铁矿和干酪根，ECS 解释结果与岩心 X 衍射全岩分析数据吻合较好。通过 C96 井的元素俘获谱测井解释结果发现，鄂尔多斯盆地长 7 段高自然伽马地层往往非泥岩层，而有可能是很好的储层。

2. 基于多矿物模型综合反演确定岩石组分

1）多矿物模型建立

根据该地区储层岩石物理特征以及 X 衍射分析资料，可以得出其主要的岩石矿物及黏土矿物组分，同时为了更好利用常规测井资料计算矿物成分且便于最优化方法计算，需要舍去其中含量相对较少矿物（含量小于 5%）。根据岩石矿物分布图和黏土矿物含量分布图，其中石英平均含量占 46%、长石平均含量占 30%，而黏土矿物主要为伊利石和绿泥石，其中伊利石平均含量约占 10%，绿泥石平均含量约占 5%，故选择含量较高的石英、长石、伊利石及绿泥石四种矿物成分作为地层的矿物组成。由于长 7 段是鄂尔多斯盆地主力生油层，有机质丰度较高，有机碳含量一般为 6%~14%，最高可达 30%，所以在烃源岩层段除选择上述四种矿物外，还需将干酪根作为一种特殊矿物加入模型。鄂尔多斯盆地延长组长 7 段岩石物理体积模型如图 5-3-2 所示。

2）多矿物模型最优化求解

由于该地区测井系列除少数探井测量了新技术外，大多是一些常规测井曲线，包括：

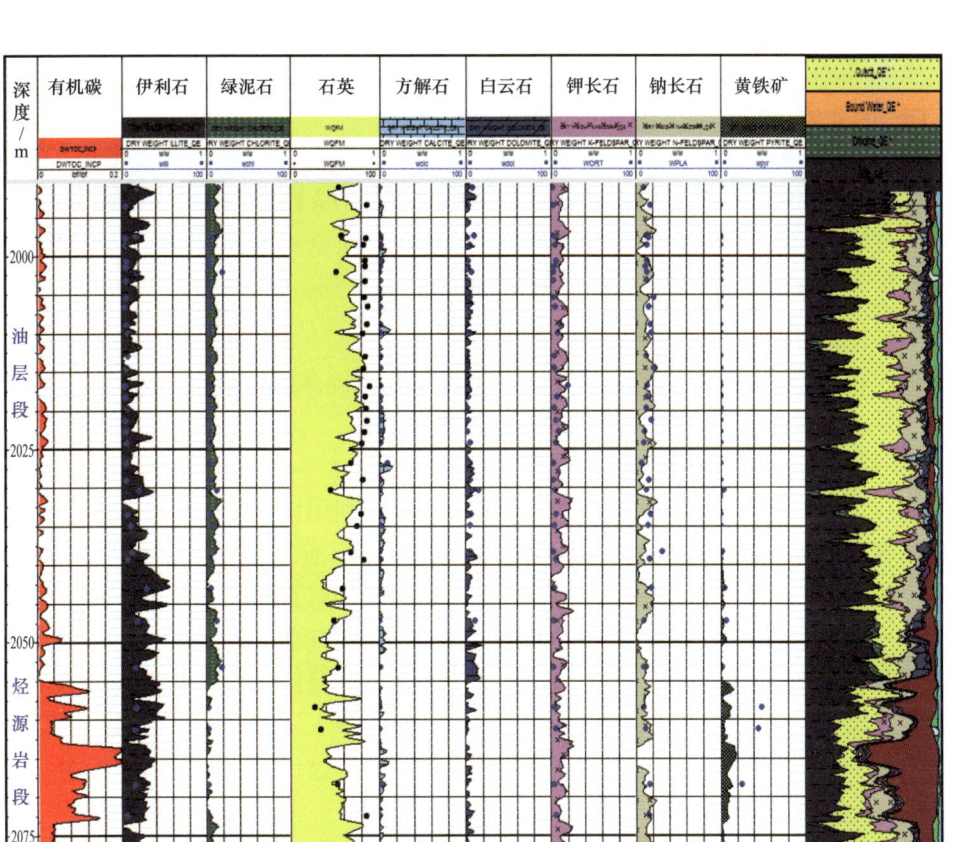

图 5-3-1 C96 井长 7 页岩油段 ECS 与 XRD 实验结果对比图

三孔隙度测井曲线、双侧向测井曲线以及自然伽马、自然电位和井径曲线。这些常规测井数据，对于不同的矿物，其测井响应值，如补偿中子、声波时差、自然伽马、补偿密度、岩性密度有很大的差异，说明测井记录对矿物具有区分作用，在构建模型时应该包括上述测井记录，充分利用已有的测井信息。

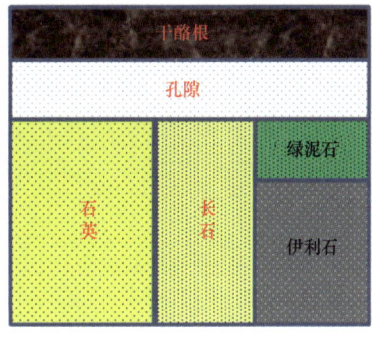

图 5-3-2 页岩油岩石物理体积模型

根据鄂尔多斯盆地的岩石物理模型，利用常规资料中的声波、补偿中子、密度、自然伽马等常规测井数据，可以得到其测井响应方程组（5-3-1）：

$$\begin{cases} \rho_b = \rho_1 V_1 + \rho_2 V_2 + \cdots + \rho_i V_i + \cdots + \rho_m V_m \\ \Delta t = \Delta t_1 V_1 + \Delta t_2 V_2 + \cdots + \Delta t_i V_i + \cdots + \Delta t_m V_m \\ \Phi_{CNL} = \Phi_{CNL_1} V_1 + \Phi_{CNL_2} V_2 + \cdots + \Phi_{CNL_i} V_i + \cdots + \Phi_{CNL_m} V_m \\ \vdots \\ 1 = V_1 + V_2 + \cdots + V_i + \cdots + V_m \end{cases} \quad (5\text{-}3\text{-}1)$$

式中　$i=1,2,\cdots,m$——所选择的各种矿物；

　　　ρ_i，Δt_i，Φ_{CNLi}——各种矿物的密度、声波、中子等测井响应值；

　　　V_i——各种矿物的体积含量。对于方程组（5-3-1），可以采用最优化的方法来计算各种矿物体积含量，并通过目标函数（5-3-2）来决定最优化解。

$$\varepsilon^2 = \left[\frac{t_m - t_m'}{U_m}\right]^2 \quad (5-3-2)$$

式中　t_m——经过校正的接近实际地层的第 m 种矿物的测井测量值；

　　　t_m'——相对应的通过测井响应方程计算的理论值；

　　　U_m——第 m 种矿物测井响应方程的误差。

最优化原理计算矿物含量的技术已经相当成熟，利用该方法能简单而快速地计算出各矿物的含量（田云英等，2006）。最优化原理是根据反演理论，利用通过环境校正后能够大概反映地层特征的测井响应值为基础，建立相应的解释模型和测井响应方程，并且选择合理的区域性测井响应参数，反算出一个相应的测井值，并利用这个计算出来的测井值与实际测得的测井值进行比较。此时需要建立一个目标函数，该目标函数的原理是非线性加权最小二乘原理，即通过最优化方法不断调整未知测井响应参数值，使两者充分逼近。当目标函数达到极小值时，此时方程的解就是最优解，该解可以充分反映实际储层测井响应值，其过程如图 5-3-3 所示。

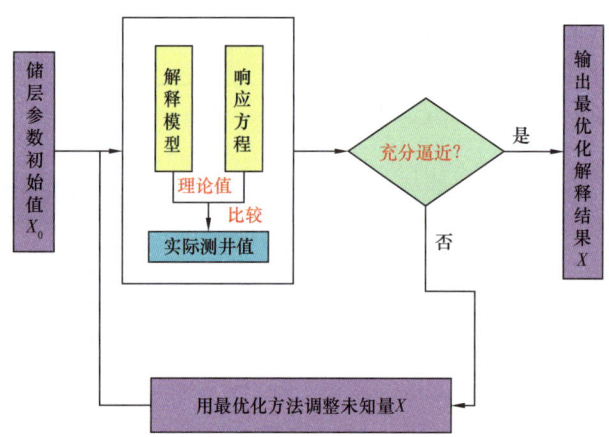

图 5-3-3　最优化方法流程图

关键参数的确定其实就是对最优化测井求解，它是将所有测井信息、测量误差及地质经验综合成一个多维信息复合体，应用最优化数学方法进行多维处理，求出该复合体的最优解。实现最优化测井解释的基础就是通过上面建立的数学模型及目标函数，通过选定的工区内矿物的种类以及工区内各种矿物的测井响应值（表 5-3-1）代入建立的模型和非相关函数从而进行计算，矿物中干酪根、正长石以及伊利石的自然伽马值变化较大，其他测井响应参数相对稳定。计算时这些变化较大的参数是调整的重点，其他矿物的测井响应参数只需进行微调即可。每计算一次，将选用的测井响应参数重建测井曲线，并将重建的曲线与原始曲线作对比，如果不能很好地重合，则需要重新计算直到重建的曲线和原始曲线能够很好地重合为止。

表 5-3-1 模型选取矿物测井响应特征值

测井响应	补偿中子 /%	密度 /（g/cm³）	声波时差 /（μs/ft）	Pe /（b/e）	自然伽马 /API
干酪根	60	1.5	126	0.2	1400
石英	−5	2.65	50.5	1.806	10
正长石	−0.6	2.59	53.5	2.33～2.82	265
伊利石	25	2.9	85	2.64	220
绿泥石	50	2.6	85	6.79～11.37	56

利用多矿物模型对鄂尔多斯盆地 Z230 井延长组进行了处理，并与 X 衍射结果（质量分数）进行对比，结果表明二者符合较好。如图 5-3-4 所示为利用所建模型以及参数处理后 Z230 井长 7 段多矿物测井解释成果图。其中第一道为深度道，第二道为自然伽马、自然电位和井径曲线，第三道为补偿中子、密度和声波曲线，第四道为阵列感应电阻率，第五道为多矿物剖面，第六、七、八道分别为黏土、石英及长石的计算结果（已换算成质量分数）和 X 衍射结果对比道。由于该井 X 衍射并没有对黏土的各部分进行细分，只是分析了黏土的总量，故在此标定时将绿泥石和黏土含量加在一道来进行刻度。

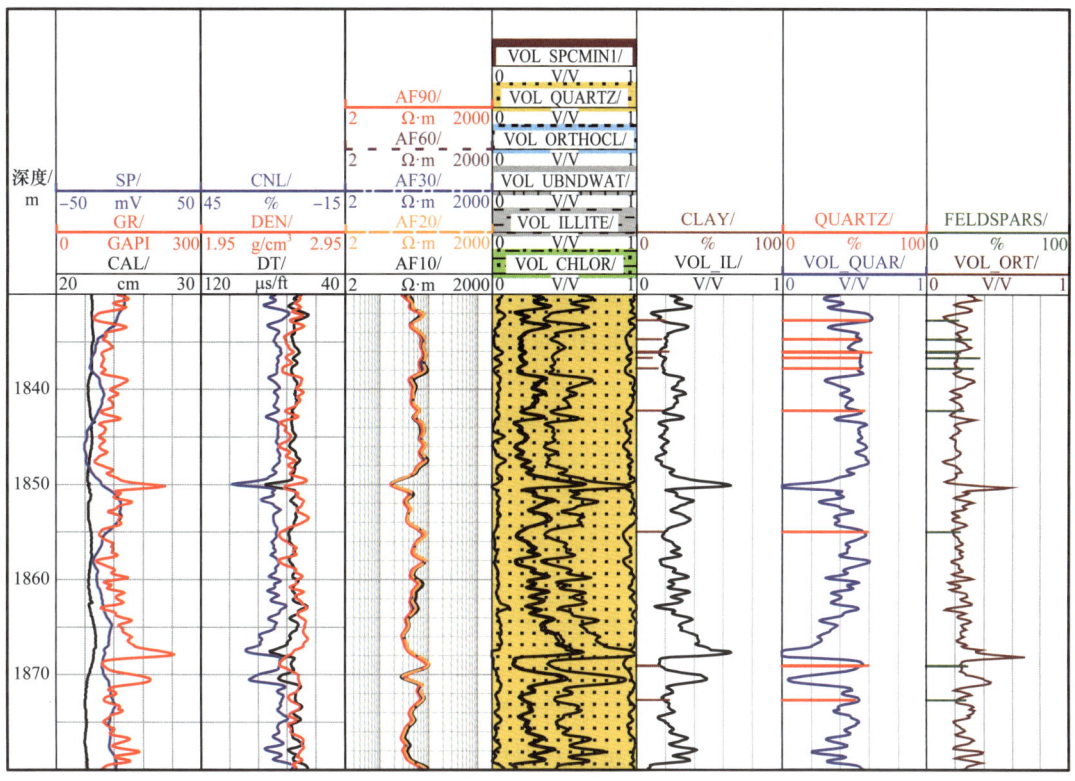

图 5-3-4 Z230 井多矿物测井解释成果图

如图 5-3-5 所示为反演曲线和实测曲线之间的对比关系图，将预测得到的自然伽马（第二道）、声波（第三道）、密度（第四道）、中子（第五道）以及 U 曲线（第六道）与实际的测量曲线进行了对比（道中红色的曲线为实际测得的测井数据，黑色曲线为预测重建的曲线），通过对比五条重建的曲线与实测的曲线重合良好，从而证明了该模型中各矿物的参数选择是合理的，矿物含量计算结果是可靠的。

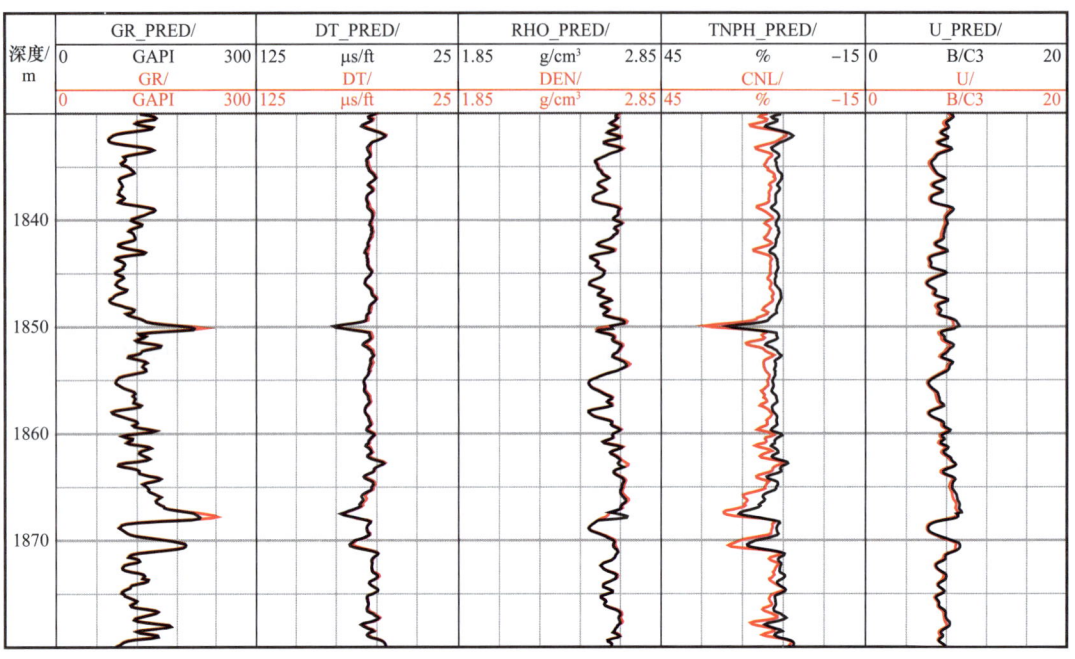

图 5-3-5　Z230 井预测曲线与实测曲线对比图

二、砂体结构测井表征方法

鄂尔多斯盆地延长组长 7 段致密砂岩储层近油气藏主要分布在紧邻生烃中心的三角洲前缘和湖盆中部，沉积类型为重力流沉积，沉积砂体以砂质碎屑流、浊积岩及滑塌浊积岩为主，从而导致长 7 段致密砂岩非均值性强、砂体结构多样，包括块状砂体、砂泥互层及薄砂层（主要存在于油页岩中）等在内的多种砂体共生。为深入研究致密砂岩储层中砂体非均值性和砂体结构，经过野外实际地质考察分析发现长 7 砂体结构和非均值性与测井曲线特征之间有着很好的对应关系，因此可以利用反映岩性和非均质性特征的测井曲线对储层砂体结构进行定性描述和定量评价（李潮流等，2008）。

首先对测井曲线的定性特征进行分析，测井曲线的幅度和形态可以反映一些砂体结构特征。测井曲线形态的重要特征之一——幅度大小，可以反映出沉积物的粒度、分选及泥质含量等沉积物特征变化。测井曲线的形态可反映沉积环境，包括柱（箱）形、钟形、漏斗形、平直形等，也可是各种形态的复合型。而各种曲线形状又可分为微齿化、齿化及光滑。曲线的光滑程度与沉积环境的能量也密切相关，齿化代表间歇性沉积的叠积，如冲积扇和辫状河道沉积，曲线越光滑则代表物源越丰富，水动力越强。应用测井曲线提取能够表征沉积特征的测井参数可以对储层沉积特征和砂体结构进行定量分析。

曲线光滑程度是次一级的测井曲线形态特征，反映了水动力环境对沉积物改造持续时间的长短。曲线光滑程度可用变差方差根 GS 表示。为求 N_{th} 及 GS，须先构造差分序列 a_2-a_1，a_3-a_2，$\cdots$，a_n-a_{n-1}，差分序列个数 L 可以反映锯齿的多少，而方差 S^2 可以反映数据整体波动性的大小，其中：

$$N_{th} = L/h \tag{5-3-3}$$

$$S^2 = \frac{1}{N} \sum_{i=1}^{n} (x_i - \bar{x})^2 \quad [i=1,2,\cdots,N(h)] \tag{5-3-4}$$

式中　x_i——每个样本的值；

$\bar{x}$——全体样本值的平均数；

h——两个样本空间的分隔距离。

为了用一个参数反映锯齿的大小和多少，引入地质统计学中的变差函数 $\gamma(h)$，变差函数是 Motheron（1965）提出的一种矩估计方法，为区域化变量的增量平方的数学期望。它反映了区域化变量在某个方向上某一距离范围内的变化程度，能够反映区域化变量的随机性和结构性，其计算公式如下：

$$\gamma(h) = \frac{1}{2N(h)} \sum_{i=1}^{N(h)} (a_i - a_{i+h})^2 \tag{5-3-5}$$

式中　h——两个样本空间的分隔距离，m；

$N(h)$——间隔为 h 的数据对（a_i，a_{i+h}）的数目；

a_i，a_{i+h}——区域变量 a 在空间位置 i 和 $i+h$ 处的实测值。

变差函数反映了数据局部波动性的大小。

由于变差函数反映了数据局部波动性的大小，而 S^2 则反映数据整体波动性的大小，故将二者结合构成变差方差根 GS，这样它可以综合反映曲线段整体波动大小和锯齿的多少与大小，从而用该函数来表征曲线数据的光滑程度，计算公式如下：

$$GS = \sqrt{\gamma(1)+\gamma(2)+\ldots+\gamma(h)+S^2} \tag{5-3-6}$$

那么空间样本分隔距离怎么选取呢，即 h 取多少呢？对于测井曲线来说，由于它们的间隔是相等的，一般情况下每 0.125m 测一个值，既然要反映局部波动性的大小，那么 h 就越小越好，为了保证精度取 h=1，2。那么上述公式简化为：

$$GS = \sqrt{\gamma(1)+\gamma(2)+S^2} \tag{5-3-7}$$

其中 GS 越小，则曲线越光滑，曲线波动性就越小，砂体结构为块状；反之 GS 越大，曲线越不光滑，曲线的波动性就越大，砂体结构为砂泥互层。

根据测井曲线的光滑程度，结合储层沉积特征和泥质含量等情况，对长 7 段储层的砂体结构进行定量评价。通过分析发现，测井曲线的光滑程度能够很好地表征砂体结构，因此，采用曲线的光滑程度可以构造一个表征砂体结构和储层含油非均质性的参数。利用曲线光滑函数 GS 构建了砂体结构的测井表征参数 P_{ss} 以及储层含油非均质性参数 P_{pa}，定义如下：

$$P_{ss} = \text{GS}(\text{GR})V_{sh} \tag{5-3-8}$$

$$P_{pa} = \frac{\sum_{i=1}^{n} H_i \phi_i S_{oi}}{\text{GS}(\text{DEN})} \tag{5-3-9}$$

式中　P_{ss}——砂体结构的测井表征参数；

　　　GS——自然伽马曲线的变差方差根；

　　　V_{sh}——泥质含量；

　　　P_{pa}——储层含油非均质性参数；

　　　H_i——储层厚度；

　　　Φ_i——孔隙度值。

如图 5-3-6 和图 5-3-7 所示分别为 Z233 井和 Z142 井两口井的砂体结构和储层含油非均质性参数计算实例，其中曲线道中第一道为自然电位和自然伽马曲线，第二道为声波时差和密度曲线，第三道为测井电阻率曲线，第四道和第五道为利用曲线光滑程度函数计算出的砂体结构参数和含油非均质性参数结果，第六道为试油结论和解释结论，第七道为沙泥岩剖面。Z233 井中伽马测井曲线为微齿化的中幅箱形，为块状砂体，砂体整体的均质性好；Z142 井中自然伽马曲线呈齿化的钟形、指形特征，为砂泥互层，砂体整体均质性差。从计算出的砂体结构参数和含油性参数结果来看，Z233 井的光滑程度明显好于 Z142 井。根据测井参数评价结果，Z233 井的储层砂体结构和含油非均质性均优于 Z142 井。

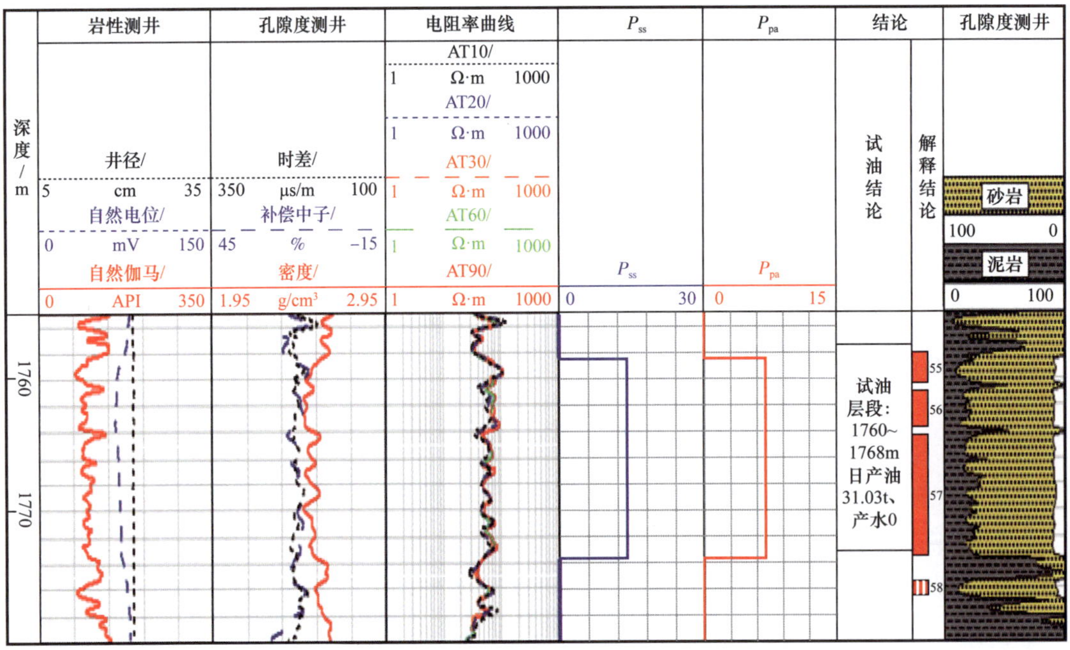

图 5-3-6　Z233 井砂体结构参数计算结果

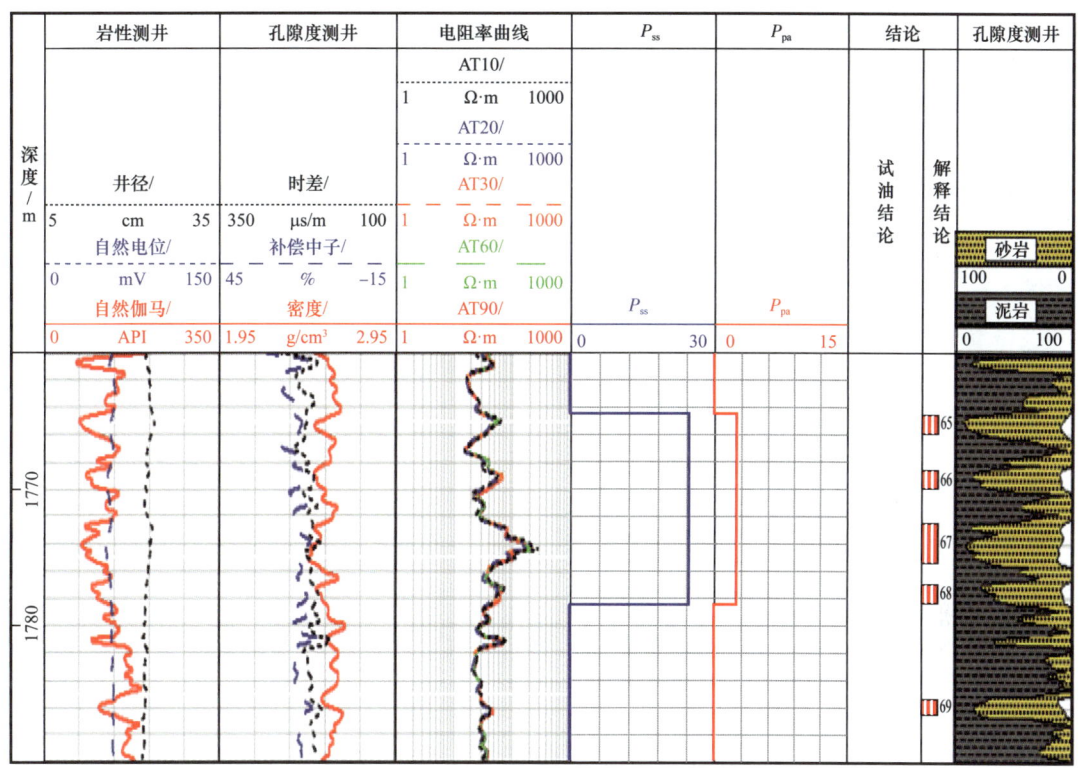

图 5-3-7　Z142 井砂体结构参数计算结果

应用该方法对该区块的井进行了处理，分别计算了储层砂体机构参数和含油非均质性参数。以砂体结构参数作横坐标、含油非均值性参数作纵坐标建立了页岩油分级评价图版，如图 5-3-8 所示。图版中横坐标从左向右表示砂体从互层状砂体向块状砂体变化，砂体结构逐渐变好；纵坐标由下向上表示储层的含油性及均质程度由差到好。图中红色圆点表示产油大于 10t/d，绿色三角点表示产油小于 10t/d。

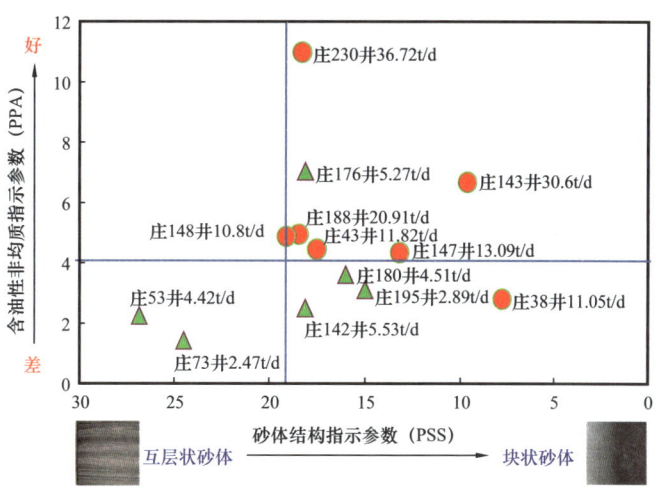

图 5-3-8　Z230 井区页岩油层分级评价图版

三、孔隙结构测井评价方法

储层孔隙结构特征是指岩石所具有的孔隙和喉道的几何形状、大小、分布及其相互连通关系。对致密储层，其孔隙结构最根本的特点就是孔隙喉道细小，迂曲度复杂，毛细管压力高。储层岩石的孔隙结构特征是影响储层流体（油、气、水）的储集能力和开采油气资源的主要因素，因此，其对于发现有利勘探目标，有效开展储层评价，实现致密储层合理开发具有重大意义。

目前研究储层的孔隙结构多是应用岩心实验室分析，主要包括岩心 CT 扫描、压汞实验和核磁共振实验。但考虑到取心费用贵、实验周期长，利用测井资料分析储层微观孔隙结构是非常有必要的。

利用核磁共振测井来表征孔隙结构，是目前常用的方法，核磁共振 T2 分布可以表示孔径分布（Coates 等，2007）。在实验室中，通常采用压汞法来提取孔喉参数，进而来表征孔隙结构。研究表明 T2 分布与压汞得到的孔径分布曲线类似，因此将 T2 分布曲线转换为压汞曲线，从而表征孔隙结构。

目前用来转换毛细管压力的方法主要有线性转化法、幂函数法、基于 Swanson 参数的转化法（肖亮，2008）、J 函数和 SDR 结合的转化法、二维等面积法和径向基函数法。对于线性转化法、幂函数法等存在的问题以及在复杂孔隙结构致密砂岩储层中的不适应性，提出基于幂函数的修正公式将核磁 T2 谱转化为伪毛细管压力曲线，通过毛细管压力反映孔喉半径分布与核磁共振 T2 谱之间的非线性转换得到（具体转换关系需要进一步通过大量岩心配套实验深入研究确定），即：

$$p_c = \frac{E}{T_2 D}\left(1 + \frac{A}{(BT_2+1)^C}\right) \quad (5\text{-}3\text{-}10)$$

式中　p_c——毛细管压力；

　　　T_2——核磁共振横向弛豫时间；

　　　A，B，C，D，E——岩心实验标定后的转换系数。

该方法综合幂函数和可变刻度法的优点，对幂函数转化小孔部分误差较大问题用变刻度系数进行修正。应用该方法对该区长 7 段岩心样品进行分析和转化，选取样品孔隙度 6.9%、渗透率 0.01mD，岩心核磁共振 T2 谱如图 5-3-9 所示，对应的岩心压汞毛细管压力曲线如图 5-3-10 所示。

采用不同的核磁共振转换伪毛细管压力曲线方法进行转换，结果如图 5-3-11 所示。由图可见，线性转化法误差较大；幂函数法大孔部分对应较好，小孔部分误差较大；变刻度法转化效果也不理想，均与实测压汞毛细管压力曲线有较大差异；而本次提出的修正公式转化伪毛细管压力曲线能很好地反映岩石的孔隙结构特征，与实验压汞毛细管压力曲线吻合效果好。

基于岩石物理实验标定，并对核磁共振测井进行含油影响校正，利用核磁共振测井反演毛细管压力曲线，计算的孔隙结构定量评价参数合理可靠。

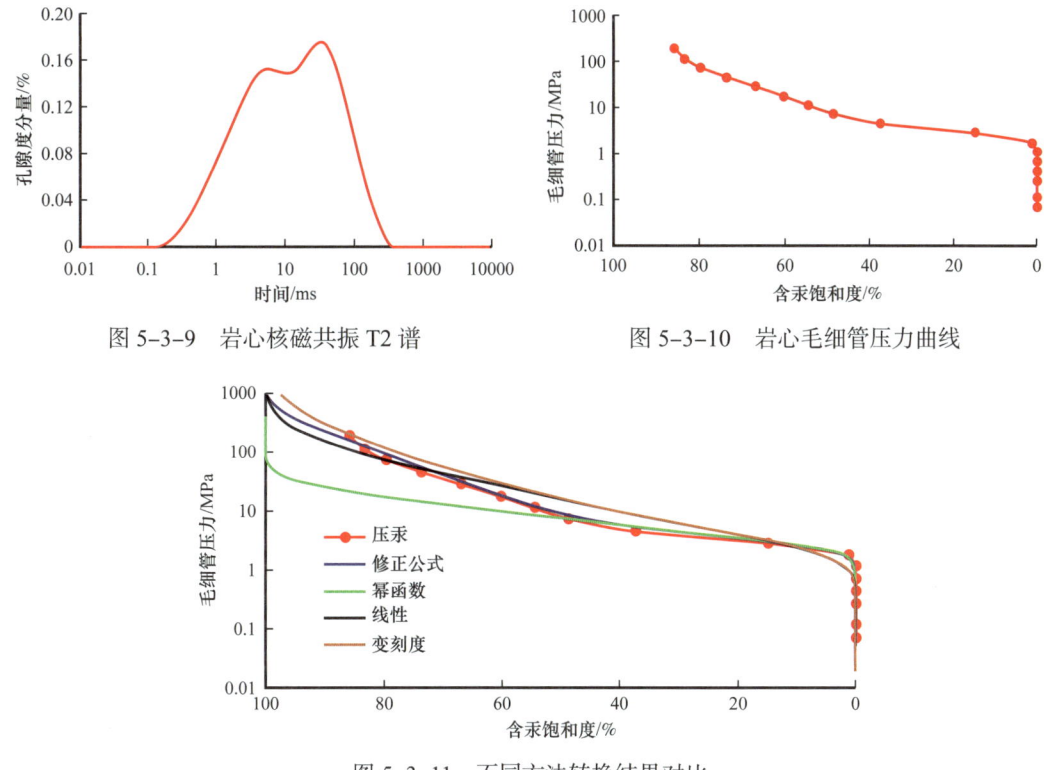

图 5-3-9　岩心核磁共振 T2 谱

图 5-3-10　岩心毛细管压力曲线

图 5-3-11　不同方法转换结果对比

如图 5-3-12 所示为 M53 井核磁共振测井资料进行含油校正前后 T2 谱对比以及转换的伪毛细管压力曲线与实测毛细管压力曲线对比图。从图 5-3-12（a）可看出含油校正前后 T2 谱有明显差异，反映大孔隙的部分进行含油校正后左移，根据含油校正前后的 T2 谱采用建立的伪毛细管压力转换方法，获得的伪毛细管压力曲线与压汞实验曲线对比可看出[图 5-3-12（b）]，含油校正前转换的伪毛细管压力曲线由于受含油影响，驱替压力较低，而经含油校正后的 T2 谱转换的伪毛细管压力曲线驱替压力增大，与压汞测量毛细管压力曲线获得的驱替压力相近，说明了在经含油影响校正后通过岩石物理实验标定建立的新的核磁共振与伪毛细管压力转换关系具有较好的应用效果，在此基础上计算的孔隙结构测井定量评价参数合理可靠。

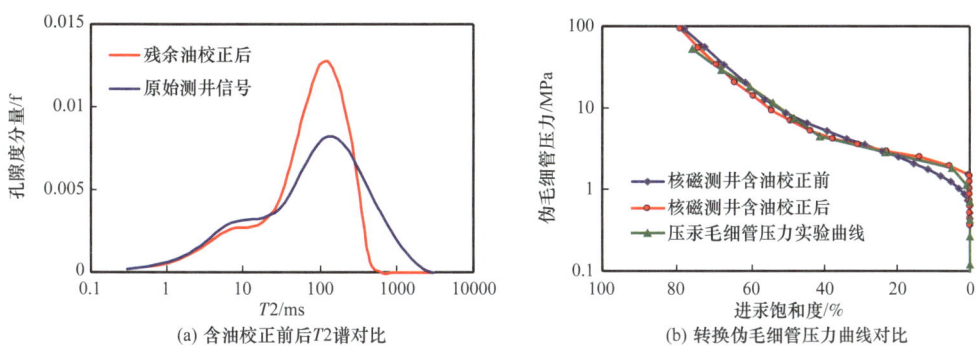

(a) 含油校正前后T2谱对比　　　(b) 转换伪毛细管压力曲线对比

图 5-3-12　核磁共振测井资料含油校正前后及转换伪毛细管压力曲线对比

如图5-3-13所示为M53井T2谱含油校正前后计算的孔隙结构参数对比图,由图可见,含油校正前后的T2谱、转换的伪毛细管压力曲线、计算的驱替压力、中值压力、中值半径等参数有明显的差异,校正后的评价结果更加可靠。如第53号层直接应用测量的核磁共振信息反演T2谱获得的驱替压力小于1MPa,根据该区的储层评价标准评价为Ⅰ类储层。但该井段岩心分析孔隙度为9%,渗透率为0.17mD,为Ⅱ—Ⅲ类储层。由于核磁共振测井受含油的影响,使得孔隙结构评价过于乐观。通过含油校正后转换的伪毛细管压力曲线得到驱替压力为1.5MPa,评价为Ⅱ—Ⅲ类储层,与取心分析结果一致。

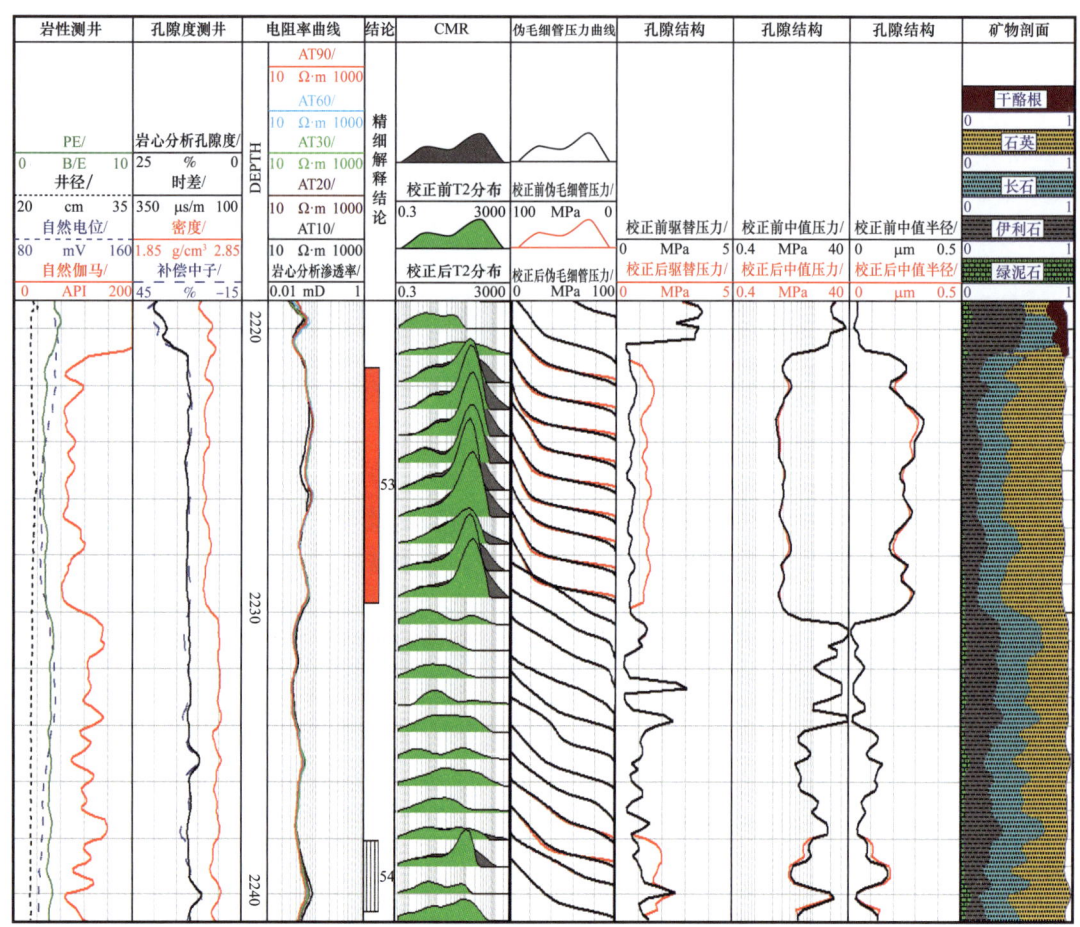

图5-3-13 M53井T2谱含油校正前后计算的孔隙结构参数对比图

第四节 页岩油工程力学参数评价

鄂尔多斯盆地长7页岩油储层岩性致密、物性差,前期按照常规压裂思路开展了大量的研究与试验,累计压裂改造600余口井,其中仅有337口井获工业油流,平均单井试油产量小于6t/d。但是随着体积压裂技术在国外页岩油气中的成功运用,这为长庆页岩油勘探开发提供了新的思路。

"体积压裂"技术是压裂理念的一次革命,同时也对工程力学品质测井评价提出了新的挑战。首先必须研究哪段储层是最有利的"体积压裂"改造井段,其次测井应该为压裂改造提供必要的参数支持,并依据获得的参数对压裂缝高度进行预测,达到优化压裂方案的目的。因此以测井新技术资料为基础,通过综合分析页岩油储层完井品质参数,可以为页岩油优质高效钻完井及压裂增产等提供工程地质依据与技术支持。

一、地应力计算和方向确定

页岩油的高效开发必须采用水平井钻井和大型体积压裂,而在水平井井眼轨迹优选和压裂方案设计中,地应力方位、大小及其各向异性是非常重要的一类参数,因此,地应力及其各向异性评价是页岩油气评价的重要内容之一。

地应力包括垂直应力、最大水平应力、最小水平应力三种。垂直应力可通过上覆地层的全井眼密度测井值及其对深度的积分并考虑上覆地层的孔隙压力而确定。地应力评价主要是指最大和最小水平应力,其内容包括方位、大小以及各向异性,主要采用电成像测井和阵列声波测井计算得到。

1. 地应力方向

横波在声学各向异性地层中传播可产生横波分裂现象,即分裂成沿刚性方向传播的快波和沿柔性方向传播的慢波,从阵列声波测井交叉偶极模式下的测量资料通过波场多分量旋转技术可提取快慢波信息(方位、速度和幅度),而快横波的传播方向与最大水平应力的方向一致,从而确定出最大水平应力方向。

电成像测井是分析地应力方位极其重要的资料之一,地层被钻开后,井壁附近的地应力场即被改变,导致井壁几何形态产生变化,如地应力释放后形成的裂缝、井眼崩落以及过高的钻井液压力造成的压裂诱导缝等。根据这些变化说固有的规律性及其在电成像测井图像上的响应特征,可确定出水平地应力的方位。从电成像测井图像上可以拾取的井壁压裂缝(总是平行于地层最大水平主应力方向)方位指示的最大应力方向,由应力释放缝、井眼崩落(发生在最小地应力方向上)的方位可以确定出最小水平应力方向(薛茹斌,2006)。

基于阵列声波与电成像测井,通过井眼崩落、诱导缝及快慢横波判断地应力方位,盆地长7段最大主应力方位为北东东—南西西向(图5-4-1)。

2. 地应力大小

地层最小水平主应力σ_h可以通过扩展的漏失试验(XLOT)、微压裂等直接测量得到,但获取的数据量有限、深度剖面上分布零散。最小水平主应力也可以根据测井资料计算得到,并经其中一种直接方法进行刻度。

最小水平主应力的计算方法主要分为各向同性和各向异性两种模型,各向同性模型假设各个方向上岩石弹性参数没有变化,其计算方法很多(如垂向应力考虑了上覆岩石压力以及孔隙压力、水平应力考虑了构造残余应力作用的ADS方法,有效应力比为常数

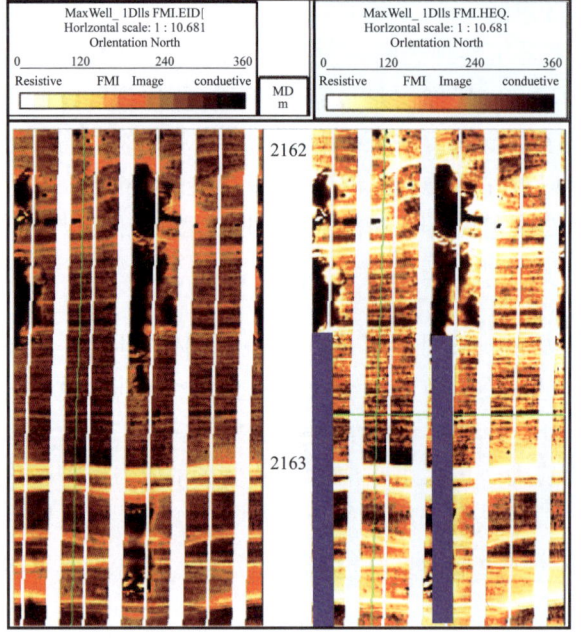

(a) 井眼崩落

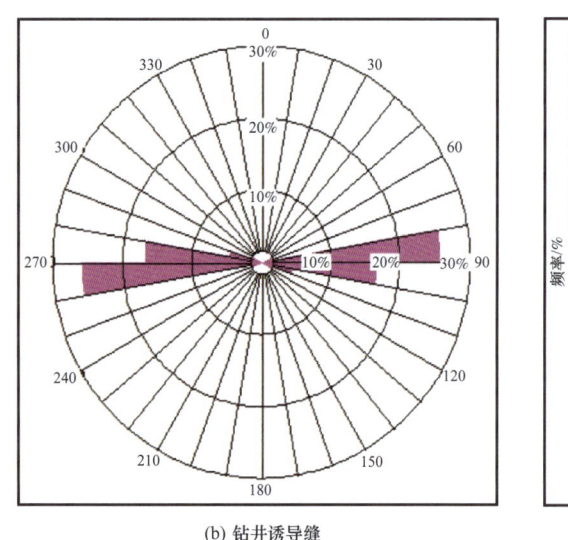

(b) 钻井诱导缝

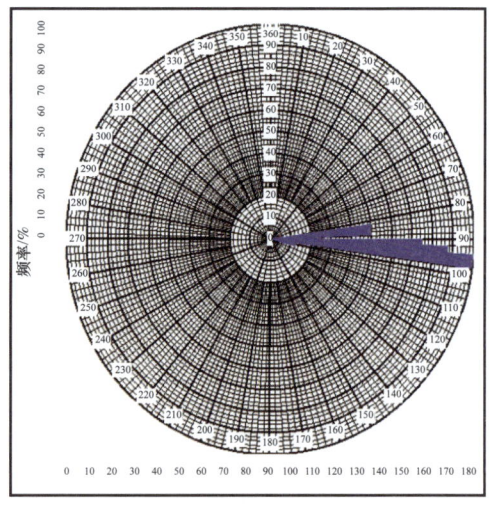

(c) 快横波方位

图 5-4-1　长 7 最大主应力方位为北东东—南西西向

假设法、双井径曲线和电成像测井组合法，以及基于实验分析资料的经验公式法等）。目前常用的是多孔弹性模型，其各向同性和各向异性的最小水平地应力计算公式分别为

$$\sigma_h - \alpha\sigma_p = \frac{\upsilon}{1-\upsilon}(\sigma_V - \alpha\sigma_p) + \frac{E}{1-\upsilon^2}\varepsilon_h + \frac{E\upsilon}{1-\upsilon^2}\varepsilon_H \qquad (5\text{-}4\text{-}1)$$

$$\sigma_h - \alpha\sigma_p = \frac{E_h}{E_v}\frac{\upsilon_v}{1-\upsilon_h}(\sigma_V - \alpha\sigma_p) + \frac{E_h}{1-\upsilon_h^2}\varepsilon_h + \frac{E_h\upsilon_h}{1-\upsilon_h^2}\varepsilon_H \qquad (5\text{-}4\text{-}2)$$

式中 σ_h——最小水平应力，MPa；

σ_p——地层孔隙压力，MPa；

α——Biot 系数，无量纲；

υ——各向同性的泊松比，无量纲；

E——各向同性的杨氏模量，GPa；

ε_h，ε_H——构造压力系数，无量纲；

E_h，E_v——各向异性水平和垂直方向上的杨氏模量，GPa；

υ_h，υ_v——各向异性水平和垂直方向上的泊松比，无量纲。

式（5-4-1）和式（5-4-2）的差异主要是考虑到了水平和垂直方向上岩石弹性参数间的差异，如果地层各向异性特征不明显，则可简化应用各向同性模型计算。如图 5-4-2 所示为应用各向同性模型计算的岩石力学参数、脆性指数和最大最小水平应力综合图。

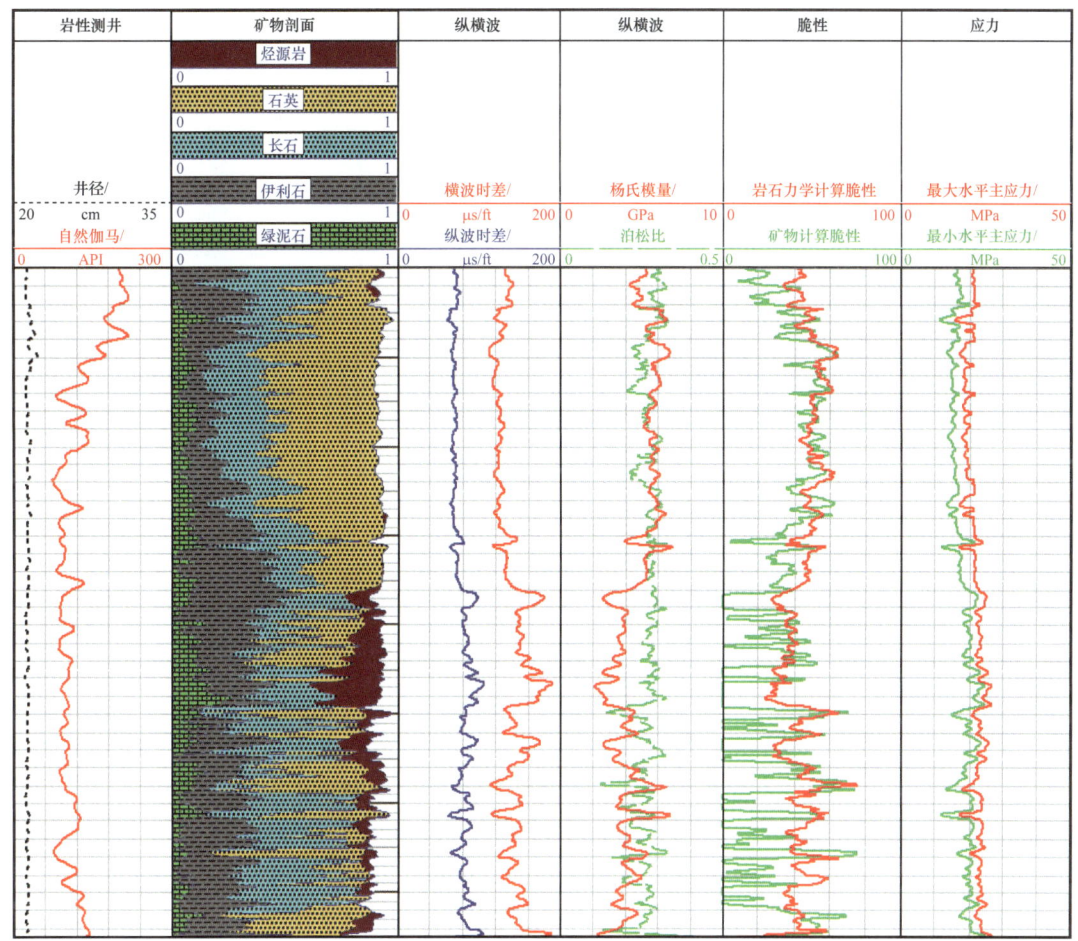

图 5-4-2 Z233 井长 7 段测井评价岩石力学、脆性及地应力特征

二、岩石脆性参数定量计算

岩石的脆性是页岩油体积压裂改造需要考虑的重要岩石力学特征之一。当黏土矿物

含量较高时，岩石表现为塑性特征，不利于产生复杂裂缝网络体积。而当储层中石英、长石、碳酸岩等脆性矿物含量较高时，岩石的脆性特征强，有利于形成裂缝网络体积，适合于体积压裂改造。

目前，有两种常用的评价页岩脆性指数的计算方法：一是岩石力学参数法，二是岩石矿物分析法。

1. 岩石力学参数法

根据该区的岩石力学实验结果，杨氏模量和泊松比与岩石脆性指数之间具有较好的相关关系（图 5-4-3），可用杨氏模量和泊松比这两个独立的岩石力学参数来计算岩石脆性系数：

$$\begin{cases} \Delta E = \dfrac{E-1}{9-1} \\ \Delta PR = \dfrac{0.4 - PR}{0.4 - 0.1} \\ BI = \dfrac{\Delta E + \Delta PR}{2} \times 100 \end{cases} \quad (5-4-3)$$

式中　　E——实测弹性模量，10^4MPa；

PR——实测泊松比；

ΔE——归一化后的弹性模量；

ΔPR——归一化泊松比；

BI——脆性系数，%。

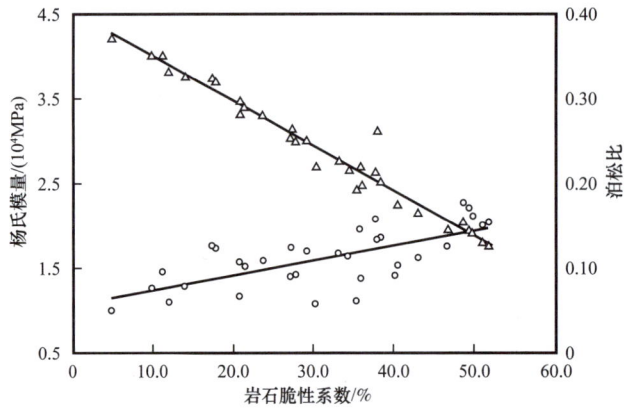

图 5-4-3　岩石脆性指数与杨氏模量、泊松比关系

2. 岩石矿物分析法

通过测定岩石矿物含量，根据脆性矿物成分含量高低可大致判断脆性强弱。通常用石英、长石等占总矿物的百分含量来表示其脆性系数。如延长组地层为砂泥岩剖面，其脆性系数计算公式为

$$BI_2 = \frac{1-PRO-SH}{1-POR} \times 100 \qquad (5-4-4)$$

式中 POR——孔隙度。

为较好地计算岩石脆性，需要在测井采集系列中配备高精度的密度测井和阵列声波测井以获取高精度的杨氏模量和泊松比等岩石弹性参数。同时，刻度时需要注意的是，实验室测量值是静态弹性参数，测井计算值是动态弹性参数，两者之间存在较大的差异，而且这种差异随地层力学性质和实验条件不同而不同，需要通过对数据进行分析，建立其相关关系，实验动态和静态参数转化。

对于具体某一地区而言，阵列声波测井采集成本高，井数相对较少，难以进行全区的岩石脆性指数评价。岩石组分计算法则可以弥补这一不足，岩石组分计算法的关键在于精细确定储层的矿物组成及其含量。因此当该区块有横波测井资料时，有限考虑用岩石力学参数法进行计算，如果没有测井新技术资料则考虑用岩石矿物分析法，如图5-4-4所示为Z233井长7段脆性指数计算成果图，该区实际资料处理结果表明，岩石力学法（杨氏模量和泊松比）和岩石矿物法（石英含量）计算的岩石脆性指数具有很好的相关性。

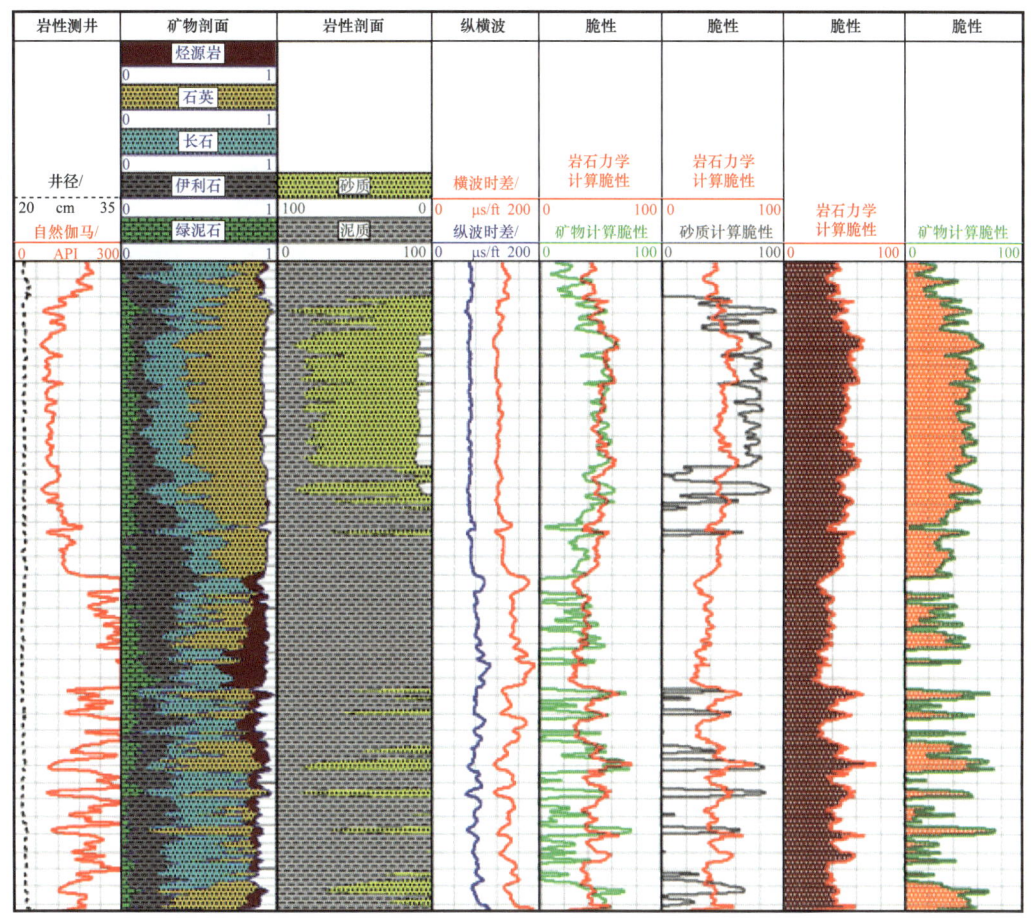

图5-4-4 Z233井不同方法计算脆性指数对比图

第五节　页岩油纵向"甜点"综合评价

非常规储层测井评价不同于以往常规储层，不再是简单的"四性"关系评价，涉及"七性"乃至更多参数的纵向评价。利用多参数评价结果能更好地刻画页岩油纵向地质和工程"甜点"，对于水平井部署、目标层优选以及导向靶点精准选择有着重要的参考意义。下面以 C96 井为例详细阐明纵向"甜点"段的精细评价方法及其作用。

一、储层品质评价

1. C96 井岩石矿物组分评价

弄清致密储层的矿物构成及确定储层岩石骨架，不仅可以为孔隙度等储层参数计算提供依据，而且对于致密油的有效开发有着重要的意义。因为致密油的有效开发都需经过大规模的储层改造，储层中脆性矿物成分含量的高低决定了储层改造的效果。如图 5-5-1 所示为 C96 井长 7 段致密油层 ECS 评价与 XRD 实验结果对比图，图中第 6 至第 9 道的实线分别为泥质、砂岩、碳酸盐岩、黄铁矿的 ECS 计算结果，而红点是 XRD 实验结果，二者吻合较好。定量解释石英、长石、碳酸盐、黏土、黄铁矿、干酪根等岩石组分，其中脆性矿物平均含量达 54.3%；长 7_3 段富含黄铁矿和干酪根。

2. C96 井孔隙结构评价

核磁孔隙结构评价结果表明 C96 井长 7_2 段上部储层物性相对较好，核磁有效孔隙度 7%~9%，长 T2 谱比较发育，可动流体含量较高；下部储层物性变差，核磁有效孔隙度降低（图 5-5-2）。

长 7_1 段上部储层物性变差，下部储层物性相对较好，核磁有效孔隙度 6%~9%，长 T2 谱比较发育，可动流体含量较高（图 5-5-3）。

3. C96 井砂体结构评价

如图 5-5-4 所示为 C96 井的砂体结构和储层含油非均质性参数计算实例，第五道为核磁孔喉品质指数，第六道为利用曲线光滑程度函数计算出的砂体结构参数，第七道为含油非均质性参数结果，从计算出的砂体结构参数和含油性参数结果来看，C96 井储层砂体结构和含油非均质性较好。

二、烃源岩品质评价

如图 5-5-5 所示为 C96 井长 7 段 TOC 分类评价成果图，第 7 道为 lithsanner 直接测量获得的 TOC 含量与岩心分析对比结果，2066m 以上吻合效果较好，2066m 以下吻合效果较差。第 8 道为多元回归统计法计算结果和岩心分析结果对比，可以看出两者吻合较好。第 9 道为根据前述分类标准，对烃源岩进行了分类评价。C96 井长 7_3 段烃源岩平均 TOC 含量为 9.5%，以一类和二类烃源岩为主。

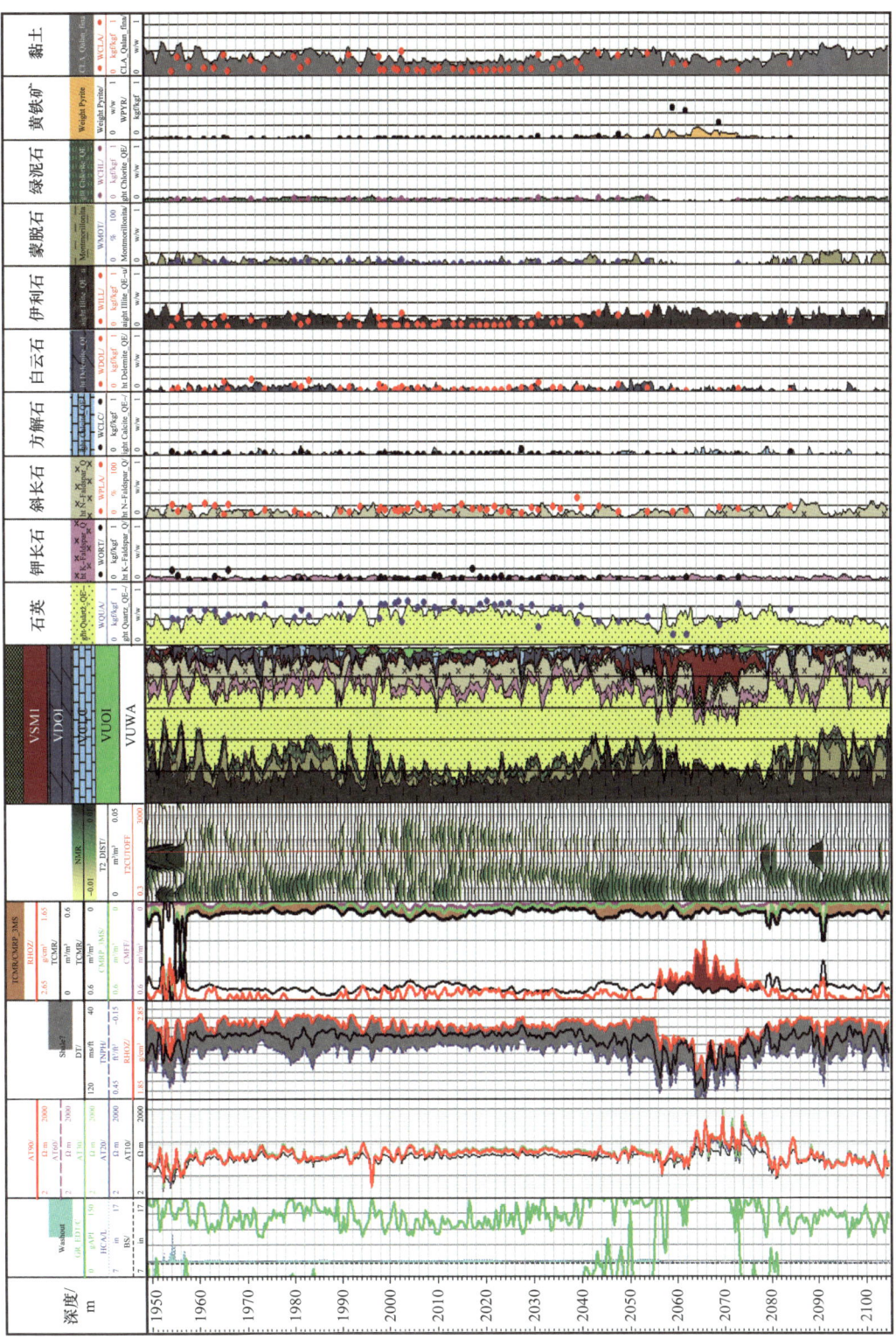

图 5-5-1 C96 井长 7 段 ECS 与 XRD 实验结果对比图

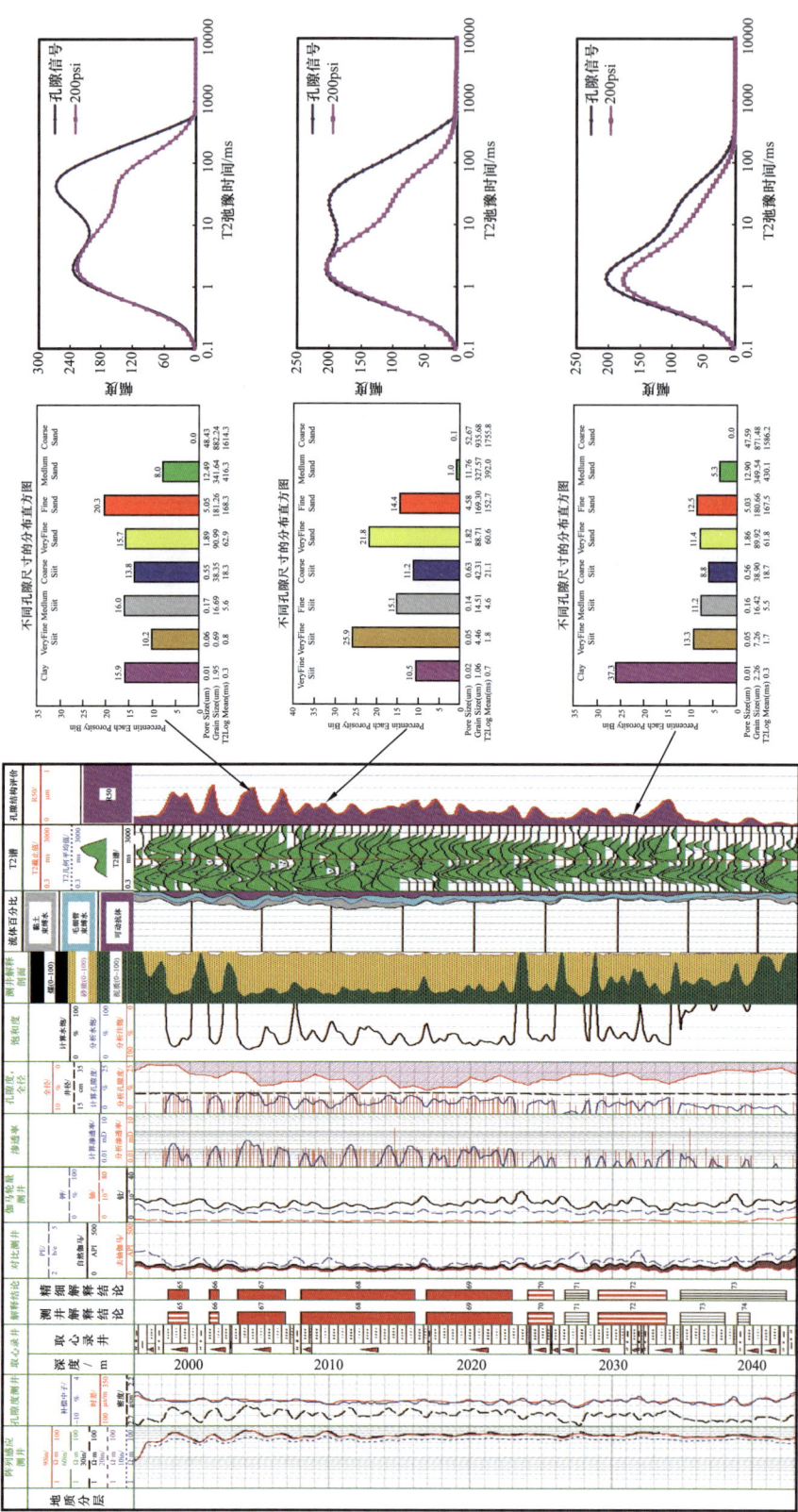

图 5-5-2 C96 井长 7₂ 孔隙结构评价综合成果图

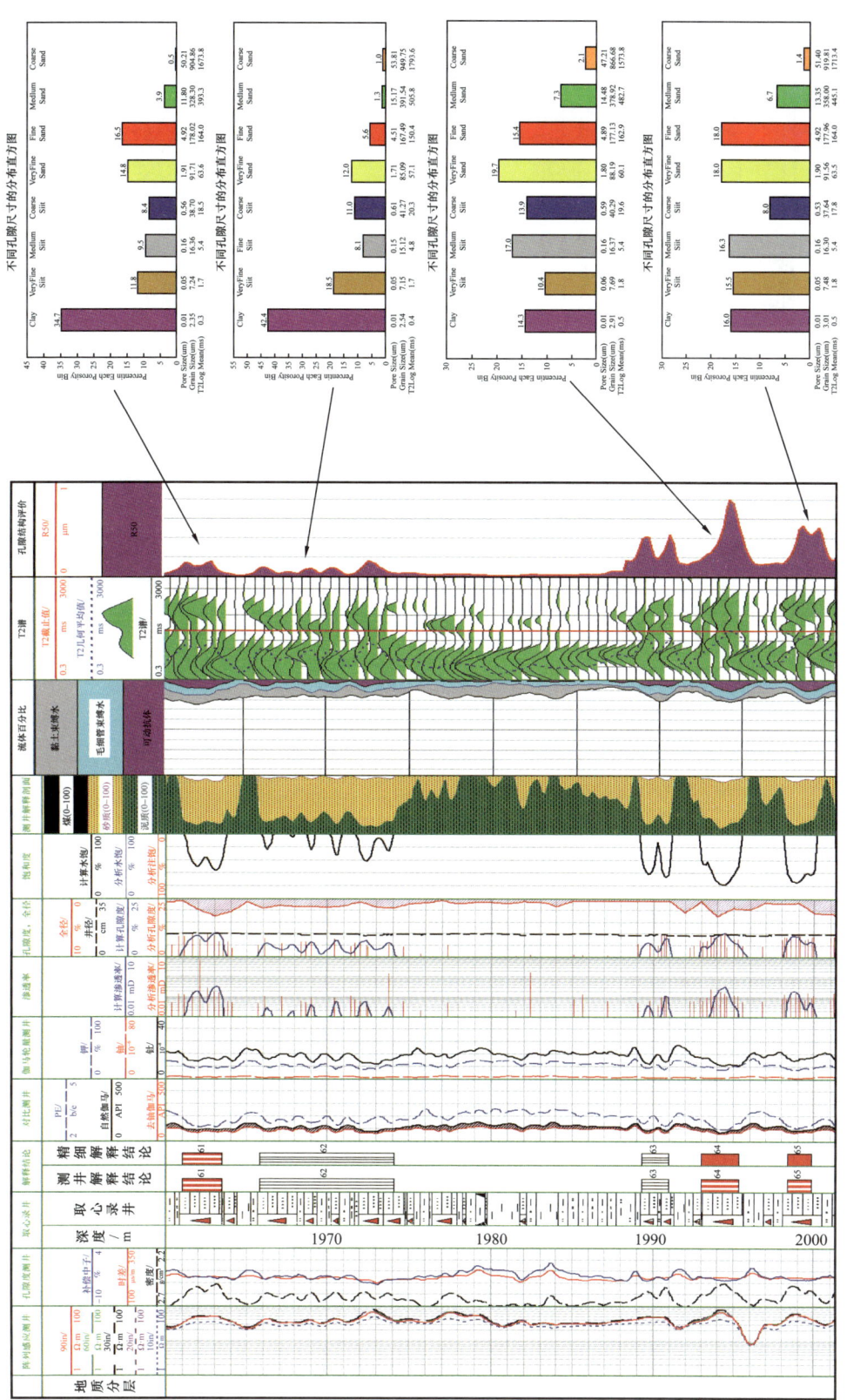

图 5-5-3 C96 井长 7_1 孔隙结构评价综合成果图

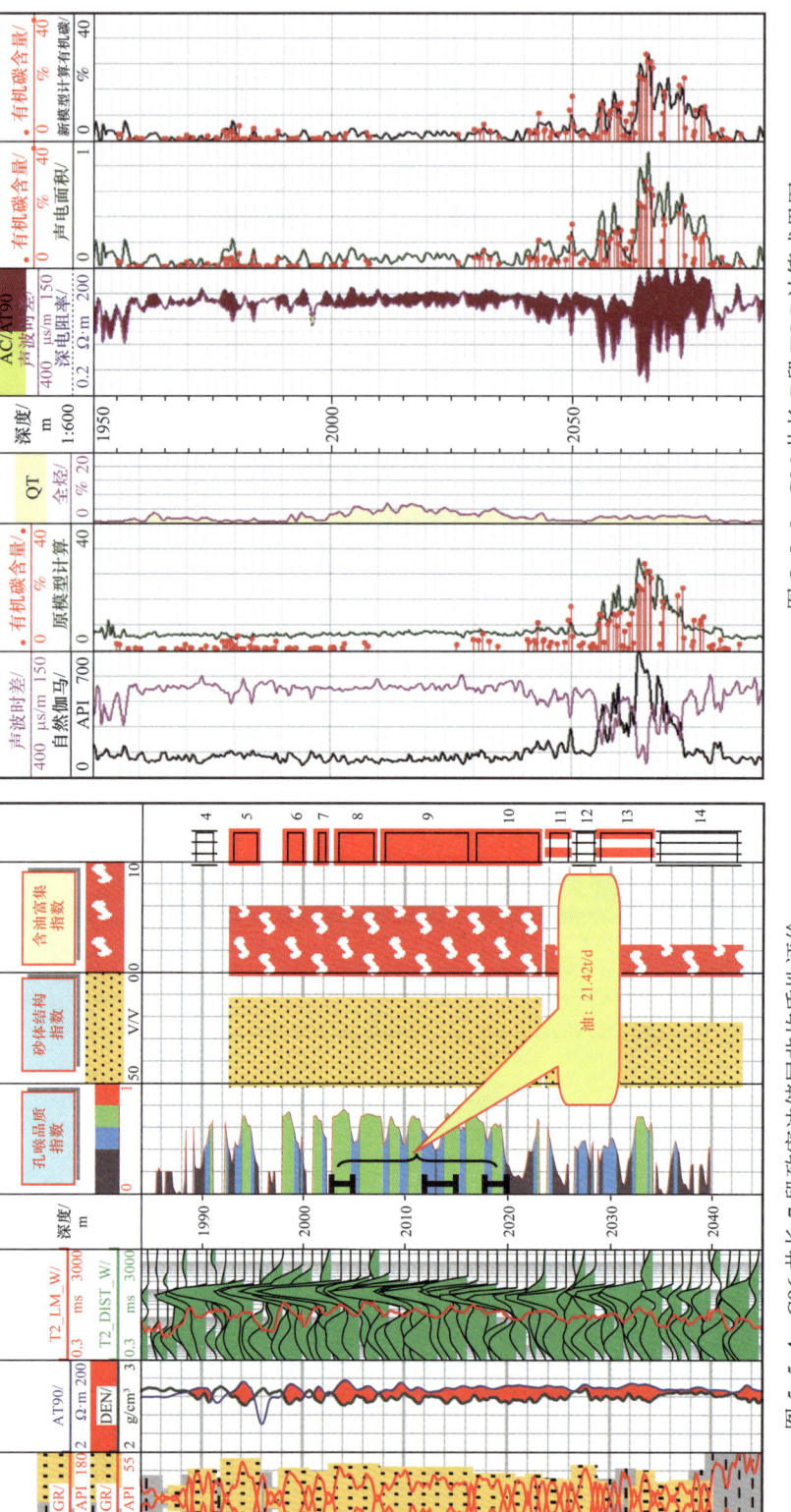

图 5-5-5 C96 井长 7 段 TOC 计算成果图

图 5-5-4 C96 井长 7 段致密油储层非均质性评价

三、工程力学品质评价

1. C96 井脆性评价

岩石的脆性是致密油"体积压裂"改造需要考虑的重要岩石力学特征之一。当黏土矿物含量较高时，岩石表现为塑性特征，不利于产生复杂缝网体积。而当储层中石英、长石、碳酸岩等脆性矿物含量较高时，岩石的脆性特征强，有利于形成裂缝网络体积，适合于"体积压裂"改造。目前，有两种常用的评价页岩脆性指数的计算方法；一是岩石力学参数法，二是岩石矿物分析法。当区块有横波测井资料时，优先考虑用岩石力学参数法进行计算；如果没有测井新技术资料则考虑用岩石矿物分析法。如图 5-5-6 所示为 C96 井长 7 段脆性指数计算成果图，可以看出岩石力学参数法和矿物分析法计算结果基本一致。

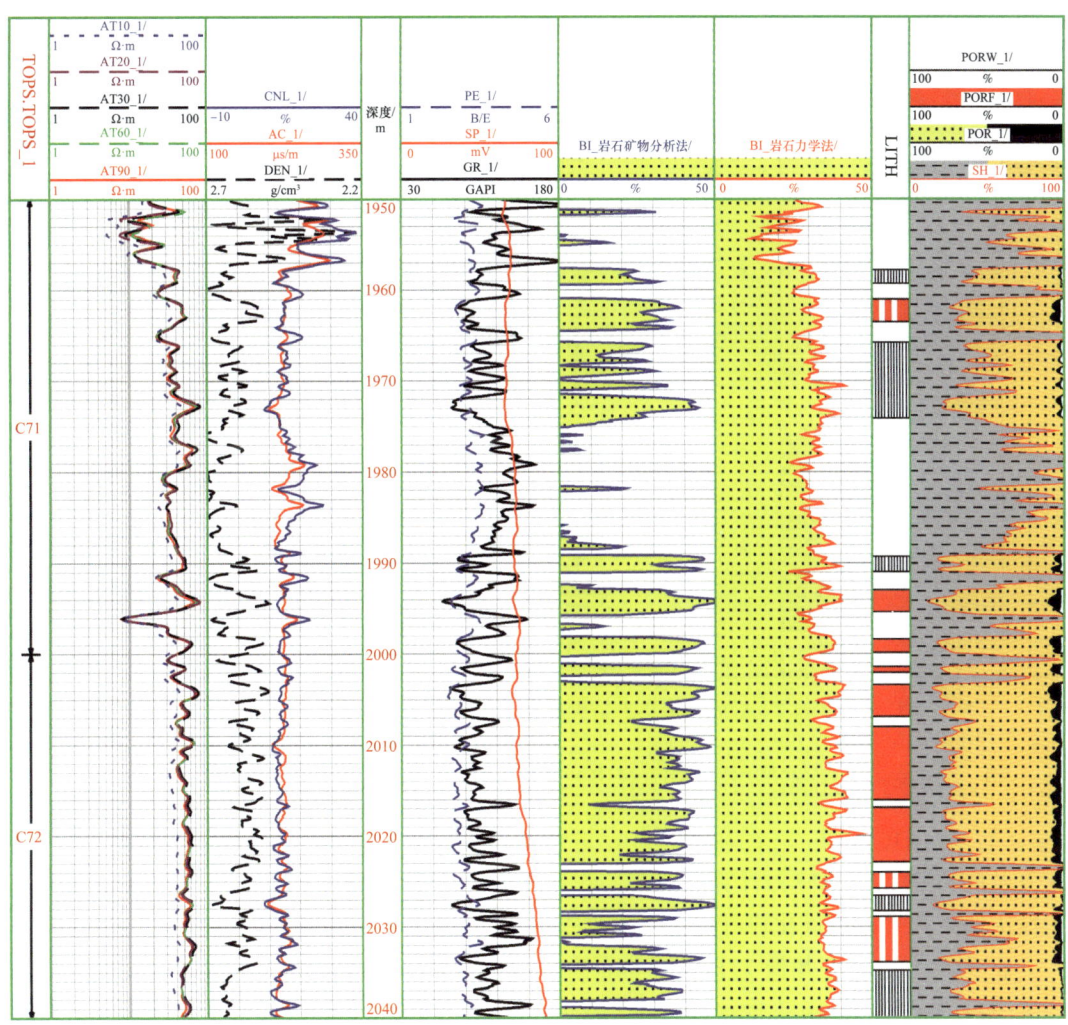

图 5-5-6　C96 井长 7 段脆性指数计算成果图

2. C96井地应力评价

如图5-5-7所示为应用各向异性模型计算的岩石力学参数综合图,在泥岩段采用各向异性模型计算的最小水平主应力更加准确。基于阵列声波地应力计算结果表明,C96井水平两向应力差在3~6MPa,储隔层应力差在5~7MPa。

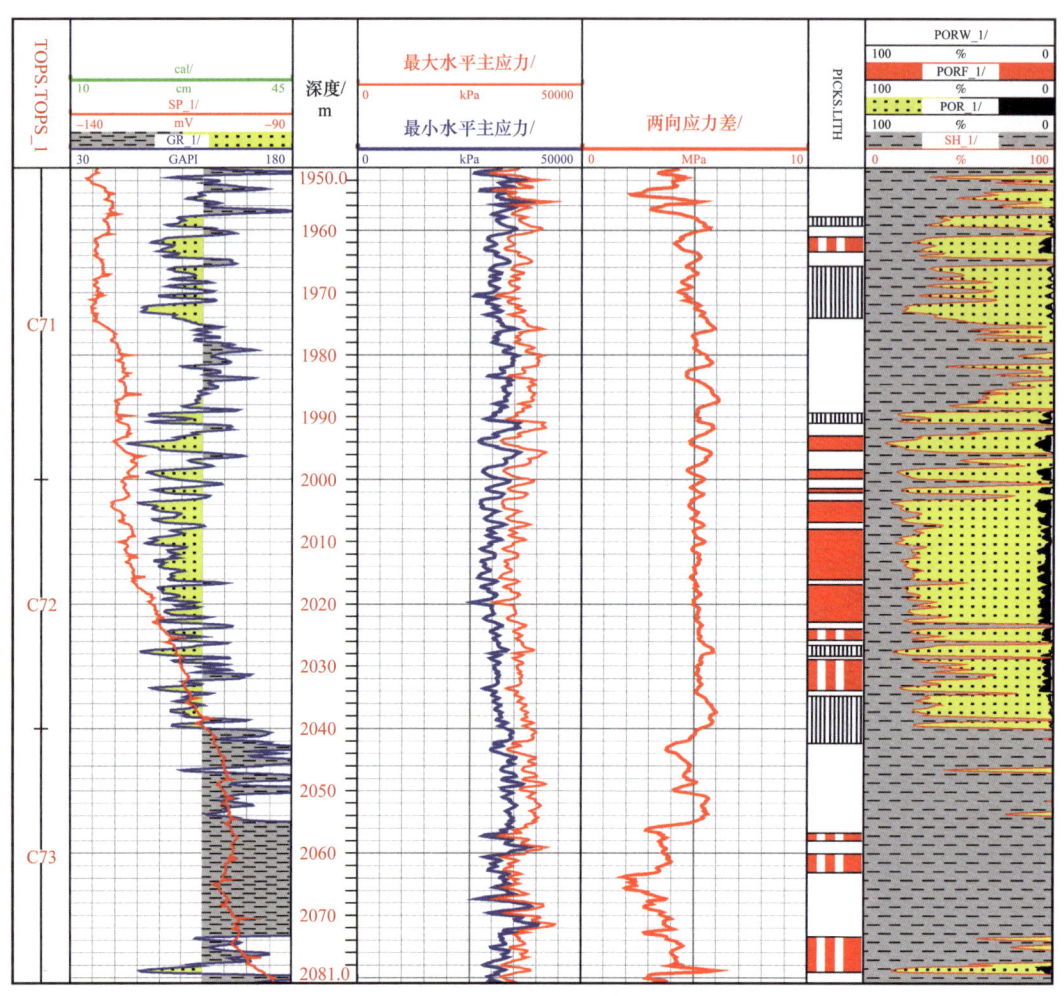

图5-5-7　C96井最小、最大水平主应力及两向应力差计算结果

四、纵向"甜点"综合评价及其应用

综合应用页岩油"三品质"测井定量评价技术,对C96井开展储层品质评价、源储配置及脆性指数、地应力计算研究等,识别出井眼剖面上地质和工程甜点,为压裂改造层段优选、压裂方案优化设计提供技术支撑。

表5-5-1是C96井长7_2段储层岩石力学评价结果,如图5-5-8所示是岩石力学评价成果图,综合考虑储层品质、工程力学品质和压裂模拟结果,进行了射孔段优选。

如图5-5-9所示为C96井基于各向同性模型和各向异性模型计算岩石力学参数所设

计的压裂模拟结果。通过长 7_2 段敏感性分析,其压裂基本参数为:净液量 854 m^3,加陶 88.0m^3/纤维 1591kg,排量 6m^3,砂浓度 18%,在提高排量到 7m^3/min,或者排量 6m^3 基础上增加 25% 的施工体积,都会出现裂缝高度的上窜。最终所有选取 5m^3/min 作为施工排量,其他参数不变进行压裂模拟。

表 5-5-1　C96 井长 7 段储层岩石力学参数计算成果表

层号	顶界深度 /m	底界深度 /m	杨氏模量 /GPa	泊松比	最小水平应力 /MPa	解释结论
19	1961	1964	28.0	0.23	29.9	差油层
22	1993	1995	30.4	0.21	29.3	差油层
23	1998	2000	30.2	0.21	29.2	差油层
24	2001	2002	32.0	0.24	31.4	差油层
25	2003	2005	28.2	0.19	29.2	油层
26	2005	2018	30.8	0.21	29.4	差油层
29	2060	2063	23.1	0.24	30.4	差油层
31	2072.8	2079.2	24.8	0.26	32.7	差油层

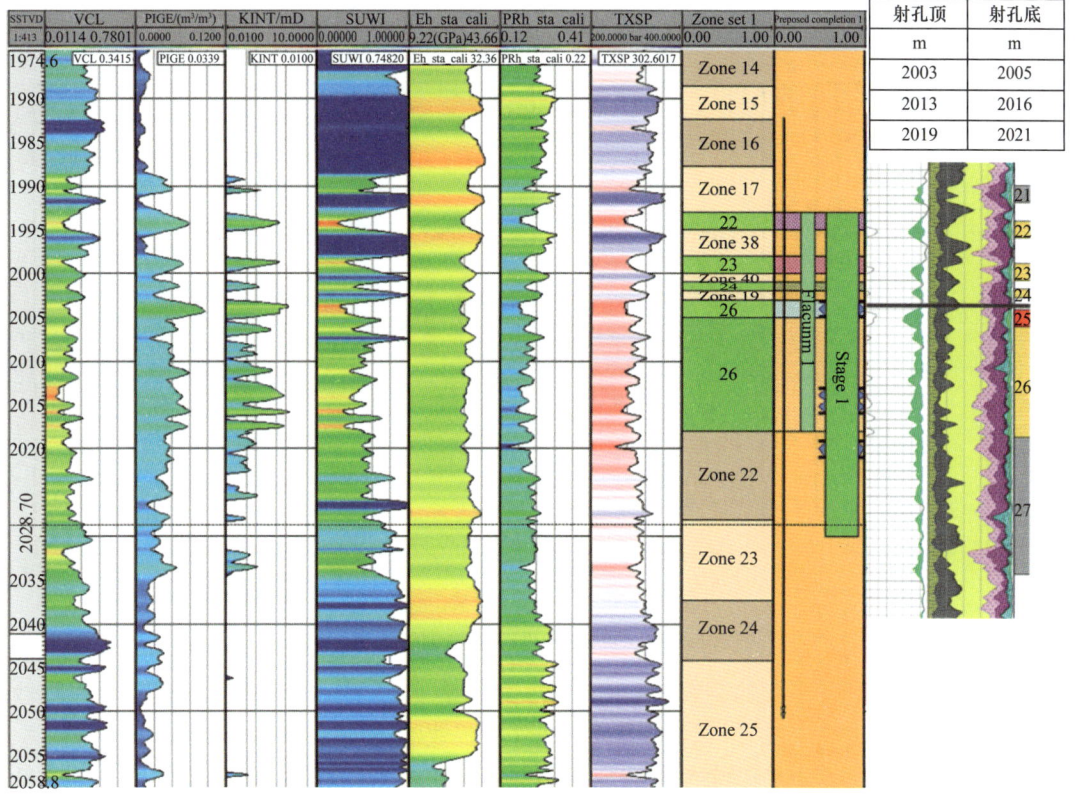

图 5-5-8　C96 井长 7_2 段岩石力学参数评价成果图

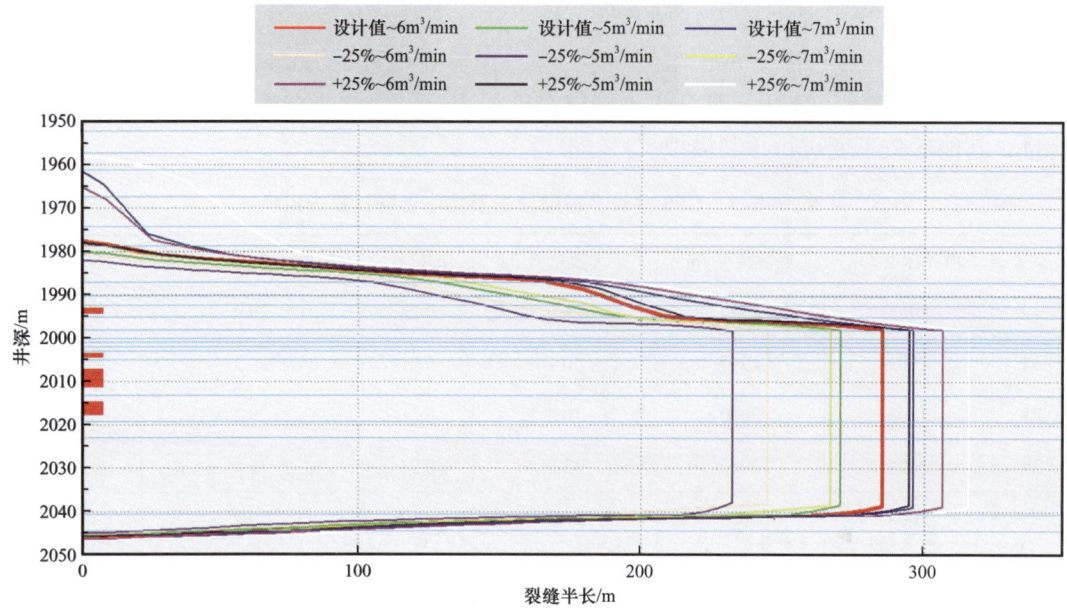

图 5-5-9　长 7_2 段施工参数敏感性分析

综合上述压裂施工参数，通过对施工压力进行拟合，得到拟合后裂缝形态：支撑裂缝半长 456m，裂缝高度 97m，平均裂缝宽度 1.1mm，可以看出储层得到了有效改造（图 5-5-10）。

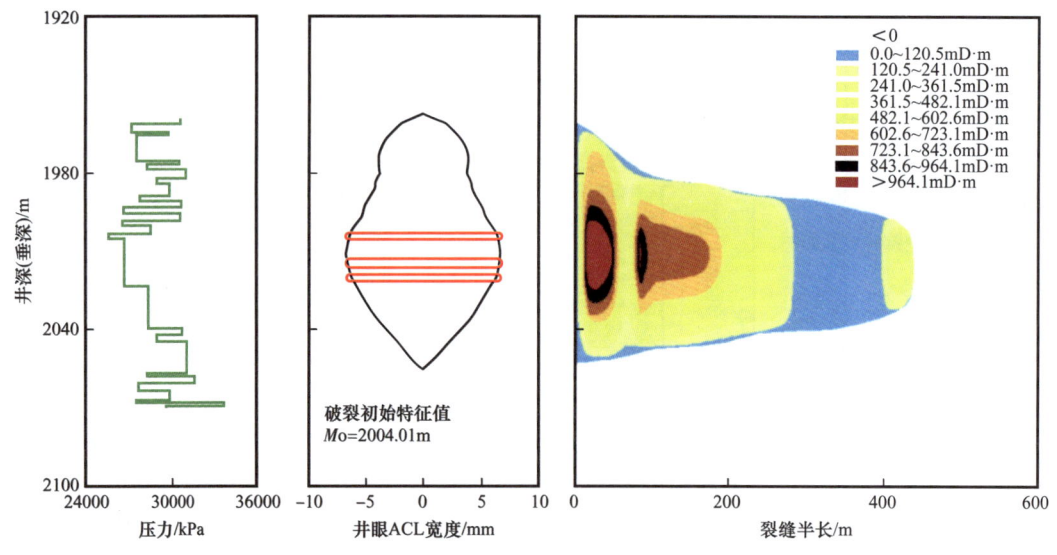

图 5-5-10　C96 井长 7_2 段模拟裂缝形态图

通过压裂设计参数优化，最终确定了 C96 井长 7_2 段压裂施工方案，该段储层在物性较差、非均质性强的情况下，试油获得 21.42t/d 的工业油流（图 5-5-11）。

长 7_3 射孔段上下为油页岩，破裂压力为 24.12MPa，高于长 7_2 致密砂岩段。压裂设计基本参数为：净液量 425m³，砂量 42m³，排量 4m³，砂浓度 18%。通过敏感性分析可以看出,在提高排量到 5m³/min,或者增加 25% 的施工体积,都会出现裂缝高度的上窜,所有选取 3.5m³/min 作为施工排量,其他参数不变(图 5-5-12)。

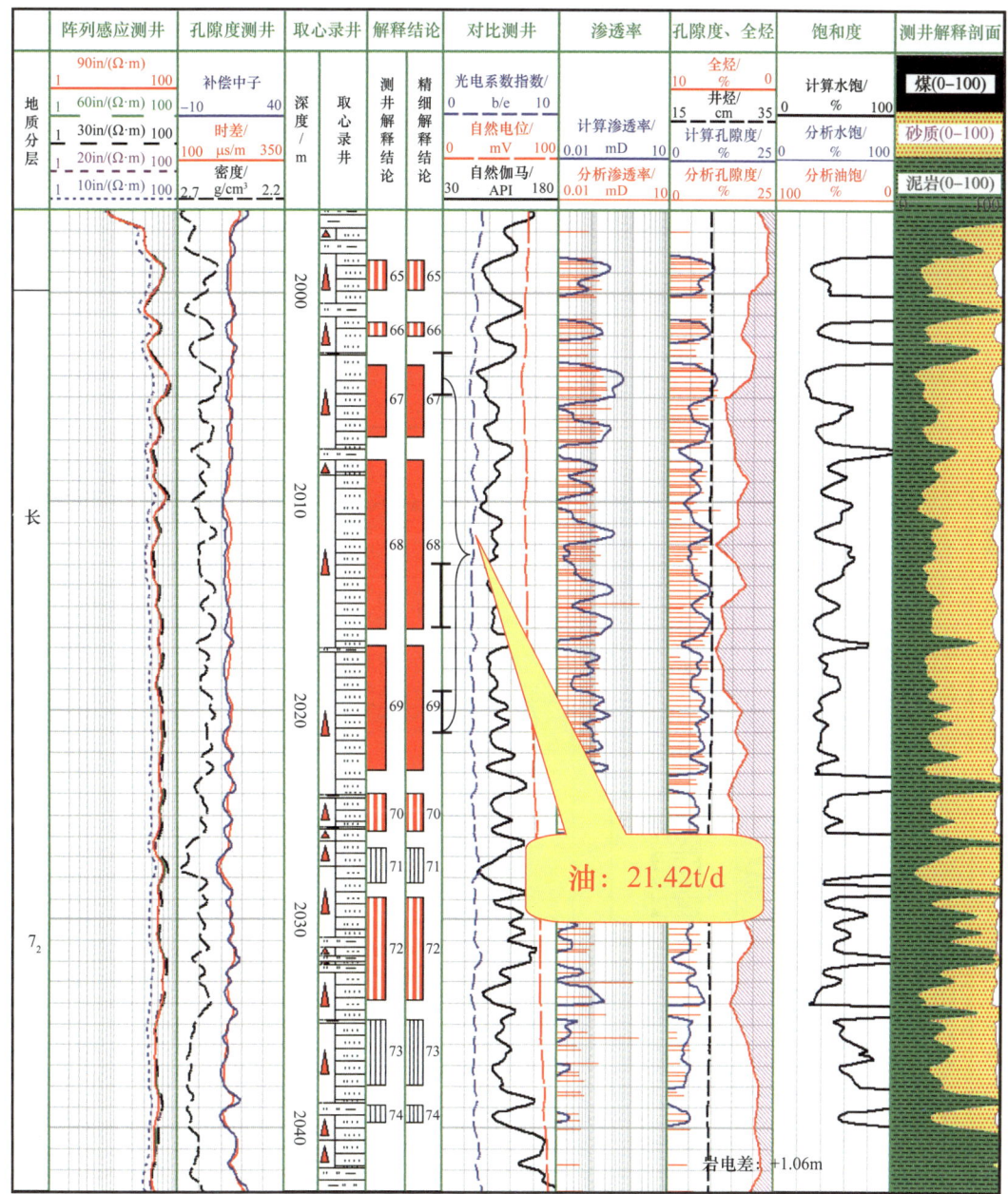

图 5-5-11　C96 井长 7_2 段测井解释综合成果图

通过压裂设计参数优化,最终确定了 C96 井长 7_3 段压裂施工方案,该段储层在物性较差、非均质性强的情况下,试油获得 10.97t/d 的工业油流(图 5-5-13)。

综上,根据 C96 井储层品质、烃源岩品质及工程力学品质评价结果,对长 7 上、下两段页岩油层实施纤维体积压裂,优化施工参数设计,取得了良好效果(图 5-5-14)。

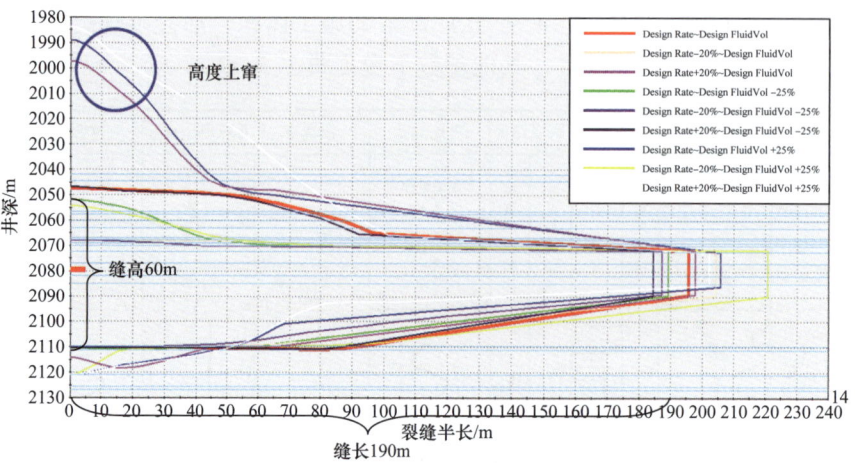

图 5-5-12　长 7_3 段施工参数敏感性分析

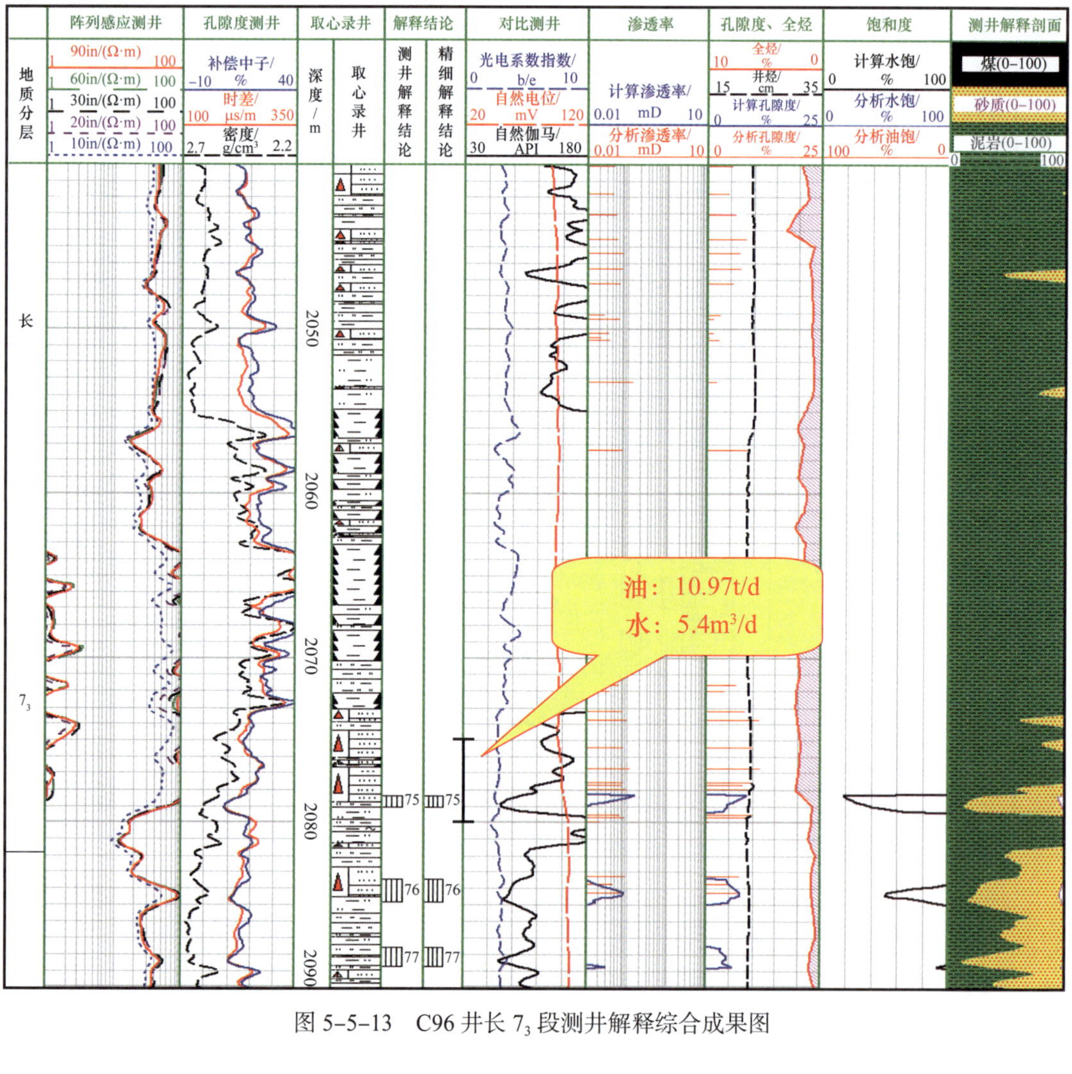

图 5-5-13　C96 井长 7_3 段测井解释综合成果图

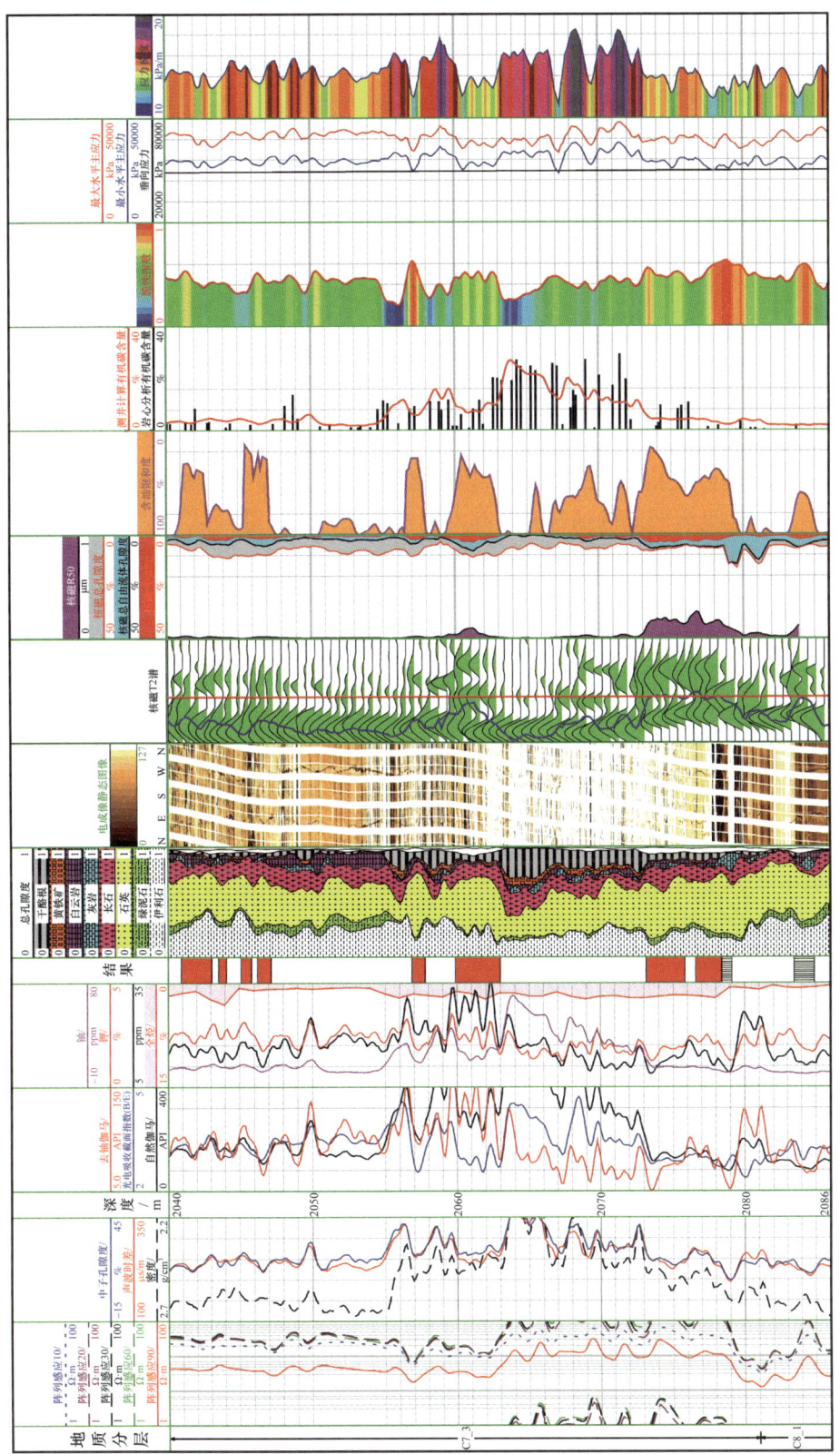

图 5-5-14　C96 井长 7 页岩油 "三品质" 测井综合评价成果图

第六章 页岩油水平井横向"甜点"测井评价技术

自20世纪80年代初具有工业应用价值的水平井在欧洲诞生后，水平井技术就迅速席卷石油钻采行业。水平井的影响是多方面的，也越来越被人们所接受，未来的钻井类型中，大部分会是水平井。当前水平井不仅仅用于油田的开发阶段，在油田的新区勘探，特别是致密油气和非常规油气地层的评价中，水平井也发挥着重要的作用。为更好地利用水平井进行油气勘探开发，努力提升水平井数据采集技术水平，发展水平井测井解释评价技术是当前中国测井界面临的非常艰巨且富有挑战的任务（周灿灿等，2006）。

鄂尔多斯盆地页岩储层的油气高效开发同样离不开水平井。从水平井井位部署、水平井钻井、水平井地质导向、水平井测井、水平井地层评价、水平段储层射孔试油压裂到最后试采这一系列水平井技术流程中，水平井测井技术扮演着非常重要的角色。但是，与国外现有水平井测井技术对比，国内油田在水平井的测井精细化解释环节还落后很多。首先是水平井测井响应的校正特别是各向异性地层中的校正还未走向实用化（赵江青等，1998），水平井测井响应的反演方法与实用化也面临着前所未有的挑战；其次是直井所固有的解释思维在水平井解释中仍然占主导地位，考虑水平井特点的解释方法缺乏系统化和综合化。因此通过示范工程攻关，以岩石物理实验及数值模拟为基础，形成了水平井声波时差和电阻率各向异性校正技术，建立了水平井流体识别及定量评价模型研究，制定了水平井分类评价标准并创新形成了水平井分级分段评价技术，为页岩油水平段压裂射孔簇优选和开发效果分析提供了依据。

第一节 页岩油水平井环境校正

目前水平井测井解释还停留于主观利用直井解释经验来进行水平井测井解释阶段，实际上，水平井环境下的测井响应受影响因素不同于垂直井，因此不能套用直井测井解释模式进行水平井测井解释。解决好水平井测井评价问题的第一步是深入认识水平井环境下的测井响应特征，进而研究水平井测井资料环境校正方法。研究水平井环境下的测井响应特征包括测井响应数值模拟以及测井实际资料的特征分析（朱桂清等，1994）。

一、水平井测井与直井测井对比

水平井测井的环境不同于垂直井，主要表现在空间位置、井眼、钻井液侵入、地层的非均质性以及各向异性等方面。

垂直井与地层界面都是正交或近似于正交，地层界面易划分。而水平井与地层界面的关系则有以下几种可能（图6-1-1）。

（1）层界面与井眼高角度相交（井眼轨迹1）：层界面以较高的角度与井眼相交，特征与直井类似。

（2）层界面靠近井眼（井眼轨迹2）：层界面离井眼较近，在仪器探测范围内，测量结果受界面和围岩影响严重。

（3）层界面远离井眼（井眼轨迹3）：围岩层不在仪器探测范围之内，测井曲线不受邻层及层界面的影响。

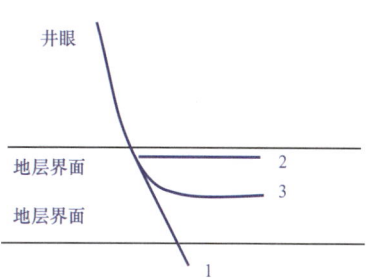

图 6-1-1　井眼轨迹与地层关系示意图

水平井解释过程中所用的地层模型和侵入模型与直井不同。直井的地层模型和侵入模型基本上以"介质以井眼为对称径向对称"为前提，而水平井地层模型和侵入模型则是建立在"径向不对称和各向异性"的基础上的，因此水平井测井响应的计算比直井要复杂得多。

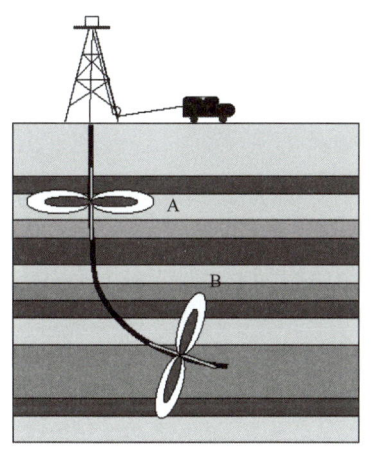

图 6-1-2　垂直井、大斜度井和水平井测井图

在垂直井中，一般情况下地层模型可以假定为各向同性的均质体（没有考虑侵入），测井仪器轴垂直或近似垂直于地层水平面，无论是地层、井眼还是钻井液侵入形状均认为是绕仪器轴旋转对称的。对大斜度井和水平井，与仪器轴垂直方向的地层多数情况下不再是各向同性的均质体，而是各向异性的非均质体，同时井眼和钻井液侵入形状等的对称性也不再存在（分别对比图 6-1-2 中 A、B 部分），因此应用于垂直井中的测井仪器再用于大斜度井和水平井测井需要面对种种不利因素的影响。

与测井仪器响应有关的是地层属性、井眼形状、钻井液侵入状况和仪器测量位置等，地层属性包括倾角、走向、岩性、空隙以及空隙中的流体性质等。层状地层表现出较强的各向异性现象，电阻率等物理参数的水平分量与垂直分量相差很大，直井中基本不考虑这种各向异性的影响。

当测井仪器与地层平面斜交或平行时，仪器的测量结果与测量方位有关，如果再以直井模式对地层进行评价就会产生很大误差。当井眼穿过储层时，上下致密的围岩也对仪器测量响应产生影响（不仅是各向异性）。储层相对井眼的上下厚度不等同样影响某些仪器测量结果。地层的孔隙类型以及空隙中的流体性质影响钻井液侵入和井眼周围空间的流体分布。

钻井时由于重力作用，井眼下部被钻杆拉成沟槽，井眼形状呈钥匙型，未被循环掉的钻井切屑就沉积在这些沟槽中；钻头钻进时机械作用或岩屑与滤饼在钻杆压迫下有规律地聚集还容易形成"螺纹"井眼；钻井后由于应力作用还会在井眼两侧产生微裂缝。这些不规则的井眼、微裂缝和下部聚集物是水平井测井数据处理和解释时必须考虑的因素。

垂直井中钻井液侵入形状可以认为是环井眼对称的，而水平井中钻井液的侵入受地层渗透性、钻井液柱与地层间压力差以及重力作用多重因素的影响而呈非对称，如图6-1-3所示。水平井中钻井液滤液分布与垂直井也有差异，前者油气水的分布还与重力分异作用有关。水平井中常见的钻井液侵入形状有"泪滴"型和"椭圆"型。很明显，这些侵入形态以及滤液性质影响着测井结果，尤其是对定向测量仪器。在大斜度井和水平井中，受重力因素的影响，仪器的测井状态通常是偏心的。偏心对各种测井仪器的测量均有不同程度的影响，加上仪器在测量过程中经常转动，这些不利因素加大了数据处理的难度，也给测井解释造成了一定的困难。

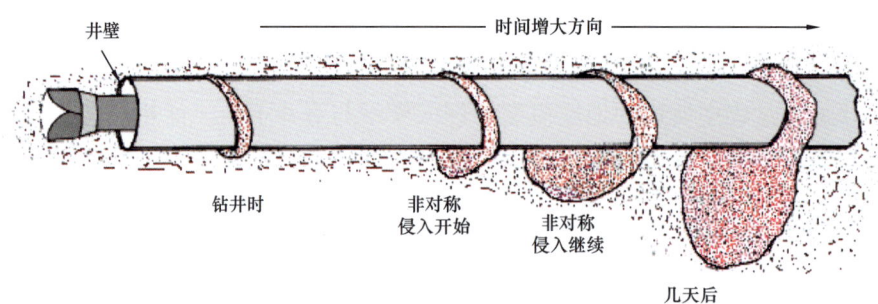

图6-1-3　水平井中不同时间的钻井液侵入形态

二、水平井测井环境校正方法

在水平井中，由于井眼轨迹与地层之间不同的位置关系，这使得水平井与垂直井的测量环境存在差异。首先，上下围岩的存在可能使得测量结果受到围岩的影响，这与井眼轨迹与地层之间的位置关系、目的层层厚、仪器分辨率（即探测范围）等有关（汪中浩等，2004）。如图6-1-1所示，井眼轨迹2靠近层界面时，此时其测量值会受到围岩的影响。对于井眼轨迹3近似在目的层中心，若层厚大于仪器分辨率，则测量值不会受到围岩影响；若层厚小于仪器分辨率，测量值会受到围岩影响。对于井眼轨迹1（穿过目的层），则在不同的位置，其受到的影响也不同。

在水平井特殊的测量环境中，若在砂泥岩薄互层剖面，仪器分辨率大于层厚，使得电阻率受到宏观各向异性的影响；若在厚层中，由于构成地层的微观颗粒的结构、分选、胶结的不同，使得电阻率受到微观各向异性的影响。

环境校正主要包括补偿中子测井校正、密度测井校正、补偿声波测井校正、电阻率测井校正。如图6-1-4所示为水平井环境校正流程图。

井眼轨迹与油藏空间位置关系不同时，其测井曲线所受影响也不同。因此，准确确定井眼轨迹与油藏空间位置关系，是进行水平井测井曲线校正的基础。

1. 声波测井曲线环境校正方法

补偿声波测井仪受井眼影响小，当扩径严重或井壁很不规则时，声波曲线影响严重，采用逐点检验的方法［式（6-1-1）］来近似消除这种影响见图6-1-5。式（6-1-1）对水平井和直井均适用。

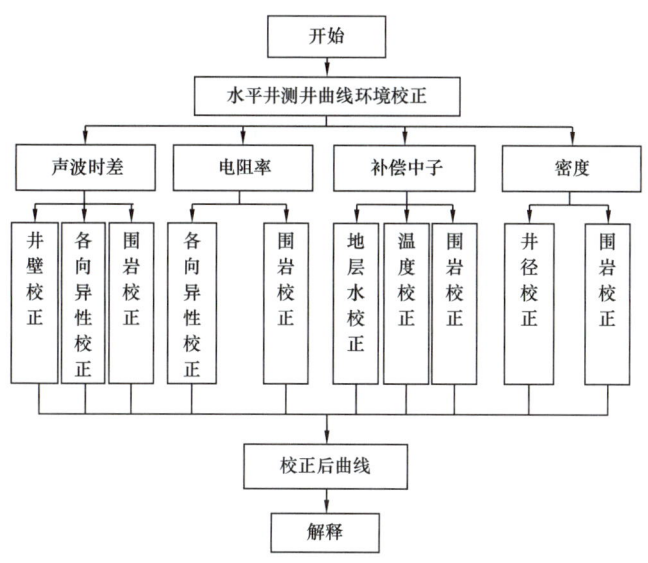

图 6-1-4 水平井环境校正流程图

$$\Delta t_0 = \frac{3}{5}t_0 + \frac{1}{5}(t_{-3} + t_3) \qquad (6\text{-}1\text{-}1)$$

式中 Δt_0——0 处声波时差校正后的值，μs/ft；

t_0——-1，0，1 声波时差平均值，μs/ft；

t_{-3}——-2，-3，-4 声波时差平均值，μs/ft；

t_3——2，3，4 声波时差平均值，μs/ft。

由于校正是逐点进行的，因此，0 处即表示当前校正点，-1、-2、-3、-4 分别表示当前校正点前面的 4 个点，1、2、3、4、5 分别表示当前校正点之后的 5 个点。

当井眼轨迹与地层相交时，考虑声波滑行波在泥岩和砂岩中传播，用式（6-1-2）校正：

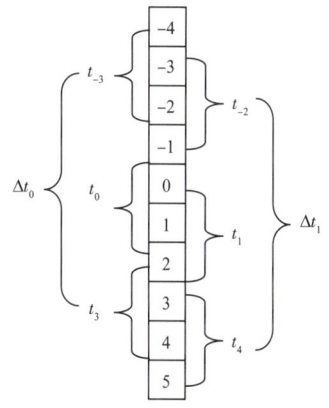

图 6-1-5 模型计算示意图

$$\Delta t_{水平} = \Delta t_{sh}\frac{L_{sh}}{L} + \left(1 - \frac{L_{sh}}{L} - \phi\right)\Delta t_{sd} + \phi\Delta t_f = \Delta t_{真实} + (\Delta t_{sh} - \Delta t_{sd})\frac{L_{sh}}{L} \qquad (6\text{-}1\text{-}2)$$

式中 $\Delta t_{水平}$，Δt_{sd}，Δt_f，Δt_{sh}，$\Delta t_{真实}$——水平井测井、砂岩、流体、泥岩和校正后的声波时差值，μs/ft；

ϕ——孔隙度，无量纲；

L_{sh}——泥岩中传播长度，m；

L——仪器源距，m。

对于砂泥岩剖面，通常取泥岩声波时差值为 328μs/m（129.13μs/ft），砂岩声波时差值取 180μs/m（70.87μs/ft），补偿声波测井仪源距为 1m。

为了分析校正方法的适应性，假设围岩声波时差和骨架声波时差，地层孔隙度为

25%。改变围岩影响,理论计算水平井声波测井值和校正量,再用威利方程孔隙度模型计算孔隙度,结果见表6-1-1。

表 6-1-1 水平井声波测井理论校正结果表

围岩声波 时差 / μs/m	砂岩骨架 声波时差 / μs/m	围岩所占 长度 / m	水平井理论 测井声波时差 / μs/m	声波时差校 正量 / μs/m	校正后声波 时差 / μs/m	声波时差计 算孔隙度
328	180	0.5	364	74	290	0.25
328	180	0.4	349.2	59.2	290	0.25
328	180	0.3	334.4	44.4	290	0.25
328	180	0.2	319.6	29.6	290	0.25
328	180	0.1	304.8	14.8	290	0.25
347	180	0.5	373.5	83.5	290	0.25
347	180	0.4	356.8	66.8	290	0.25
347	180	0.3	340.1	50.1	290	0.25
347	180	0.2	323.4	33.4	290	0.25
347	180	0.1	306.7	16.7	290	0.25

从表中可发现:离地层界面越近,围岩声波时差越大,水平井声波测井值越大;计算孔隙度与地层孔隙度一致,说明通过校正后的声波测井值能用威利方程计算孔隙度。

当仪器从泥岩穿进砂岩层或穿出砂岩层时,因其探测范围非常小 0.0508m(2in),因此,只考虑源距范围内的体积模型,在其源距范围内同时测量到砂岩和泥岩(围岩)信息,此时需要对声波时差做围岩校正;当仪器在层内穿行时,声波时差值不受围岩的影响。

2. 补偿密度测井曲线环境校正方法

由于井径对直井和水平井的密度测井影响一致,可用直井的校正图版。如图6-1-6所示为密度测井的井径影响校正图版。表6-1-2是相应的密度曲线井径校正拟合公式。

当井眼轨迹在地层界面附近时,考虑泥岩的影响,用式(6-1-3)校正。

$$\rho_{\text{水平}} = (1-\phi)\frac{L_{\text{sh}}}{L}\rho_{\text{sh}} + (1-\phi)\left(1-\frac{L_{\text{sh}}}{L}\right)\rho_{\text{sd}} + \phi\rho_{\text{f}} = \rho_{\text{真实}} + (\rho_{\text{sd}} - \rho_{\text{sh}})\frac{L_{\text{sh}}}{L} \quad (6\text{-}1\text{-}3)$$

式中 $\rho_{\text{水平}}$,ρ_{sd},ρ_{f},ρ_{sh},$\rho_{\text{真实}}$——水平井测井、砂岩、流体、泥岩和校正后的密度值;

ϕ——孔隙度;

L_{sh}——仪器探测深度范围内泥岩所占长度,m;

L——仪器探测深度,m。

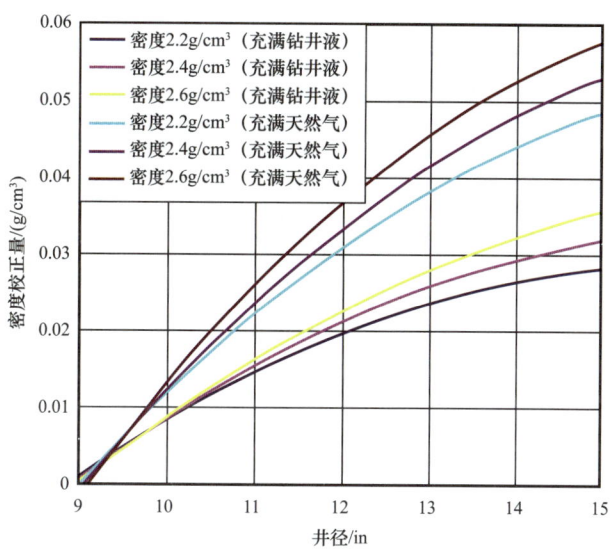

图 6-1-6　密度测井曲线井径校正图版

表 6-1-2　补偿密度测井曲线井径影响校正公式

井内流体类别	密度测井值 / (g/cm³)	校正模型 （y——密度校正量，g/cm³；x——井径测井曲线，in）
充满钻井液	2.2	$y = -0.000564x^2 + 0.018060x - 0.115822$
充满钻井液	2.4	$y = -0.000541x^2 + 0.018149x - 0.118785$
充满钻井液	2.6	$y = -0.000506x^2 + 0.017984x - 0.120409$
充满天然气	2.2	$y = -0.000738x^2 + 0.025777x - 0.172179$
充满天然气	2.4	$y = -0.000778x^2 + 0.027575x - 0.185598$
充满天然气	2.6	$y = -0.000958x^2 + 0.032823x - 0.219253$

对于砂泥岩剖面，通常取砂岩密度值为 2.65g/cm³，泥岩密度值取 2.6g/cm³，补偿密度测井仪探测深度为 0.203m。

当仪器从泥岩穿进砂岩层或穿出砂岩层时，在其探测范围内同时测量到砂岩和泥岩（围岩）信息，此时需要对密度做围岩校正；当仪器在层内穿行时，密度不受围岩的影响。

3. 补偿中子测井曲线环境校正方法

补偿中子测井的地层水矿化度校正和井温校正也是借用直井校正图版，地层水矿化度校正图版如图 6-1-7 所示。

补偿中子测井曲线地层水矿化度校正公式见表 6-1-3。

补偿中子测井曲线井温校正图版如图 6-1-8 所示。

补偿中子测井曲线井温影响校正公式见表 6-1-4。

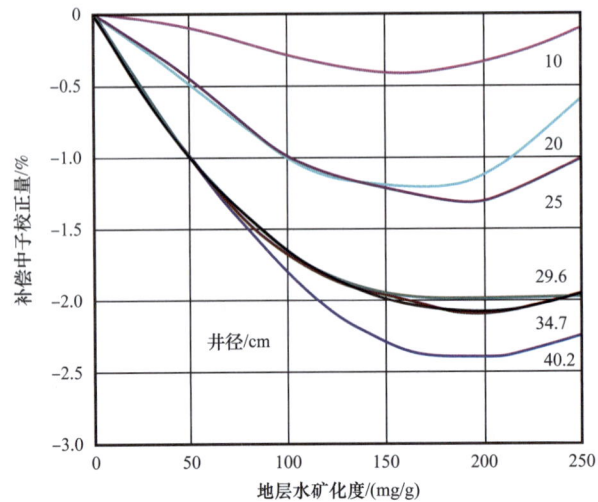

图 6-1-7　补偿中子测井曲线矿化度校正图版

表 6-1-3　补偿中子测井曲线地层水矿化度影响校正公式

井径 /cm	校正模型（y——中子测井校正量；x——地层水矿化度）
10	$y = -0.000000000633x^4 + 0.000000444815x^3 - 0.000076472222x^2 + 0.000814550265x - 0.000198412699$
20	$y = -0.000000000467x^4 + 0.000000391852x^3 - 0.000042277778x^2 - 0.009045502645x + 0.001984126981$
25	$y = -0.000000000633x^4 + 0.000000452222x^3 - 0.000059250000x^2 - 0.007588888889x + 0.004166666662$
29.6	$y = -0.000000000500x^4 + 0.000000135185x^3 + 0.000059305556x^2 - 0.023264550264x + 0.000198412690$
34.7	$y = 0.000000000167x^4 - 0.000000161111x^3 + 0.000098750000x^2 - 0.025055555555x + 0.004166666658$
40.2	$y = -0.000000000833x^4 + 0.000000457407x^3 - 0.000018194444x^2 - 0.020010582010x - 0.000992063502$

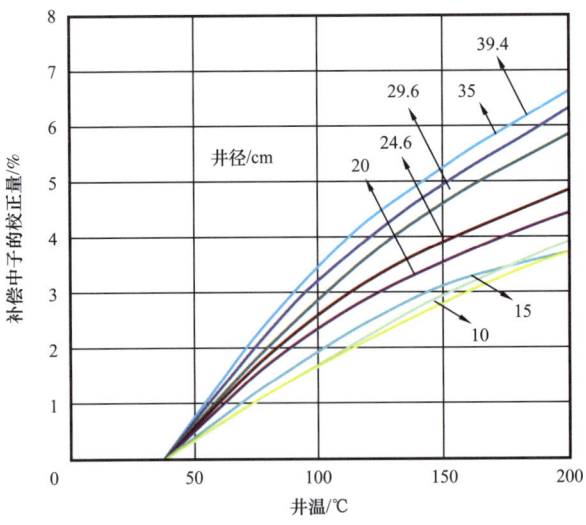

图 6-1-8　补偿中子测井曲线井温校正图版

表 6-1-4　补偿中子测井曲线井温影响校正公式

井径 /cm	校正模型（y——中子测井的校正量；x——井温度）
2	$y = -0.00001 x^2 + 0.01160 x - 1.05000$
6	$y = -0.000010 x^2 + 0.018400 x - 1.750000$
10	$y = -0.0000125 x^2 + 0.0189500 x - 1.7750000$
15	$y = -0.0000275 x^2 + 0.0263500 x - 2.3750000$
20	$y = -0.00003000 x^2 + 0.02990000 x - 2.67500000$
24.6	$y = -0.00003375 x^2 + 0.03312500 x - 2.96250000$
29.6	$y = -0.00003125 x^2 + 0.03547500 x - 3.23750000$
35	$y = -0.0000350 x^2 + 0.0387000 x - 3.5000000$
39.4	$y = -0.0000425 x^2 + 0.0433500 x - 3.8750000$

当井眼轨迹在地层界面附近时，考虑泥岩的影响，用式（6-1-4）进行校正。

$$\phi_{水平} = (1-\phi_e)\frac{L_{sh}}{L}\phi_{Nsh} + (1-\phi_e)\left(1-\frac{L_{sh}}{L}\right)\phi_{Nsd} + \phi_e\phi_{Nf} = \phi_{真实} + (\phi_{Nsd} - \phi_{Nsh})\frac{L_{sh}}{L} \quad （6-1-4）$$

式中　$\phi_{水平}$，ϕ_{Nsd}，ϕ_{Nf}，ϕ_{Nsh}，$\phi_{真实}$——水平井测井、砂岩、流体、泥岩和校正后的中子值，%；

　　　ϕ_e——孔隙度；

　　　L_{sh}——仪器探测深度范围内泥岩所占长度，cm；

　　　L——仪器探测深度，cm。

对于砂泥岩剖面，通常取砂岩中子值为 4%，泥岩中子值取 28%，补偿中子测井仪探测深度为 0.3048m。

4. 电阻率测井曲线环境校正方法

水平井电阻率测井主要受地层电阻率各向异性、井斜、围岩等因素影响。

1）地层电阻率各向异性影响

当穿过水平层钻一口直井时，仪器测量的是水平电阻率。仪器电流的环路与薄互层平行，电流沿着层理方向流动。因此，在垂直井中，常规测井一般是以各向同性的非均质性地层为主要研究对象。但是在钻水平井时，仪器测量的电阻率是垂直和水平电阻率的综合反映。电流环路将穿过薄互层（测量垂直电阻率），然后沿着薄互层流动（测量水平电阻率），结果与直井不一样，因此，在进行水平井测井资料分析的过程中，需考虑地层电阻率各向异性（徐建华等，1994）。

2）地层电阻率各向异性校正方法

假定地层是水平的，在砂泥岩薄互层模型中，设砂岩电阻率为 R_{sd}，泥岩电阻率为 R_{sh}，砂岩累计厚度为 h_{sd}，泥岩累计厚度为 h_{sh}。当测井仪器不能分辨单一的砂岩层和泥岩层时，仪器测量的视电阻率是地层水平电阻率和垂直电阻率的某种组合值。计算垂直电阻率时认为每一个地层好比是一个串联电路中的一个电阻。计算水平电阻率时认为每个地层好比是一个并联电路中的一个电阻。则地层的水平电阻率 R_h 可以表示为

$$R_h = \left[\frac{h_{sd}}{R_{sd}(h_{sd}+h_{sh})} + \frac{h_{sh}}{R_{sh}(h_{sd}+h_{sh})} \right]^{-1} \qquad (6-1-5)$$

垂直电阻率 R_v，可以表示为

$$R_v = \frac{h_{sd}}{h_{sd}+h_{sh}} R_{sd} + \frac{h_{sh}}{h_{sd}+h_{sh}} R_{sh} \qquad (6-1-6)$$

由式（6-1-5）和式（6-1-6）知：在砂泥岩薄互层中其水平视电阻率主要受低值的泥岩电阻率影响，从而表现为泥岩特性；而其垂直电阻率则相对较高，表现为砂岩特性。当层面与井眼相交或层面靠近井眼时，可以用式（6-1-5）和式（6-1-6）来进行电阻率各向异性研究，确定地层垂直电阻率和水平电阻率，具体解释图版如图 6-1-9 所示。

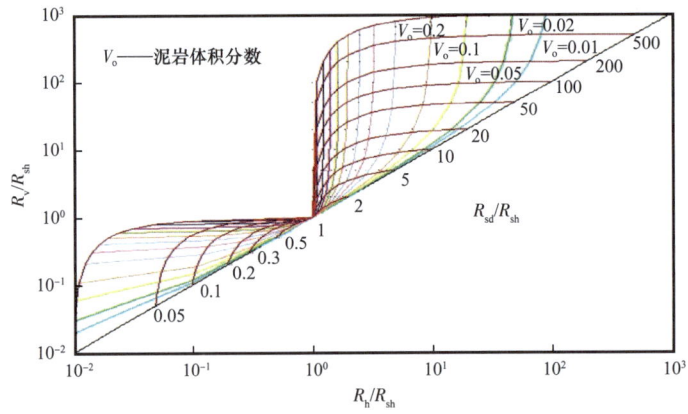

图 6-1-9　水平和垂直电阻率解释图版

一般在应用中可通过确定地层界面后，就知道了井眼轨迹与地层的关系，也能确定井眼轨迹到地层距离，结合仪器纵向分辨率，可以计算探测范围内泥岩厚度 h_{sh} 和砂岩厚度 h_{sd}，得到

$$V_o = h_{sh}/(h_{sh}+h_{sd})$$

如图 6-1-10 所示为泥岩各向同性薄互层中的水平电阻率和各向异性与砂岩电阻率和砂岩含量之间的关系。

（1）泥岩各向异性。

在泥岩自身各向异性时，即泥岩水平电阻率不等于泥岩垂直电阻率，则有

$$R_h = \left(\frac{V_{sd}}{R_{sd}} + \frac{V_{sh}}{R_{sh-h}} \right)^{-1} \qquad (6-1-7)$$

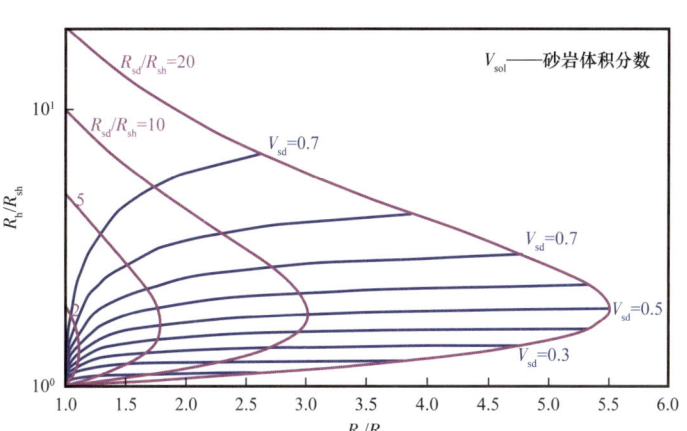

图 6-1-10　由各向异性比得到砂岩电阻率 R_{sd} 和砂岩含量 V_{sd} 的图版

$$R_v = R_{sd}V_{sd} + R_{sh-v}V_{sh} \qquad (6-1-8)$$

式中　R_{sh-h}——泥岩水平电阻率，$\Omega \cdot m$；

　　　R_{sh-v}——泥岩垂直电阻率，$\Omega \cdot m$。

相应的各向异性解释图版如图 6-1-11 所示。

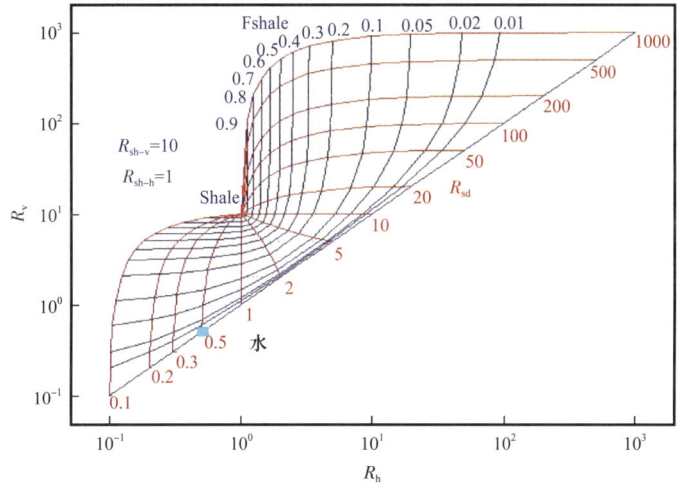

图 6-1-11　泥岩各向异性时水平和垂直电阻率解释图版

根据式（6-1-7）与式（6-1-8），取泥岩各向异性 $R_{sh-v}/R_{sh-h}=4$，则可得到如图 6-1-12 所示的图版。

（2）大孔隙和微孔隙互层模型。

1995 年，Klein 等提出了一种简单的各向异性模型，描述了电性各向异性对流体饱和度的依赖关系，其必要条件是毛细管压力的垂向变化比水平变化要大。该地层模型由大孔隙、微孔隙分布占主导的平行交互岩层构成，如图 6-1-13 所示，假设地层为二元序列，地层模型上部为大孔隙层段，下部为微孔隙层段，且该模型并不只限于砂泥岩地层。

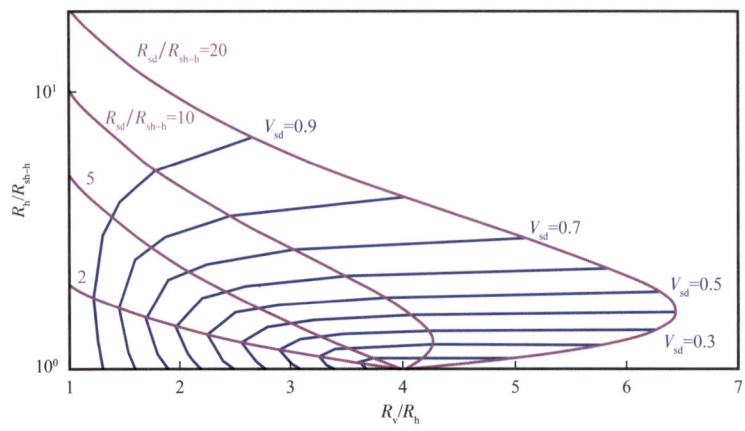

图 6-1-12 泥岩各向异性时由各向异性比得到砂岩电阻率 R_{sd} 和砂岩含量 V_{sd} 的图版

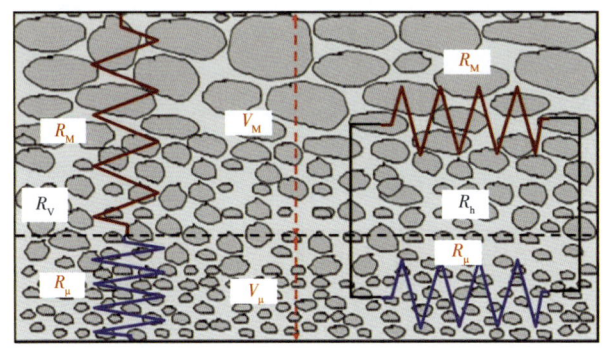

图 6-1-13 大孔隙和微孔隙互层模型

R_M—大孔隙层段电阻率；R_μ—小孔隙层段电阻率；V_M—大孔隙层段体积分数；V_μ—小孔隙层段体积分数

基于 Schlumberger 模型，假设流体饱和度和各层的电阻率均可用阿尔奇公式描述，那么用含水饱和度来表达水平和垂直电阻率如下：

$$R_v = V_M \left(\frac{aR_w}{\phi^m S_w^n} \right)_M + V_\mu \left(\frac{aR_w}{\phi^m S_w^n} \right)_\mu \quad (6\text{-}1\text{-}9)$$

$$R_h = \left[\frac{V_M}{\left(\frac{aR_w}{\phi^m S_w^n} \right)_M} + \frac{V_\mu}{\left(\frac{aR_w}{\phi^m S_w^n} \right)_\mu} \right]^{-1} \quad (6\text{-}1\text{-}10)$$

式中 a——岩性系数；

m——孔隙度指数；

n——饱和度指数；

R_w——地层水电阻率，$\Omega \cdot m$；

ϕ——孔隙度；

S_w——含水饱和度,%;

M,μ——大孔隙和微孔隙类型。

为分析地层总饱和度对地层各向异性的影响,假设大孔隙度和微孔隙度地层中使用相同的系数 $a=1$,$m=2$,$n=2$,且使用地层水电阻率 $R_w=0.1\Omega \cdot m$,$\phi_M=0.275$,$\phi_\mu=0.169$,则具体解释图版如图 6-1-14 所示。总体上,高含水饱和度的地层中,各向异性轻微,这归因于两种地层类型之间的孔隙度有差异。如图 6-1-13 所示,当 $V_M=0.5$ 时,即薄互层砂泥岩各占一半体积时,当总含水饱和度减少,与微孔隙地层相比,大孔隙地层的饱和度首先减少,结果是大孔隙含水饱和度远小于小孔隙,大孔隙地层从而成为高阻层,与微孔隙地层相似,各向异性系数随总含水饱和度的减少而增大,在总含水饱和度为 0.3 时达到最大值,此时大孔隙地层接近残余饱和度。当总含水饱和度进一步减小时,要求大孔隙地层优先减小饱和度,这时大孔隙和小孔隙的含水饱和度都开始收敛,与大孔隙和微孔隙电阻率一样,因而当总含水饱和度值小于 0.3 时各向异性系数减小。

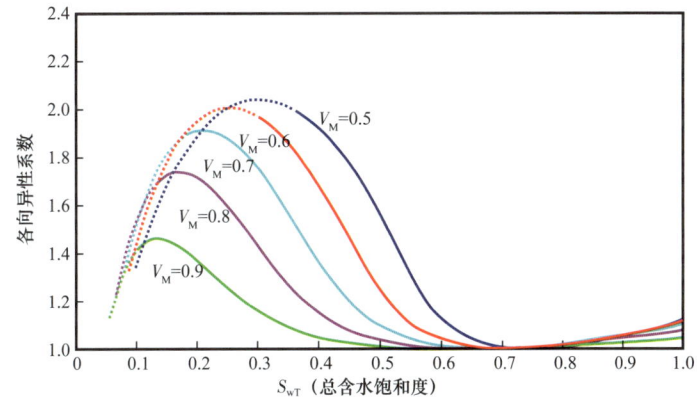

图 6-1-14　地层电阻率各向异性与总含水饱和度以及大孔隙层段体积含量的关系

(3)微观各向异性——Moran 模型。

为了描述岩石电阻率各向异性程度,通常还定义电阻率各向异性率(电阻率各向异性系数 λ),一般各向异性系数用垂直电阻率 R_v 与水平电阻率 R_h 之比的平方根来表征,其数学表达式为

$$\lambda = \sqrt{\frac{R_v}{R_h}} = \left[\frac{h_{sd}^2}{(h_{sd}+h_{sh})^2} + \left(\frac{R_{sd}}{R_{sh}}+\frac{R_{sh}}{R_{sd}}\right)\frac{h_{sd}h_{sh}}{(h_{sd}+h_{sh})^2} + \frac{h_{sh}^2}{(h_{sd}+h_{sh})^2} \right]^{\frac{1}{2}} \quad (6-1-11)$$

由式(6-1-11)知:各向异性指数主要与砂泥岩电阻率反差程度和砂泥岩相对厚度有关。

当层面远离井眼时,电阻率各向异性研究假设在水平井中地层为足够厚度的均匀各向异性介质,垂直层界面方向的电阻率为 R_v,平行层界面方向的电阻率为 R_h,径向上(与地层平行的方向,即岩样测量的 X、Y 方向上)为各向同性,$R_v > R_h$,可以推导出地层视电阻率 R_a 为

$$R_\mathrm{a} = \frac{R_\mathrm{m}}{\sqrt{1+\left(\lambda^2-1\right)\cos^2\theta}} = \frac{\lambda R_\mathrm{h}}{\sqrt{1+\left(\lambda^2-1\right)\cos^2\theta}} = \frac{R_\mathrm{h}}{\sqrt{1+\left(\lambda^2-1\right)\sin^2\theta/\lambda^2}} \quad (6\text{-}1\text{-}12)$$

其中

$$R_\mathrm{m} = \sqrt{R_\mathrm{v} \cdot R_\mathrm{h}}$$

式中　R_m——各向异性地层的平均电阻率，$\Omega \cdot \mathrm{m}$；

θ——电极系轴线与垂直界面方向的夹角，（°）。

地层电阻率具体解释图版如图 6-1-15 所示。通过分析研究电阻率与井斜角和各向异性的关系可以得出以下结论：

① 各向异性的存在造成水平电阻率大于垂直电阻率，当井斜角（θ）较大时更为突出。

② 当井斜角小于 40°时，地层各向异性对电阻率测量结果的影响甚微，水平井测量的视电阻率略大于垂直井测量的水平电阻率。即在井斜角较小时，水平井测量的电阻率可直接用于地层评价，各向异性的影响不用考虑。当井斜角为 0°，即水平地层条件的垂直井情况，可以得到 $R_\mathrm{a}=R_\mathrm{h}$。

③ 当井斜角大于 40°时，电阻率受地层各向异性的影响严重，水平井测量的视电阻率在各向异性相同条件下随角度的增大而增大。当井斜角为 90°，水平井完全水平，视电阻率影响最大。

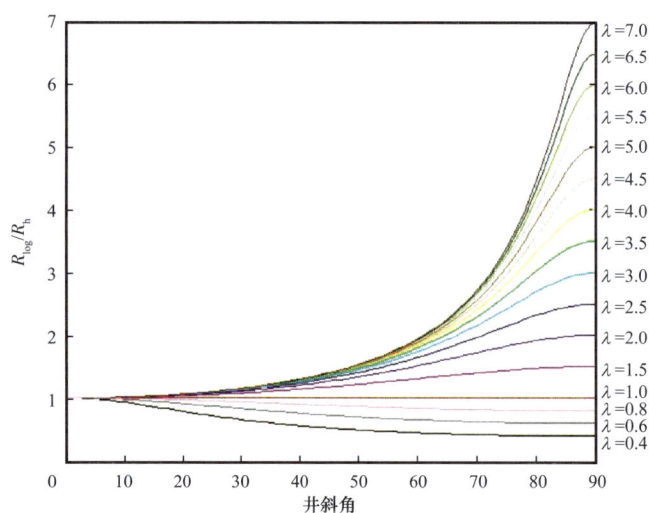

图 6-1-15　各向异性地层视电阻率 R_a 与水平电阻率 R_h 解释图版
R_log——水平井测井电阻率

（4）电阻率围岩校正。

当井眼轨迹在地层界面附近时，考虑泥岩的影响，用式（6-1-13）进行围岩校正。

$$R_\mathrm{log} = (1-\phi)\frac{L_\mathrm{sh}}{L}R_\mathrm{sh} + (1-\phi)\left(1-\frac{L_\mathrm{sh}}{L}\right)R_\mathrm{sd} + \phi R_\mathrm{f} = R_{\text{真实}} + (R_\mathrm{sd}-R_\mathrm{sh})\frac{L_\mathrm{sh}}{L} \quad (6\text{-}1\text{-}13)$$

式中 $R_{\log}$, R_{sd}, R_f, R_{sh}, $R_{真实}$——水平井测井、砂岩、流体、泥岩和校正后的电阻率值，$\Omega\cdot m$；

ϕ——孔隙度，无量纲；

L_{sh}——仪器探测深度范围内泥岩所占长度，m；

L——仪器探测深度，m。

砂岩电阻率 R_{sd} 和泥岩电阻率 R_{sh} 的取值视测井仪器及地区而定，L 的具体取值也与仪器有关，通常深侧向取 1.4m，深感应取 1.57m。

（5）各向异性地层砂岩电阻率计算。

在砂泥岩薄互层中，通常由于各向异性的影响而使得仪器测量的电阻率是砂岩和泥岩电阻率的综合反映，因此准确计算各向异性地层砂岩电阻率对储层饱和度评价具有重要的意义。

利用各向异性理论计算出 R_h 和 R_v 之后，可通过相应的公式计算砂岩电阻率值。对于各向同性泥岩的砂泥岩薄互层，可采用式（6-1-14）计算砂岩电阻率值；而对于各向异性泥岩的砂泥岩薄互层可采用式（6-1-15）计算砂岩电阻率值。

$$R_{sd} = R_h \frac{R_v - R_{sh}}{R_h - R_{sh}} \tag{6-1-14}$$

式中 R_{sd}——计算砂岩电阻率，$\Omega\cdot m$；

R_h——水平电阻率，$\Omega\cdot m$；

R_v——垂直电阻率，$\Omega\cdot m$；

R_{sh}——泥岩电阻率，$\Omega\cdot m$。

$$R_{sd} = \frac{R_{sd}^0}{1 + \frac{1}{2}\left\{\frac{R_{sd}^0}{R_{sh\_h}} - 1 - \sqrt{\left(\frac{R_{sd}^0}{R_{sh\_h}} - 1\right)^2 + 4\frac{R_{sd}^0}{R_{sh\_h}}\left(\frac{R_{sh\_h}}{R_{sh\_v}} - 1\right)}\right\}} \tag{6-1-15}$$

其中

$$R_{sd}^0 = R_h \frac{R_v - R_{sh\_v}}{R_h - R_{sh\_h}} \tag{6-1-16}$$

式中 R_{sd}——计算砂岩电阻率，$\Omega\cdot m$；

R_h——水平电阻率，$\Omega\cdot m$；

R_v——垂直电阻率，$\Omega\cdot m$；

R_{sh_h}——泥岩水平电阻率，$\Omega\cdot m$；

R_{sh_v}——泥岩垂直电阻率，$\Omega\cdot m$。

当井轨迹靠近层界面附件穿行时，或在薄层中，通常需要对电阻率作围岩校正，而在厚层的中部穿行时，不受围岩影响。

第二节　页岩油水平段储层品质评价

长期以来，地质和工程人员并不注重水平井段油水层的测井评价，认为只要入靶即可。可是实际水平井生产情况表明，很多水平井产能并不高，有些井出水过早，有些井无法达到提高采收率的期望值。这就说明，水平井并不是入靶就行。对于水平井段，不仅需要知道哪些层段在目的层中，哪些层段在目的层外，还需要知道水平段哪段含油饱和度高，哪段含油饱和度低。只有这样才能在射孔试油或投产时，优先选择哪段射孔，避开那些可能含水的井段（李鹏翔等，1999）。

进行水平井段油层分级解释，一方面可以尽可能提高水平井产能，另一方面还能节约由于压裂无效井段产生的成本。

一、水平井段储层参数计算

对水平井测井曲线进行环境影响因素校正之后，然后再利用校正后的水平井测井曲线进行储层参数计算。具体计算包括泥质含量计算、孔隙度计算、渗透率计算和饱和度计算。

1. 泥质含量计算方法

通常采用自然伽马测井曲线计算泥质含量。首先对自然伽马测井曲线进行归一化处理：

$$SH = \frac{GR - GMN}{GMX - GMN} \quad (6-2-1)$$

式中　SH——对自然伽马曲线进行归一化处理得到的结果，%；
GR——自然伽马测井曲线，API；
GMX——纯泥岩自然伽马值，API；
GMN——纯砂岩自然伽马值，API。

然后再计算泥质含量：

$$VSH = \frac{2^{GCUR \cdot SH} - 1}{2^{GCUR} - 1} \quad (6-2-2)$$

式中　VSH——计算得到的泥质含量；
GCUR——希尔奇指数，古近—新近系地层取 3.7，老地层取 2。

2. 孔隙度计算方法

孔隙度采用理论公式和岩石物理实验分析数据拟合的经验公式进行计算。

理论公式计算孔隙度方法主要包括以下几个模型：Wyllie 时间平均公式、Raymer 公式，密度理论体积模型和中子模型。

1）Wyllie 时间平均公式

1956 年，Wyllie 提出时间平均公式，认为声波在单位体积岩石内传播所用的时间由两部分组成：岩石骨架部分（1–ϕ）以速度 v_{ma} 传播所经过的时间与充满流体的孔隙部分 ϕ 以速度 v_f 传播所经过的时间的总和。考虑压实和泥质的影响，其孔隙度计算公式为

$$\phi = \frac{\Delta t_{\log} - \Delta t_{ma}}{\Delta t_f - \Delta t_{ma}} \cdot \frac{1}{C_p} - V_{sh} \frac{\Delta t_{sh} - \Delta t_{ma}}{\Delta t_f - \Delta t_{ma}} \quad (6-2-3)$$

式中　ϕ——计算得到的孔隙度，%；

$\Delta t_{\log}$——测量的声波时差，μs/m；

Δt_{ma}——岩石骨架声波时差值，μs/m；

Δt_f——流体声波时差值，μs/m；

Δt_{sh}——泥质声波时差值，μs/m；

V_{sh}——泥质含量；

C_p——压实校正系数。

2）Raymer 公式

Raymer（1980）在岩样分析的基础上提出了一个非线性经验换算公式用来计算孔隙度：

$$V = V_m (1-\phi)^2 + V_f \phi \quad (6-2-4)$$

式中　v——测量声波速度，m/s；

V_m——岩石骨架声波速度，m/s；

V_f——流体声波速度，m/s；

ϕ——孔隙度。

其中，孔隙度用声波时差表示如下：

$$\phi = 1 - \frac{\Delta t_m}{2\Delta t_f} - \sqrt{\frac{\Delta t_m}{\Delta t} - \frac{\Delta t_m}{\Delta t_f}} \quad (6-2-5)$$

式中　ϕ——计算得到的孔隙度；

Δt——测量声波时差值，μs/m；

Δt_m——岩石骨架声波时差值，μs/m；

Δt_f——流体声波时差值，μs/m。

3）密度理论体积模型

基于体积模型，考虑泥质含量的影响，利用密度测井资料来计算孔隙度，其计算公式如下：

$$\phi = \frac{\rho - \rho_{ma}}{\rho_f - \rho_{ma}} - V_{sh} \frac{\rho_{sh} - \rho_{ma}}{\rho_f - \rho_{ma}} \quad (6-2-6)$$

式中 ϕ——计算得到的孔隙度，%；
ρ——测量得到的密度值，g/cm³；
ρ_{ma}——岩石骨架密度值，g/cm³；
ρ_f——流体密度值，g/cm³；
ρ_{sh}——泥质密度值，g/cm³；
V_{sh}——泥质含量，%。

4）中子模型

将中子测井曲线进行泥质校正，可计算得到孔隙度，其计算如下：

$$\phi = \mathrm{CNL} - V_{sh} N_{sh} \quad (6\text{-}2\text{-}7)$$

式中 ϕ——计算得到的孔隙度，%；
CNL——中子测量值，%；
V_{sh}——泥质含量，%；
N_{sh}——泥质的中子值，%。

在实际资料孔隙度计算处理中，通常对岩石物理实验数据进行分析，并与孔隙度测井曲线进行拟合，进而得到相应的孔隙度计算公式。通过这种方式得到的孔隙度计算模型通常具有较强的地区经验性。

确定了计算孔隙度的相关测井曲线值后，可以利用理论模型计算孔隙度值：

$$\phi = A \cdot \mathrm{CURVE} + B \quad (6\text{-}2\text{-}8)$$

式中 ϕ——计算得到的孔隙度值，%；
A、B——拟合系数；
CURVE——密度测井曲线值，g/cm³ 或声波时差测井曲线值，μs/ft。

3. 渗透率计算方法

1）常规方法

渗透率计算主要采用 Timur 公式、岩石物理实验数据回归拟合和 Coates & Denoo 公式等三种方法。

Timur 公式计算渗透率：

$$K = C \frac{\phi^x}{S_{wi}^y} \quad (6\text{-}2\text{-}9)$$

式中 C, x, y——系数，无量纲，不同区域及岩石个体的差异性，使得系数的取值也存在差异，通常取 $C=0.136$，$x=4.4$，$y=2$；
ϕ——孔隙度；
S_{wi}——束缚水饱和度，%。

在渗透率计算的实际资料处理中，通常对岩石物理实验数据进行分析，并与孔隙度进行拟合，进而得到相应的渗透率计算公式。通过这种方式得到的渗透率计算模型通常具有较强的地区经验性。确定孔隙度值后，可以利用理论模型计算得到渗透率值：

$$K = A\phi^B \quad (6-2-10)$$

式中　A，B——回归拟合得到的系数；
　　　ϕ——孔隙度，%。

2）渗透率各向异性计算

在水平井中，由于沉积物颗粒粗细的不同及分选的差异导致地层渗透率存在各向异性（图6-2-1），其渗透率计算采用 Coates & Denoo 公式进行计算。对于砂泥岩薄互层，采用渗透率的串并联模型进行计算。另外，分别对垂直取心样品和水平取心样品的岩电实验数据进行分析得到垂直和水平渗透率计算模型。

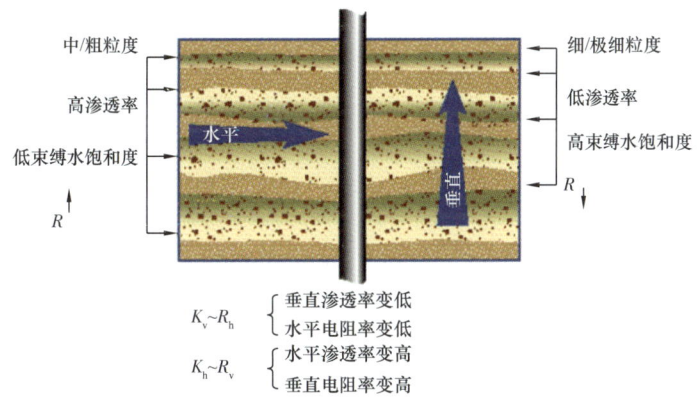

图 6-2-1　渗透率各向异性成因

3）Coates & Denoo 公式

Coates & Denoo 公式计算水平渗透率和垂直渗透率，见式（6-2-11）和式（6-2-12）。

$$K_h = (10\phi_e)^4 \left(\frac{1-S_{wi}}{S_{wi}}\right)^2 \quad (6-2-11)$$

$$K_v = 4.012 \times 10^3 \phi_e^{3.728} \left(\frac{1-S_{wi}}{S_{wi}}\right)^{2.4835} \quad (6-2-12)$$

式中　ϕ_e——有效孔隙度；
　　　S_{wi}——束缚水饱和度；
　　　K_h——计算水平渗透率，mD；
　　　K_v——计算垂直渗透率，mD。

4）Georgi 提出的公式

Georgi 在研究砂泥岩薄互层中电阻率各向异性和渗透率各向异性之间的关系时，提出了针对砂泥岩薄互层的串并联模型计算水平渗透率和垂直渗透率的计算公式，见式（6-2-13）和式（6-2-14）。

$$k_h = (1 - V_{sh})k_{sd} + V_{sh}k_{sh} \quad (6\text{-}2\text{-}13)$$

$$k_v = \left[\frac{(1 - V_{sh})}{k_{sd}} + \frac{V_{sh}}{k_{sh}}\right]^{-1} \quad (6\text{-}2\text{-}14)$$

式中　V_{sh}——泥岩含量；

　　　K_{sh}——泥岩渗透率，mD；

　　　K_{sd}——砂岩渗透率，mD；

　　　K_h——计算水平渗透率，mD；

　　　K_v——计算垂直渗透率，mD。

对于不同的砂岩和泥岩的渗透率比（反差）和不同的泥质含量，通过式（6-2-13）和式（6-2-14）计算得到水平渗透率和垂直渗透率关系的图版如图 6-2-2 所示。

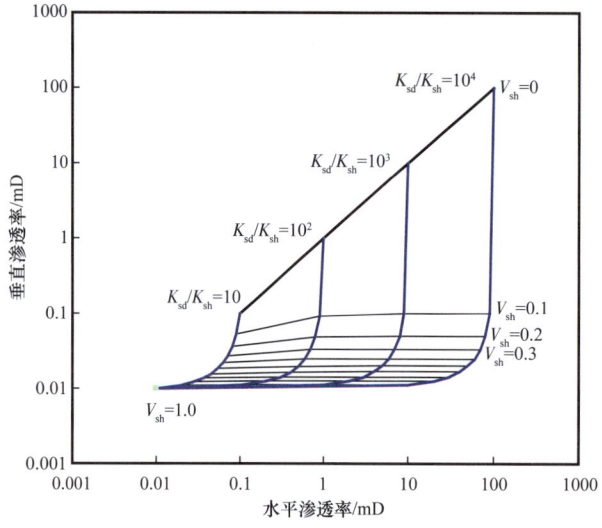

图 6-2-2　水平渗透率和垂直渗透率关系图版

5）岩心分析数据拟合

通过岩石物理实验可以得到岩心的水平渗透率和垂直渗透率，分区、分层位分别进行拟合分析，得到垂直渗透率和水平渗透率的对应关系。

4. 饱和度计算方法

饱和度计算是测井储层评价的主要参数之一，含水饱和度可采用 Archie 公式和印度尼西亚公式进行计算（根据岩石物理实验结果和当地经验进行选择）。

1）Archie 公式

在水平井中利用 Archie 公式进行饱和度计算时，分别利用电阻率各向异性计算得到的水平电阻率和垂直电阻率作为地层真电阻率代入到 Archie 公式中，相应的岩电参数分别采用垂直取心和水平取心样品的岩电参数进行计算。Archie 饱和度计算公式为

$$S_{w} = \sqrt[n]{\frac{abR_{w}}{\phi^{m}R_{t}}} \qquad (6-2-15)$$

式中 a，b，m，n——岩电参数；

R_{w}——地层水电阻率，$\Omega \cdot m$；

ϕ——孔隙度；

R_{t}——地层真电阻率，$\Omega \cdot m$；

S_{w}——计算得到的含水饱和度，无量纲。

2）印度尼西亚公式

计算饱和度的印度尼西亚公式如下：

$$S_{w} = \sqrt[n]{\frac{1}{\left(\dfrac{V_{sh}^{C}}{\sqrt{R_{sh}}} + \dfrac{\phi_{e}}{\sqrt{aR_{w}}}\right)^{2} R_{t}}} \qquad (6-2-16)$$

其中

$$C = 1 - 0.5 V_{sh}$$

式中 S_{w}——计算含水饱和度；

V_{sh}——泥质含量；

R_{sh}——泥岩电阻率，$\Omega \cdot m$；

R_{w}——地层水电阻率，$\Omega \cdot m$；

R_{t}——地层真电阻率，$\Omega \cdot m$；

a，n——岩电参数；

ϕ_{e}——有效孔隙度。

二、油层分级评价方法

1. 蝴蝶图分级评价方法

根据式（6-2-2）至式（6-2-5）可以得到各向异性地层水平电阻率和垂直电阻率解释图版，如图 6-2-3 所示。该图在形状上类似蝴蝶，因此称为蝴蝶图。图中 V_{sh} 为薄互层中泥岩的体积含量，泥岩体积含量从 0.01、0.02 依次增大到 0.9；图中 Shale 为交会图的泥岩点，此时泥质含量为 100%；图中 45°线上，$R_{h} = R_{v}$，$V_{sh} = 0$；蓝绿色点为水点，随着泥质含量的增加，水点沿着红色轨迹向上移动到泥岩点，构成了水线（蓝绿色）；图中红色细线为砂岩线，它起始于泥岩点，交于 45°线，为双曲线状；泥岩点与纯砂岩点（公式 $R_{h} = R_{v} = \sqrt{R_{sh-v} R_{sh-h}}$）构成了储层线，数据一般落在水线、100% 泥岩线、45°线以及最大砂岩线所构成的区域中。当数据在储层线上方时，即 $R_{sd} > \sqrt{R_{sh-v} R_{sh-h}}$，储层各向异性较强，含水饱和度较低，含油饱和度高；当数据在储层线下方时，即 $R_{sd} < \sqrt{R_{sh-v} R_{sh-h}}$，储层各向异性较弱，含水饱和度较高。

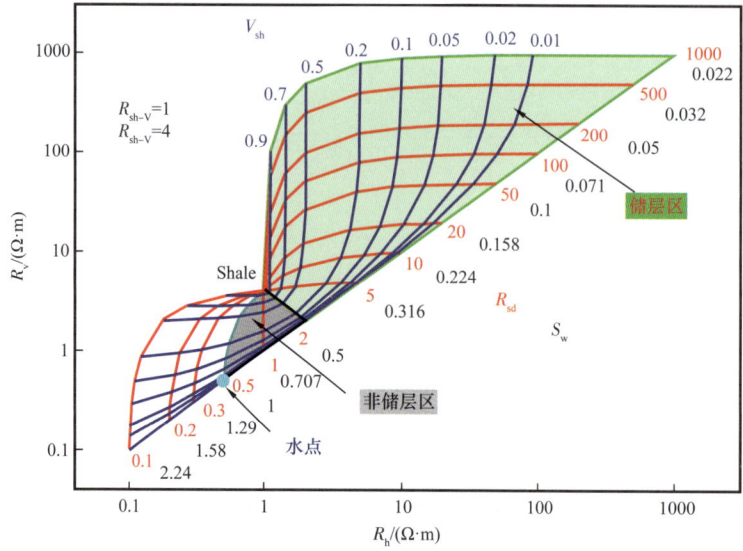

图 6-2-3 水平井油层分级解释图版

考虑到不同的泥岩电阻率各向异性比 $R_{shale-v}/R_{shale-h}$，当 $R_{shale-v}/R_{shale-h}$ 的值由 1 逐渐变大到 1000，蝴蝶图中的泥岩点依次往各向同性泥岩点（即图 6-2-4 中的 $R_{sh-v}/R_{sh-h}=1$ 点）的正北方向分布，且图中的泥岩各向异性增大线的刻度 R_{sh-v}/R_{sh-h} 为 1、2、5、10、20、50、100、500 和 1000 分别平行对应上图版纵坐标 R_v 的刻度，在分析区域泥岩各向异性特征时，首先选择泥岩点，然后作纵轴 R_v 以及横轴 R_h 的垂线，交点即为 R_{sh-v}/R_{sh-h} 值。

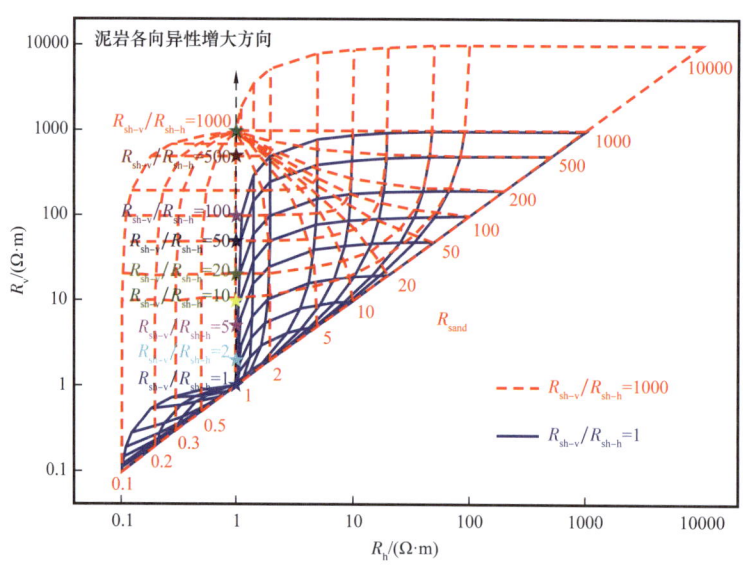

图 6-2-4 蝴蝶图中泥岩各向异性确定图版

利用蝴蝶图进行油层分级评价步骤如下：
（1）计算储层水平和垂直电阻率，并将数据绘制在如图 6-2-3 中。
（2）根据数据分布，按照如图 6-2-4 所示原理确定泥岩点，进而确定泥岩各向异性；

根据泥岩点，重新绘制蝴蝶图，如图 6-2-3 所示。

（3）在 45°线上，找到水点（一般为电阻率最小点）电阻率值，根据：

$$S_w = \sqrt{R_o / R_{sol}}$$

将 45°线上的砂岩点数据用水饱和度代替（图 6-2-3 中砂岩电阻率下方的黑色数据即为水饱和度，根据水点电阻率为 0.5 Ω·m 计算）。

（4）根据数据点的分布，即可确定水平井段级别。

（5）蝴蝶图进行油层分级，没有考虑到储层物性对油层级别的影响。仅仅将含油性归因于电阻率的大小，尽管图中含油泥质部分，但是在图中并没有反映储层物性变化的影响，如孔隙度、渗透率的大小。因此，应用蝴蝶图的前提是，储层物性变化不大的地区。

2. 交会图分级评价方法

水平井段油层分级解释方法是首先利用试油资料建立区块油水层识别图版，然后利用水平井校正电阻率判断油水层，继而建立水平井油层分级解释图版，最后给出解释结论。如图 6-2-5 所示为 X 区块油水层解释图版。

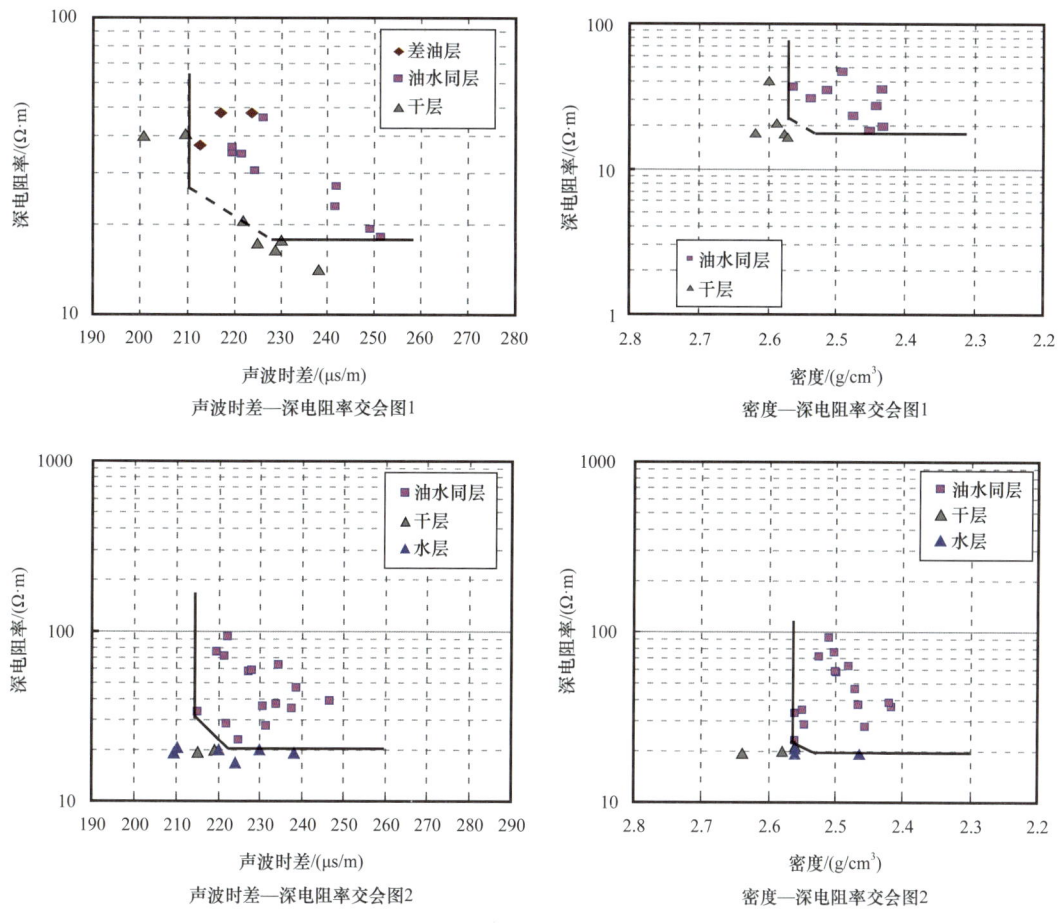

图 6-2-5　X 区块油水层解释图版

由于 X 区块产油与产水很大程度与储层物性有关，因此建立水平井测井油层分级解释图版首先从储层分级开始。对 X 区块多口水平井测井数据建立了水平井条件下的各种交会图版。

如图 6-2-6 所示为建立的 X 区块泥质含量与含水饱和度交会图版。可以看到储层分级效果比较好，因此优选泥质含量与含水饱和度交会图版作为平井测井油层分级解释图版。

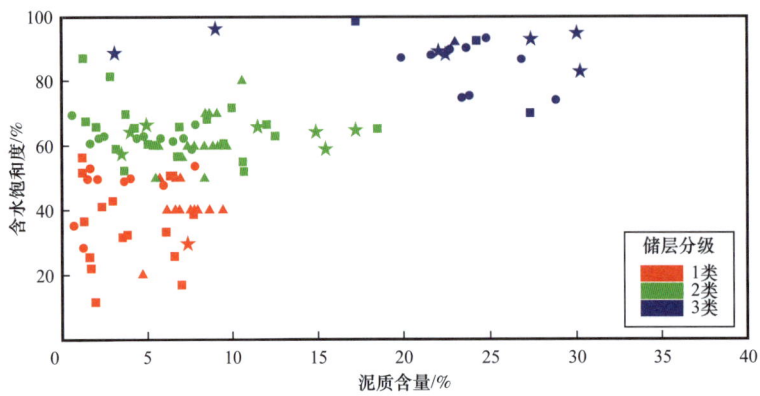

图 6-2-6　X 区块水平井测井分级解释图版（泥质含量与含水饱和度交会）

第三节　页岩油水平段工程力学品质评价

长 7 页岩油除块状砂岩外，还大量发育水平和波状层理的薄互层砂岩发育，成层性好，属于典型的 TIV 各向异性地层。通过多角度多方向多尺度钻取圆柱体岩样和方岩心，开展各向异性岩石力学实验，建立了新的力学参数计算模型，进行水平井工程力学品质评价，为优化压裂方案、优选射孔层段提供技术支撑（刘之的等，2017）。

一、基于各向异性的岩石力学实验

页岩油地层具有明显的岩石力学各向异性，原有的各向同性岩石力学评价方法已不适用，需要多角度多方向多尺度钻取圆柱体岩样和方岩心，通过开展各向异性岩石力学实验，建立新的力学参数计算模型（夏宏泉等，2017）。

1. 模拟地层条件的声学动态参数测试及分析

利用 SCMS-E 型岩石声波测试仪，对不同角度（0°，45°，60°，90°）的岩心进行常温常压和地层条件（温度 45～65℃，围压 10～40MPa）下的声学实验（图 6-3-1），得到纵横波波速等声学参数，然后计算弹性模量、泊松比和 Boit 系数等，研究其声学和力学参数的各向异性特征，将岩心声学动态测试结果用于计算静态岩石力学参数。

分析岩心的声速实验影响因素，除了岩心的岩性和密度对声波速度有影响外，还受温度、围压和取心角度（如水平样和垂直样）的影响，主要因素为围压和取心角度。当温度、取心角度相同时，纵、横波速度随围压增大呈幂关系增大，在围压较低时纵横波波速随围压增加较快，在围压较高时纵横波波速随围压增大变缓，且水平样的波速大于垂直样的波速，如图6-3-2所示。

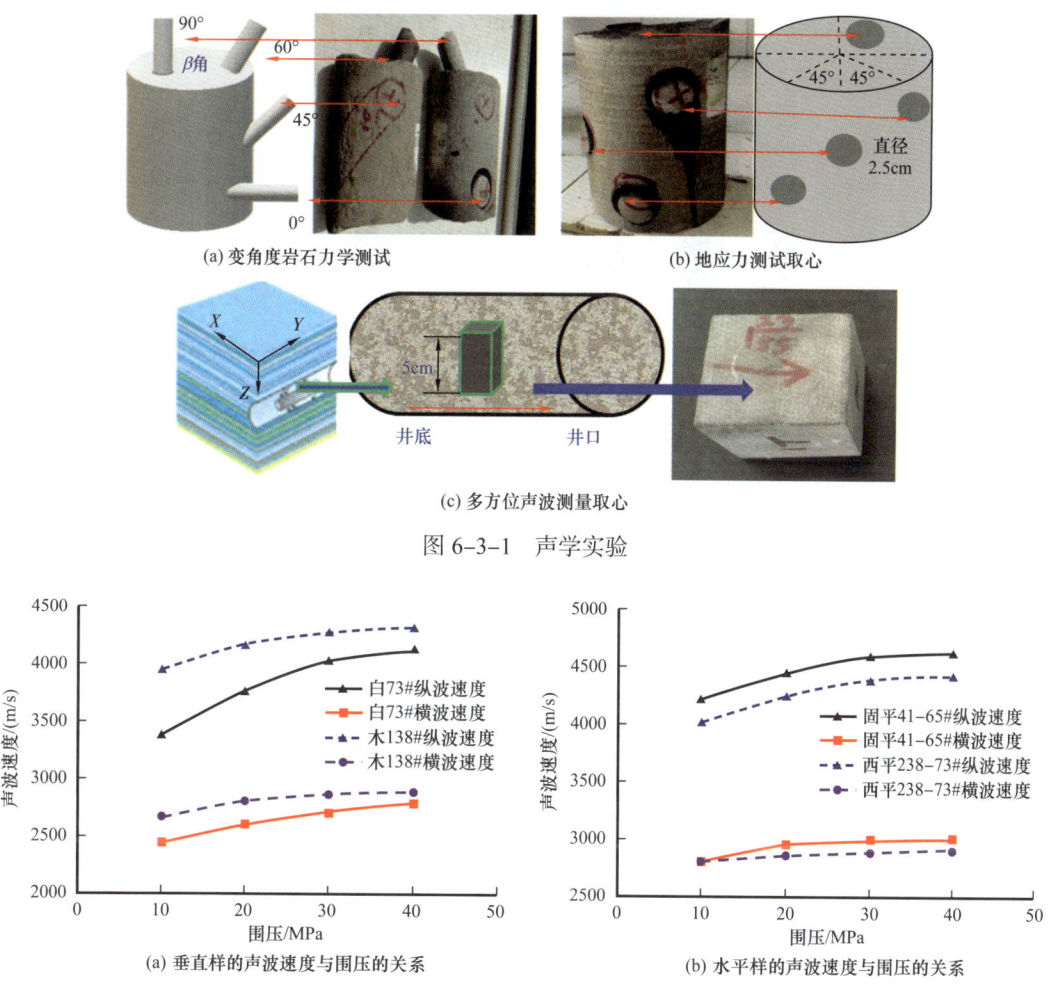

图6-3-1 声学实验

图6-3-2 不同样品的声波速度与围压的关系

2. 取心角度对岩石力学参数的影响

1）取心角度对泊松比的影响

与层理方向成0°、45°、60°、90°方向的23块直井和18块水平井岩心的三轴压缩实验数据结果如图6-3-3所示。直井中垂直样的泊松比小于与井轴成一定夹角（45°，60°，90°）的岩样，水平样的泊松比最大；水平井中平行井轴的岩样，其泊松比大于垂直井轴的岩样泊松比。

从实验结果分析可知，无论是直井还是水平井，其水平样的泊松比总是大于垂直样的泊松比。对页岩油水平井来说，水平样平行于层理面，垂直样垂直于层理面，水平样岩心其层理面受胶结程度影响容易被压缩，发生轴向应变，而垂直样为基质被压缩，不容易发生应力变形。定义水平向泊松比与垂向泊松比的比值为泊松比各向异性系数，将22组岩心水平向与垂向泊松比进行拟合，其泊松比各向异性系数为1.0836，如图6-3-4。

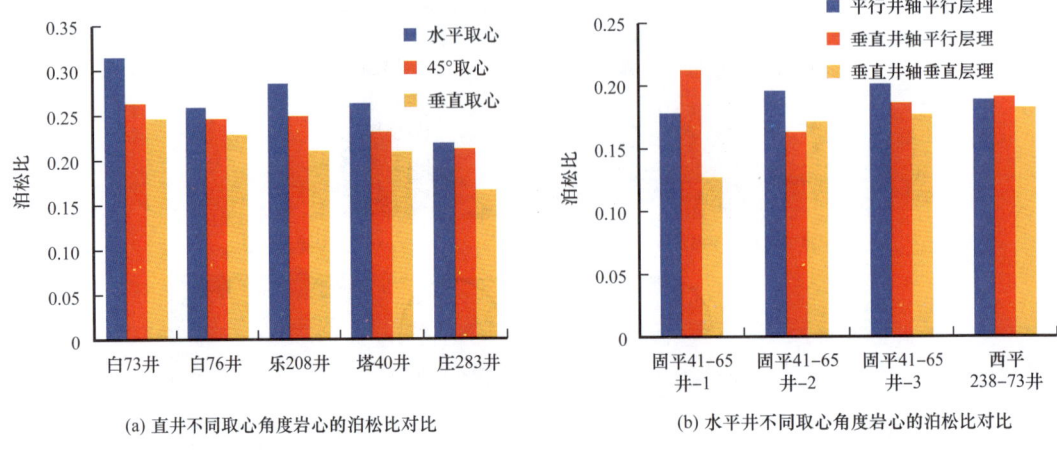

(a) 直井不同取心角度岩心的泊松比对比

(b) 水平井不同取心角度岩心的泊松比对比

图6-3-3 三轴压缩实验数据结果

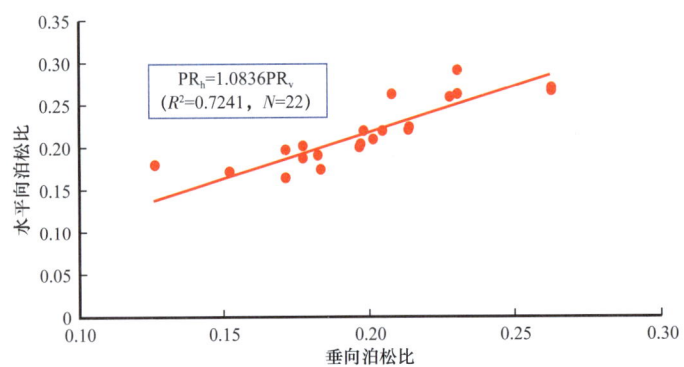

图6-3-4 岩心水平向泊松比与垂向泊松比的关系
PR_h—水平向泊松比；PR_v—垂向泊松比

2）取心角度对杨氏模量的影响

从如图6-3-5所示分析实验结果可知，水平样的杨氏模量大于垂直样的杨氏模量，弹性模量整体随取心角度的增大而减小。从砂岩结构和构造分析，水平岩样平行于层理面，沿基质方向压缩，岩石压密程度高，破坏形式以沿层理面劈裂为主，因此弹性模量最高；垂直岩样与层理面夹角为90°，沿岩心胶结面方向压缩，其压密程度低，故弹性模量最低。定义水平向杨氏模量与垂向杨氏模量的比值为杨氏模量各向异性系数，将25组岩心水平向与垂向杨氏模量进行拟合，其杨氏模量各向异性系数为1.107，如图6-3-6所示。

3）水平井岩样各向异性刚度系数的测试分析

利用方岩心三个方向纵横波波速测量值，计算各向异性岩石力学5个独立刚度系数及其垂向和水平向的杨氏模量和泊松比值，见表6-3-1，为建立各向异性地应力计算模型奠定了坚实的实验依据。

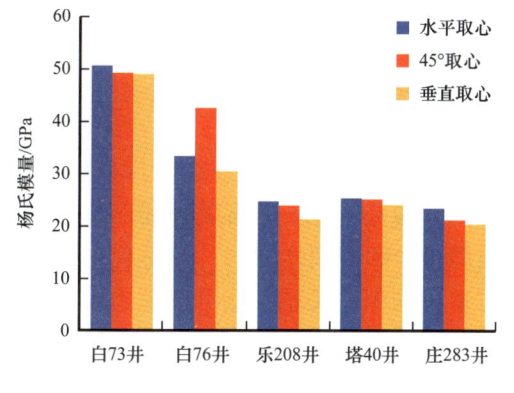
(a) 直井不同取心角度岩心的杨氏模量对比

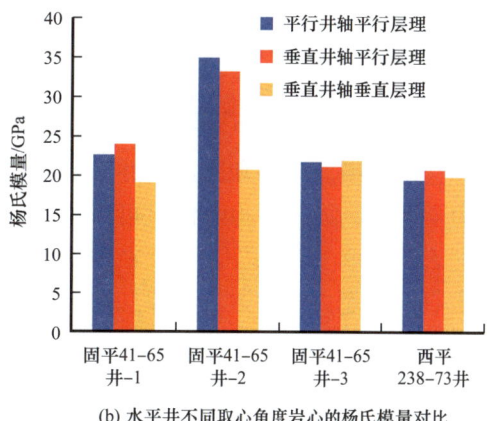
(b) 水平井不同取心角度岩心的杨氏模量对比

图 6-3-5 杨氏模量分析实验结果

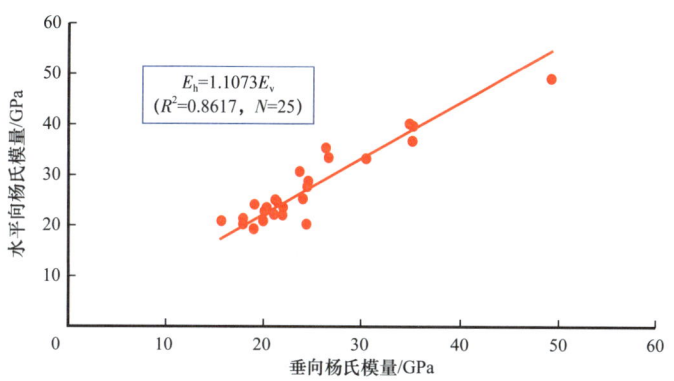

图 6-3-6 岩心水平向杨氏模量与垂向杨氏模量的关系
E_h—水平向杨氏模量；E_v—垂向杨氏模量

表 6-3-1 GP41-65 水平井的垂直样、水平样和方岩样的声学参数测量及计算结果

岩样类型	密度 / g/cm³	纵波速度 / km/s	45°纵波速度 / km/s	横波速度 / km/s	刚性矩阵系数				纵向杨氏模量 / GPa	水平方向杨氏模量 / GPa	纵向泊松比	水平方向泊松比
					C11/ GPa	C22/ GPa	C44/ GPa	C66/ GPa				
1-23-55 方岩心	2.42	3.86	2.85	2.31	36.10	19.70	6.82	13.51	18.07	32.71	0.13	0.21
1-23-55 水平垂直样	2.43	3.81	3.33	2.48	35.23	26.85	13.84	15.20	26.81	34.55	0.02	0.14
8-13-58 方岩心	2.41	3.87	3.21	2.40	36.11	24.74	10.14	14.15	23.84	33.92	0.10	0.20
8-13-58 水平垂直样	2.42	3.64	3.40	2.43	32.00	28.00	12.94	14.23	27.75	31.48	0.06	0.11
6-17-56 水平垂直样	2.66	4.81	4.12	3.01	61.49	45.07	21.12	25.48	44.85	59.56	0.04	0.17

二、各向异性储层工程力学参数和地应力解释方法

1. 动静态岩石力学关键参数的转换模型建立

利用纵横波时差和密度测井数据及动态岩石力学参数测井计算公式,可得到动态岩石力学参数,而岩石力学测试可以得到静态岩石力学参数。地下岩石破坏变形更接近室内的岩石力学实验条件,因此在地应力、地层坍塌压力和破裂压力的计算过程中通常采用岩石的静态力学参数。只要知道岩石动、静态参数的相关关系,就可以求出需要的静态参数(陈景涛等,2006)。

当不考虑取心角度时,用实验所测的泊松比、杨氏模量与测井计算的泊松比、杨氏模量建立转换关系图版,各向同性动静态泊松比、杨氏模量转换关系式为

$$PR_s = 3.561 PR_d - 0.7566 \quad (6-3-1)$$

$$E_s = 0.7783 E_d - 8.6828 \quad (6-3-2)$$

式中 PR_d,PR_s——各向同性动静态泊松比;
E_d,E_s——各向同性动静态杨氏模量,GPa。

2. 各向异性地层的地应力计算模型

目前在陇东地区计算水平地应力主要使用的是 Newberry 模型,也有研究人员采用各向异性模型,Newberry 模型没有考虑地层岩石力学各向异性(刘忠华等,2017),而上述的各向异性地应力模型中参数较多(多达 10 个),不易获取(如两个方向的应变系数 ε_h,ε_H)、容易引入较大的误差,且 $\dfrac{E_h \varepsilon_h}{1-\mu_h^2}$、$\dfrac{E_h \mu_h \varepsilon_H}{1-\mu_h^2}$、$\alpha p_p$ 三项之和与 p_p 相差不大,综合各种地应力计算模型的优缺点以及岩石刚性(杨氏模量)对水平地应力的影响,给出一种更为实用简便的计算陇东地区延长组长 6—长 8 段储层各向异性的地应力模型,见式(6-3-3)。式(6-3-3)能很好地解释纵向上不同岩性地层的地应力差异现象,模型中水平向与垂直向杨氏模量之比可以体现出岩石力学的各向异性,有利于压裂缝高控制。

$$\begin{cases} S_h = \dfrac{E_h}{E_v} \dfrac{\mu_v}{(1-\mu_h)} (p_o - \alpha p_p) \cos \text{DIP} + (P_o - \alpha P_p) \sin(\text{DIP}) \sin(\text{DIP}_A - \text{SH}_A) + P_p \\ S_H = UBK \cdot S_h \end{cases} \quad (6-3-3)$$

式中 S_H——水平最大主应力,MPa;
S_h——水平最小主应力,MPa;
p_o——上覆岩层压力,MPa;
μ_v,μ_h——垂直方向和水平方向的泊松比;
E_v,E_h——垂直方向和水平方向的杨氏模量,MPa,可根据垂直岩样和水平岩样的岩石力学实验得到,或者由不同方向的纵横波速度计算的刚性系数 C_{11},C_{22},C_{33},C_{44},C_{55},C_{66} 计算得到;

DIP$_A$——地层倾向方位角，（°），规定为正北方向与层理面向上法线方向（即法向应力的方向）在水平面上投影形成的夹角；

DIP——地层倾角，（°），规定为 Z 轴正向与层理面法线法向的夹角；

SH$_A$——水平最大地应力的方位角，（°），规定为水平最大地应力与正北方向的夹角；

UBK——水平最大与最小地应力的比值，一般取值为 1.25。

通过前述的工区 25 口井岩心的岩石力学各向异性实验测量，水平杨氏模量与垂直杨氏模量之比在 1.013~1.429，平均值为 1.158。结合长 7 页岩油层段微裂缝发育、低孔隙度、低渗透率、低压低产、构造平缓等特征及邻井的地应力实验结果和压裂资料，研究分析认为：采用此模型计算的地应力值更接近工区实际地应力状态，且方便实用。

上述新模型即式（6-3-3）包含五项，与常见的各向异性地应力计算模型式区别在于，考虑了地层倾斜引起上覆岩层压力（垂直应力）对水平主应力的重要贡献，在原第一项上乘以系数 cos（DIP），并增加了纵向有效应力在最大、最小水平主应力方向上的分应力（$p_o-\alpha p_p$）sin（DIP）cos（DIP$_A$-SH$_A$）、（$p_o-\alpha p_p$）sin（DIP）sin（DIP$_A$-SH$_A$），这样便于计算任意倾角地层的水平地应力，拓宽了地应力计算模型的适用性。

3. 水平井射孔完井的破裂压力计算模型

水力压裂是低孔低渗透储层增产中的一项至关重要的技术措施，水力压裂设计的关键首先需要准确地预测出射孔段的地层破裂压力。从岩石力学角度出发，分析井壁应力分布状态，建立适用于水平井的各向异性地层的破裂压力计算模型颇有必要性。

考虑射孔引起的应力集中与钻井引起的应力集中类似，需要首先确定孔眼周围的远场应力。计算井眼应力集中时，远场应力就是原地应力；对于射孔孔眼的情况，由于射孔的孔深与井眼尺寸相比较小，受到井眼围岩的应力影响较大，因此可将井周围岩的应力分量等同于射孔孔眼的远场应力进行计算。另外，与井眼应力集中计算的不同之处在于，井周围岩存在切应力 $\tau_{\theta z}$，它会引起孔眼切向应力 $\tau_{r\theta}'$、τ_{rz}'。根据类似的方法，可以算出在射孔孔眼附近由于钻井的应力集中和射孔孔眼的二次。应力集中造成的应力表达式为

$$\begin{cases} \sigma_r' = p_i \\ \sigma_\theta' = (\sigma_\theta + \sigma_z) - 2(\sigma_Z - \sigma_\theta)\cos 2\theta' - p_i \\ \sigma_z' = \sigma_r - 2\mu(\sigma_Z - \sigma_\theta)\cos 2\theta' - 4\tau_{xy}' \sin 2\theta \\ \tau_{\theta z}' = \dfrac{\sigma_\theta - \sigma_Z}{2} \cdot \cos \theta' \\ \tau_{r\theta}' = \tau_{rz}' = \tau_{\theta z} \cdot \cos \theta' \end{cases} \quad (6\text{-}3\text{-}4)$$

式中 p_i——液柱压力，MPa；

μ——岩石泊松比；

σ_r，σ_θ，σ_{zz}——井壁的径向应力、周向应力和轴向应力，MPa；

σ_r'，σ_θ'，σ_z'——射孔孔眼的径向应力、周向应力和轴向应力，MPa；

θ'——射孔周向角，（°）；

$\tau_{\theta z}'$，$\tau_{r\theta}'$，τ_{rz}'，——孔眼各方向的剪应力。

孔眼井壁上某点的主应力 σ_i，σ_j，σ_k 可由式（6-3-5）表示：

$$\begin{cases} \sigma_i = \sigma_r = p_i \\ \sigma_j = \dfrac{(\sigma'_\theta + \sigma'_z)}{2} + \dfrac{\sqrt{(\sigma'_\theta - \sigma'_z)^2 + 4\tau'^2_{\theta z}}}{2} \\ \sigma_k = \dfrac{(\sigma'_\theta + \sigma'_z)}{2} - \dfrac{\sqrt{(\sigma'_\theta - \sigma'_z)^2 + 4\tau'^2_{\theta z}}}{2} \end{cases} \quad (6\text{-}3\text{-}5)$$

对其进行排序，这三个主应力从大到小分别对应 σ_1，σ_2，σ_3。对于拉伸破裂，井壁主应力只有 σ_k 可能为负值，故井壁围岩最小主应力为

$$\sigma_{\min} = \sigma_3 = \sigma_k$$

抗拉强度准则可以表示为

$$f_T(p_f) = \sigma_k - \alpha P_p + \mathrm{ST} = 0 \quad (6\text{-}3\text{-}6)$$

式中 p_f——破裂压力，MPa。

可得射孔孔眼的破裂压力 p_f 的解析表达式为

$$p_f = (\sigma_r + \sigma_\theta) - 2(\sigma_r - \sigma_\theta)\cos 2\theta' - 4\tau'_{xy}\sin 2\theta' - \frac{\tau'^2_{\theta z}}{\sigma_z - \alpha p_p + \mathrm{ST}} + \mathrm{ST} - \alpha p_p \quad (6\text{-}3\text{-}7)$$

三、基于 CQ 指标的水平井工程力学品质评价

为了提高油气井压裂效果及单井产能，有必要对射孔压裂的层段和位置进行研究。基于以上水平井各向异性研究，综合考虑储层岩性、物性、含油性、脆性、地应力和破裂压力及油层结构等，联立孔隙度、渗透率、含水饱和度和有效厚度及地应力、破裂压力、脆性指数等参数构建射孔压裂层段优劣的综合评价指标，建立了一种优选射孔压裂层段和位置（地质工程"甜点"）的实用方法：

$$V(\mathrm{RGB}) = 255 \times \frac{V_L - V_{\mathrm{MIN}}}{V_{\mathrm{MAX}} - V_{\mathrm{MIN}}} \quad (6\text{-}3\text{-}8)$$

$$\mathrm{SCQ}(i) = \sum_{j=i}^{m} \mathrm{CQ}(j) * \mathrm{RLEV} \ ; \ \mathrm{SCQ}_{\max} = \max\left[\mathrm{SCQ}(i)\right], i = 1, \cdots, n-m+1 \quad (6\text{-}3\text{-}9)$$

$$\begin{cases} m = \mathrm{HPCT}/\mathrm{RLEV} \\ n = (\mathrm{DEP}_2 - \mathrm{DEP}_1)/\mathrm{RLEV} \end{cases} \quad (6\text{-}3\text{-}10)$$

式中 CQ——射孔选层的综合评价指标；
　　　RLEV——深度采样间隔；
　　　HPCT——缺省的射孔段长，m；
　　　DEP——实际垂深，m；
　　　SCQ(i)——CQ 的累计函数值；

P——地层打开位置应力高低系数（油层顶部打开，P=0.8；油层中部打开，P=1.0；油层底部打开，P=0.5）；

ϕ——地层孔隙度，%；

K——地层渗透率，mD；

He——射开层段有效厚度或长度（如逐点计算，则为采样深度间隔），m；

BI——脆性指数，%；

S_w——含水饱和度，%；

SH2——最小水平主应力，MPa；

p_f——破裂压力，MPa。

针对单井剖面已解释好层段，计算其 CQ 参数，根据 CQ 参数大小进行单井剖面储层工程品质评价，给出其优劣好坏顺序，找出地质工程甜点段作为射孔压裂的优选层段，并在每个层内优选最佳的射孔位置。

根据 CQ 的累计函数值 SCQ 的最大值点作为射孔压裂位置的顶深，考虑油层结构和接箍位置适当微调射孔压裂层段的顶底深度。按 HPCT=4m（3m/2m/1m）可以优选射孔压裂位置（避开薄夹层，防止串槽）。

如图 6-3-7 所示为基于以上方法对华 H6-7 井长 7_2 段所优选的 23 层段中 3490～3795m 的射压裂井段的压裂缝长宽高预测成果图，表 6-3-2 为华 H6-7 水平段射孔油花选层位置表。由于水平井和直井不同，图 6-3-7 中显示的压裂缝高度准确来说，应该是压裂缝"视高度"，即水平段上压裂缝顺着井轴延伸的井段长度，图中用来模拟压裂缝几何形态的椭球体的高度，并不表示真正的压裂缝高度，而是水平段上压裂缝的延伸长度。

表 6-3-2 华 H6-7 射孔优化选层位置表

测井解释层号	测井解释层段 /m	油水结论	优选射孔位置 /m	完井品质指数
55	2454.5～2594	油层	2520.25～2540.25	141.339
99	3642～3699.5	油层	3674.375～3694.375	317.603
95	3512～3580	油层	3541.125～3561.125	210.962
16	1566～1568.375	油水同层	1566～1568.375	212.672
53	2302.5～2435	油层	2410～2430	111.284
57	2612～2688.25	油层	2641.125～2661.125	133.125
63	2744～2830	油层	2746～2766	93.732
73	2926～2988.75	油层	2931.25～2951.25	106.411
97	3602～3635	油层	3604.875～3624.875	130.762
105	3770～3787	油层	3770～3787	165.278
89	3438.875～3475	油层	3454.625～3474.625	97.044
93	3490.25～3510	油层	3490.25～3510	152.439
101	3713.5～3741.5	油层	3714.25～3734.25	133.562
103	3743.25～3766	油层	3746.125～3766	114.171

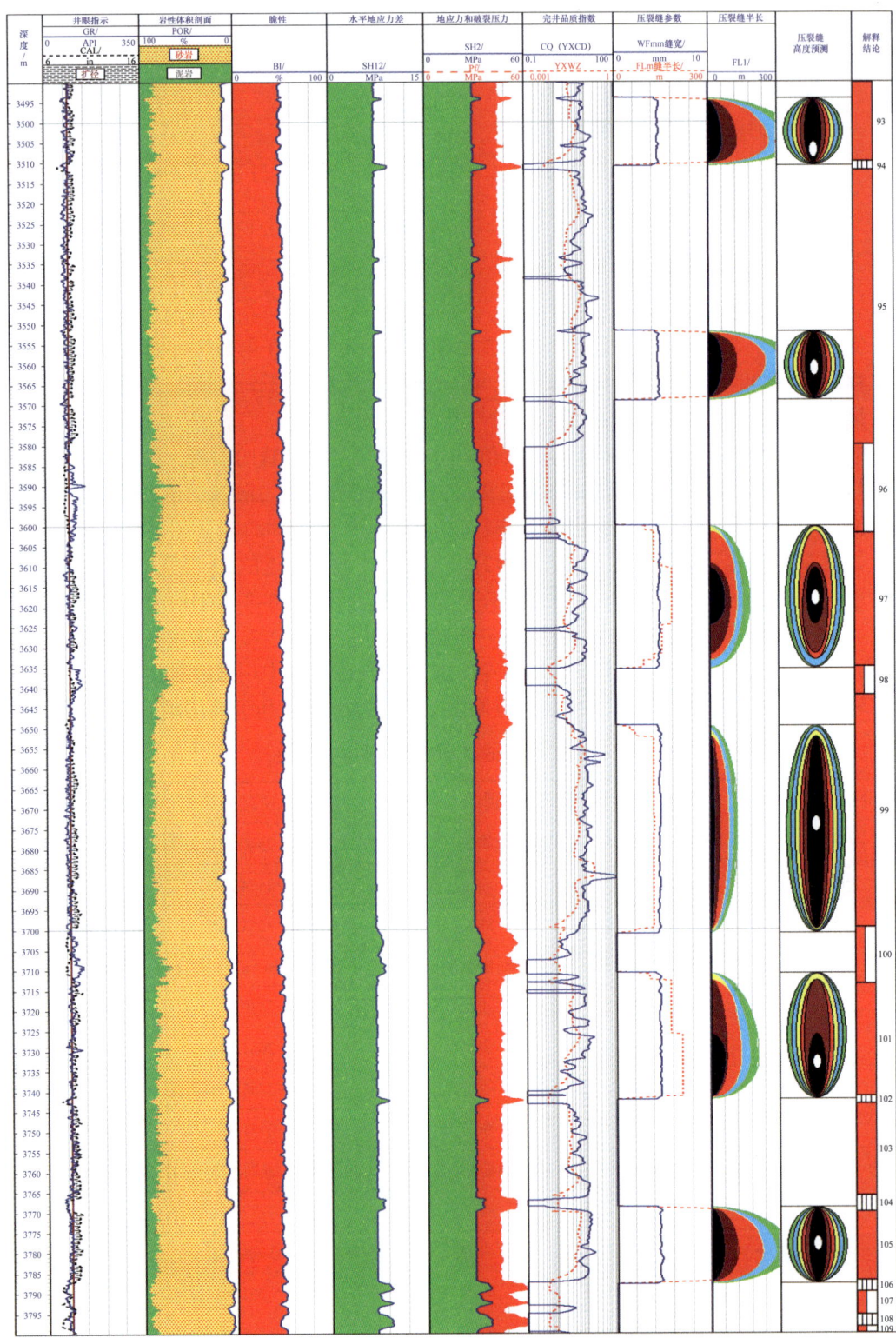

图 6-3-7　华 H6-7 井（3490～3795m）压裂段的裂缝长宽高预测成果图

该井水平井段的2291～3785m(长1494m)23个压裂井段采用定面射孔，孔密15孔/m，射孔相位90°；每段射孔3～5簇、每簇0.6m，共计87簇；压裂段长最小为11.6m，最大为30m，平均26.1m；段间距最小为19.4m，最大为40m，平均为27.57m。其中水平段有一段为泥岩未进行射孔。使用滑溜水进行压裂改造，工作排量12m³/min左右，加40/70目与20/40目石英砂，砂比19.2%进行压裂改造。合采日产油28.22t，表明体积压裂效果良好，即在地层中形成了以横向缝为主的复杂裂缝网络，极大地提高了储层整体渗透率，实现对储层在长、宽、高方向的三维改造。

由图6-3-8可知，对比实际压裂井段与射孔综合评价指标高值区域，二者相符，表明所优选的射孔压裂井段（位置）是符合实际储层的完井品质。

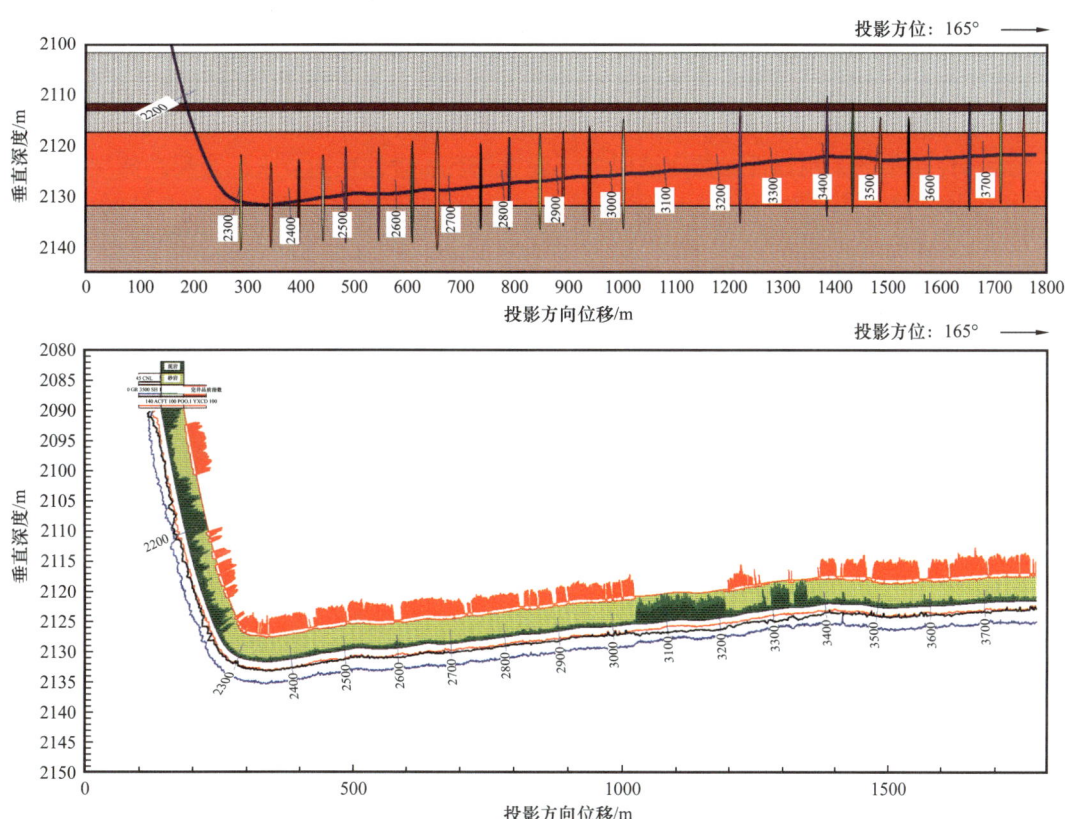

图6-3-8　华H6-7井水平段（2300～3800m）压裂缝预测成果图

第四节　页岩油水平段"甜点"综合评价

页岩油储层大多呈现较强的非均质性，有效储层变化快，目前主要采用水平井大规模体积压裂工艺，来提高储层动用程度和单井产量。其中，水平井多段分簇射孔技术是配合页岩油水平井进行体积压裂的核心技术之一，而分簇射孔段位置的选取对体积压裂效果至关重要。

水平井建产中测井系列较少，常规声波时差测井对储层物性变化不敏感，且水平段内不同位置的岩性、物性和含油性差异较大，采用单一曲线无法准确判识有效砂体的变化。利用信息融合技术将来自不同源（特征测量设备）的能够反映所研究事物部分特征的信息，通过规范化处理，达到降低多解性和冗余性，提高互补性，进而能够更优越地分析、评价和认识事物固有特征的过程。目前，对于页岩油领域多参数融合水平井射孔井段优选方法未见相关报道。为此在对储层的岩性、物性、含油性，以及岩石的脆性、地应力和破裂压力等岩石力学特征分别进行综合评价的基础上，再结合气测录井，多种参数融合共同表征储层变化，直观挑选优势储层，优选压裂射孔层段位置。

一、综合指数法

在水平井中由于测井系列较少，常规三孔隙度测井中仅有声波时差测井，且声波时差对物性变化不敏感，用单一的声波时差曲线很难给出正确的解释结论和指导射孔井段。因此，采用综合指数对储层进行流体性质识别以及分级分段评估。

综合评价指数采用物性参数声波时差、脆性指数、含油性指数来综合反映储层特征：

$$Z = (AC/AC_{下限}) \times (1-V_{sh}) \times RI \quad (6-4-1)$$

式中　AC——声波时差，μs/m；

　　　$AC_{下限}$——储层的声波时差下限，μs/m；

　　　RI——视电阻增大率。

综合指数法就是通过构建一个100%含水的标准水层，利用地层电阻率与标准水层电阻率的比值来反应储层含油性的一种评价方法。

定义任一地层真电阻率与其地层因素的比值为视地层水电阻率，由Archie公式可知：

$$RI = \frac{R_t}{R_0} \quad (6-4-2)$$

$$F = \frac{R_0}{R_w} = \frac{a}{\phi^m} \quad (6-4-3)$$

$$RI = \frac{R_t \cdot \phi^m}{aR_w} \quad (6-4-4)$$

式中　R_t——地层电阻率，Ω·m；

　　　R_0——纯水层的地层电阻率，Ω·m；

　　　F——地层因子；

　　　R_w——地层水电阻率，Ω·m；

　　　m——胶结指数；

　　　n——饱和度指数；

　　　a——岩性系数；

　　　b——岩性系数；

　　　ϕ——孔隙度，%。

利用综合指数、声波时差、孔隙度、视电阻增大率将页岩油钻遇砂体分为3类，即油层、差油层、干层，分类标准见表6-4-1。

表6-4-1 储层分段分级评估标准

分级	解释结论	综合指数	声波时差/（μs/m）	RI	孔隙度/%	泥质含量/%
一类储层	油层	>3	>218	>3	>10	<25
二类储层	差油层	1.5~3	208~218	2~3	7~10	<35
干层	干层	<1.5	<208	<2	<7	<45

声波时差曲线对储层变化反应不敏感，综合指数结合了岩性、物性及电性参数，可明显反映储层变化，直观挑选优势储层，优选射孔层段，如图6-4-1和图6-4-2所示，通过综合指数和孔隙度关系，声波时差和视电阻增大率关系分析可以较为容易的将砂体划分为油层、差油层、干层。

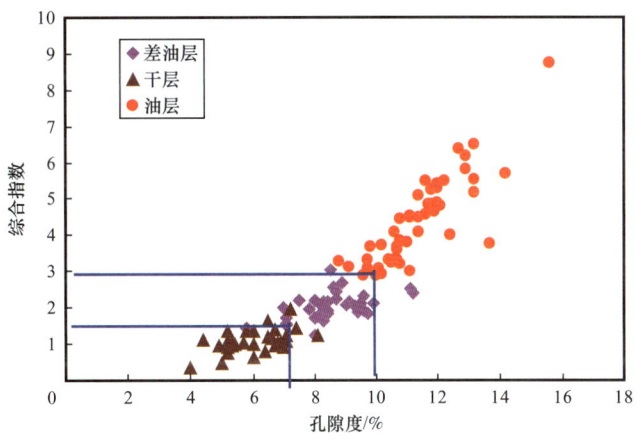

图6-4-1 综合指数与孔隙度关系图

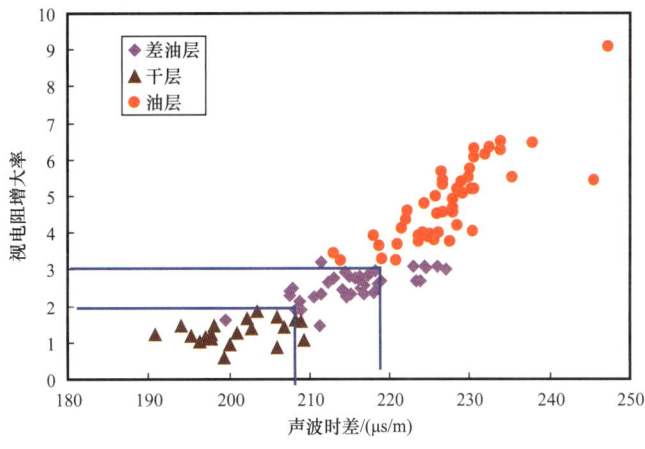

图6-4-2 声波时差与视电阻增大率RI关系图

如图 6-4-3 所示为合平 1 井长 7 水平段测井分段分级评价成果图，图中第 6 道为录井全烃曲线，第 7 道为计算的综合指示曲线，第 9 道为测井二次精细解释结论道，第 10 道为测井一次解释结论道。从图中可以看出综合指示曲线和全烃曲线基本一致，能够较好反映储层的含油性特征，且综合指示曲线为逐点计算，分辨率较高，依据综合指示曲线进行的二次解释结论更加可靠，符合水平井非均质特点。

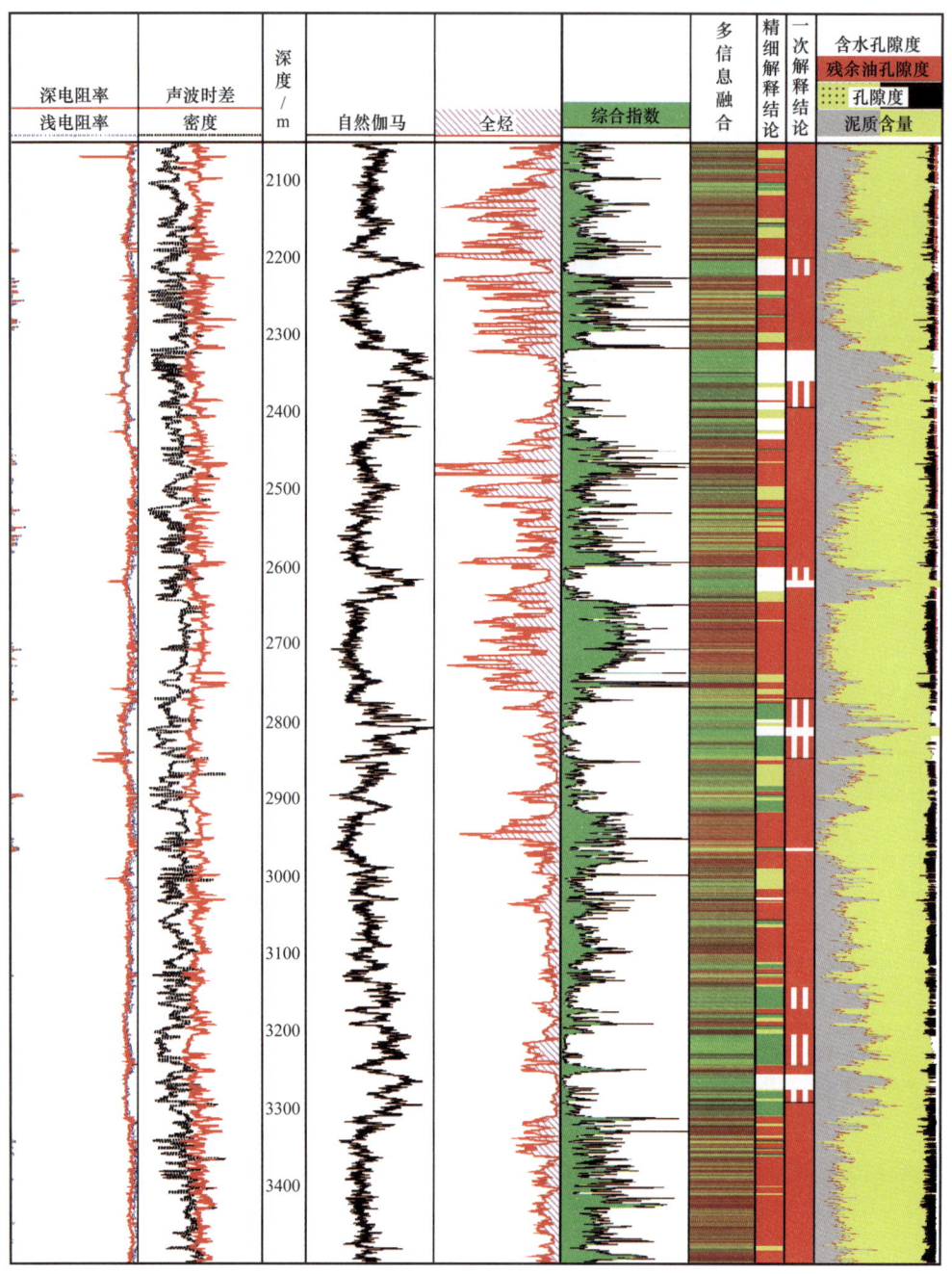

图 6-4-3　合平 1 井长 7 水平段测井分段分级评价成果图

二、三原色（RGB）图像融合法

面对复杂多变而又十分丰富的井信息，如何才能将井信息中蕴藏的岩石地层信息定量的表达为地质意义的地层学旋回和层序呢？综合经验定性或定量的表征方法显然难以适应井信息系统呈几何级数式增长的要求，也不容易形成可供计算机自动处理和表征的模型。随着信息技术的发展，信息融合技术已成为表征客观事物的重要方法。

信息融合就是把来自多个信息源的目标信息合并归纳为一个具有同意表示形式输出的推理过程。信息融合能够提供繁杂的信息在标准化的基础上的融合成果，通过聚焦变化能够将关注的问题更加清楚地显示出来，为定量分析和模式识别提供基本表征工具。将井信息融合及其可视化技术引入井信息高分辨率层序表征具有显而易见的优越性。

1. 井信息融合思想

井信息融合思想是希望通过对井信息的处理提高研究关注问题的清晰解释，达到提高运用井信息解决实际地质问题的能力。现有的信息处理方法中经常采用的神经网络、聚类分析等也具有实现信息综合的能力。但由于其过分依靠专家的先验性研究，而且局限性较大，因此不能满足和适应解决复杂地质问题的需要。信息融合理论算法中通常采用的算法有概率论、模糊理论、证据推理、神经网络及其他相关理论可为井信息融合提供基本理论算法依据，但是对于解决井信息表征高分辨率从层序地层这一复杂问题来说，不能直接选用，必须加以创新，引入新的理论方法来实现。根据井信息的基本特点，在反复研究和试验的基础上，选用了基于井信息标准化、信息聚焦、信息融合模型构建、井信息融合层序地层表征的方法和技术，形成了具有鲜明特色的完整的井信息融合高分辨率从层序地层表征思想，其流程图如图 6-4-4 所示。

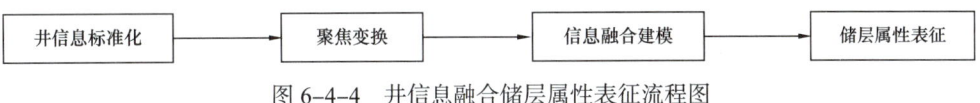

图 6-4-4　井信息融合储层属性表征流程图

基于此选择了新的测井标准化技术，无需标志层或标准层，只要测井信息反应的是相同或相似的沉积环境或成岩环境就可以采用。这就是假定整个研究区内钻遇的地层其测井响应符合统计规律，主体岩性及其测井响应占概率分布相似，这符合沉积建造规律，因此，可以利用测井信息的响应统计属性的概率分布法进行测井资料的标准化，即累积概率均衡标准化方法。其原理就是利用给定井层段的测井响应范围，用统计方法得到给定分辨率下的各测井响应的累积概率，然后用概率与给定刻度 RGB 色值进行匹配，就可以完成任意测井信息的标准化；也可以按照测井曲线响应的范围用线性刻度、常用对数刻度或者自然对数刻度法直接进行标准化（规范为 RGB 值）。对于研究地层而言，研究者可以根据实际地质情况选择测井曲线标准化的方法。标准化后的测井信息数值范围为 0～255，较之归一化（范围 0～1）方法具有更好的刻度响应范围，因此各种信息的岩石地层特征也能更好地反映出来。具体做法见式（6-4-5）：首先将研究层范围内的测井曲线进行归一化为 0～1，然后乘以 255，就可以将每条测井曲线刻度为 0～255。

$$V(\text{RGB}) = 255 \frac{V_\text{L} - V_\text{MIN}}{V_\text{MAX} - V_\text{MIN}} \tag{6-4-5}$$

为了提高标准化信息对研究对象的更好表征，必须对标准化结果加以聚焦变化，令信息融合时各种信息具有相同的地质现象的反应能力，从而加强或者减弱地质研究对象的判别能力。测井曲线标准化是测井信息融合的基础，信息聚焦变化是凸显地质研究对象的核心手段和技术，必须根据实际研究需要选择合理的标准化方法和聚焦变化策略，才能更好地表达井信息的聚焦效果。

2. 井信息融合实现

井信息融合的目的是为了提高多元信息的利用率，解决油藏地质问题。要解决地质问题，通常需要运用建立模型来实现，利用这一思想，选取不同的井信息组合，通过建立融合模型来实现融合的目的。

为了实现信息融合可视化，满足地质研究和认识的需要，选择不同标准化并进行聚焦变换后的井信息构建 RGB 三基色模型，如图 6-4-5 所示，简称为三原色模型。不同的特征井信息融合后的颜色空间具有不同的特征，三元色构建的颜色单元理论上有 256³ 种（16777216 种颜色单元），足以满足人们直观识别的需要。通过信息提取技术可以得到信息融合模型的空间矢量（具有物质属性）和空间体（具有能量、规模意义）积量。通过建模方式可以实现信息特征的降维，其表征意义基本保持下来。

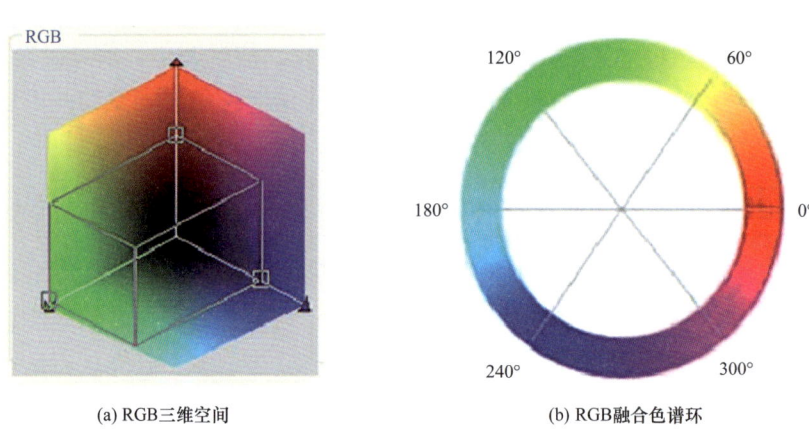

(a) RGB三维空间　　　　(b) RGB融合色谱环

图 6-4-5　三原色融合模型图解

信息融合颜色 =R+G+B。可以用两种融合思想设置信息融合模型：一种是利用井信息的分辨率不同，用短波 B（高频）色设置高分辨率井信息，用 G 色设置中间分辨力的井信息，用 R 色设置低分辨率的井信息；另一种思路是根据井信息对研究目标的反应能力和人的颜色分辨能力、敏感性规律设置颜色参数，最优秀、最敏感的信息用 G、次敏感的信息用 R，再次的用 B。总之，信息融合颜色设置以便于研究者对色谱敏感性分析为建模基本标准。

测井曲线标准化为 RGB 值后，利用融合可视化技术可以显示直观纵向融合剖面图，如图 6-4-6 所示为自然伽马、声波时差、电阻率三曲线的分类剖面，第 6 道为 GR 的颜色剖

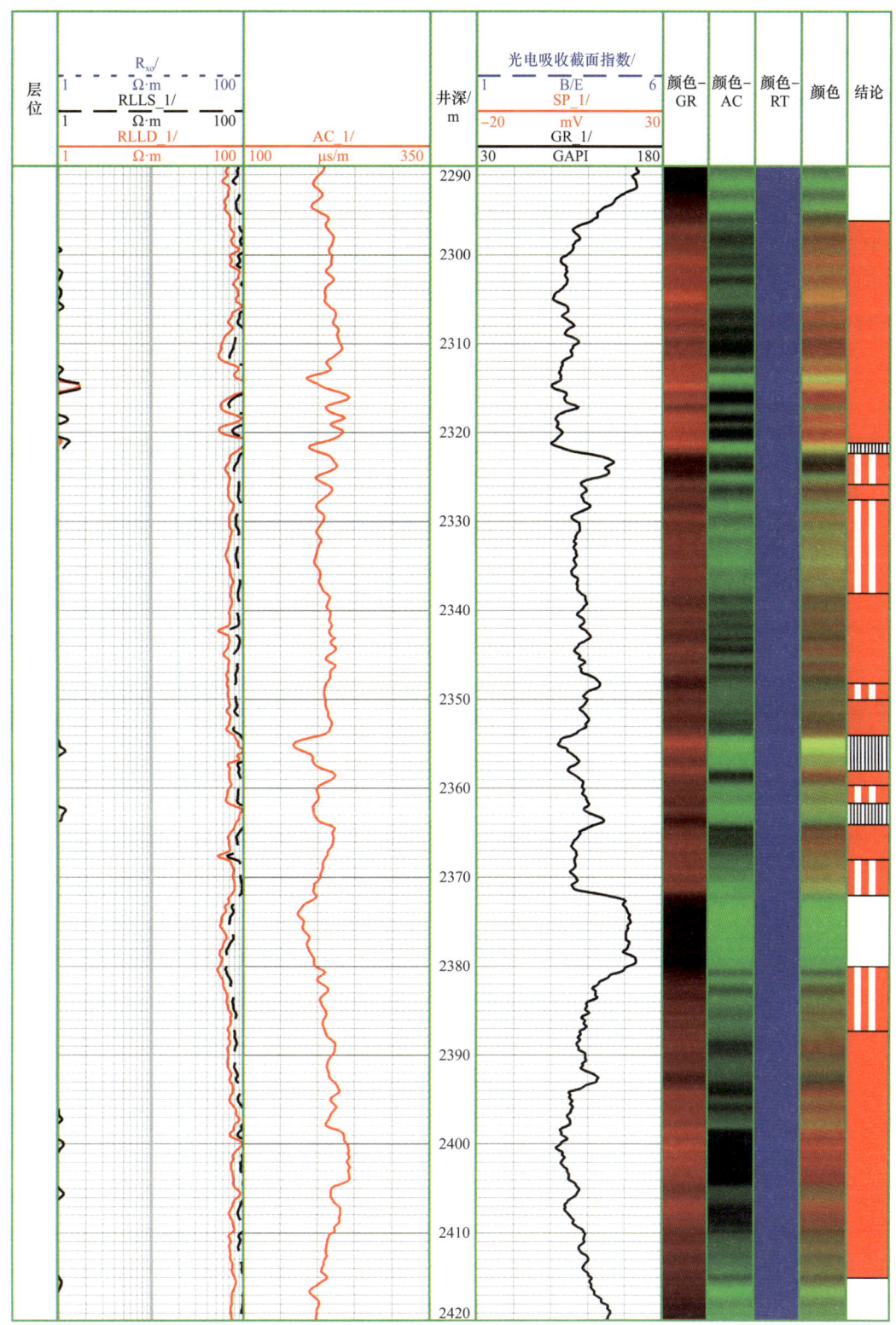

图 6-4-6 GP41-65 井长 7 取心段多信息融合成果图

面，第7道为时差的颜色剖面，第8道为电阻率的分类剖面，在分类分级信息融合基础上，可以对单井所有信息进行融合分析，例如进行岩性、物性、电性分析，在提取各融合特征信息的基础上再进一步融合，即可实现全井所有井信息的融合显示，如图中第9道所示。多信息融合能较好地反映储层的非均质性，从而能够更好地进行储层分类评价。

综上，利用构建指数及多信息融合技术（RGB）开展水平井分段分级评价，能够为水平井射孔压裂提供有力的技术支持。如图6-4-7所示为HP1井长7水平段测井分段分级评价成果图，图中第10道为测井一次解释结论，第9道为测井二次精细解释结论，在此基础上，开展射孔压裂位置优选，取得较好效果，试油获得91.55t/d工业油流。

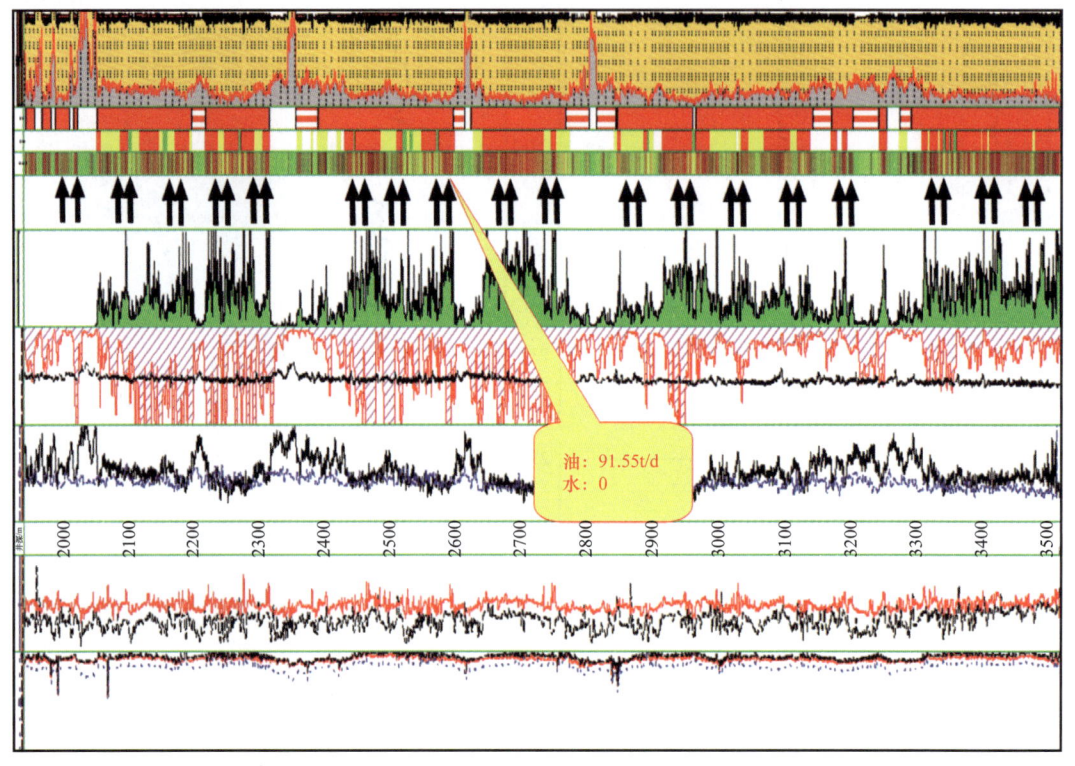

图6-4-7　HP1井长7水平段测井分段分级评价成果图

三、效果验证

GP27-18井是页岩油试验区的一口水平开发井，为了进行方法的有效性验证，该井进行了产液剖面测试，主要利用液体指示剂方法来进行验证。测试解释结果表明，该井11条压裂缝均有贡献，贡献率在3.34%～12.56%，但各段间贡献率亦有差异（图6-4-8和表6-4-2）。

在明确了各段产液贡献率基础上，将此结果和测井二次精细解释结论以及压裂改造情况进行综合分析，如图6-4-8所示，可以看出第5段、第8段产液贡献率最低，对应的测井二次解释结论为差油层和泥岩，整体储层品质较差，井下微地震监测结果计算的压裂改造体积SRV也显示这两段未能得到充分改造。第4段、第6段、第7段、第11段产液贡献率较高，对应的测井二次解释结论为油层，临近层段储层品质较好，井下微地震监测结果计算的压裂改造体积也显示这几段基本得到了充分改造。由此可以看出，在综合指数及多信息融合基础上的测井二次精细解释是比较可靠的，能够为压裂射孔提供技术支持。

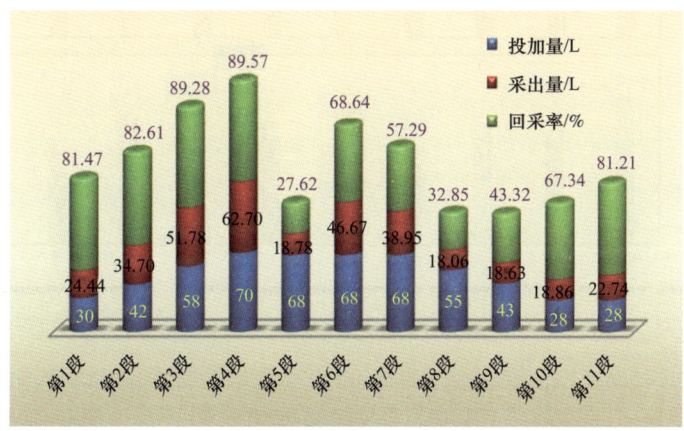

(a) GP27-18井各层段指示剂回采率图

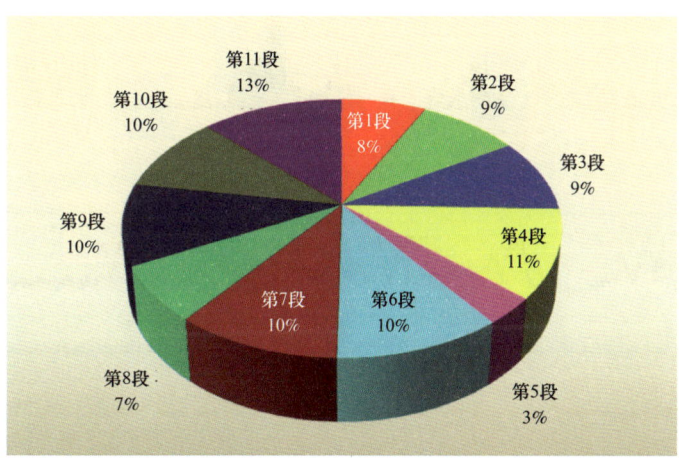

(b) GP27-18井各层段平均产液贡献率/%

图 6-4-8　GP27-18 井各压裂层段指示剂回采率直方图和产液贡献率饼状图

表 6-4-2　GP27-18 井第 1~11 段液体指示剂解释结果

层段	第1段	第2段	第3段	第4段	第5段	第6段	第7段	第8段	第9段	第10段	第11段	合计
贡献率/%	7.55	8.73	9.16	11.08	3.34	10.45	10.28	6.85	10.20	9.79	12.56	100.00
产出状况	次产	次产	主产	主产	次产	主产	主产	次产	主产	主产	主产	—
备注	第3段、第4段、第6段、第7段、第9段、第10段、第11段七个主产层段，贡献率合计73.53%；第1段、第2段、第5段、第8段四个次产层段，贡献率合计为26.47%											

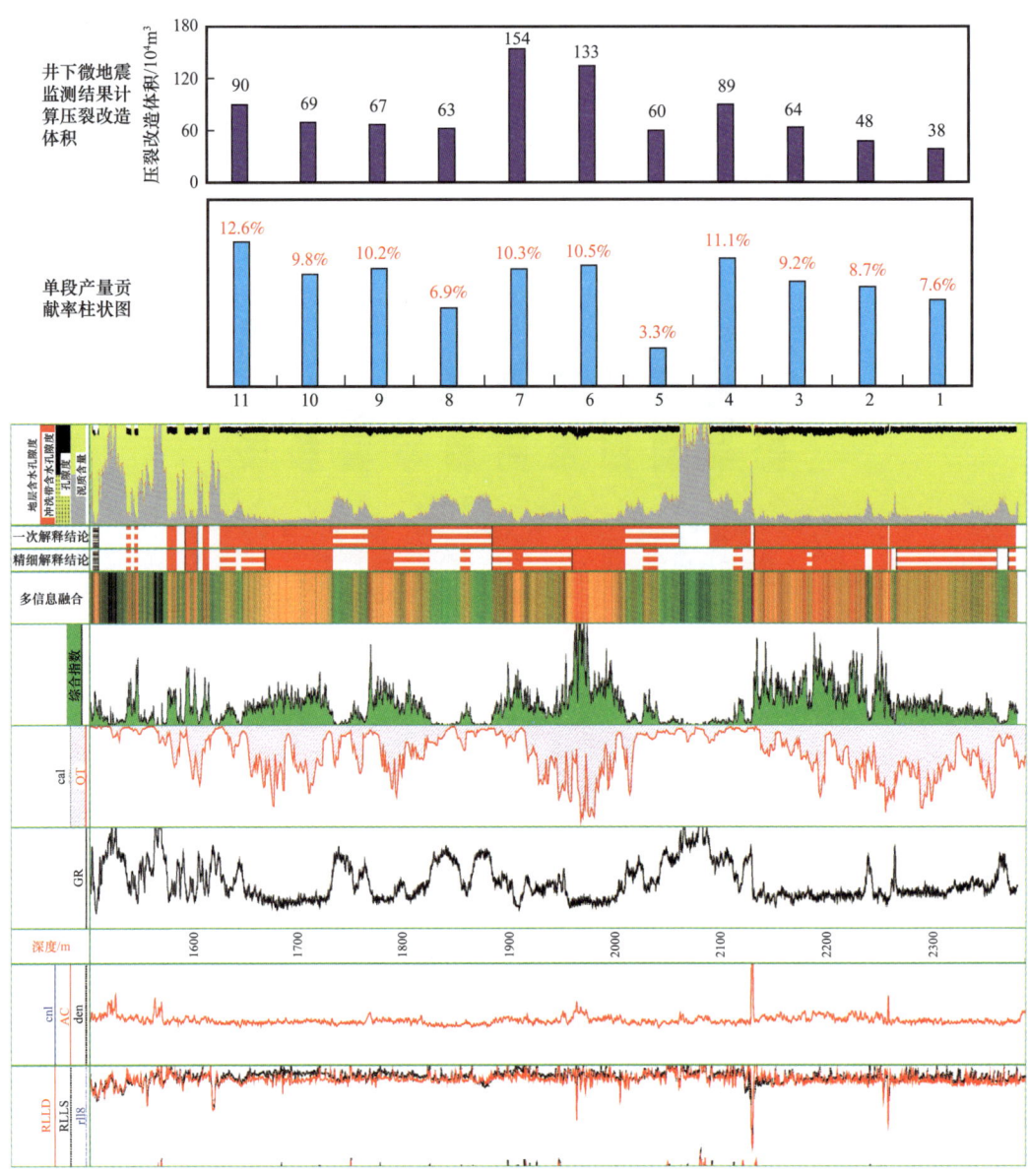

图 6-4-9　GP27-18 井长 7 水平段测井分段分级评价成果图

第七章 页岩油"甜点"综合评价与水平井一体化导向

页岩油综合评价的核心是综合优选"甜点",其评价不同于常规油气藏的"区带优选评价、圈闭落实评价和油藏评价"方法,目前比较认可的为储层的"七性"评价,即储层的岩性、物性、含油性、脆性、电性、各向异性及烃源岩品质等。近年来,通过不断的技术攻关,地震可以在六个方面对页岩油进行评价。利用地震储层厚度、结构及含油性预测等技术,可以对储层的岩性及含油性进行预测;通过井震联合反演等可以对储层物性进行预测;采用裂缝检测,地应力预测等技术,可以对储层的各向异性进行评价;利用变系数岩石力学参数法可以对储层脆性进行预测,并采用神经网络方法将多属性融合,综合预测页岩油甜点。在"甜点"区预测基础上,通过对微幅度构造、薄储层刻画及测井分析,对水平进行优化部署及随钻估计导向。

第一节 "甜点"综合预测及评价

一、甜点综合评价方法

目前,页岩油甜点评价方法有两大类,一类是地质概率分析类评价方法,另一类是融合类储层综合评价方法。目前,地震地质多信息甜点评价方法是基于高分辨率反演储层、含油性、脆性、压力系数等敏感属性参数,通过 SOMA 神经元多属性融合进行综合地质"甜点"评价(图 7-1-1),此类方法在 GeoEast 软件上为成熟的工业化应用模块。也可以采用多次融合回归的方法,该方法依据地质定量评价,以井点信息为约束,对地震预测获得的甜点要素进行多次融合回归,构建"甜点"地震表征因子,进行"甜点"的平面综合评价。但总的思路都是多属性的融合,只是融合的方法有差异。

二、盘克甜点预测

2018 年,在盘克地区采集三维地震 113km²,针对地质和工程"甜点"2 个方面,融合构造、岩性、含油性、物性、裂缝和脆性多种属性,按照岩性、物性、裂缝和脆性

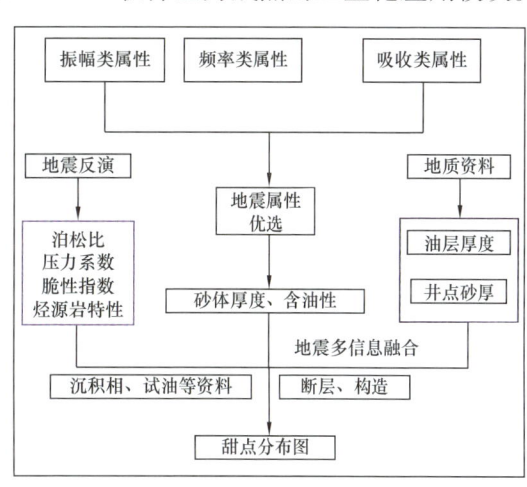

图 7-1-1 三维地震多属性融合"甜点"优选流程

等关键控藏因素占较大比重的原则，多因素综合评价，识别了长 7_1 段和长 7_2 段"甜点"有利区共 208.1km²。

（1）长 7_1 段："甜点"有利区主要分布在工区中部和北部，呈北西—南东向展布，有利区 4 个，面积 74.3km²（图 7-1-2）。

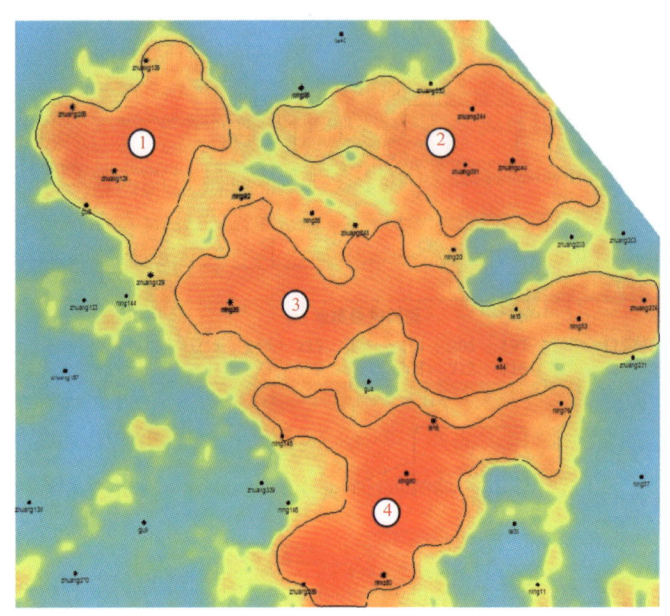

图 7-1-2　盘克三维长 7_1 段甜点综合评价属性平面图

（2）长 7_2 段："甜点"有利区主要分布在工区中部和北部，呈北西—南东向展布，有利区六个，面积 112.5km²（图 7-1-3）。

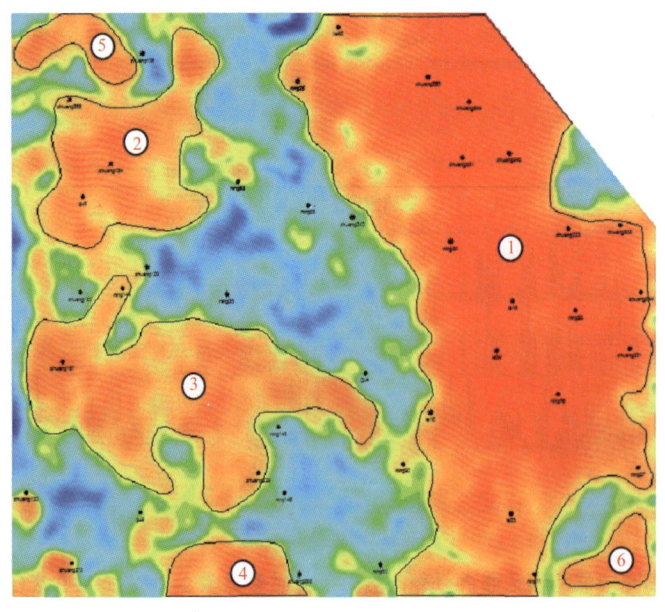

图 7-1-3　盘克三维长 7_2 段"甜点"综合评价属性平面图

在综合评价长 7_1 段和长 7_2 段"甜点"有利区的基础上，为 14 口井水平部署和实时导向提供依据（图 7-1-4），提出了按计划实施 4 口、延长 2 口、调整 1 口、缩短 2 口及暂缓 2 口的建议（表 7-1-1），缓钻节省了 2 口水平井费用；完钻 11 口水平井，油层平均钻遇率由以往的 72% 提高到 87.5%；同时针对长 7_1 段和长 7_2 段"甜点"有利区建议部署水平井 12 口。

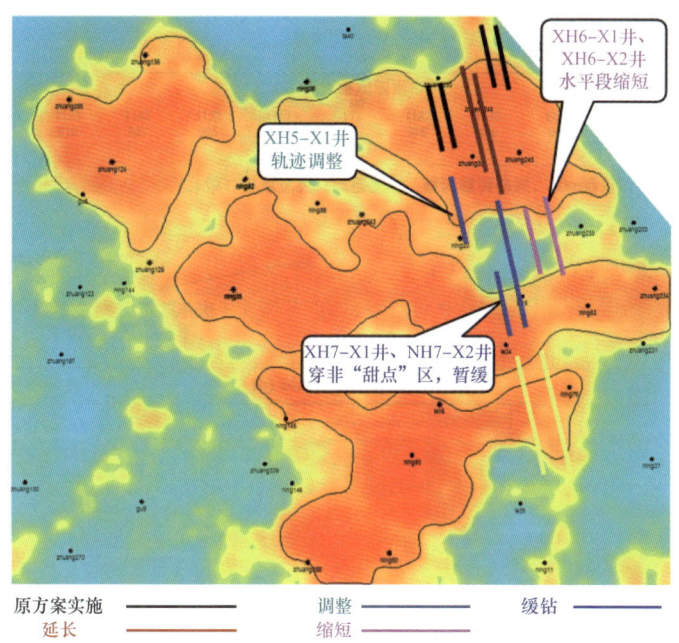

图 7-1-4 盘克三维长 7 段水平井位置图（叠合甜点综合属性）

表 7-1-1 盘克三维工区内水平井指导意见及实施效果表

序号	井名	目的层	水平段/m	地震建议	实钻情况	
					水平段长度/m	钻遇率/%
1	XH1-X1	长 7_2	1500	增至 2300m	1647（调整 1700m）	89
2	XH1-X2	长 7_1	1500	增至 2300m	2406	92.2
3	XH2-X1	长 7_2	1500	水平段砂体发育，构造平缓，建议按原方案长度	1530	89.4
4	XH2-X2	长 7_2	1500		1653	93.9
5	XH5-X1	长 7_1	1500		1535	92.2
6	XH5-X2	长 7_2	1500		1617	97.4
7	XH5-X3	长 7_2	1500	调整	按照地震构造起伏和甜点预测调整水平井位轨迹，重新设计	77.5
8	XH6-X1	长 7_2	1500	缩至 1000m	钻遇 900m 后储层变差	81.9
9	XH6-X2	长 7_1	1500	缩至 900m	908	83.4

续表

序号	井名	目的层	水平段/m	地震建议	实钻情况	
					水平段长度/m	钻遇率/%
10	XH7-X1	长 7_2	1500	水平段增至3000m	2400	82.7
11	XH7-X2	长 7_2	1500		3035	83.3
12	原 XH7-X1	长 7_2	1500	建议缓钻	已缓钻	
13	原 XH7-X2	长 7_1	3000			

XH7-X2 井地质设计水平段 1500m，地震预测水平段砂体及结构稳定，建议水平段增至 3000m，实钻 3035m，砂体钻遇率 93%，有效储层钻遇率 83%（图 7-1-4）。

长 7 页岩油甜点与砂体厚度、结构、含油性及储层脆性等相关，因此将地震预测结果进行融合，优选"甜点"区（图 7-1-5）。在庆城北三维区，利用神经网络技术将砂体厚度、泊松比、脆性指数等信息进行融合，优选"甜点"区（图 7-1-4），为资源落实、水平井选区提供了有力支撑。

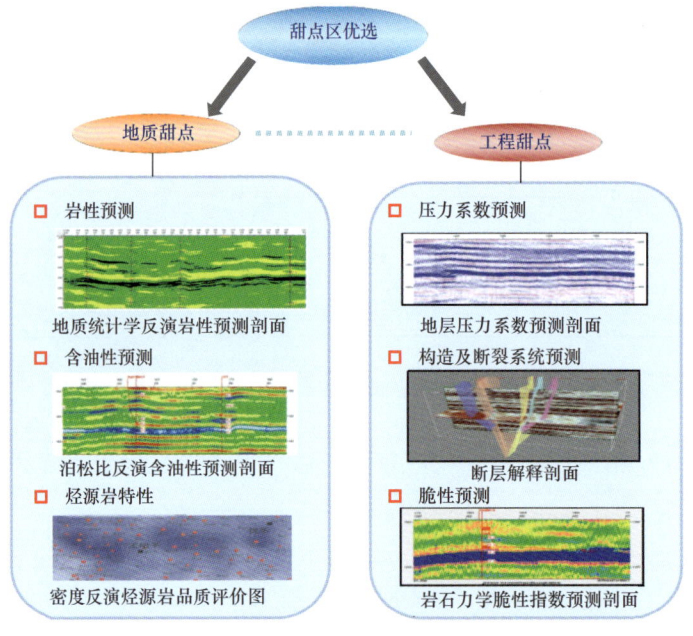

图 7-1-5　庆城北三维地质工程甜点预测流程图

三、庆城北甜点预测

2019 年，在庆城油田庆城县城北部采集了一块 600m² 三维地震，野外采用的是井震混采＋节点仪器的采集方式，目的层的覆盖次数为 414 次，横纵比为 1，为宽方位采集。在处理过程，加强了 OVT 域资料的处理，首次在鄂尔多斯盆地得到了分方位角道集，为裂缝检测提供了资料基础。利用该区地震资料，开展了储层厚度、结构、烃源岩品质、裂缝、脆性、地应力等研究，并对多信息进行融合，优选地质、工程"甜点"（图 7-1-6），首次实现了地质共一体化"甜点"地震预测。2019 年利用庆城北三维地震，优选长 7_1 段"甜点"区 626km²，长 7_2 段"甜点"区 678km²，为 $3.58×10^8$t 探明储量提交提供了有利的支撑。如图 7-1-7 所示为工程甜点区分布图，图中红色及黄色部分为"甜点"区，其余为非"甜点"区。优选的工程"甜点"区为水平井位部署提供了依据。

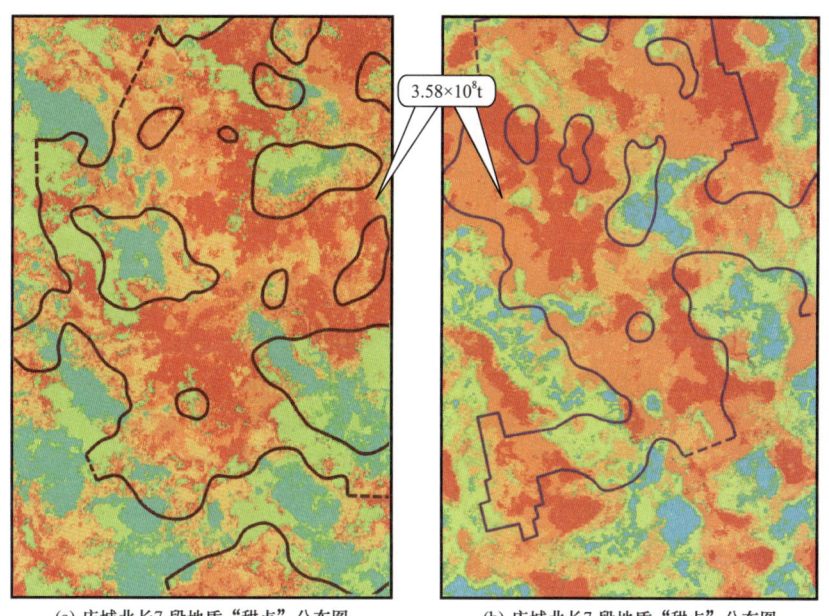

(a) 庆城北长7_1段地质"甜点"分布图　　(b) 庆城北长7_2段地质"甜点"分布图

图 7-1-6　庆城油田长 7 段地质"甜点"区分布图

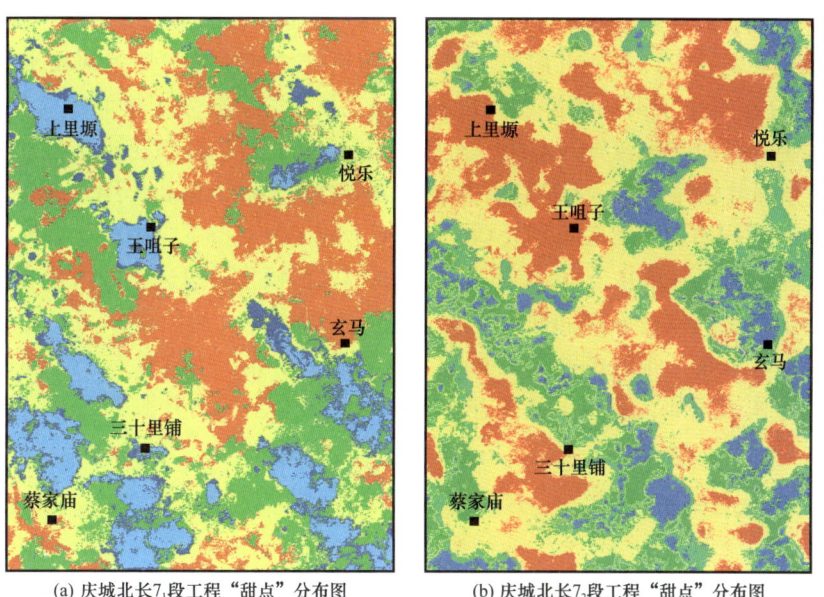

(a) 庆城北长7_1段工程"甜点"分布图　　(b) 庆城北长7_2段工程"甜点"分布图

图 7-1-7　庆城油田长 7 段工程"甜点"区分布图

第二节 水平井一体化导向

1993年Anadrill公司首次提出地质导向概念并研制出了第一套地质导向水平井钻井的测井地质导向方法与技术研究工具。此后，哈里伯顿、贝克休斯和挪威国家石油公司（Statoil）等公司也相继研制出了他们各自的地质导向软件工具。Anadrill公司研制的IoEAL地质导向工具是由一个在其外壳内装有定向测量和地层评价测井传感器的可转向仪表化井下涡轮钻具和一个可以直接接在钻头上的近钻头电阻率测井接头组成。该工具可以探测出离钻头周围1~2m的地层电阻率、伽马射线、井斜、地层孔隙压力及其他有用的数据，然后通过无线电传输系统把数据从钻头处传送到位于钻柱上部位置的随钻测量（MWD）工具，再经它把数据传输到地面。Anadrill公司的IDEAL地质导向工具已在实际钻井中得到广泛应用（王大兴等，2013）。

哈里伯顿公司在1995年研制出了PZST的地质导向工具，将它直接装在井下涡轮钻具和钻头之间，可以提供伽马射线、井斜和地层电阻率数据。挪威国家石油公司（Statoil）在1995年研制出了应用声波反射原理探测井眼轨迹与地层流体界面和地层界面的相对位置的POSLOG地质导向工具。该工具由声源装置、声波接收器及有关电子仪器组成，工作原理类似于回声探测仪。钻井过程中装在钻柱中的声源装置发射的声波通过钻井液向井眼周围的地层传播，当声波在地层中碰到地层界面或不同的地层流体界面时，部分声波能量便会反射回井眼，这时安装在声源装置以上的接收器会自动将反射信号记录下来，然后再将其传输到地面供决策者使用（徐显广等，2002）。

斯伦贝谢公司1993年研制出第一套用于水平井地质导向的随钻测井工具CDR技术，在提高水平井储层钻遇率上发生了根本性变革，随后推出adnVISION密度和Enoscope多参数成像地质导向技术以及小井眼高分辨率电阻率成像地质导向等多项技术在生产中应用。并于1999年推出了第一代推靠式旋转导向工具，之后研发了推靠式旋转导向系统、垂直钻井系统、指向式旋转导向系统，至2010年推出了高造斜率旋转导向系统，系列工具在提高复杂深井钻井速度、大位移井延伸能力等方面发挥了重要作用。

1997年在中国石油天然气集团公司（CNPC）的大力支持下，中油北京地质录井技术公司（现中国石油集团测井公司，CPL）从美国哈里伯顿公司引进了国内首套随钻测井装备，并组建了自己的作业队伍和研究力量。先后在国内各大油田探井和开发井中提供了随钻测井服务，取得了很好的测井效果和经济效益，培养了一批具有一定随钻测井服务经验的现场操作工程师，为油田勘探开发提供了一项全新的测井服务支撑方式（王大兴等，2013）。

一、水平井导向技术方法

1.Geosteering随钻地质导向技术

美国IHS公司的EarthPak-Geosteering是基于业界著名的勘探开发决策系统平台——

Kingdom 公司开发的油藏地质研究和钻井地质导向软件。它结合目前国内外钻井实时决策领域的研究现状,为提高随钻分析的快速反应能力,建立了一套随钻地质导向一体化解决方案,致力于快速、协同、一体化的解决现场油藏问题。利用井场设备传回的实时测井信息,通过随钻实时分析系统软件,实现地质、地球物理、钻井等多学科的协同工作引导钻头以最大限度地保证在靶区内,提高采收率,减少管理成本、监测钻井进度、利用实时钻井信息提前优化钻井轨迹。该技术的特点是:(1)曲线自动对比和井斜数据加载;(2)根据曲线自动对比结果快速产生钻井导向方案;(3)手工进行参考井与正钻井对比;(4)自动进行参考井与正钻井对比;(5)加入地震数据作为背景指导钻井轨迹优化;(6)三维可视化解释和地质导向完美结合用于钻井轨迹优化设计。

1)动态时深转换

动态时深转换技术面向对象为地质、地震、钻井解释员,主要利用地震解释时间层位和钻井(支持水平井和斜井)地质分层构建速度单元,并能对速度单元自动网格化产生蛋糕式速度体模型,可以实时将时间域地震解释层位或地震数据体(常规地震数据、反演数据等)转换到深度域参与随钻地质跟踪(马海珍等,2002)。在随钻地质动态分析过程中,任何对层位或分层的修改都会实时反应到速度模型,而且能够确保井震在时间域或深度域的一致性,模型总是反映最新的地质信息,能够更快更准确实施决策。

2)Geosteering 流程

Kingdom 公司 Geosteering 技术的核心是地震动态快速时深转换,以前要用很长时间来更新其速度模型,现在有了动态快速深度转换功能和地质导向功能,仅用很短时间即可完成这一工作流程(图 7-2-1)。地震动态快速时深转换技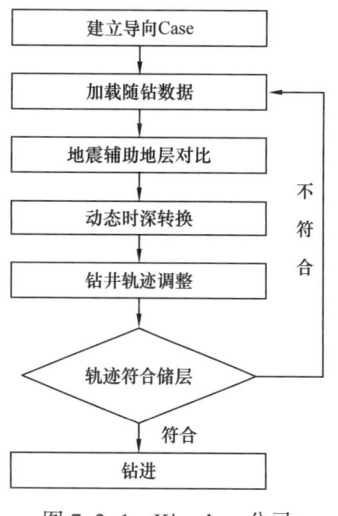

图 7-2-1 Kingdom 公司 Geosteering 流程

术改变了传统随钻地质导向的工作方式,它大大提高了随钻地质导向精确度,便于多学科的协同利用,用实时钻井信息提前调整和优化钻井轨迹,以最大限度地保证引导钻头沿有效储层或"甜点"靶区轨道内前进。

2. 水平井三维地震地质导向技术

1)基于构造约束的时深转换算法

实际生产过程中钻井资料与海量的地震数据相比总是显得太少,大区域速度场的建立必须借助数学插值方式,把井点速度外推至全区。以纯数学的距离内插方式生成速度场而不考虑实际地质结构变化,生成的速度场与实际速度规律是有差距的。以地层反射界面和断层面为约束条件,建立起沿反射层变化的、更为精确的层速度场,从而实现三维资料的精确时深转换(图 7-2-2)。地震资料的时深转换只能在钻井资料的指导下才能准确完成,速度场的建立始终脱离不了外推或内插的数学方式。如果引入地质模型来约束井点速度的外推,那么速度场精度将会大大提高。在时间域中地质模型就是反射层,由反射层作为速度场的约束条件成为唯一的选择。以层面为约束，结合地层层序学知识，在层间建立高精度的层序模型，然后将井点速度插值到整个模型，形成高精度、高密度的速度场，以此实现三维地震资料的精确时深转换（赵玉华等，2017）。

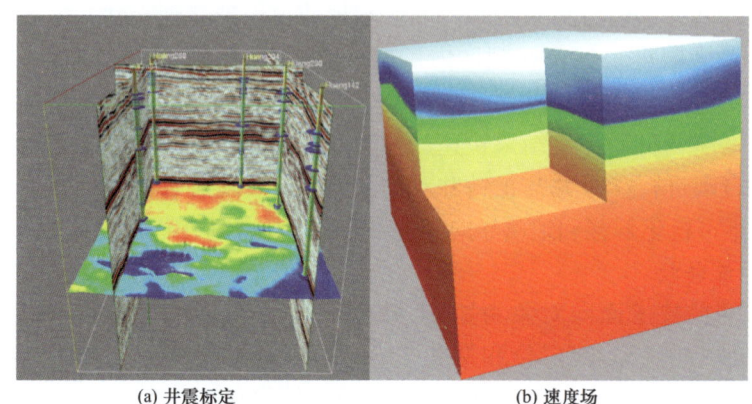

(a) 井震标定　　　　　　　　　　(b) 速度场

图 7-2-2　井震标定及速度场图

2）水平井轨迹的实时调整方法

水平井三维地震地质导向系统基于数字化油气藏研究与决策支持系统平台，利用实时采集和传输、辅助模拟等技术，进行快速速度建模和地震时深转换，达到方便地调整水平井轨迹，实时监控水平井钻进的目的。该系统的核心是在地震地质层位标定和约束下进行变速时深转换（陈扬等，2013），形成与钻井分层匹配的各种深度域地震叠加、波阻抗和弹性参数（泊松比等）数据体（季敏等，2006），应用上述三维地震数据体进行完钻水平井静态验证、正钻水平井动态实时监测（图 7-2-3），基本上能达到预期目标，使应用三维地震进行水平井导向技术迈出了实质性的一步。

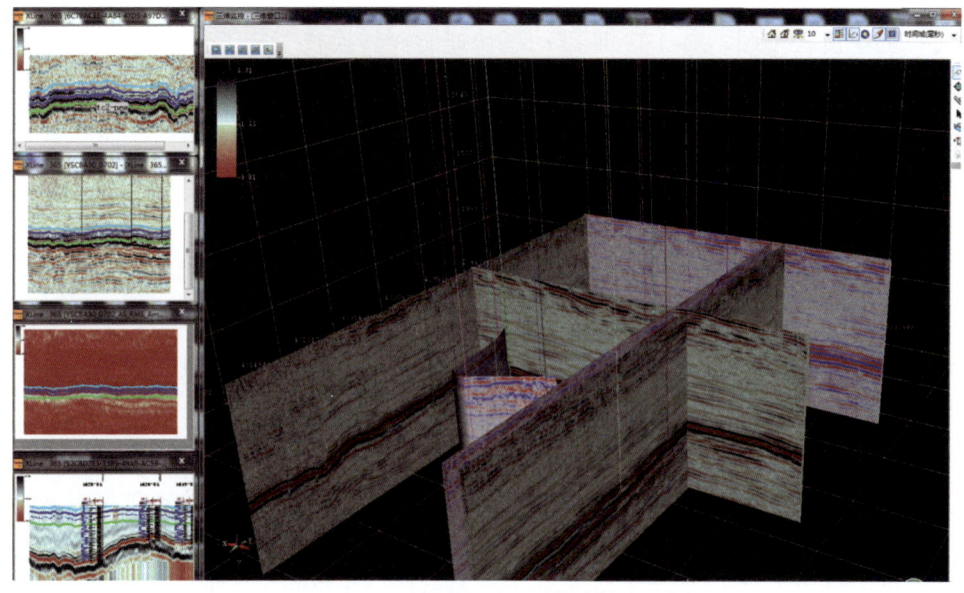

图 7-2-3　多属性水平井动态监控

设计水平井轨道之后，在随钻过程中，随着实钻数据被传输到设计者手中，可能会形成新的地质认识，进而需要结合更真实的地质背景环境对初始设计的水平井轨道进行优化调整，以提高钻遇率。实时调整包括：地质模型的调整、速度体实时更新、水平井轨道的调整（主要是形态和靶点的调整）。系统能够根据设计轨道自动生成设计井地质方案，当实时调整轨道时，地质方案中的靶点坐标、靶点海拔，水平位移、层厚、顶底距离会自动计算，并更新到地质设计表格中（图7-2-4）。

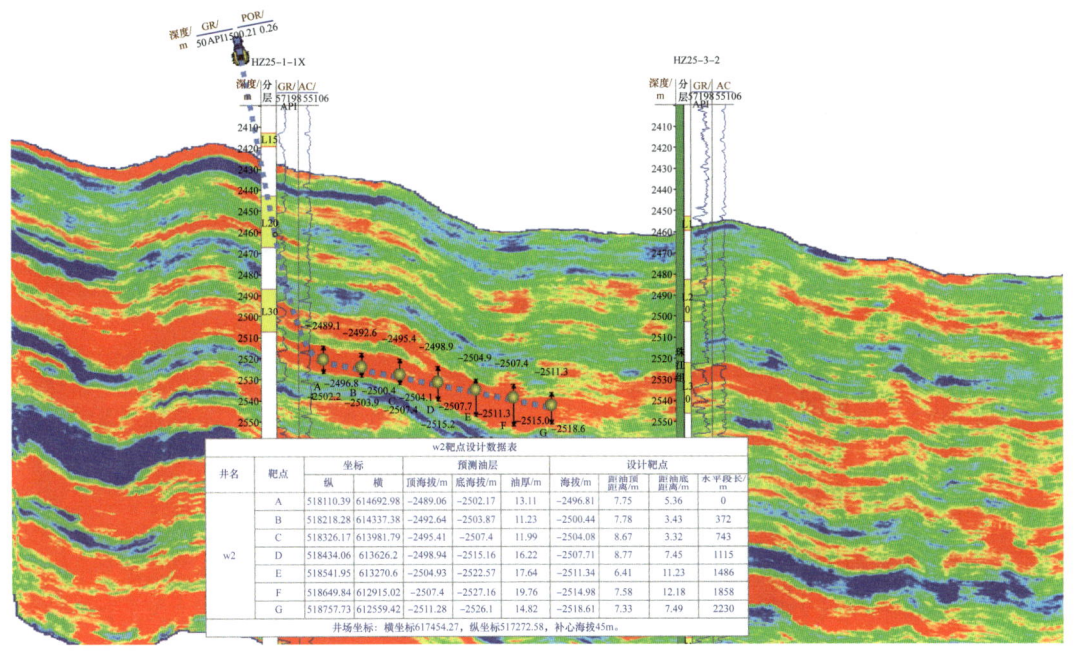

图7-2-4 水平井实时导向监控

3）研发长庆油田水平井三维地震地质导向系统

基于数字化油气藏研究与决策支持系统平台，近年来长庆油田攻关研发了水平井三维地震地质导向系统，利用实时采集和传输、辅助模拟等技术，进行快速速度建模和地震时深转换，达到了方便地调整水平井轨迹，实时监控并导向水平井钻进的目的（图7-2-5）。该系统的核心是在地震地质层位标定和约束下进行变速时深转换，形成与钻井分层匹配的各种深度域地震叠加、波阻抗和弹性参数（泊松比等）数据体，应用上述三维地震深度域数据体对水平井轨迹进行设计。之后，对实钻水平井入靶后的层位进行静态验证，校正深度域地震剖面。按深度域地震剖面储层"甜点"的起伏实时动态导向水平井轨迹，及时准确预测断层的位置为钻井堵漏提供预警支撑，并对水平井段周围三度空间的"甜点"储层展布进行预测，为压裂优化段簇布缝和压裂规模提供依据。上述系统推广应用为三维地震进行地震工程一体化水平井导向提供了重要的技术平台。

3. 三维地震水平井地质导向的主要作用

在庆城页岩油田根据勘探开发的审查需求，结合三维地震精细刻画三度地质体的成果，总结出来三维地震进行"甜点"评价支撑水平井生产工作的五个方面作用（图7-2-6）：一是根据三维地震"甜点"评价优选水平井平台，进行井位优化和调整井丛部署；二是根据"甜点"分布和地面实施平台的位置调整靶前距，水平井入靶后"甜点"目的小层变化、沿水平井段方向甜点变化调整水平井段长度；三是按地震预测甜点变化和刻画的微构造起伏趋势，导向实时井轨迹钻头，进一步提高油层钻遇率；四是利用地震断层解释原则精细刻画断层，充分运用地震属性，如曲率、相干和蚂蚁追踪分析技术刻画微小裂缝的分布，指导工程预警堵漏施工和下一步压裂布缝稀疏和规模；五是拓展三维地震刻画甜点三度空间展布的应用范围，为压裂优化段簇布缝和压裂规模提供依据，助力压裂工程提产增效。

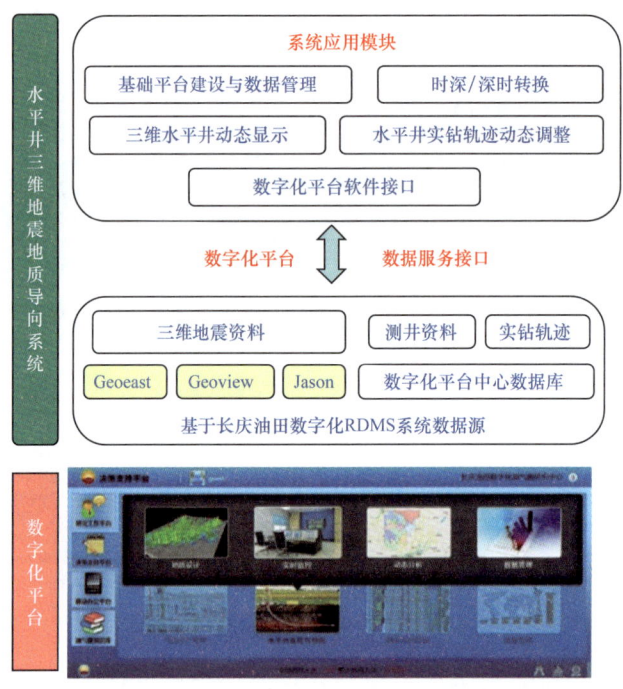

图7-2-5 长庆水平井三维地震地质导向系统

二、应用实例

1. 水平井轨迹设计

庆城油田长7段构造变化快，断层及裂缝发育，对油气运移、成藏、压裂改造具有重要影响，三维地震优势在于对构造精细刻画及储层横向展布的宏观预测，因此在水平井设计中引入三维地震可提高水平井轨迹与实际地层倾角吻合程度，同时丰富地质人员对于井间储层变化掌控程度（黄黎刚等，2020）。三维地震水平井轨迹设计主要借助时间域及深度域地震两相验证，借助高精度空变速度建场消除地震处理过程静校正残余造成的地震构造与地质构造不匹配问题，提高地震构造预测精度（王永刚等，2007）；在此基础上参考三维地震纵向构造变化及横向同相轴变化特征，同时参考该井邻近完钻井实际钻遇情况对新设计水平井轨迹进行调整。W_a井在设计时在参考地震储层横向预测及储层纵向构造变化，同时参考邻近完钻井 H_b 井实际钻遇情况对设计轨迹进行调整，避开 H_b 井实钻过程中钻遇非有效储层段，进而从设计上提高 W_a 井钻遇率（图 7-2-7）。

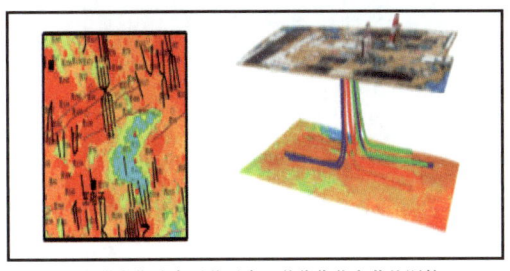
(a) 甜点优选水平井平台、井位优化和井丛调整

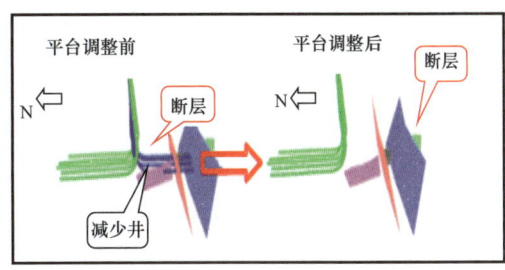
(b) 根据甜点和断层分布，调整井方向或靶前距

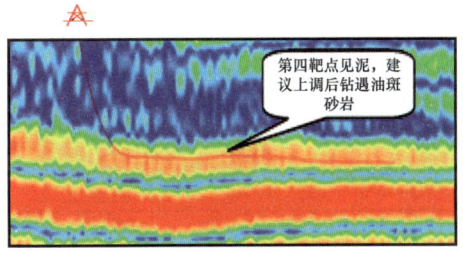
(c) 微构造预测指导轨迹动态调整

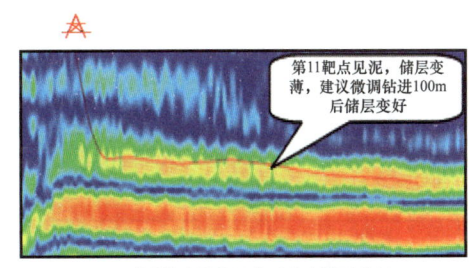
(d) 预测单砂体指导水平井穿越隔夹层

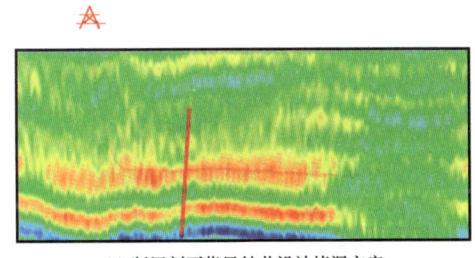
(e) 断层刻画指导钻井设计堵漏方案

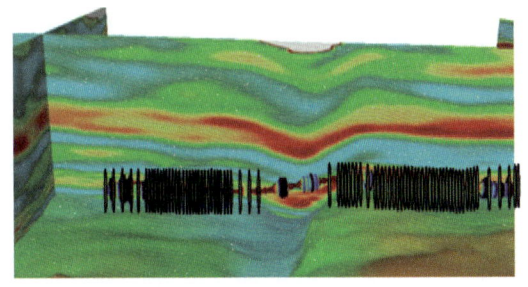
(f) 刻画甜点三度空间展布优化段簇布缝和压裂规模

图 7-2-6　三维地震水平井地质导向的几方面应用

2. 随钻导向

水平井钻遇率受储层变化，微构造，断裂系统等因素影响，且目前技术无法准确做到钻前预测；三维地震可通过地震同相轴特征变化、平面属性分析及构造精细解释成果对对钻头前部储层变化进行预测，进而指导水平井轨迹调整（赵金洲等，2002）。随钻导向过程中对随钻意见的提出主要参考两方面：一是参考地震数据构造特征对轨迹前方构造变化提供指导意见；二是参考地震同相轴横向连续性、强弱及形态变化对储层发育特征进行预测（董文学 等，2014）。同时借助反演或优势属性能够在横向上反映储层展布特征的优势，使地质人员更加直观了解储层变化；对于设计轨迹穿断层的，实时跟踪钻井进度及时做好风险预警。H_a 井在实钻过程中参考地震进行多次调整，地震全程跟踪，实时掌控实际钻井位置，对于有出窗风险的及时给予钻井风险提示，使钻井轨迹始终保持最优方位（图 7-2-8）。

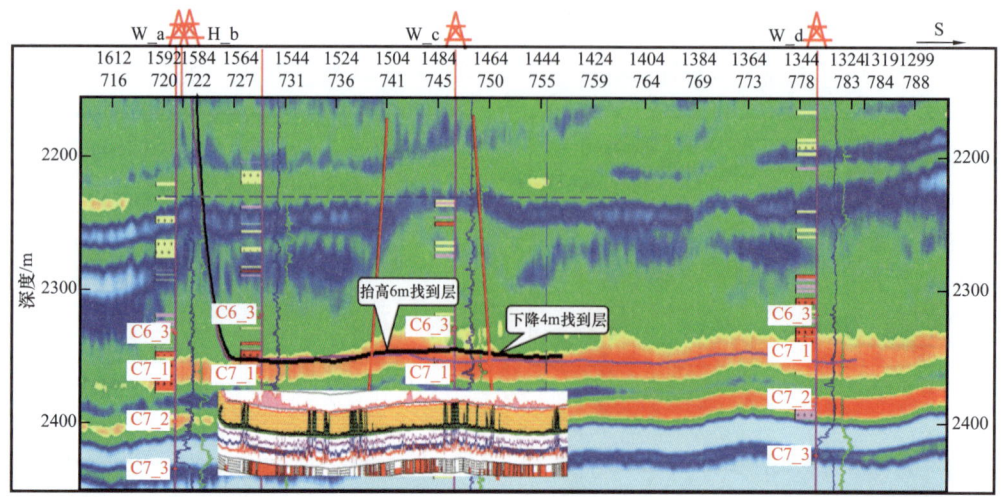

图 7-2-7 水平井平台调整示意图

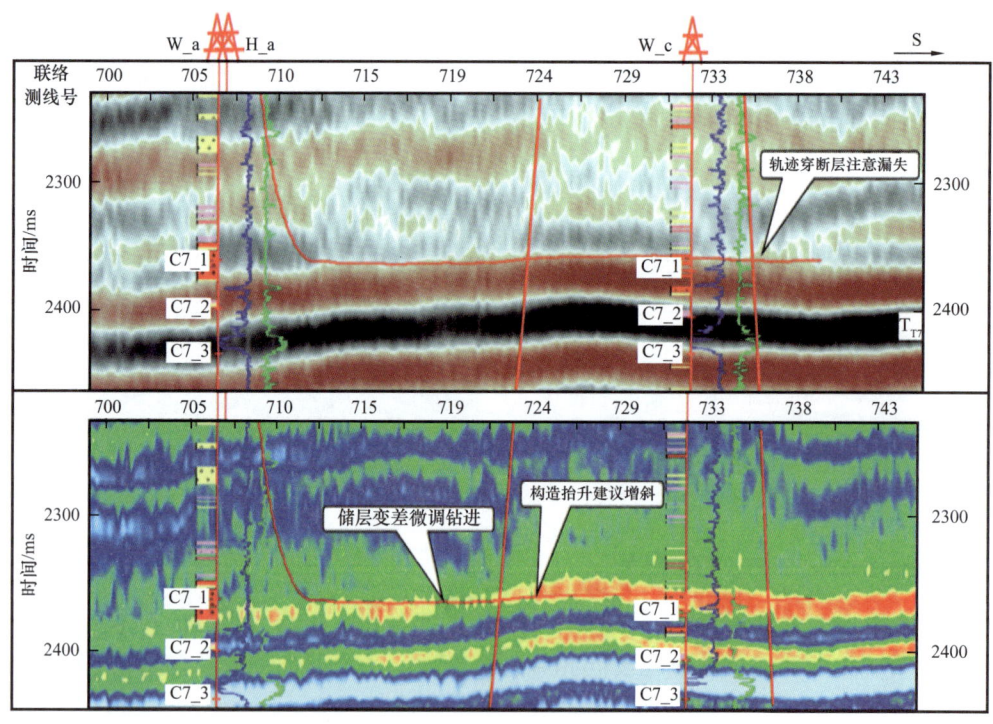

图 7-2-8 水平井实时导向示意图

3. 超长水平实时导向

应用长庆油田水平井三维地震地质导向系统有效指导了中国最长的一口水平井华 HX 井顺利实施，2019 年 10 月该井完钻井深 6288m，水平段进尺长达 4088m，储层钻遇率为 89.2%，成为我国第一口超 4km 最长水平井。该井是刚刚新发现的我国 10 亿吨级庆城大油田在超长水平井试验平台的一口水平井，部署的目的是为了探索能够避开地表水源环保区、动用其下石油储量并效益开发的最佳方案。该井位于甘肃省庆城县南庄地区庄8井网状三维区，1999年充分利用了97条冲沟（现在为水源保护区，大钻机不许进入），沟中激发、沟中接收采集的鄂尔多斯盆地黄土塬第一块三维地震。2019年科研攻关项目实施新一轮三维地震重处理获得视主频45Hz的较好品质成像资料，揭示穿越水源保护区的超长水平井轨迹剖面半路出现"拦路虎"——两条断层夹持地堑，给超长水平钻井施工和导向带来双重困难。为此，地震地质工程一体化软实力和三维地震硬利器联手，通过三维地震精细构造刻画和甜点预测的成果，加上稀疏井约束下的地质模型建立，讨论分析了多套方案，最终确定了最优的穿越断隆与地堑超长水平井轨迹方案，准确预警了断层漏失点位置，使工程技术方案完备、应对堵漏措施更有针对性。通过地质经验加地震测井多参数随钻导向核心技术引领，地质工程一体化专家团队精诚联手、现场与室内无缝链接支撑，确保了该井入靶及产状调整及时到位，尤其是三维地震准确预测了两个靶点断层位置，如图7-2-9所示，为钻井工程采取措施、穿越断隆与地堑带，提前预警、准备有效堵漏起到很大的作用，保障了超长水平井的实施和油层钻遇率，最终圆满完成超长水平导向试验目标，也为该平台下一口超长水平井实施积累了经验，并为其他复杂地表环境敏感区下储量动用提供示范引领方案。

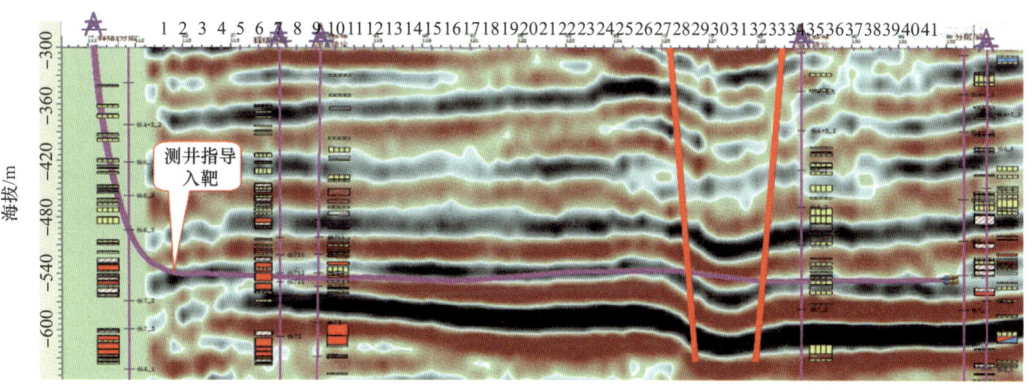

(a) 庄8三维区过华HX井地震叠加剖面（深度域）

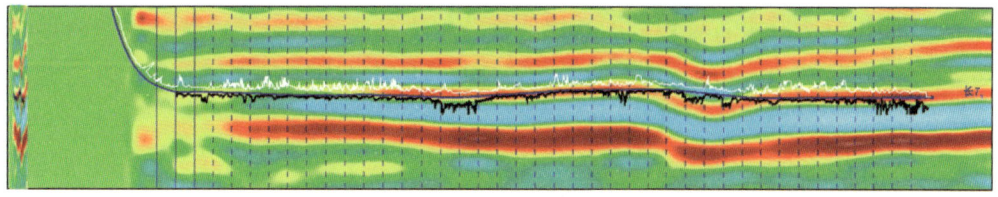

(b) 庄8三维区过华HX井地震v_p/v_s反演剖面（深度域）

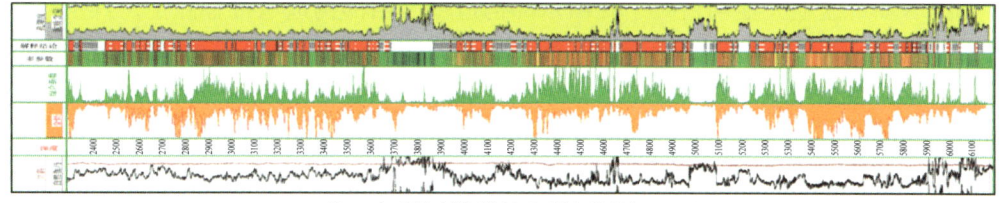

(c) 华HX水平段测井评价剖面（储层钻遇率89.2%）

图7-2-9　华HX井水平井导向地震叠加、v_p/v_s反演和水平段测井评价剖面

第八章 庆城油田应用实例

2019 年，长庆油田在庆城地区长 7 段提交三级储量 $10×10^8 t$，宣布发现庆城大油田。页岩油地球物理勘探技术形成于 2018 年，2019 年在庆城油田全面推广应用，支撑了庆城大油田的发现。三维地震"甜点"区优选、水平井轨迹导向、测井页岩油纵向"甜点"评价等技术在平台选区、水平井位优化部署、随钻轨迹调整等方面发挥了重要作用，助推了页岩油的高效勘探开发。

第一节 概 况

庆城县隶属于甘肃省庆阳市，位于甘肃省东部，马莲河中上游，东邻合水，西濒蒲河与镇原县相望，南和西峰区毗邻，北与环县、华池接壤。

庆城县地处陇东黄土高原中部地带，地形分残塬、残塬河谷区和丘陵沟壑区三种类型，塬面支离破碎，川、台狭小，山区梁峁起伏、沟壑纵横，海拔为 1011～1623m。气候属温带大陆性季风气候，年均降雨量 537.5mm，年平均气温 9.4℃。区内交通较为便利，国道 G211、G22 横贯南北，与多条省道、县道和油田公路形成交通网，交通便捷。

庆城油田是多层系叠合区，石油总资源量 $32.74×10^8 t$，占鄂尔多斯盆地总石油资源量的 33%。石油三级储量 $16.2×10^8 t$，探明地质储量 $5.16×10^8 t$。2019 年 9 月 29 日，中国石油发布公告称，在鄂尔多斯盆地长 7 段生油层勘探获得重大发现，新增探明地质储量 $3.58×10^8 t$，预测地质储量 $6.93×10^8 t$。2020 年，提交探明储量 $1.4×10^8 t$；2021 年，提交探明储量 $5.5×10^8 t$，10 亿吨级的庆城大油田就此形成。

庆城油田位于甘肃省境内，区域地质构造处于鄂尔多斯盆地伊陕斜坡西南部，庆城油田面积约 $6000km^2$。储层位于鄂尔多斯盆地长 7 段生油层，属于极难有效开发的页岩油范畴。

一、地质背景

鄂尔多斯盆地大地构造处于我国东部构造域与西部构造域接合部位，古生代时属大华北盆地的一部分，中生代后期晚三叠世发生的印支运动，使扬子板块北缘与华北板块发生挤压碰撞，在盆山耦合作用下，形成了鄂尔多斯大型内陆坳陷湖盆地。三叠系延长组是一套内陆河流—三角洲—湖泊相碎屑岩沉积体系。庆城油田储层属于湖盆最大的扩张期长 7 期，湖水深、水域广，形成了面积达 $6.5×10^4 km^2$ 的半深湖—深湖区。长 7 段地层厚度 90～110m，埋深 1700～2100m；岩性整体以泥质岩类为主，以暗色泥岩、黑色页岩为主；厚度达 100m 以上的生油岩系，砂地比普遍小于 20%；油页岩占据烃源岩总体积的 65%，平均厚度达 16m；有机地球化学资料表明，残余有机碳含量主要分布于 2%~22%，最高可达 30%~40%；暗色泥岩平均有机碳含量为 5.8%，油页岩平均有机碳含量为 13.8%。广覆式分布的泥页岩与大面积粉—细砂岩紧密接触或互层共生，源储配置好，油气近源高压充注，形成了页岩油。长 7 页岩油储层自下而上可分为长 7_3 段、长 7_2 段和长 7_1 段三个"甜点"段（图 8-1-1），其中，长 7_1 段，长 7_2 段"甜点"段是现今探明的主力页岩油"甜点"段，探明地质储量 10.5 亿吨。

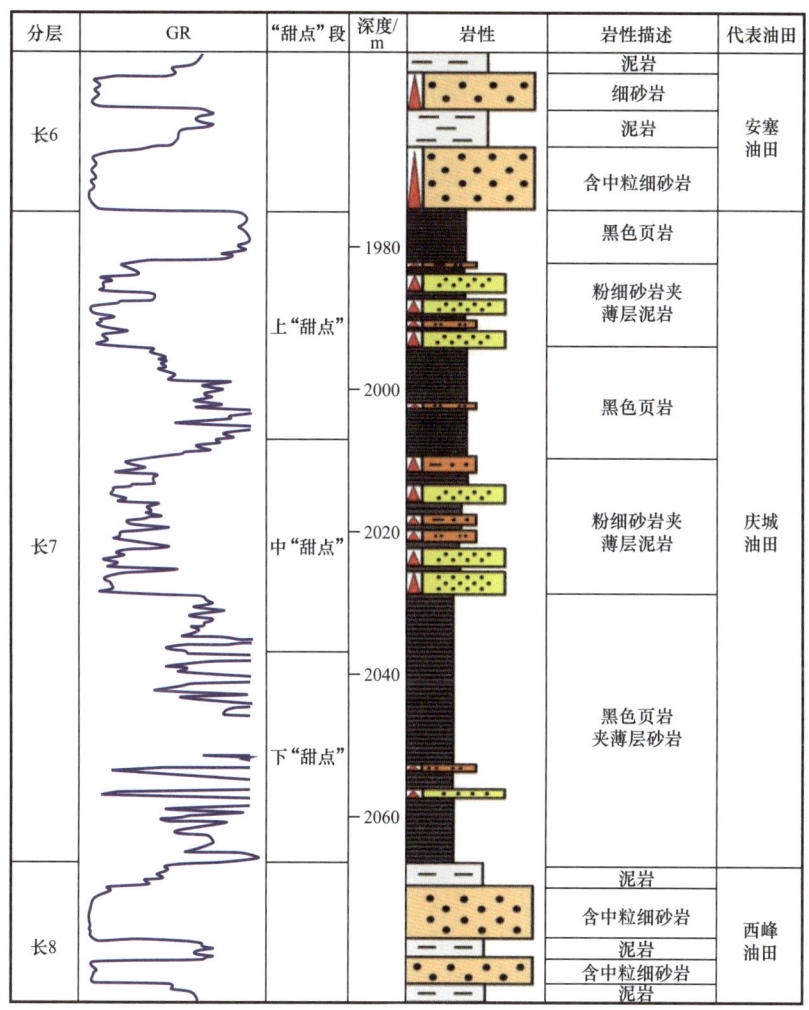

图 8-1-1　庆城油田"甜点"段柱状图

页岩油储层物性差，渗透率一般小于 0.3mD。其中长 7_1 段储层岩心分析孔隙度主要分布在 6%~11%，平均孔隙度 9.1%~9.4%；岩心分析渗透率 0.04~0.3mD，平均渗透率 0.10~0.11mD。长 7_2 段储层岩心分析孔隙度主要分布在 6%~11%，平均孔隙度 9.1%~9.2%；岩心分析渗透率 0.04~0.3mD，平均渗透率 0.11mD。岩石力学分析结果表明，长 7 段脆性指数为 38%~48.1%。长 7 储层段 54 口井观察岩心中，有 31 口井不同程度上发育宏观裂缝，裂缝钻遇率达 57.4%。长 7_2 油藏原始地层压力为 14.7~15.8MPa，压力系数为 0.75～0.82，地层温度 57.2～58.9℃。

二、黄土塬宽方位三维地震勘探

2015 年以来，鄂尔多斯盆地页岩油由以往的直井控制规模向水平井勘探开发转变，传统的黄土塬二维地震勘探技术已无法满足页岩油地质"甜点"、工程"甜点"的预测，黄土塬地区特有的大平台、长水平井、立体式的部署和钻探对地震资料在微构造、薄储层的需求越来越高。2017 年在庆城油田的盘克地区开展鄂尔多斯盆地针对页岩油藏的第一块黄土塬宽方位三维地震技术研究。盘克黄土塬三维地震成功之后，2018—2021 年先后进行了庆城北、庆城、环县、合水、城探 3 等黄土塬三维地震勘探，三维地震勘探满覆盖面积达到 4763km^2（表 1-2-1）。

地质"甜点"和工程"甜点"是页岩油油藏地震技术应用的核心，针对庆城油田的长 7_1 段、长 7_2 段两个"甜点"段，经过实验室岩心声波测试和测井资料岩石物理建模分析，建立了储层结构、储层岩性、厚度、储层物性、构造、裂缝、岩石脆性、烃源岩厚度、烃源岩有机碳含量、"甜点"区分类等三维地震预测方法，特别是三维地震地质统计学反演、叠前地震同时反演、井控层控构造预测、相干和曲率属性断层解释、叠前五维裂缝检测、基于岩石杨氏模量和泊松比的岩性脆性指数预测、基于有井监督的神经网络"甜点"井地震评价等技术在地质"甜点"、工程"甜点"区应用效果显著。

第二节 页岩油地球物理技术应用及效果

一、三维地震甜点优选在储量提交中的应用

1. 甜点区优选

三维地震在庆城油田页岩油中的应用始于 2018 年采集的盘克三维，利用"甜点"预测技术，成功识别了主砂中的间湾，并全程参与了第一口 3000m 水平井选区、轨迹设计及随钻导向，取得了较好的应用效果，证实了三维地震在页岩油勘探开发中的作用，推动了三维地震在页岩油中全面应用。2021 年利用庆城油田完成的 4763km^2 三维地震，优选"甜点"区面积 1693.6km^2，为 5.5×10^{8}t 探明储量提交提供有力支撑（图 8-2-1）。2019—2021 年，利用三维地震"甜点"预测技术，在该区落实了 10×10^{8}t 探明储量，为庆城大油田的发现提供了技术保障。

2. 储量面积圈定

在储量提交过程中，通过地震砂体厚度（图 8-2-2）、含油性的预测，为储量面积圈定提供支撑。通常情况下，储量面积内砂体厚度大于 10m，储层的泊松比小于 0.25。如图 8-2-3 所示，为环县三维过 Y1398 井、Y56 井与 Y235 井叠加及泊松比反演剖面。依据地震泊松比反演结果，圈定储量面积边界。储量面积内，长 7_1 段为中强振幅反射，泊松比反演剖面表现为低异常。如图 8-2-4 所示，为庆城三维区一条任意线的叠加及泊松

比反演剖面，依据地震预测结果，精细刻画了储量的边界。储量面积内，长 7_1 段泊松比反演显示含油性好，储量边界外目的层泊松比属性值大于 0.25，说明储层薄，含油性差。

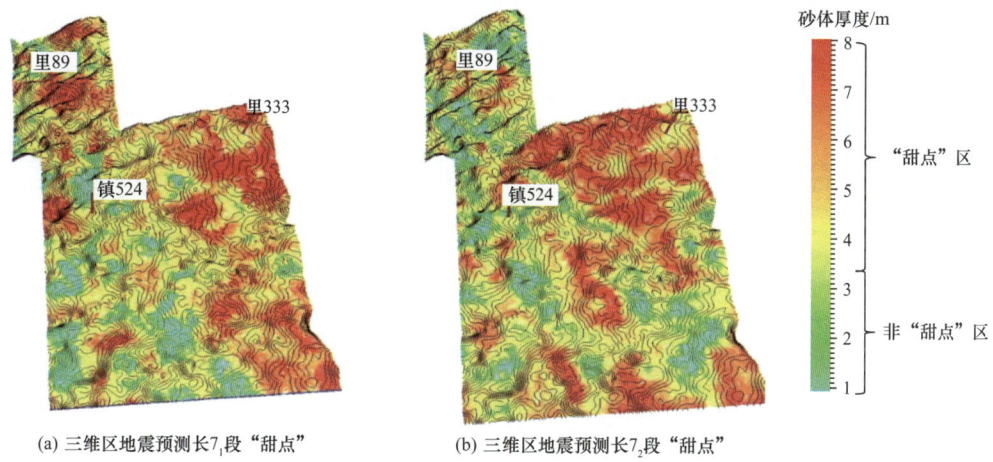

图 8-2-1　庆城油田三维地震预测"甜点"+构造叠合图

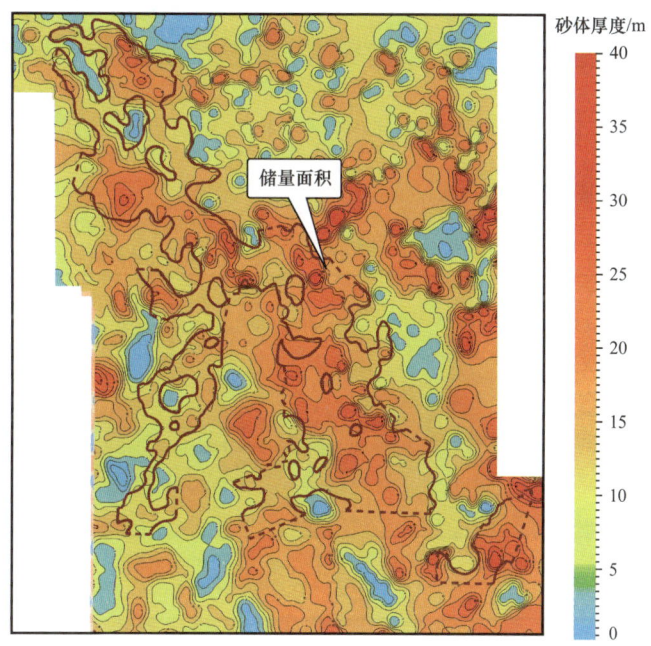

图 8-2-2　庆城油田地震预测长 7_1 砂体厚度图

二、三维地震在水平井部署及轨迹导向中的应用

长 7 页岩油储层虽然整体较厚，但为多层叠置，单砂体薄，且横向变化快，受断层影响，局部构造变化较大。因此水平井优化部署及轨迹导向难度大。通过三维地震薄储层预测、小断层刻画及微幅度构造识别等技术，为页岩油水平井优化部署、层位调整、水平段长度优化、轨迹导向及工程风险预警提供了技术支撑。

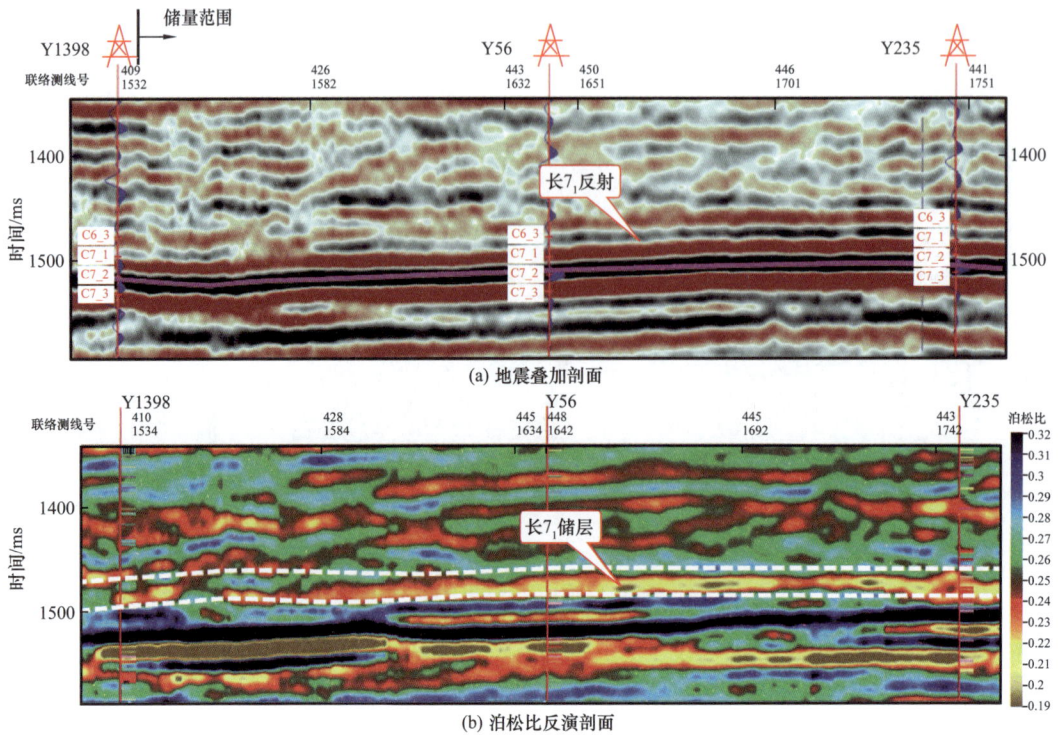

图 8-2-3 环县三维过井 Y1398 井、Y56 井及 Y235 井叠加、泊松比反演剖面

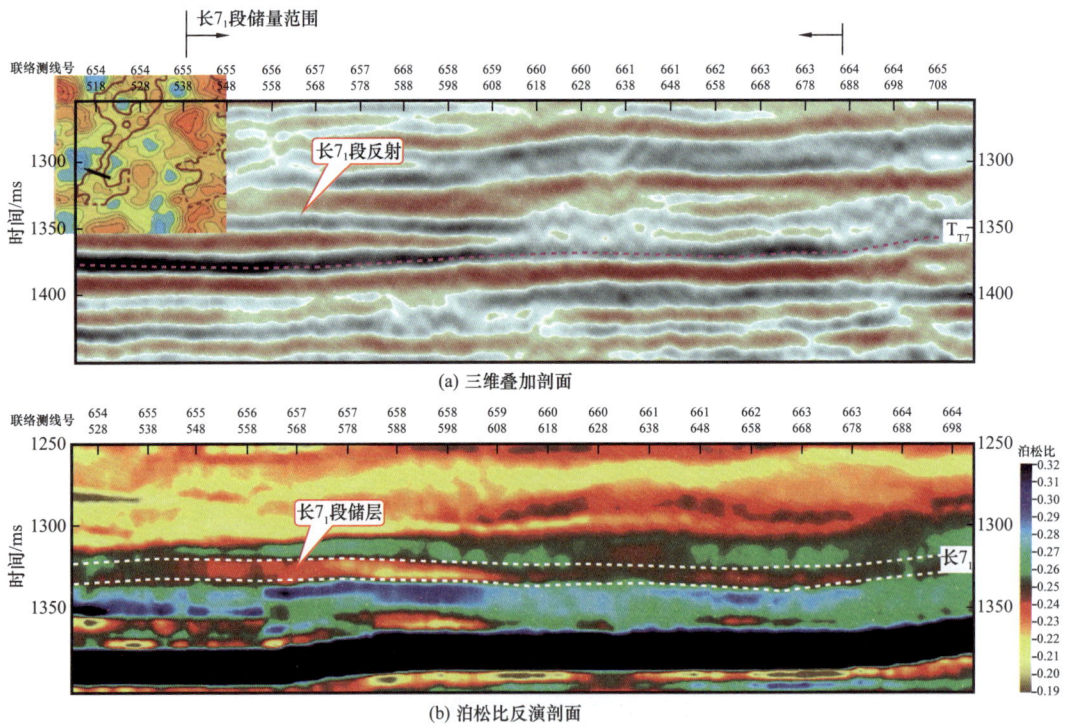

图 8-2-4 庆城三维叠加及泊松比反演剖面

1. 水平井位优化部署

1) 甜点区边界刻画，优化平台井数

水平井钻井平台平均部署水平井位 6~8 口，可以节约土地，节省地面成本。但受地下地质条件限制，需要对平台井数进行调整。如图 8-2-5 所示为过 X32 平台南部的一口水平井（原 X32-6 井）地震剖面，从地震预测结果可知，该平台南部断层发育，且储层变薄，因此将南部 4 口水平井缓钻。这个平台原计划部署水平井位 8 口，最后将南部 4 口井缓钻，并在北部增加 1 口井，最终部署井位 5 口。

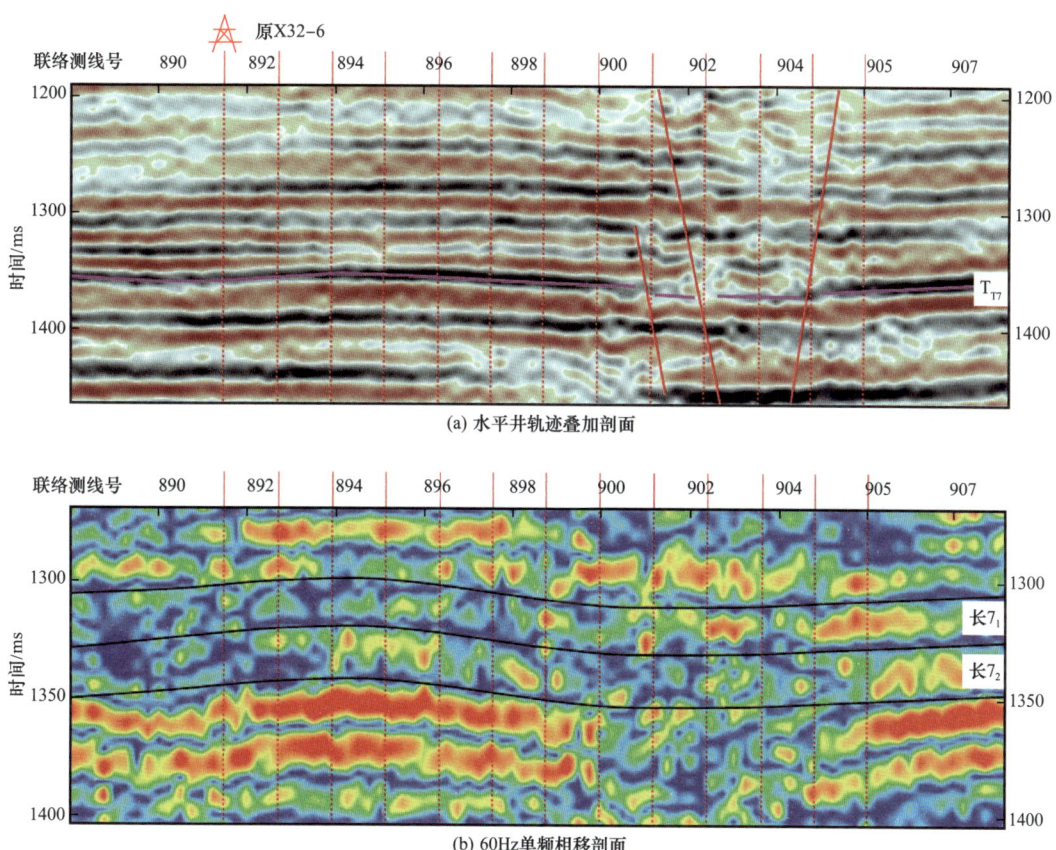

图 8-2-5 过原 X32-6 水平井轨迹叠加及 60Hz 单频相移剖面

2) 增加靶前距，避开断层及非甜点区

在水平井钻探过程中，入靶很关键，如果入靶不好，后面很难调整到好储层。但有些平台在入靶处发育断层或是储层变薄或是构造比较复杂。为了保证顺利入靶，通过增加靶前距来避开断层、储层不发育段及构造复杂段，保障水平井油层钻遇率。如图 8-2-6 所示为 X31-1 井的水平井随钻导向剖面，该井地震预测显示前面 300m 储层不发，建议延长靶前距 300m，但受工程技术限制，最终延长 160m。从实钻情况来看，该井入靶后钻遇储层较差，也证实了地震预测的可靠性。

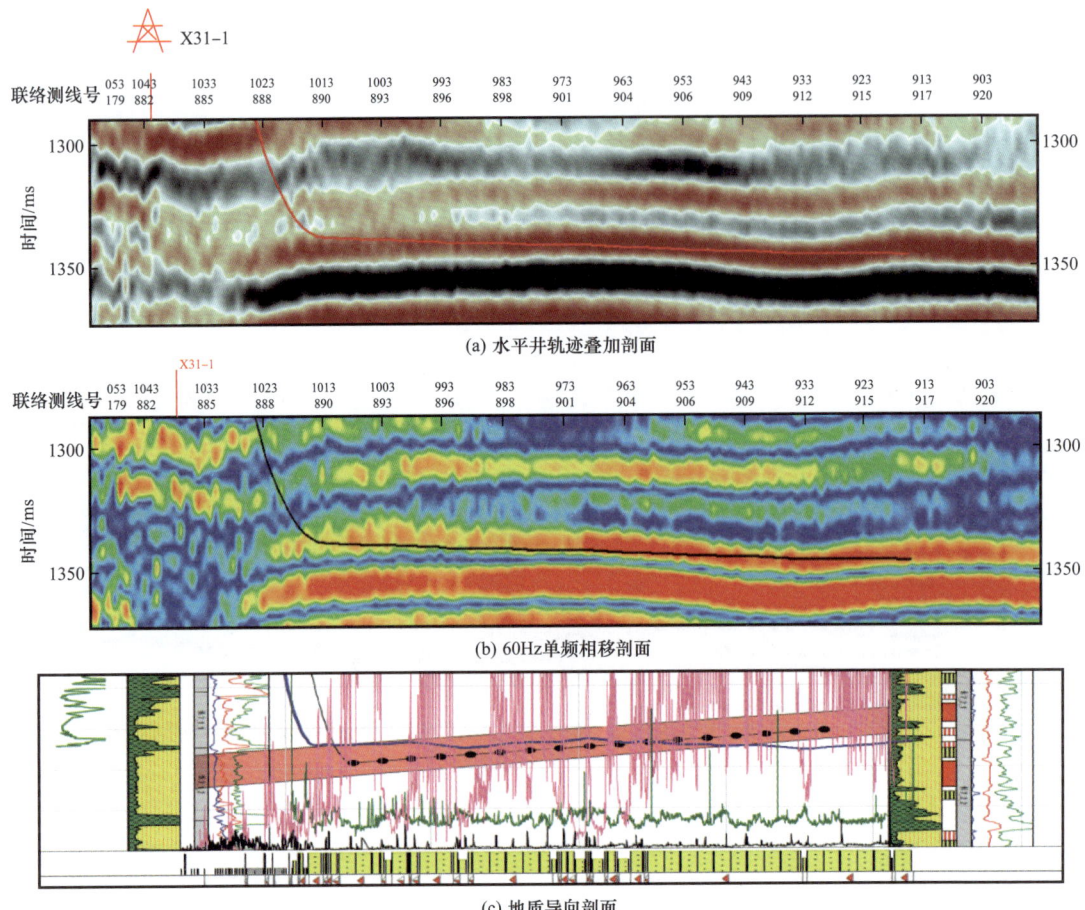

图 8-2-6 过 X31-1 水平井轨迹叠加、60Hz 单频相移及地质导向剖面

3）优化水平段长度，提高储层钻遇率

庆城油田页岩油水平井水平段长度多为 1500~2000m，但有时受到储层变化影响，需要调整水平段长度。如图 8-2-7 所示为 H140-5 水平井地震导向剖面，该井设计水平段长度为 1500m，从地震预测结果可知，800m 后储层变差，该井钻到 801m 时钻遇泥岩，建议提前完钻。该井最终实钻水平段长度 801m，油层钻遇率 99.7%。

4）实施超长水平井，提高保护区储量动用程度

庆城油田各类保护区较多，如水源保护区、林区等，保护区内禁止打井。为了充分动用保护区内的储量，又能保护环境，采用打超长水平井的方法，即在保护区外建井场，水平段在保护区内。庆城油田实施的长水平井主要为 3000m，目前最长的水平井为 2021 年实施的 L_X 井，水平段长度为 5060m。2020 年底，利用三维地震甜点预测技术，在庆城北三维区优选了超长水平井实施平台，在设计过程中，采用"穿高走低"的思路成功地穿过了两条断距分别为 5m、8m 的断层（图 7-2-8），在实施过程中，地震给予轨迹调整意见 15 次，保证了该井的顺利实施，该井油层钻遇率为 88%，再次刷新了亚洲陆上最长水平井纪录。

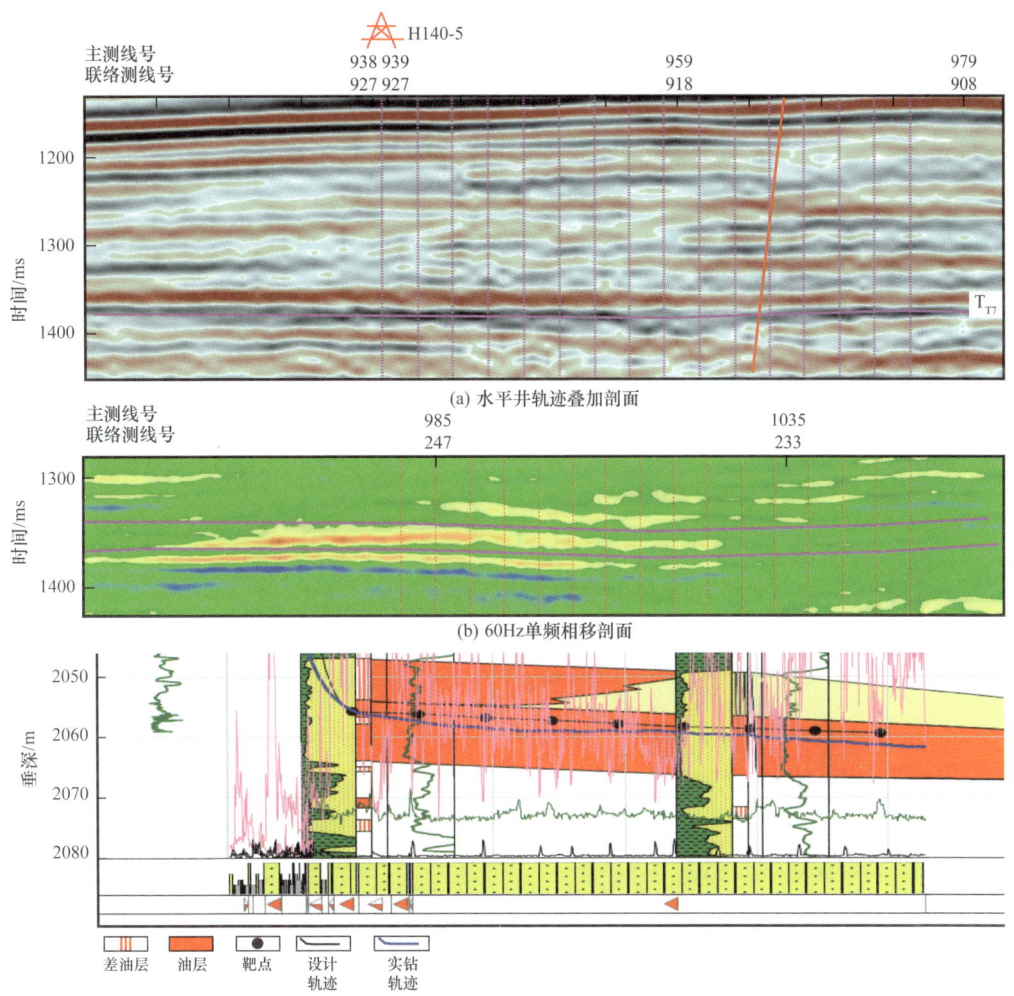

图 8-2-7 过原 H140-5 水平井轨迹叠加、60Hz 单频相移及地质导向剖面

5）超大平台，节约用地

庆城油田地表为典型的黄土塬地貌，地表沟壑纵横，沟、塬、梁、峁发育，地表高差大，最大达 400m，且保护区较多，因此水平井场的选区除了受地下地质条件的限制，还受控于地表条件。为了最大限度利用井场，节约用地，节省投资，在地质条件允许的情况下，建立超大水平井平台，大平台井数多为 20 口左右。2021 年利用三维地震（图 8-2-8），优选了华 H100 超大及合 H60 大型扇形钻井平台。华 H100 平台共实施水平井 31 口，合 H60 平台共实施水平井 22 口（图 8-2-9），有效地节约了用地。

2. 水平井位轨迹导向

在随钻过程中，轨迹导向主要依据两方面，一是看构造的变化，二是看储层的变化，如果是由于构造变化导致钻遇泥岩，根据地震预测构造趋势对轨迹进行调整，如果是因为储层变差导致的钻遇泥岩，建议保持设计轨迹钻进。

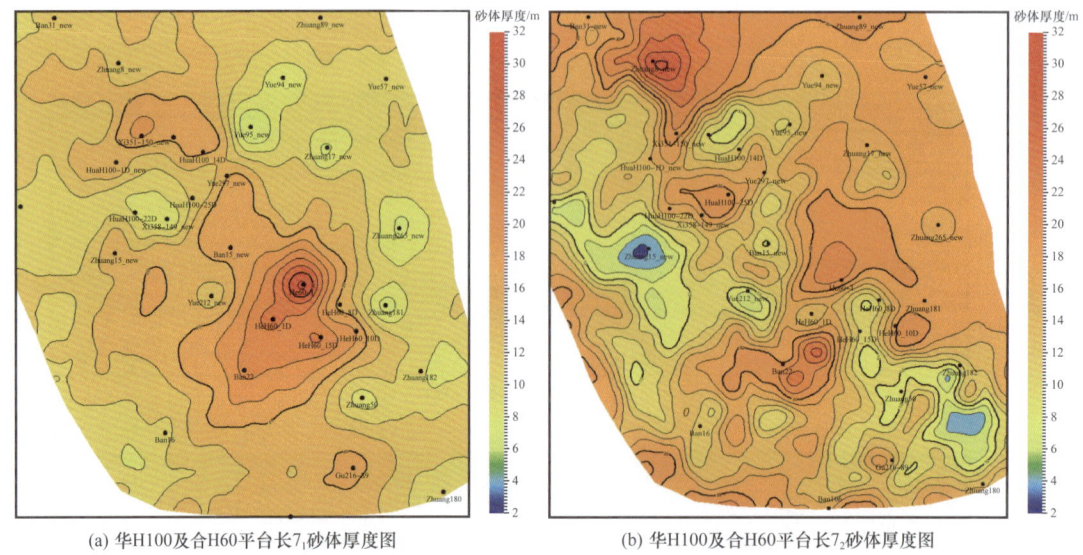

(a) 华H100及合H60平台长7₁砂体厚度图　　(b) 华H100及合H60平台长7₂砂体厚度图

图 8-2-8　地震预测华 H100 及合 H60 平台砂体展图

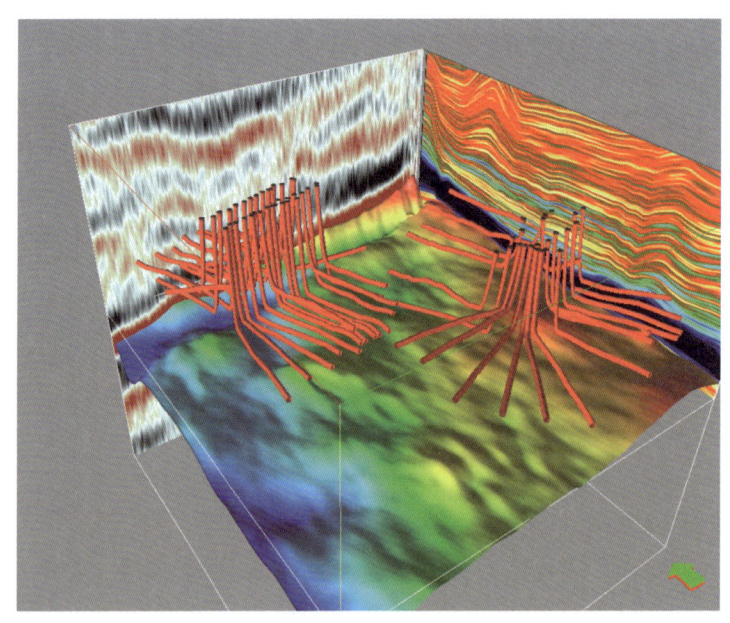

图 8-2-9　测华 H100 及合 H60 平台立体显示

1) 断层预警规避工程风险提示

庆城油田断层发育，主要为燕山晚期的左旋走滑断层，断距小，多为 10m 以下。断层除了对油层钻遇率有影响外，主要是在断层处容易发生钻井液漏失，存在工程风险。因此，通过地震对断层的位置的预测，可以提前进行工程风险预警，钻井队可以做好防漏准备。如图 8-2-10 所示为过水平井华 HX1-1 井的地震剖面，从地震剖面上看，存在两条明显的断层。在设计及随钻过程中，及时进行工程风险提示，钻井队做了堵漏准备，该井在这两处断层均发生了漏失。

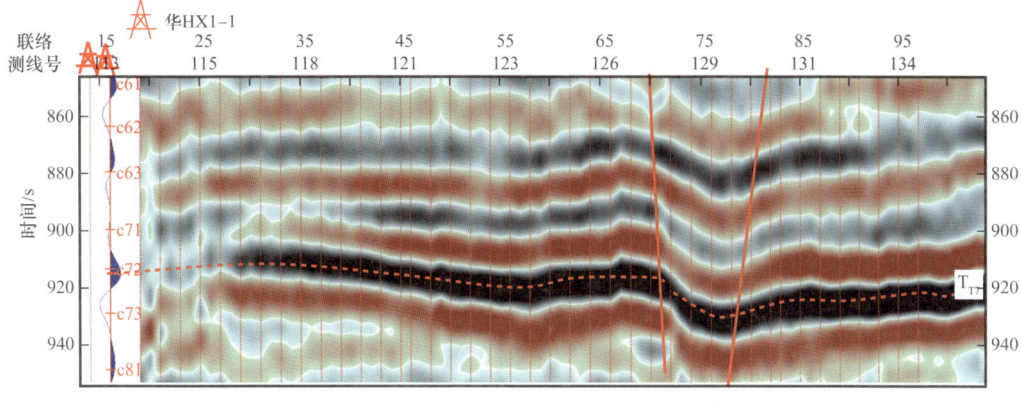

图 8-2-10 过 HX1-1 水平井地震叠加剖面

2）微幅度构造起伏、岩性、"甜点"变化指调整水平井轨迹

如图 8-2-11 所示为 NH7-1 井三维地震随钻导向剖面。地震钻前预测长 7_1 段砂体发育，泊松比低，脆性指数较高，属于页岩油优质甜点区。该井钻到 7 个半靶点，自然伽马值增高，从地震上看，这段点储层变薄，但是长度不大，大概 100m 左右，因此建议按照设计轨迹钻进，100m 之后钻遇油斑；该井钻到 14 靶点时见泥，地震预测表明储层发育，但轨迹在储层储层下方，因此建议轨迹上调，上调 40m 后钻遇油斑，该井完钻水平段长度 3035m，砂体钻遇率 93%，有效储层钻遇率 83.3%；如图 8-2-12 所示为 H32-3 井随着轨迹导向剖面，该井钻到第 9 靶点时见泥，地震预测表明，目的层储层发育，只是轨迹靠近砂体顶部，因此建议轨迹下调，下调轨迹 80m 后钻遇油层；该井当钻遇第 11 靶点时，又见泥，地震预测该处储层有变薄趋势，因此根据前面轨迹走向，建议微调钻进，90m 后，钻遇油层，该井最终油层钻遇率达 90.9%。

2017—2021 年，三维地震水平井轨迹导向技术在庆城油田全面推广应用，取得了较好的应用效果，庆城油田三维地震提供完钻页岩油水平井位 169 口，油层钻遇率达 82.5%，较以往提高了 12%，有效支撑了庆城油田的规模效益开发。

三、随钻测井地质导向的应用

面向陆相沉积的长 7 页岩储层进行地质导向是一项复杂的多学科综合性技术。首先要从地质角度考虑储层展布和延续性，其次还要兼顾水平井钻井工程技术实施难度。寻找主要制约因素，在地质、地震、测井、钻井和完井施工中进行方案优化和整体考虑。随钻方位伽马成像测井可以快速捕捉地层倾角，预测地层走向，确定储层边界；随钻电磁波电阻率可以进行地层边界探测，裂缝、断层识别及形态刻画。随钻测井正反演建模地质导向的理论基础是以过水平井轨迹直井和导眼井的测井曲线反演并赋值等厚地层模型，进行实时随钻测井曲线与仪器响应正演数值模拟对比分析，预测井轨迹与地层模型之间的几何关系，最终实现随钻地质导向。

1. 导向模型建立

根据地震提示，如图 8-2-13 所示，27 和 31 靶点附近将钻遇断层且断距较大。本井设计大斜度段使用居中伽马；1—15 靶点使用动力钻具和国产方位伽马导向；15—40 靶点使用贝克休斯 AutoTrak G3 旋转导向设备，配备零长 1.5m 近钻头伽马，方位伽马成像和电磁波电阻率仪器进行随钻测井地质导向。

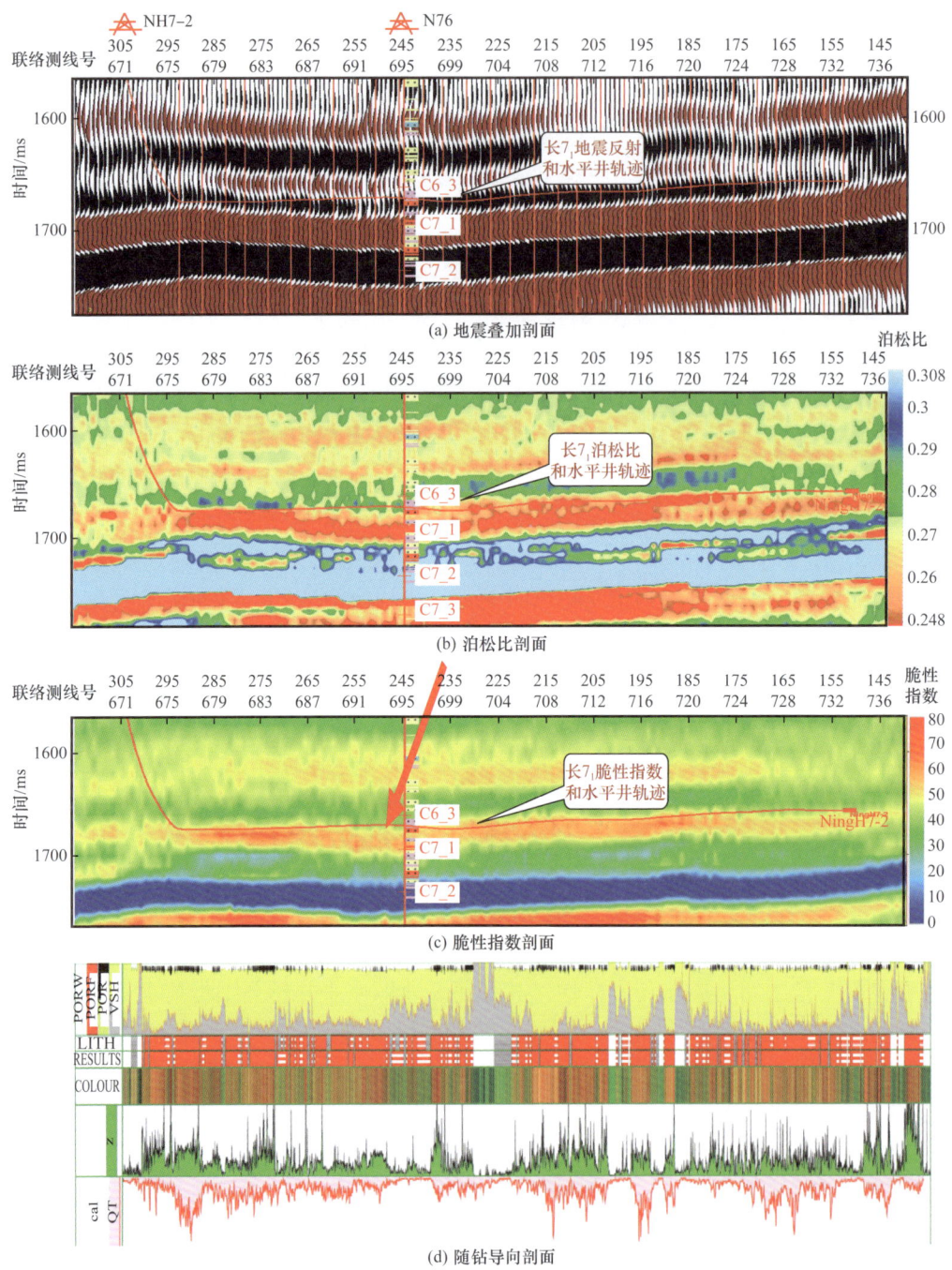

图 8-2-11　NH7-2 地震叠加、泊松比、脆性指数及随钻导向剖面

(a) 地震叠加剖面

(b) 60Hz单频相移剖面

(c) 导向剖面

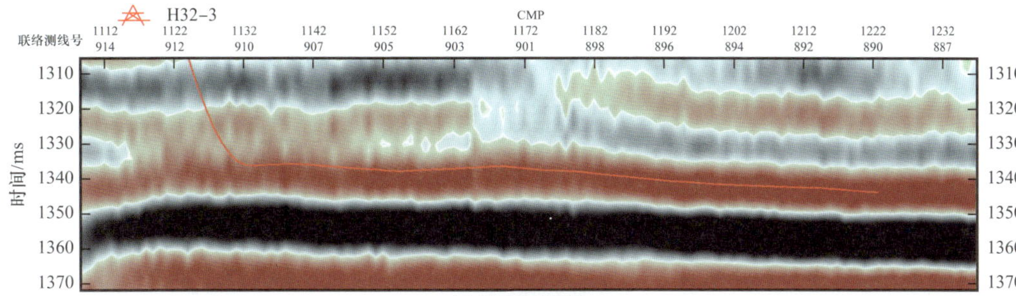

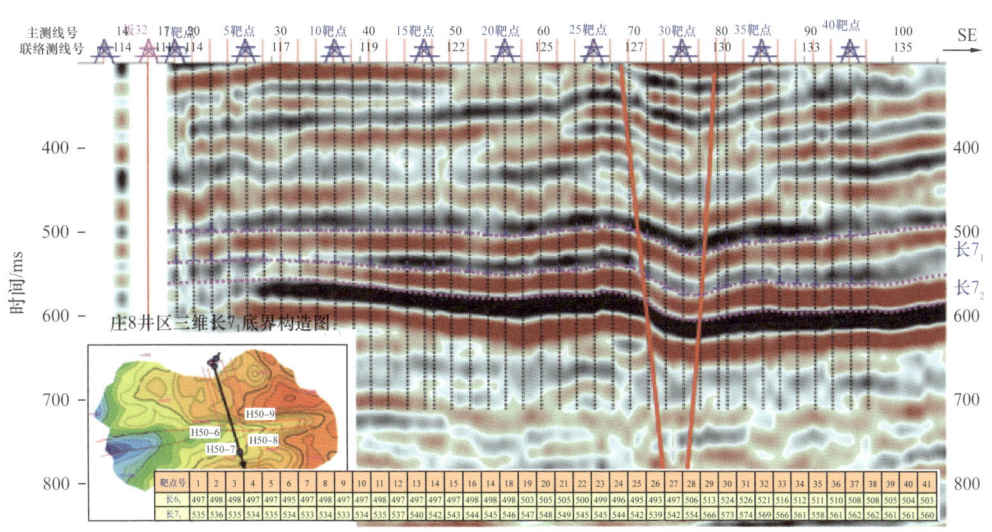

图 8-2-12　过 H32-3 水平井地震叠加、60Hz 单频相移、导向剖面

靶点号	1	2	3	4	5	6	7	8	9	10	11	12	13	14	15	16	14	18	19	20	21
长6_3	497	498	498	497	497	495	497	498	497	497	498	497	497	497	497	498	498	498	503	505	505
长7_1	535	536	535	534	535	534	533	534	533	534	535	537	540	542	543	544	545	546	547	548	549

靶点号	22	23	24	25	26	27	28	29	30	31	32	33	34	35	36	37	38	39	40	41
长6_3	500	499	496	495	493	497	506	513	524	526	521	516	512	511	510	508	508	505	504	503
长7_1	545	545	544	542	539	542	554	566	573	574	569	566	561	558	561	562	562	561	561	560

图 8-2-13　HX1-1 井轨迹地震剖面图

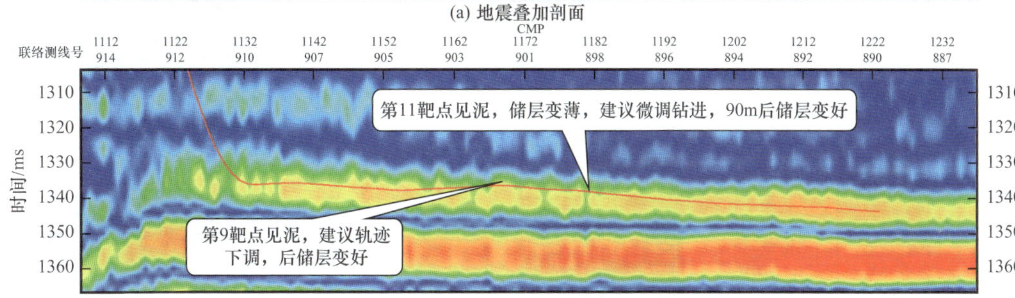

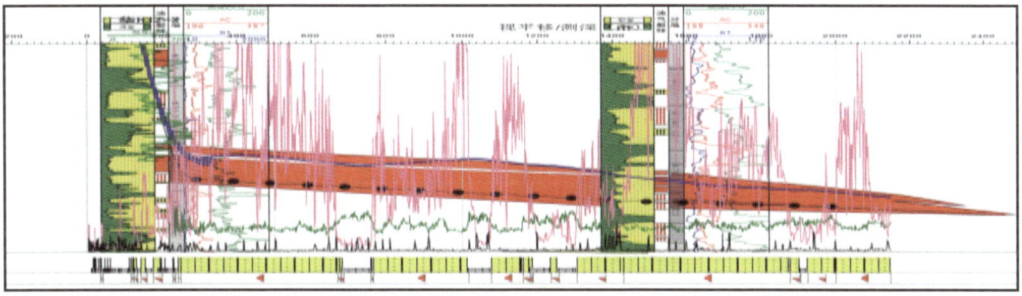

根据邻井资料对 B23 井、X397-50 井进行桶状地层模型反演，如图 8-2-14 所示。随后对着陆段进行交互式正反演拟合，找到更吻合的地层模型，如图 8-2-15 所示。

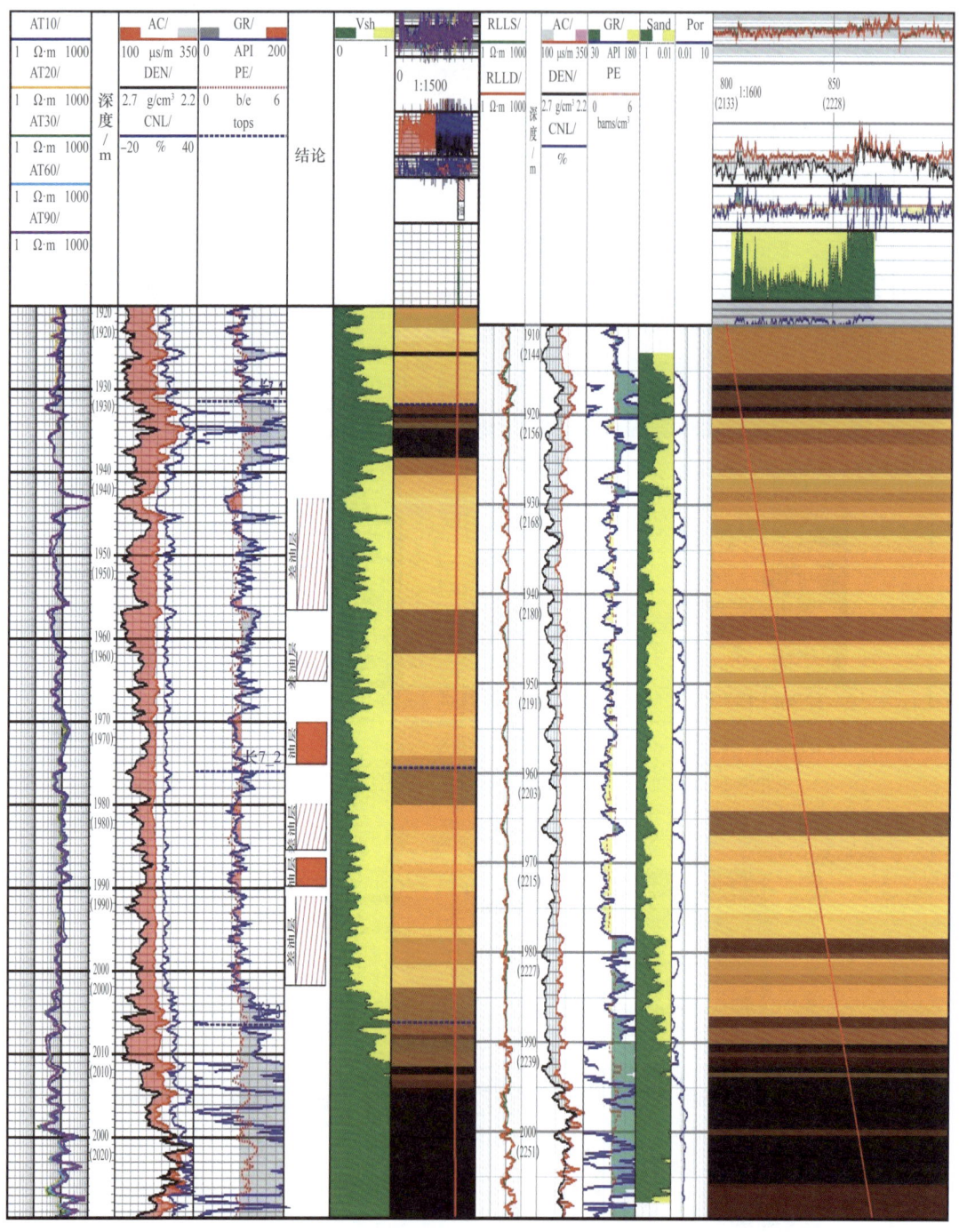

图 8-2-14　桶状地层模型反演成果

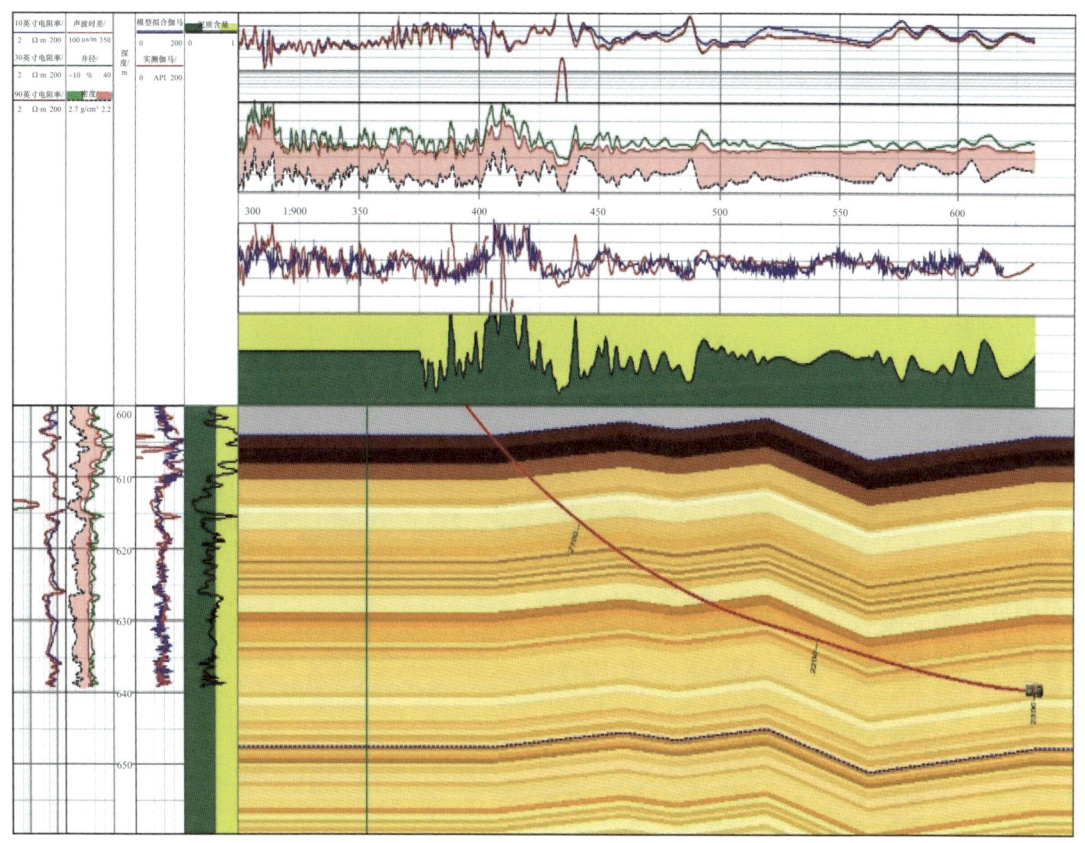

图 8-2-15 着陆段 B397-50 反演模型拟合图

对比发现地层实际情况更接近 B397-50，油层位置更靠上，因此建议提前降低井斜平缓着陆。随后起钻更换国产方位伽马成像随钻导向设备。

2. 实时地质导向

通过随钻方位伽马成像解释判断轨迹与地层的接触关系，两次向下穿透薄泥岩夹层后，轨迹已由长 7_1^2 底部油层下穿至长 7_2^1 顶部设计油层位置。至 15 靶点处，更换 AutoTrak 旋转导向。16 至 27 靶点多次钻遇方位伽马成像突变，电阻率曲线剧烈变化（图 8-2-16），且井场频繁因堵漏起钻，判断为断层引起的破碎带与高角度裂缝导致漏失。

3200～3330m，电阻率频繁出现裂缝特征，迅速下降至 10Ω·m，伴随着钻井液开始漏失，判断为断层引起的破碎带；3315m，方位伽马显示岩性突变，电阻率下降至 10Ω·m 以下，比方位伽马成像断层特征提前 10m，判断此处为断层；3680～3780m，电阻率频繁出现裂缝特征，且伴随极化效应，判断为断层引起的破碎带，且接近下部围岩；钻井过程中多次起钻堵漏，漏失量较大；3430～3520m 是一段意料之外的油层（图 8-2-17），伽马电阻率与西 397-50 井长 7_1^2 底部油层电阻率伽马特征吻合，反演模型垂深落差 15m；首尾两端是破碎带落差减小，方位伽马曲线过渡平滑。因此识别中部油层来自顶部落差 15m 的地堑。

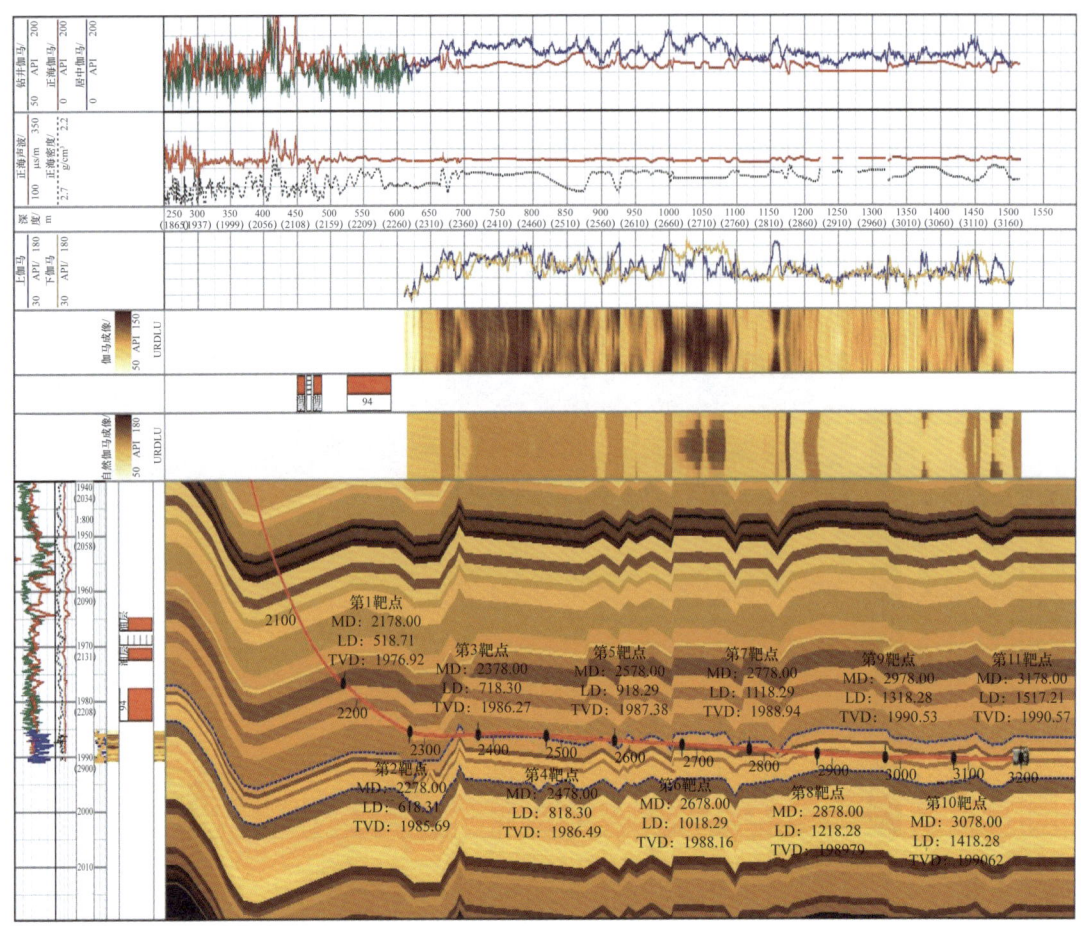

图 8-2-16 随钻方位伽马 1~11 靶点处交互式正反演调整地层模型

根据多处断层的精确刻画调整设计轨迹,在 400m 地垫中依然实现 200m 以上定为油斑的油层钻遇,且避免的井眼轨迹剧烈调整,最终顺利完钻。如图 8-2-18 所示为加入地震剖面后的正反演交互模型。

3. 完井分析

电缆测井双侧向体现更多的水平层理间串联特性;随钻电磁波电阻率的幅值比和相位差电阻率则可以间接评价地层各向异性与水平电阻率并联特性。通过随钻电磁波极化效应可以捕捉多尺度围岩界面、原生裂缝和层间各向异性;电缆双侧向则缺乏对诱导缝、各向异性和地层倾角的信息,且受钻井液侵入影响大(图 8-2-19)。通过正反演拟合孔隙度曲线,对地层模型完成孔隙度、渗透率、饱和度的综合调整。完井模型对于同一层为相近邻井的设计轨迹起到了指导作用。

在长庆油田的页岩油水平井中,方位伽马成像可以准确识别岩性,电磁波电阻率可以探边、识别裂缝断层特征,且对地层含油性提供评价。通过电阻率曲线约束,基于交互式正反演的随钻测井地质导向技术,能够精准判断钻遇特殊地层并提供实时调整轨迹的准确依据。

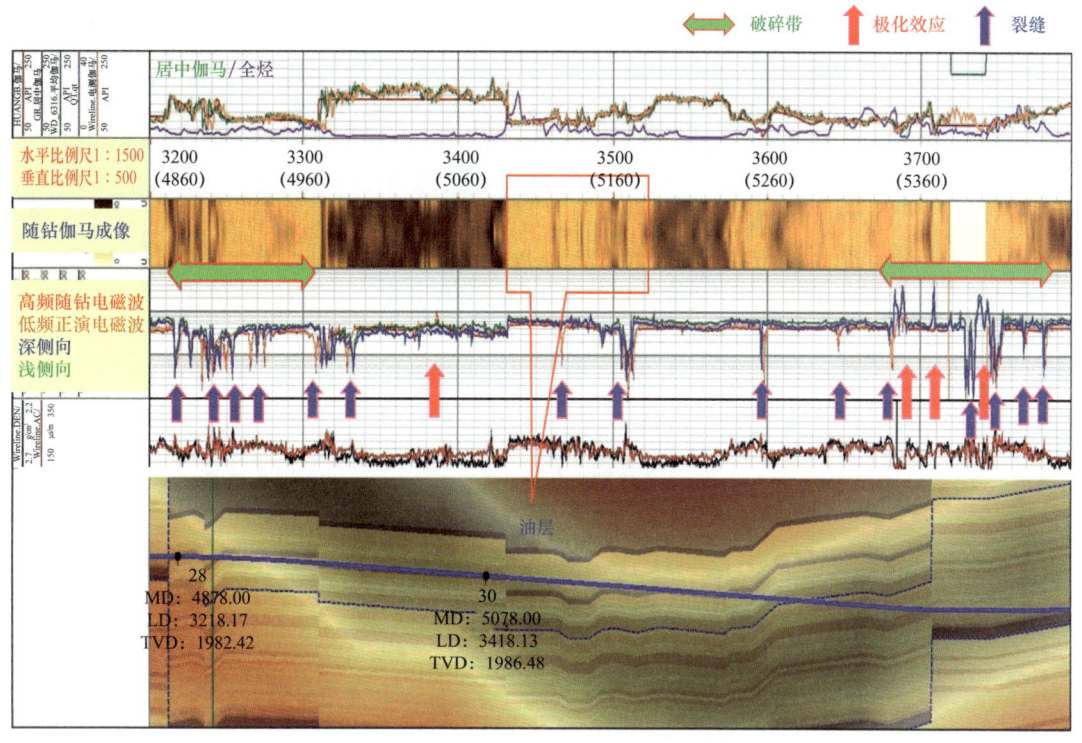

图 8-2-17　第 28~34 靶点伽马测井成像放大图

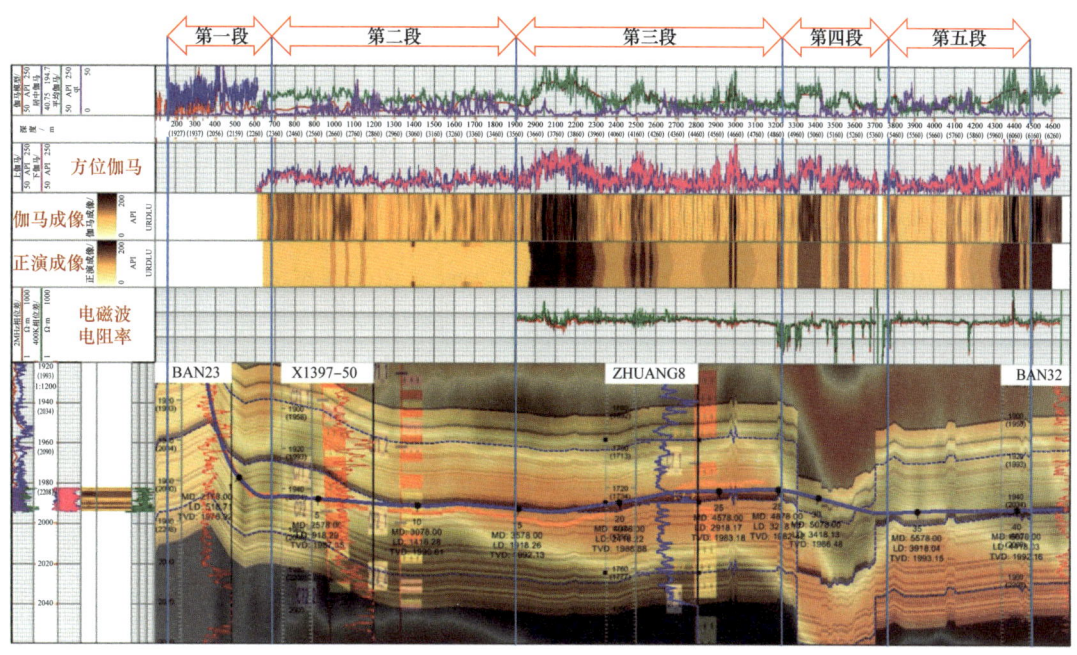

图 8-2-18　完井随钻测井正反演交互模型

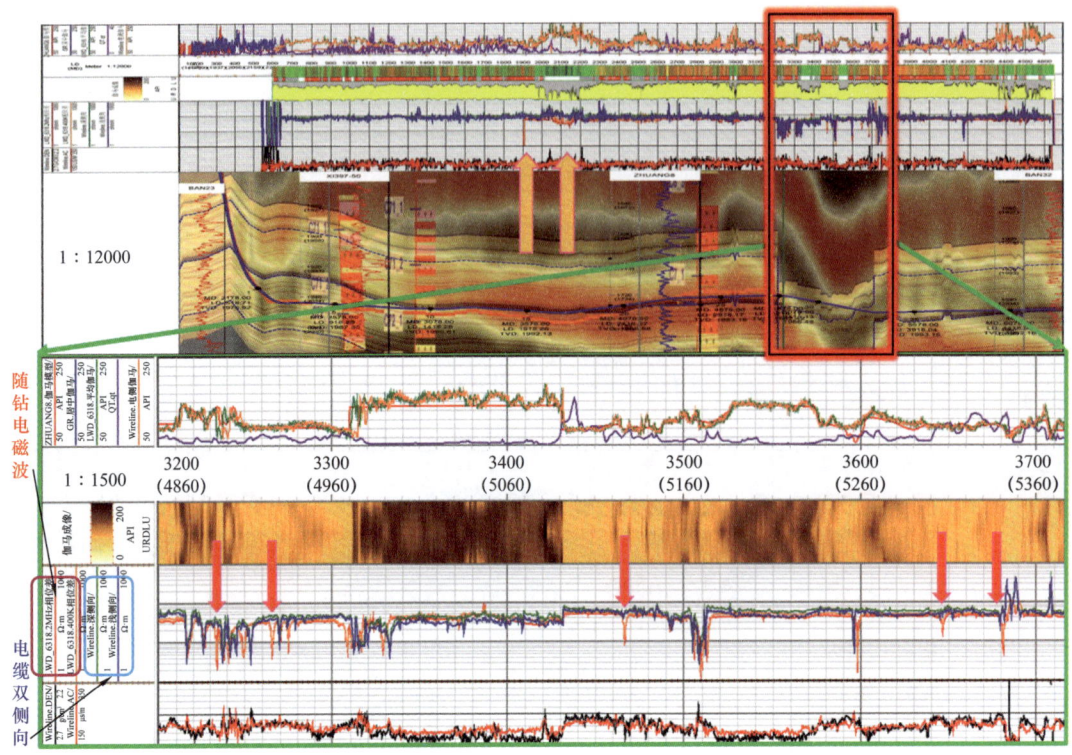

图 8-2-19　完井电缆双侧向测井与随钻测井曲线在地堑段的正演曲线对比

第三节　页岩油地球物理技术评价

一、三维地震页岩油储层预测和"甜点"优选

1."井震混采"三维地震采集技术

庆城页岩油田位于鄂尔多斯盆地南部的黄土塬区是地震勘探久攻不克的禁区,提高黄土塬地震品质属于世界级难题。在复杂的黄土塬地貌创新实施了不同吨位可控震源和不同类型气动钻机联合激发的"井震混采"是一项史无前例的地震技术创举,提升了激发点密度和能量。推广应用无线节点仪+单点高灵敏度检波器接收,极大地提高了采集时效,降低了成本,摒弃了检波器串组合效应,避免了高低起伏剧烈的接收点延时混叠现象,为高保真高分辨率奠定了基础。全面实施高覆高宽方位三维地震采用采集技术获得了高品质的原始资料。但是黄土山峦起伏陡坡,及随着水源环境和人文保护力度加大,影响了黄土塬激发点的均匀性,地震源激发还需不断创新革命,此外受数字芯片"卡脖子"和成本影响限制了全数字检波器的大规模生产应用。相信不久将来随着我国芯片技术进步,地震勘探将再迎来一次革命性突破,黄土塬全数字三维地震具有广阔的应用前景。

2.黄土塬三维地震处理技术

针对黄土塬地震资料单炮记录品质差、高低起伏静校难、巨厚黄土衰减大的特点，建立了高保真、高分辨率、高精度地震资料处理流程，创新应用微测井约束网格层析静校正、近地表 Q 补偿和叠前 Q 深度偏移处理关键技术，地震剖面波形特征活跃，地质现象丰富，主要目的层反射清晰，振幅保真性好，解决了黄土塬区地震成像难题，如图 8-3-1 所示。三维叠前 Q 深度剖面上断层龟裂纹清晰，储层反射特征明显，与以往的叠前时间偏移剖面相比，大幅度提升了成像质量，这也是鄂尔多斯盆地黄土塬区三维地震一个突破性进展。但黄土塬三维地震资料处理后，中生界目的层视主频大部分在 30Hz 左右，对于长 7 页岩油地震预测而言只能半定量解决长 7_1 Ⅰ类、定性解决长 7_2 和个别长 7_3 砂体发育区Ⅰ类的储层预测问题。目前，由于视主频低、有效频宽不足，还没有达到储层微弱反射成像的目的，亟需下一步开展黄土塬三维地震高分辨率处理技术攻关，进一步解决长 7_2 和长 7_3 Ⅰ类和长 7_1 Ⅱ类储层预测问题，并逐步解决长 7 段所有Ⅰ类和Ⅱ类储层预测问题。

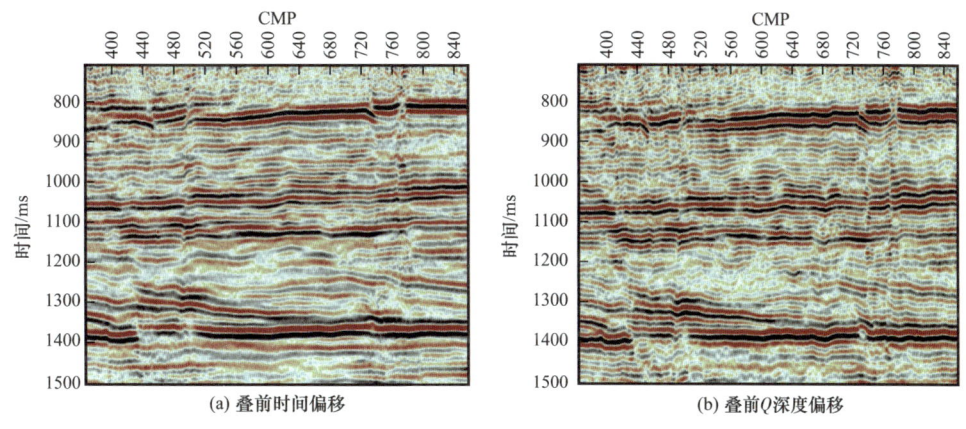

图 8-3-1　庆城北三维叠前时间偏移与叠前 Q 深度成像剖面效果对比图

3."甜点"评价和水平井轨迹导向技术

首次在庆城页岩油进行了大量岩石物理超声波实验测量及少数低频应力—应变法实验测量，结合大量的阵列和偶极声波测井资料，通过岩石物理分析获得了页岩油储层地球物理响应特征，分析了页岩油储层预测的敏感参数和地震频散衰减现象，系统梳理了鄂尔多斯盆地湖盆中部中生界长 7 页岩油岩石物理规律。这是在鄂尔多斯盆地继苏里格上古生界致密气岩石物理领域的又一次创新总结。

通过十三五国家油气重大专项示范工程攻关形成了长 7 页岩油"甜点"的烃源岩品质、砂体厚度（岩性）、物性预测、含油性、储层脆性和小断层裂缝（各向异性）"六性"预测关键技术和"甜点"评价方法，如图 8-3-2 所示，为井位部署和储量面积圈定提供了依据。研发基于数字化油气藏研究与决策支持平台的快速水平井三维地震地质导向系统，在各类深度域地震属性和反演数据体上，按"甜点"的构造起伏实时动态导向水平井轨迹，及时准确预测断层的位置为钻井堵漏提供预警支持，并充分发挥三维地震描述三度空间"甜点"地质体的优势，为优化压裂布缝段簇提产增效提供技术支撑。页岩油"甜点"预测和水平井轨迹导向技术推广应用后，在庆城油田取得了显著的效果，结合现场地质工程一体化生产模式，将水平井油层钻遇率提升了10个百分点。目前，长庆油田页岩油一体化组织形式上将各路跨专业的人员整合一起，形成了现场前方施工和室内研究、线上线下互动结合的工作流程，创出了长庆油田页岩油勘探开发新模式，有效支撑了庆城页岩油田 10×10^8t 探明储量落实和百万吨年产量建设。但笔者在实际应用中体会到地震地质工程一体化还有很大的提升应用空间，甜点靶区和平台的优选还是以钻孔评价结果为主，三度空间地震预测的作用没有完全发挥出来。在地质工程一体化方面，目前由于管理体制分散问题，仍是地质地震测井各专业工种的分散组合，没有按项目真正的一体化运作，面对现场遇到很复杂的导向问题，要强化压实各专业一体化责任，亟需提升一体化的综合技术优势和管理水平。

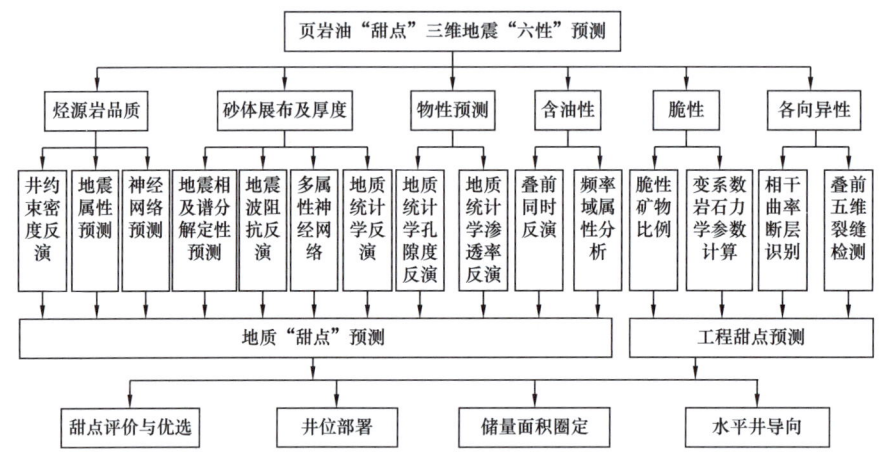

图 8-3-2 庆城页岩油甜点三维地震"六性"预测技术

二、水平井测井采集处理与精细评价技术

1. 水平井测井采集系列

庆城页岩油田主要采用水平井开发方式生产，水平段长度大都在 1500~2000m，部分井水平段达到 3000m 以上。因此，提高长水平段水平井油气层钻遇率、作业时效及满足横向"甜点"评价资料精度是测井资料采集面临的主要问题。在水平井随钻测井方面，自主研发了国产方位成像伽马随钻系统，在钻具不旋转的工况下进行方位成像数据测量，有效解决了常规 MWD、LWD 系统单伽马轨迹位置判断多解性强的矛盾，仪器稳定性、可靠性高。在庆城页岩油田推广应用平均油层钻遇率与邻井对比提高了 10 个百分点。在水平井完井评价方面，前期主要采用组件式湿接头测井，资料精度低且测井时效较差，无法满足大平台快速建产需要。在庆城油田试验评价了过钻杆存储式测井，有效解决了长水平段测井作业难题。在水平段长度大幅增加情况下，提高了测井时效，加测了密度、

中子放射性测井,部分井试验评价了电成像、阵列声波和远探测声波,形成了快速安全经济有效测井系列。

2. 水平井随钻测井地质导向技术

中生界三叠系长7页岩油属于湖盆深水沉积,砂体连通性差、非均质性强,稳定优质储层分布规律难寻,严重制约水平井部署和开发效果。因此精准表征页岩油储层非均质性是提高水平井砂体钻遇率的地质保障,精准的随钻地质导向是提高水平井砂体钻遇率的前提条件。

通过近五年的攻关,在庆城油田国家页岩油开发示范区建立了一套非均质性属性建模和随钻地质导向技术。首先利用渗砂层、砂体结构指数、夹层密度、砂地比、孔隙度及含油指数等6个参数,建立了示范区页岩油储层三维测井属性模型。在此基础上,针对常规伽马随钻地质导向,结合油藏地质模型和三维地震等资料,采用三维地质模型模拟曲线—实测与模拟曲线对比,即三维深度切片和三维扰动模型更新法,实时校正随钻地质导向模型。然后基于校正后的随钻地质模型,预判钻头之前地层形态和砂体展布特征,进而实时调整井眼轨迹。针对井控程度低,导向模型不够准确的区块,采用国产化水平井方位伽马成像测井,形成了井眼轨迹上下地层岩性识别技术、地层倾角拾取技术、远程实时交互地质导向技术及灵活的轨迹控制技术。基于前导模型的正演模拟和随钻测井实时远传数据库,实时钻进中通过不断拟合判断井眼轨迹与地层位置关系、提取地层倾角等交互功能高精度校正模型,确定轨迹与储层边界位置关系,指导了页岩油水平井钻井。

3. 水平井测井综合评价技术

在水平井中由于测井仪器与地层的配置关系和直井不同,电测井受围岩及电阻率各向异性影响较直井更加显著。如何在水平井段准确确定井眼轨迹,开展围岩和各向异性校正,获取砂岩的水平和垂直电阻率,是影响油层准确识别和分段分级评价的关键。通过攻关,依靠全直径岩心水平、垂直方向的岩石物理实验,准确测定页岩油储层的电阻率各向异性系数,开展了基于电阻率测井的交互式正反演方法研究,确定出井眼与地层的空间几何关系。在此基础上建立了电阻率测井、补偿声波测井的水平井段围岩校正方法,获得了可靠的砂岩储层水平电阻率与声波时差等关键参数。为满足水平段"甜点"评价需求,首次研发了基于岩性、物性、含油性多参数图像融合水平段"甜点"评价技术,建立了综合考虑储层品质和工程品质的水平井储层分级评价标准,有效指导了水平段压裂"甜点"优选和压裂方案优化。

三、地震地质测井一体化"甜点"优选

页岩油储层纵向非均质性强,横向砂体变化快,通过建立地质测井一体化"甜点"优选理念,在平面"甜点"优选方面,通过小断层裂缝识别、微幅度构造起伏刻画、薄储层地震预测、砂体结构和孔隙结构精细评价、有机碳丰度和脆性、地应力等平面分布特征进行综合研究。目前,"甜点"综合地质评价方法有三大类:一类是地质概率分析类评价方法,它是通过利用地震叠前反演多种弹性参数结合钻井地质信息,进行储层分布

概率三维地质建模,提高储层"甜点"评价的可靠性;另一类是融合类储层综合评价方法,如 SVD 降维属性融合储层综合评价方法是通过三维地震多属性分析降维优选主分量与地质储层特性融合,对有效储层进行综合评价;此外,当前流行的地震地质多信息"甜点"评价方法是基于高分辨率反演储层、含油性、脆性、压力系数等敏感属性参数,通过 SOMA 神经元多属性融合进行综合地质"甜点"评价,此类方法在 GeoEast 软件上为成熟的工业化应用模块。从庆城页岩油田"甜点"评价效果看,该方法有较强的适应性,在三维地震连片区评价的甜点区分布与已经提交探明储量面积基本符合,如图 8-3-3 所示,"甜点"评价结果为水平井部署、井数和长度优化、入靶层位优选、靶前距调整、实施顺序提供了重要技术支撑。值得下步进一步推广应用并不断完善。在水平井钻井实施过程中,纵向甜点识别非常重要,测井随钻识别和三维地震深度域的标刻技术为准确入靶提供重要的手段,入窗后进一步标定地震深度域数据体,在通过变速场校正地震微构造起伏、岩性预测以及方位伽马成像测井层内井眼轨迹调整技术,大幅度提高了陆相页岩油水平井储层钻遇率。

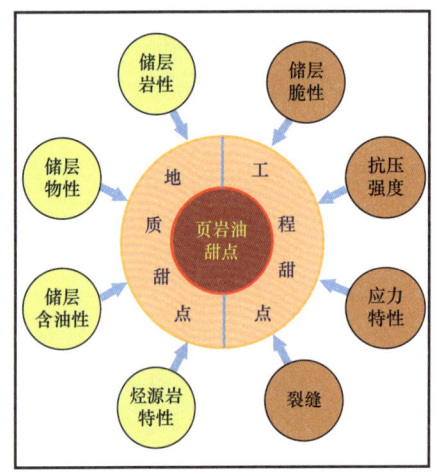
(a) 页岩油"甜点"综合评价

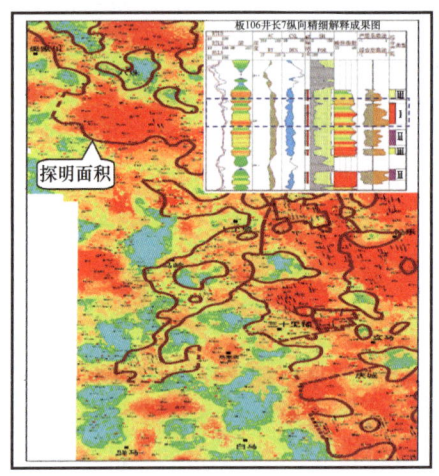
(b) 庆城北—庆城—环县三维区长7₁段甜点图

图 8-3-3 页岩油"甜点"综合评价和庆城北—庆城—环县三维地震预测"甜点"分布图

在水平段横向"甜点"评价方面,以往水平井测井系列相对单一,仅仅依靠声波时差曲线进行"甜点"段划分,受井眼轨迹附件泥岩及井底岩屑床影响,声波时差往往偏大,评价的"甜点"段与岩心观察矛盾。庆城油田合水地区一口水平井现场取心证实,测井解释为一类油层的实际岩心观察为含泥质纹层的砂岩,解释为二类的反而为较纯的油斑细砂岩。因此基于上述矛盾,庆城页岩油水平井中加测了密度曲线,通过反映岩性、物性和含油性综合评价指数可以很好地识别横向"甜点",并进行分段分级评价,在此基础上首先可以将大的"甜点"段优选出来。其次通过段内多信息融合能精准反映层内非均质性特点,可以将每一簇"甜点"深度位置确定下来。通过上述步骤实现了水平方向横向"甜点"的精准识别,满足了压裂射孔段簇的优选,大幅度提高了页岩油水平井的一次压开率。

结 束 语

在鄂尔多斯盆地黄土塬地区首创并推广应用了井炮和可控震源混合激发+无线节点仪接收的三维地震"井震混采"技术,创新了黄土塬微测井约束网格层析静校正、近地表吸收衰减补偿提高分辨率、叠前Q深度偏移成像等三维地震处理技术,攻克了巨厚黄土塬三维地震勘探瓶颈,获得了高品质资料。通过一体化攻关形成了页岩油"六性"为主的"甜点"预测技术系列,集成开发了水平井地质—地震—工程一体化实时导向系统,在庆城页岩油勘探开发区推广应用。应用实例分别以精细刻画断层指导工程预警堵漏、精准"甜点"构造起伏导向井轨迹提高钻遇率和三维地震预测"甜点"优化布缝段簇压裂提产,充分展示了三维地震空间描述"甜点"三度地质体的优势。以穿越水源保护区、动用地质储量最大化和节约黄土塬井场占用面积为目的,三维地震与随钻地质测井工程一体化导向,为超大水平井平台和超长水平段导向提供了有力的技术支持,保障了超长水平井的实施和油层钻遇率,再次刷新了亚太最长的纪录,为大井丛超长水平井实施提供了示范和引领方案,有力支撑了长庆油田页岩油10亿吨探明储量的落实和百万吨页岩油田的高效开发。

黄土塬页岩油三维地震取得显著效果的四点体会:一是决策思路领先:顶层设计引领,一体化整体部署三维地震全覆盖页岩油勘探开发区,油气深浅立体勘探,黄土塬激发和接收方式的变革性突破,指导生产快速应用。二是采集设备先进:黄土塬井震混采,推广小型可控震源和因地制宜的各类气动钻机,全面应用节点仪单点高灵敏度检波器采集,提高了采集时效和质量;三是技术创新:超深双井微测井,加强近地表调查和校正、OVT域成像、Q补偿、叠前Q深度偏移、储层预测进行甜点评价与优选;四是地质工程一体化应用:以地质目标为导向,充分挖掘三维地震信息描述"甜点"三度空间展布,强化地质地震工程全方位一体化应用,优选靶区部井和指导水平井轨迹。最重要的是将三维地震紧密围绕水平井位为核心,突出深度域地震水平井轨迹设计和现场地震实时导向,把三维地震作用极致发挥出来方才取得书中所述的显著成效。

与鄂尔多斯盆地其他常规的低渗透—致密中生界石油储层相比,庆城长7页岩油储层岩石组分与孔隙结构更加复杂、非均质性更强、测井信噪比更低、油层评价难度极大。首先通过优化测井系列与采集模式,提出了新的核磁共振测井采集脉冲序列(EPM),增强了微纳米孔喉信号强度,并建立了自适应阈值降噪和小孔加密联合反演等核磁共振测井资料处理技术,实现了微纳米孔隙信息的准确提取,核磁共振资料的信噪比平均提高两倍多,微纳米孔径分布等孔隙结构参数的精度平均提高10个百分点以上。其次围绕储集空间、含油性和地应力等属性评价需求,创新建立了岩石矿物组分、砂体结构、孔隙结构、烃源岩丰度、岩石脆性、地应力等页岩油关键参数定量解释模型,实现了地质"甜点"和工程"甜点"的有效识别。页岩油主要采用水平井开发,为获取准确的水平和垂直储层参数，创建了基于储层物性指数、含油性指数、可压性指数等参数的综合评价模型，形成基于三原色融合图像的水平段"甜点"优选技术，为压裂射孔方案的优化提供了技术保障。

鄂尔多斯盆地页岩油资源丰富，测井技术是页岩油勘探开发的关键技术之一。测井在井筒中近距离采用声光电磁放射性等等地球物理仪器观测地层储层信息，结合各种录井和取心资料，因此，测井在页岩油储层识别和评价中具有不可替代的重要作用。在测井纵向"甜点"评价方面，构建了有机质丰度、孔隙结构、砂体结构、脆性、地应力等全要素测井解释模型，突破了页岩油薄储层识别瓶颈，"甜点"预测符合率由提升了20%。在水平井地质工程一体化导向中，利用随钻方位伽马成像测井的图像特征判断井眼轨迹与地层的几何关系，确定地层倾角，在水平井随钻地质微细导向及调整中发挥了极其重要的作用。同时，基于高精度岩石物理测试与测井新技术试验评价，通过重构测井评价参数体系，测井"三品质"精细评价技术有力支撑了庆城大油田页岩油藏勘探发现、储量提交与有效开发。

本书主要侧重讨论鄂尔多斯盆地陇东黄土塬区庆城页岩油田的地球物理技术及其应用，未涉及陕北黄土塬区页岩油地球物理预测和评价内容，由于其属于鄂尔多斯盆地三叠系湖盆周边三角洲前缘夹层型页岩油，整个沉积特征不同于陇东湖盆中部重力流夹层型页岩油，其地球物理响应特征差异和次生黄土塬区影响地震勘探技术与测井评价方法的应用，因此，包括三叠系全湖盆范围内，还须因地制宜地开展如下的地球物理攻关和研究工作：一是针对黄土塬地震吸收衰减和干扰严重，高频噪声发育，去噪难度大，亟需进一步攻关保真压噪且保护有效波的新方法；二是突破各类反褶积假设条件和依赖井约束拓频处理的弱点，研发基于地震波传播理论与信号分析理论的进一步提高储层弱信号的分辨率；三是针对长庆页岩油勘探目前最前沿地震技术仍在某些方面不能有效解决的问题，在页岩油岩石物理分析与地震数学物理模拟基础上，联手"产学研"结合攻关共同打造高水平的地震地质工程一体化研究平台，建立具有黄土塬区页岩油特征的标志性模型和特色技术系列。测井要进一步强化非常规储层岩石物理实验，特别是核磁共振实验准确测量和后期处理技术、CT 图像的孔隙和裂缝提取及定量表征技术、致密储层岩石可压裂性实验分析技术。需要研制新一代高速、高分辨率、短回波间隔、针对低渗透非均质储层定制化观测模式的三维核磁共振和感应测井仪器，以及高分辨率和非导电钻井液的微电阻率成像测井仪。发展全域成像测井技术，创新和完善非常规直井、斜井和水平井测井资料智能处理与评价技术。以国家平台为抓手齐心协力造地球物理研究"产学研"联合攻关体，支撑长庆油田年上产 7000 万吨油气当量的建设！

参 考 文 献

ANDREAS Cordsen，JOHN W Peirce，1996.陆上三维地震勘探的设计与施工［M］.俞寿朋译.石油地球物理勘探局.

COATES G，肖立志，PRAMMER M，et al，2007.核磁共振测井原理与应用［M］.北京：石油工业出版社.

CORDSEN A，1998.三维地震资料采集的观测系统设计［J］.国外油气勘探，10（5）：586,598.

巴晶，Carcione J M 曹宏，等，2012.非饱和岩石中的纵波频散与衰减：双重孔隙介质波传播方程［J］.地球物理学报，55（1）：219-231.

巴晶，2013.岩石物理学进展与评述［M］，北京：清华大学出版社.

陈景涛，冯夏庭，2006.高地应力下岩石的真三轴试验研究［J］.岩石力学与工程学报，25（8）：1537-1543.

陈娟，胡剑，王永刚，等，2012.鄂尔多斯盆地黄土塬区地震资料处理方法及应用［J］，石油天然气学报，34（5）：65-69.

陈扬，胡婷婷，姜涛，等，2013.GeoEast解释系统在多尚地区曲流河识别与评价中的应用［J］.新疆地质，31（4）：404-407.

董文学，王红，张中平，2014.GeoEast属性技术在致密储层预测中的应用［J］.石油地球物理勘探，49（增刊1）：212-215.

段文胜，李飞，李世吉，等，2013.OVT域叠前偏移衰减多次波［J］.石油地球物理勘探，48（Z1）：36-41.

段文胜，李飞，王彦春，等，2013.面向宽方位地震处理的炮检距向量片技术［J］.石油地球物理勘探，48（2）：206-213.

方红萍，顾汉明，2013.断层识别与定量解释方法进展［J］.工程地球物理学报，10（5）：509-615.

付金华，喻建，徐黎明，等，2015.鄂尔多斯盆地致密油勘探开发新进展及规模富集可开发主控因素［J］.中国石油勘探，20（5）：9-19.

付锁堂，王大兴，姚宗惠，2020.鄂尔多斯盆地黄土塬三维地震技术突破及勘探开发效果［J］.中国石油勘探，25（1）：67-77.

付锁堂，金之钧，付金华，等，2021.鄂尔多斯盆地延长组7段从致密油到页岩油认识的转变及勘探开发意义［J］.石油学报，42（5）：561-569.

高杰，陈木银，陈雅薇，等，2003.定向井各向异性地层交流电测井响应模拟［J］.勘探地球物理进展，26（4）.301-304.

高静怀，刘乃豪，吕奇，等，2018.薄互层型油气储层同步挤压变换域分析方法［J］.石油物探，57（4）：512-521.

高静怀，万涛，陈文超，等，2006.三参数小波及其在地震资料分析中的应用［J］.地球物理学报，49（6）：1802-1812.

古发明，李进步，邹新宁，等，2017.炮检距向量片技术在苏里格致密砂岩储层预测中的应用［J］.地球物理学进展，32（2）：610-617.

黄黎刚，高改，朱军，等，2020.庆城地区三维地震水平井导向技术［C］//.2020油气田勘探与开发国际会议，120-125.

李敏，王尚旭，陈双全，2006.地震属性优选在油田开发中的应用［J］.石油地球物理勘探，41（2）：183-187.

贾承造，2017.论非常规油气对经典石油天然气地质学理论的突破及意义［J］.石油勘探与开发，44（1）：1-11

蒋加钰，等，2005. 鄂尔多斯盆地储层横向预测技术［M］. 北京：石油工业出版社.

李潮流，周灿灿，2008. 碎屑岩储集层层内非均质性测井定量评价方法［J］. 石油勘探与开发，35（5）：595-599.

李鹏翔，林静，刘思贤，1999. 水平井测井解释研究的发展［J］. 江汉石油学院学报，21（2）：4.

李婷婷，侯思宇，马世忠，等，2018. 断层识别方法综述及研究进展［J］. 地球物理学进展，33（4）：1507-1514.

梁运基，李桂林，2005. 陆上高分辨率地震勘探检波器性能及参数选择分析［J］. 石油物探，44（6）：640-644.

刘杰烈，张国富，金昌赫，等，2009. 地震资料采集理论与实践［M］. 北京：石油工业出版社.

刘依谋，印兴耀，张三元，等，2014. 宽方位地震勘探技术新进展［J］. 石油地球物理勘探，49（3）：596-610.

刘之的，李高仁，张伟杰，等，2017. 致密储层可压裂性测井评价方法研究［J］. 测井技术，41（02）：205-210.

刘忠华，宋连腾，王长胜，等，2017. 各向异性快地层最小水平主应力测井计算方法［J］. 石油勘探与开发，44（05）：745-752.

马海珍，雍学善，杨午阳，等，2002. 地震速度场建立与变速构造成图的一种方法［J］. 石油地球物理勘探，37（1）：53-59.

钱荣钧，2010. 地震波分辨力的分类研究及偏移对分辨力的影响［J］. 石油地球物理勘探，4（2）306-313，320+164.

钱荣钧，2007. 关于地震采集空间采样密度和均匀性分析［J］. 石油地球物理勘探，42（2）：23-24.

斯普拉克斯 A M，1994. 水平井测井技术译文集［M］. 北京：石油工业出版社.

唐东磊，严峰，王新全，等，2005. 潜水面以下激发深度选取的理论分析［J］. 勘探地球物理进展，28（1）：36-41.

田云英，夏宏泉，2006. 基于多矿物模型分析的最优化测井解释［J］. 西南石油学院学报，28（4）：8-11.

汪恩华，赵邦六，王喜双，等，2013. 中国石油可控震源高效地震采集技术应用与展望［J］. 中国石油勘探，18（5）：24-34.

汪中浩，陈冬，2004. 利用水平井测井资料研究地层空间展布［C］//中国地球物理学会第20届年会论文集.

王大兴，张盟勃，等，2017. 黄土塬区致密储集层模型地震正反演模拟［J］. 石油勘探与开发，44（2）：243-251.

王大兴，辛可锋，李幼铭，等，2006. 地层条件下砂岩含水饱和度对波速及衰减影响的实验研究［J］. 地球物理学报，49（3）：908-914.

王大兴，张杰，高利东，2012. 非纵地震勘探技术及其在鄂尔多斯盆地的应用［J］. 石油地球物理勘探（物探技术研讨会专刊），133-136.

王大兴，张杰，赵德勇，2015. 一种改进的致密油储层地震预测方法研究与应用［J］. 石油地球物理勘探（物探技术研讨会专刊），759-762.

王大兴，2016. 致密砂岩气储层的岩石物理模型研究［J］. 地球物理学报，59（12）：4603-4622.

王东凯，王常波，韩站一，等，2019. 基于广义S变换的近地表Q值反演及分类评价方法：中国，CN110261904［P］：09.20.

王延军，陈友福，梁海龙，2001. 大庆油田开发地震高分辨率资料采集方法［J］. 大庆石油地质与开发，20（1）：52-55.

王永刚，乐友喜，张军华，2007. 地震属性分析技术［M］. 东营：中国石油大学出版社.

魏继东，2013. 地震检波器性能指标与地球物理效果分析［J］. 石油物探，52（3）：265-274.

魏继东，2013. 地震检波器性能指标与地球物理效果分析［J］. 石油物探，52（3）：265-274.

夏宏泉，文晓峰，冯春珍，等，2017. 基于测井信息的致密油层射孔优化选层方法研究［J］. 测井技术，41（03）：353-357.

肖亮，张伟，2008. 利用核磁共振测井资料构造储层毛管压力曲线的新方法及其应用［J］. 应用地球物理（英文版），5（2）：92-98.

徐建华，朱德怀，李鹏翔，1994. 水平井中双侧向测井的围岩校正［J］. 江汉石油学院学报，16（2）：54-55.

徐显广，石晓兵，夏宏泉，等，2002. 地质导向钻井技术的现场应用［J］. 西南石油学院学报，24（2）：53-55.

薛茹斌，2006. 用成像测井资料确定鄂尔多斯盆地地应力方向［J］. 石油管材与仪器，20（3）：52-53.

阎世信，曾忠，2002. 石油地球物理勘探技术的发展与需求［J］. 中国石油勘探，7（2）：36-42.

阎世信，吕其鹏，2002. 黄土塬地震勘探技术［M］. 北京：石油工业出版社.

杨华，王喜双，王大兴，等，2013. 苏里格气田多波地震勘探关键技术［M］：北京：石油工业出版社.

杨华，李士祥，刘显阳，等，2013. 鄂尔多斯盆地致密油、页岩油特征及资源潜力［J］. 石油学报，34（1）：1-11.

杨华，牛小兵，徐黎明，等，2016. 鄂尔多斯盆地三叠系长7段页岩油勘探潜力［J］. 石油勘探与开发，43（4）：511-520.

杨志芳，曹宏，2009. 地震岩石物理研究进展［J］. 地球物理学进展，24（3）：893-999.

张繁昌，李传辉，2013. 地震信号复数域高效匹配追踪分解［J］. 石油地球物理勘探，248（2）：171-175.

张杰，赵玉华，黄黎刚，等，2017. 致密油"甜点"地震预测技术及其在鄂尔多斯盆地的应用［J］. 石油地球物理勘探，物探技术研讨会专刊：661-664.

张杰，赵玉华，2007. 鄂尔多斯盆地三叠系延长组地震层序地层研究［J］. 岩性油气藏，19（4）：71-74.

张军华，等，2007. 宽方位角地震勘探技术评述［J］. 石油地球物理勘探，42（5）：603-609.

张智，刘财，邵志刚，2003. 地震勘探中的炸药震源药量理论与实验分析［J］. 地球物理学进展，18（4）：724-728.

赵邦六，董世泰，曾忠，等，2021. 单点地震采集优势与应用［J］. 中国石油勘探，26（2）：55-68.

赵邦六，杜小弟，张友焱，等，2005. 高精度遥感影像数据在复杂地表区地震勘探工程中的应用［J］. 中国石油勘探，10（2）：33-35，52.

赵江青，王成龙，叶青竹，1998. 岩石各向异性在水平井测井解释中的应用［J］. 测井技术，22（1）：36-41.

赵金洲，唐志军，2002. 分支水平井钻井技术实践［J］. 石油钻采工艺，22（4）：22-25.

赵明金，尚新民，王元庆，等，2003. 三维地震观测系统对AVO处理的影响［J］. 物探与化探，27（1）：55-58.

赵玉华，黄黎刚，朱军，等，2017. 地震储层综合预测技术在鄂尔多斯盆地合水地区的应用. 石油地球物理勘探，70（Z2）：188-193.

中国石油勘探与生产公司，斯伦贝谢中国公司，2012. 地质导向与旋转导向技术应用与发展［M］. 北京：石油工业出版社.

周灿灿，王昌学，2006. 水平井测井解释技术综述［J］. 地球物理学进展，21（1）：152-160.

AL-DOSSARY S, MARFURT K J, 2006. 3D volumetric multispectral estimates of reflector curvature and rotation［J］. Geophysics, 71（5）：41-51.

AL-DOSSARY S, MARFURT K J, 2006. 3D volumetric multispectral estimates of reflector curvature and rotation［J］. Geophysics, 71（5）：41-51.

BAHORICH M S, FARMER S L, 1995. 3-D seismic discontinuity for faults and stratigraphic features: The coherence cube [J]. The Leading Edge, 14 (10): 1053-1058.

BAHORICH M S, FARMER S L, 1995. 3-D seismic discontinuity for faults and stratigraphic features: The coherence cube [J]. The Leading Edge, 14 (10): 1053-1058.

BIRCH F, 1961. The velocity of compressional waves in rocks to 10 kilobars: 2. [J]. Journal of Geophysical Research Atmospheres, 65.

BURKI M, DARWISH M, 2017. Electrofacies vs. lithofacies sandstone reservoir characterization Campanian sequence, Arshad gas/oil field, Central Sirt Basin, Libya [J]. Journal of African Earth Sciences, 130 (2): 319-336.

CHEN H, ZHOU H, RAO Y, 2020. An implicit stabilization strategy for Q-compensated reverse time migration [J]. Geophysics, 85 (3): S169-S183.

CLARKSON C R, JENSEN J L, PEDERSEN P K, et al, 2012. Innovative methods for flow-unit and pore-structure analyses in a tight siltstone and shale gas reservoir [J]. AAPG Bulletin, 96 (2): 355-374.

COGHILL J, BENEFIELD M, 2001. Innovations in Reservoir Navigation [J]. SPE 67756, 21: 1-9.

FEDYAEV I A, SHEVCHENKO A A, KOROLEV A E, et al, 2019. Construction of the Spectra of the Reflecting Boundary Angles and Azimuths on the Angular Gathers after Migration [C] //Geomodel 2019. European Association of Geoscientists & Engineers, (1): 1-5.

FU Suotang, WANG Daxing, Yao Zonghui, 2020. Progress of 3D seismic exploration technologies and oil and gas exploration and development performance in the loess tableland area of the Ordos Basin [J]. China Petroleum Exploration, 25 (1): 67-77.

GAO J, ZHANG B, HAN W, et al, 2017. A new approach for extracting the amplitude spectrum of the seismic wavelet from the seismic traces [J]. Inverse Problems, 33 (8): 085005.

GRÖCHENIG K, 2001. Foundations of time-frequency analysis [M]. Springer Science & Business Media.

GROSSMAN J P, MARGRAVE G F, LAMOUREUX M P, 2002. Constructing adaptive, nonuniform Gabor frames from partitions of unity [J]. CREWES Research Report, 14: 1-10.

GROSSMAN J P, 2005. Theory of adaptive, nonstationary filtering in the Gabor domain with applications to seismic inversion [D]. University of Calgary, Department of Geology and Geophysics and Department of Mathematics and Statistics.

HASHEM M, MILLER R, Dossari, 2008. Enhanced Reservoir Contact Using New LWD Technology in Thin Channel Sands [J]. SPE 113779: 1-13.

HILDENBRAND A A, GHANIZADEH A, KROOSS B M, 2012. Transport properties of unconventional gas systems [J]. Marine and pertoleum geology, 31 (1): 90-99.

LIU N, GAO J, JIANG X, et al, 2018. Seismic instantaneous frequency extraction based on the SST-MAW [J], Journal of Geophysics and Engineering, 15 (3): 995-1007.

LIU N, GAO J, ZHANG Z, et al, 2017. High-resolution characterization of geologic structures using the synchrosqueezing transform [J]. Interpretation, 5 (1): T75-T85.

MARTIN R. Gibling, 2006. Width and thickness of fluvial channel bodies and valley fills in the geological Record: a literature compilation and classification. Journal of Sedimentary Research [J]. 76 (2): 731-770.

MATTHEW J. Pranter, REX D. Cole, HENRIKUS Panjaitan, et al, 2009. Sandstone-body dimensions in a lower coastal-plain depositional setting: Lower Williams Fork Formation, Coal Canyon, Piceance Basin, Colorado [J]. AAPG Bulletin, 93 (10): 1379-1401.

NEIDELL N S, 1991. Could the processed seismic wavelet be simpler than we think? [J]. Geophysics,

56（5）：681-690.

OTIS R M, SMITH R B, 1997. Homomorphic deconvolution by log spectral averaging [J]. Geophysics, 42（6）：1146-1157.

PANG Mengqiang, BA Jing, JOSÉ M. Carcione, ERIK H. Saenger, 2021. Elastic-Electrical Rock-Physics Template for the Characterization of Tight-Oil Reservoir Rocks. Lithosphere；（Special 3）：3341849.

PASSEY Q R, MORETTI, F U, STROUD, J D, 1990. A Practical Model for Organic Richness from Porosity and Resistivity Log [J]. AAPG Bulletion, 74（12）：1777-1794

QUAN Y, HARRIS J M, CHEN X F, 1994. Acoustic attenuation logging using centroid frequency shift and amplitude ratio methods：A numerical study [C] // 64th Ann. Internat. Mtg., Soc. Expl. Geophys., Expanded Abstracts：8-11.

RICKMAN R, MULLEN M J, PETRE J E, et al, 2008. A practical use of shale petrophysics for stimulation design optimization：All shale plays are not clones of the Barnett shale [C] //SPE Annual Technical Conference and Exhibition, Society of Petroleum Engineers, Denver, Colorado, USA：21-24.

ROSA A L R, ULRYCH T J, 1991. Processing via spectral modeling [J]. Geophysics, 56（8）：1244-1251.

S. Fomel, 2002. Applications of plane-wave destruction filters [J]. Geophysics, 67（6）：1946-1960.

SCHEFFNER A, RUNDE R, 2003. Estimation of unimodal densities based on the FQ-System [J]. Statistical papers, 44（2）：203-216.

SUN J, ZHU T, 2018. Strategies for stable attenuation compensation in reverse-time migration [J]. Geophysical Prospecting, 66（3）：498-511.

SUN X, TANG X, FRAZER L N, 2000. P-and S-wave attenuation logs from monopole sonic data [J]. Geophysics, 65（3）：755-765.

TAN W, BA J, MUELLER T, et al, 2020. Rock physics model of tight oil siltstone for seismic prediction of brittleness [J]. Geophysical Prospecting, 68：1554-1574.

VAN der Baan M, 2008. Time-varying wavelet estimation and deconvolution by kurtosis maximization [J]. Geophysics, 73（2）：V11-V18.

WANG Enhua, ZHAO Bangliu, WANG Xishuang, et al, 2013. Application and outlook of vibroseis acquisition techniques with high efficiency of CNPC [J]. China Petroleum Exploration, 18（5）：24-34.

WANG L, GAO J, ZHAO W, et al, 2013. Enhancing resolution of nonstationary seismic data by molecular-Gabor transform [J]. Geophysics, 78（1）：V31-V41.

WANG L, ZHAO Q, GAO J. et al, 2016. Seismic sparse-spike deconvolution via Toeplitz-sparse matrix factorization [J]. Geophysics, 81（3）：V169-V182.

WEBER K j, 1982. Influence of common sedimentary structure on fluid flow in reservoir model [J]. JPT, 21（5）：96-105.

YAN Shixin, ZENG Zhong, 2002. Development and demand of petroleum geophysical exploration technology [J]. China Petroleum Exploration, 7（2）：36-42.

ZHAO Bangliu, DU Xiaodi, ZHANG Youyan, et al, 2005. The application of high precision remote sensing data in seismic survey for complicated topography area [J]. Petroleum Exploration and Development, 10（2）：33-35, 52.

ZHAO X, ZHOU H, WANG Y, et al, 2018. A stable approach for Q-compensated viscoelastic reverse time migration using excitation amplitude imaging condition [J]. Geophysics, 83（5）：S459-S476.

ZHU T, HARRIS J M, BIONDI B, 2014. Q-compensated reverse-time migration [J]. Geophysics, 79（3）：S77-S87.